기초통계학

송성주 · 전명식 지음

자유아카데미

출간 후 나올 수 있는 수정사항 등은 자유아카데미 홈페이지(www.freeaca.com)
자료실에 제공할 예정입니다.

● 들어가기 전에

통계/통계학이란 무엇인가?

통계(statistics)의 어원은 국가를 뜻하는 라틴어 'status'라고 할 수 있는데, 이는 political state라는 뜻으로 통계가 국가정치와 밀접한 관련이 있었다는 것을 알 수 있다. 인류 역사를 살펴보면 통계(statistics)라는 용어를 사용하기 훨씬 이전 공동사회를 이룬 고대국가에서 이미 통계 행위가 시작되었다고 보는 것이 맞다. 고대 이집트에는 BC 3000년경 피라미드 건설을 위한 인구조사를 실시한 기록이 있고, BC 1500년경의 출이집트 후 이스라엘의 인구조사를 담고 있는 구약성경의 민수기(Numbers)는 제목부터 '사람의 수'를 의미하며, 인도에서는 16세기에 행정통계조사에 대한 기록이 정리되었다고 한다. 이처럼 통계는 국가경영에 필요한 자료의 수집 및 이용이라는 의미를 담고 있었는데 18세기 말에서 19세기 초반에 이르러 그 의미가 현대적 의미로 발전하게 되었다.

논리 전개의 대표적 방법으로 연역적 방법과 귀납적 방법을 들 수 있다. 어떤 전제(또는 공리)로부터 결론을 도출하는 연역법과 달리 귀납법은 결과가 주어졌을 때 그와 관련된 전제를 결정하는 문제와 만나게 된다. 연역적 방법과 마찬가지로 귀납적 방법에 의한 논리 전개의 결과도 언제나 완벽하지는 않다. 그러나 많은 경우에 있어, 고전적인 연역적 논리의 매력에 못지않게 관측이나 실험을 통한 귀납적 방법도 훌륭한 과학적 방법이라는 사실을 간과해서는 안 된다. 가령, 멘델(Mendel)의 유전법칙은 수학과 같은 연역적 방법으로 도출된 것이 아니라 오랜 기간에 걸친 멘델의 실험결과, 즉 귀납적 방법에 의해 도출된 불확정 패러다임(indeterministic paradigm)이다. 수학과는 달리, 통계학은 데이터와 같은 경험적 사실에 근거하여 어떤 일반적인 결론을 내리기 위해 불확실성의 수량화를 통한 체계적 방법으로 귀납적 논리 전개를 통해 사용가능한 지식을 도출한다.

어떤 현상을 설명 또는 예측하기 위해 사용되는 통계모형은 그 현상에 내포된 불확실성을 확률을 사용하여 계량화함으로써 불확실성하에서 의사결정을 가능하게 한다. 이러한 불확실성하에서의 의사결정방법, 즉 관찰된 현상이 어떤 특정한 원인으로부터인지 아니면 우연(chance error)에 의한 것인지를 답해 줄 확률에 근거한 믿을 만한 방법이 있는지에 대해서는 비관론과 낙관론이 있었다. 이에 대해 보렐(Borel)을 비롯한 관련 학자들의 '적절한 기준을 선택하면 믿을 만한 방법이 있을 것'이라는 낙관적인 생각은 현대 통계학의 발전에 많은 영향을 끼쳤다. 다양한 분야를 섭렵한 과학철학자이며 통계학의 창시자(founding father)라고 일컬어지는 피어슨(K. Pearson)은 19세기 말 아인슈타인에게도 큰 영향을 준 「The Grammar of

Science」 출간 이후로 통계의 중요성을 시대를 앞서 꿰뚫어 보았으며 통계학에 대한 호기심과 열정으로 많은 성과를 거두었다. 이후, 피셔(R. A. Fisher)는 귀납적 논리에 근거하여 통계적 추정이론을 개선하였으며 최대 가능도를 비롯한 새로운 개념의 도입과 더불어 실험의 계획과 분석 등에 있어 현대 통계학의 기초를 이룩하였다. 나아가 "통계학은 모든 과학의 하인이다" 라고 네이만(J. Neyman)이 말한 것처럼 통계적 방법론은 물론 통계적 사고방식이 다양한 분야에 걸쳐 응용의 꽃을 피우게 되었다.

현대에는 통계적 방법론을 사용하지 않는 분야를 찾아보기가 어려울 정도이며, 주변에서 무수히 많은 적용 사례들을 찾아볼 수 있다. 약품 A가 약품 B보다 더 효과가 있는가? 어린이들에게 읽기를 가르치는 새로운 방법이 효과적인가? 어떤 방파제가 다음 100년 동안 파고를 견뎌낼 것인가? 금융회사의 현재 포지션의 리스크는 어느 정도인가? 30년 후 우리나라 인구분포는 어떻게 될 것인가? 이러한 다양한 질문들에 대한 대답을 통계/통계학이 줄 수 있다. 이뿐 아니라 소셜미디어에서 텍스트마이닝 등의 기법을 사용하여 자료를 얻어 분석하기도 하고, 신용카드 패턴을 실시간으로 분석하여 마케팅에 이용하기도 하는 등 빅데이터 분야에서도 통계적 방법론이 필수적이다.

모든 학문이 그렇듯이 위대한 학자들의 업적 뒤에는 그들을 뒷받침하는 많은 관련 선행연구는 물론 시대적 상황이 있었다. 통계학도 주위 환경의 요구에 따라 생겼으며, 때로는 스스로, 때로는 외부의 환경의 변화에 따라 성장하고 변화하는 모습을 보여 왔다. 오늘날, 컴퓨터 과학의 발전에 따른 계산능력의 거대한 도약을 바탕으로 데이터가 쏟아지고 있다. 이에 따라 통계학은 의미 있는 정보를 도출하고 올바른 의사결정을 해야 하는 요구에 직면하고 있다. 따라서 통계학의 미래와 정체성에 대해 다시 한 번 생각해 볼 필요가 있다.

통계학이란 관심 또는 연구의 대상이 되는 집단으로부터 자료를 수집, 정리하고 분석하며 최적의 의사결정을 할 수 있도록 정확한 정보를 제공하는 방법론이며, 이와 같이 사고하거나 추론하는 방식을 의미한다고 보는 것이 합리적이다. 현대 통계학의 아버지라고 불리는 피셔(R. A. Fisher)의 제자였던 라오(C. R. Rao)는 그의 저서 「Statistics and Truth: Putting Chance to Work」에서 "All knowledge is, in the final analysis, history. All sciences are, in the abstract, mathematics. All judgements are, in their rationale, statistics." 라고 하였다. 우리 주변의 다양한 의사결정에서 통계적 사고와 방법이 널리 사용되길 바라며 이 책을 시작하기로 한다.

차례

I 부 자료의 생산 및 정리

1장 자료의 수집

2장 자료의 정리

3장 자료의 연관

Ⅱ부 확률과 분포

4장 확률

5장 확률변수

10장 분산분석

11장 범주형 자료분석

12장 비모수적 추론

Ⅰ부

자료의 생산 및 정리

제 1 장 자료의 수집

자료를 수집하는 방법은 크게 관측(observation)과 실험(experiment)으로 나누어 볼 수 있다. 관측은 대상이 되는 개체들에게 아무런 조치도 취하지 않고 단지 관측을 통해 결과를 구하는 것인 반면, 실험은 대상이 되는 개체들을 연구의 목적에 부합하는 특정한 조건에서 실험결과를 얻는 것이다.

예제 1.1

유아기의 영어 조기교육이 중학생 영어성취도에 영향을 끼치는지 알아보기 위해 100명의 중학생을 뽑아 그들의 유아기 영어교육 여부와 현재의 영어성취도를 조사했다고 하자. 연구자가 이 중학생들에게 아무런 개입도 하지 않았으므로 이 연구는 관측자료에 근거한 것이다. 같은 목적으로 100명의 유아를 뽑아 그 중 50명에게는 영어 조기교육을 시키고 50명에게는 영어 조기교육을 시키지 않았다고 하자. 이들이 중학생이 되었을 때 영어성취도를 조사하여 유아기 영어교육 여부와 연관시킨다면 이는 실험자료에 근거한 연구이다.

앞의 예제 1.1에서 영어 조기교육의 여부가 중학생의 영어성취도에 영향을 줄 수 있는 변수가 된다. 이렇게 실험이나 관측연구의 결과에 영향을 줄 수 있는 변수를 **설명변수**(explanatory variable)라고 하고, 설명변수의 변화에 따라 값이 결정되는 변수를 **반응변수**(response variable)라고 한다. 실험에서는 설명변수가 반응변수에 주는 영향을 연구하기 위해 설명변수의 특정한 값을 개체들에게 처리하게 되고, 관측연구에서는 특별한 개입 없이 설명변수의 값과 반응변수의 값을 관측하게 된다. 그렇기 때문에 설명변수와 반응변수 사이의 관계를 알아보고자 한다면 실험을 통해 수집된 자료를 분석하는 것이 더 타당하다. 관측연구를 통해서는 연구에 포함되지 않은 다른 변수들의 영향을 제거하기가 매우 어렵기 때문이다. 관측연구의 대표적인 예는 표본조사(sample survey)라고 할 수 있다.

표본조사 과정에서 우리가 정보를 얻고자 하는 대상이 되는 전체 집단을 **모집단**(population)이라고 하고 그 개별 요소를 개체(unit)라고 한다. 모집단의 개체는 사람이나 가구, 학교, 사업체, 동물 등 여러 가지가 가능하다. 이런 모집단 전체를 대상으로 조사하는 것을 **전수조사** 또는 **센서스**(census)라고 하는데, 흔히 모집단은 너무 방대하여 전체를 모두 보려면 시간이나 비용이 너무 많이 들어 어렵거나, 때로는 전체를 모두 보는 것이 아예 불가능할 수도 있다. 그래서 모집단의 특성을 대표할 수 있는 모집단 전체의 일부를 **표본**(sample)으로 뽑아 여기에 속한 개체의 특성을 나타내 주는 변수(variable)를 관측함으로써 얻어진 자료에 근거하여 모집단 전체에 대한 추론을 하게 된다.

예제 1.2

전국의 남자 고등학생의 키에 대해 연구하고자 할 때, 모집단은 전국의 남자 고등학생 모두를 모아놓은 집단이 되고, 집단 안의 학생 한 명 한 명이 개체가 된다. '키'라고 하는 변수는 개체의 특성을 나타내며 개체별로 다른 값을 가지게 된다. 이 모집단에서 10,000명을 뽑아서 그들의 키를 측정한다고 하면, 10,000명의 학생들이 표본을 형성하게 되고 이들의 키가 우리가 사용할 자료가 된다. 물론 키 외에도 나이나 몸무게, 허리둘레 등 다른 변수들을 함께 조사할 수 있다. 전국의 남자 고등학생의 키의 평균은 모집단의 특성치인 모수(parameter)이며, 관측된 표본으로부터 구한 평균키는 모수에 대한 추론을 할 때 사용된다.

자료를 수집함에 있어서 연구와 분석의 목적에 부합하도록 체계적이고 과학적으로 접근해야 한다. 1.1절에서는 표본조사, 1.2절에서는 실험에 대해 자세히 알아보자.

1.1 표본조사

연구에서 원래 관심의 대상이 되는 모집단에 대한 추론은 표본에 근거하므로 표본은 모집단을 대표할 수 있어야 한다. 이 장에서는 자료를 수집하는 데에 어떤 표본추출방법이 있는지, 어떻게 하면 올바른 자료를 얻을 수 있는지에 대해 다루어보겠다. 이러한 과정에 필요한 관련 용어들을 정리하면 다음과 같다.

- **모집단**(population) – 우리가 정보를 원하는 대상이 되는 모든 사람, 가구, 사업체 등
- **개체**(unit) – 모집단의 개별 요소
- **표본**(sample) – 모집단에 관한 정보를 얻기 위하여 사용되는 모집단의 일부
- **표본추출틀**(sampling frame) – 표본이 추출될 개체들의 목록(표본추출틀로부터 표본이 추출된다.)

- **변수**(variable) - 개체의 특성(표본 내 개체들에 대하여 변수가 측정된다.)
- **모수**(parameter) - 모집단의 특성을 나타내는 특성치(표본이나 실험을 통해 구한 자료에 근거하여 모수에 대한 추론을 진행한다.)

예제 1.3: 경제활동인구조사

통계청은 매월 경제활동인구조사 등을 위하여 가구대상 표본조사를 실시한다. 경제활동인구조사는 15세 이상을 대상으로 한 고용통계조사로 매월 15일이 포함된 1주간을 조사대상 주간으로 하며 조사항목은 성별, 생년월일, 교육정도 등 기본적인 인적사항과 더불어 취업여부, 구직여부, 취업시간, 산업, 구직방법, 구직기간, 이직사유 등의 항목을 포함한다. 이 과정에서 사용되는 표본추출틀은 인구주택총조사 자료이며 실제 조사가 매우 곤란한 섬과 일반적 특성을 갖지 못하는 기숙 및 특수사회시설은 표본틀에서 제외된다. 표본의 크기는 약 30,000가구(2002년 기준)이다.[1)]

표본조사에서 표본은 표본추출틀이라고 하는 표본이 추출될 개체들의 목록으로부터 추출된다. 만약 표본추출틀이 불완전하게 작성된다면 표본에 뽑힐 가능성이 없는 개체들이 존재하게 되어 표본이 모집단을 제대로 대표할 수 없게 된다. 완전하게 작성된 표본추출틀을 이용한 **단순랜덤표본**(simple random sample)은 모집단을 잘 대표할 수 있는 표본이라고 할 수 있는데, 크기가 n인 단순랜덤표본은 모집단으로부터 크기가 n인 모든 가능한 집단을 생각했을 때 이들이 표본으로 뽑힐 확률이 동일하도록 뽑는 표본을 말한다. 모집단의 특정한 부분집합이 뽑힐 가능성이 더 크다든지 하는 경향성이 없는 추출방법으로 표본추출방법들의 기준(benchmark)으로도 활용된다.

N개의 개체로 이루어져 있는 모집단에서 n개의 개체들을 단순랜덤표본으로 뽑는 방법은 다음과 같다. 우선, 모집단에 속하는 개체들에게 1부터 N까지의 번호를 부여한다. 그리고 1부터 N까지의 자연수 하나씩이 쓰여 있는 공들을 큰 항아리에 넣고 잘 섞은 다음 로또추첨을 하듯이 랜덤하게 n개의 공을 뽑는다. 뽑힌 공에 쓰여 있는 번호를 가진 개체를 표본에 포함한다. 실제 문제에서 이런 공들과 항아리를 사용하기는 어려우므로, 난수표(random digit table)나 난수생성 프로그램을 사용하게 되지만 원리는 같다. 난수표를 이용하여 20명의 학생들 중 4명을 랜덤하게 뽑고자 한다면, 우선 난수표에서 랜덤하게 하나의 행을 선택하여 적절한 숫자를 4개 뽑

1) 국가통계 바로알기(2005) 김설희 외 7인, 통계청

을 때까지 난수를 읽으면 된다. 학생들이 20명이므로 난수표를 2자리씩 읽어서 1부터 20사이의 숫자를 4개 뽑을 때까지 계속하며, 숫자가 중복되면 버린다. 예를 들어 난수표의 행을 랜덤하게 선택했더니 다음과 같은 행이 뽑혔다고 하자.

72418 53690 63927 41805 51870 24963 26395 78014 48206 19375 94632 07581

2자리씩 읽을 때 72, 41, 85, 36, 90, 63, 92, 74는 1에서 20 사이의 숫자가 아니므로 버리고, 그 다음 숫자인 18번째 학생을 선택한다. 다음으로는 5번째, 2번째, 14번째 학생을 선택하면 된다. 숫자가 더 필요하면 난수표의 다음 행으로 진행한다.

이와 같은 랜덤화(randomization)[2]는 수리적으로 정의되지는 않지만 불확실성을 가장 잘 나타내며, 다음 예제 1.4와 같은 실생활에서의 활용 사례를 생각할 수 있다.

예제 1.4: 1970년 미국 Draft Lottery

월남전이 한창인 1960년대 말 미국은 징병제 시행에 많은 논란이 있었다. 이에, 1970년 징병제는 대상자들을 다음과 같은 랜덤화를 통해 뽑음으로써 공정성을 꾀하고자 하였다. 1년 366일(2월 29일 포함)의 날짜가 표시된 캡슐을 커다란 통에 넣고 잘 섞은 다음 캡슐을 랜덤으로 비복원추출하는 것이었다. 맨 처음으로 9월 14일 표시된 캡슐이 뽑혔고, 두 번째로는 4월 24일이 적힌 캡슐이 뽑혔으며 이런 과정이 계속되었다. 이는 9월 14일 태어난 사람이 맨 처음, 그리고 4월 24일 태어난 사람이 두 번째 징병 대상자라는 것을 의미한다. (추출결과로 만들어진 '징병 달력'은 〈표 1.1〉에 주어져 있다.)

2) 이 책에서 임의, 무작위, 랜덤은 같은 의미로 사용된다.

〈표 1.1〉 1970년 징병 달력(A DRAFTEE'S CALENDAR FOR 1970)

Day	Month											
	Jan	Feb	Mar	Apr	May	Jun	Jul	Aug	Sep	Oct	Nov	Dec
1	305	086	108	032	330	249	093	111	225	359	019	129
2	159	144	029	271	298	228	350	045	161	125	034	328
3	251	297	267	083	040	301	115	261	049	244	348	157
4	215	210	275	081	276	020	279	145	232	202	266	165
5	101	214	293	269	364	028	188	054	082	024	310	056
6	224	347	139	253	155	110	327	114	006	087	076	010
7	306	091	122	147	035	085	050	168	008	234	051	012
8	199	181	213	312	321	366	013	048	184	283	097	105
9	194	338	317	219	197	335	277	106	263	342	080	043
10	325	216	323	218	065	206	284	021	071	220	282	041
11	329	150	136	014	037	134	248	324	158	237	046	039
12	221	068	300	346	133	272	015	142	242	072	066	314
13	318	152	259	124	295	069	042	307	175	138	126	163
14	238	004	354	231	178	356	331	198	001	294	127	026
15	017	089	169	273	130	180	322	102	113	171	131	320
16	121	212	166	148	055	274	120	044	207	254	107	096
17	235	189	033	260	112	073	098	154	255	288	143	304
18	140	292	332	090	278	341	190	141	246	005	146	128
19	058	025	200	336	075	104	227	311	177	241	203	240
20	280	302	239	345	183	360	187	344	063	192	185	135
21	186	363	334	062	250	060	027	291	204	243	156	070
22	337	290	265	316	326	247	153	339	160	117	009	053
23	118	057	256	252	319	109	172	116	119	201	182	162
24	059	236	258	002	031	358	023	036	195	196	230	095
25	052	179	343	351	361	137	067	286	149	176	132	084
26	092	365	170	340	357	022	303	245	018	007	309	173
27	355	205	268	074	296	064	289	352	233	264	047	078
28	077	299	223	262	308	222	088	167	257	094	281	123
29	349	285	362	191	226	353	270	061	151	229	099	016
30	164		217	208	103	209	287	333	315	038	174	003
31	211		030		313		193	011		079		100

표본을 추출할 때 랜덤표본을 사용하지 않으면 모집단의 일정 부분에 치우치는 **편향**(bias)이 발생하게 되는데, 이러한 편향이 발생하는 이유는 여러 가지가 있다. 편의표본추출방법(convenience sampling)은 체계적이고 과학적인 추출방법을 사용하지 않고 사용자의 편의에 따라 표본을 추출하는 것인데, TV 뉴스 등에서의 인터뷰, 인터넷 포털사이트에서의 의견조사 등이 이에 해당한다고 볼 수 있다. 사회적인 이슈가 등장할 때, 미디어는 사람들이 많이 모이는 기차역이나 지하철역, 번화가 등에서 인터뷰를 통해 여론을 보여 주고는 하지만 이러한 방법은 그 시간, 그 장소에 우연히 있었던 사람만이 표본에 포함될 수 있는 편의표본추출방법으로, 이러한 표본을 통해서 전 국민의 의견을 추론하는 데에는 무리가 있다. 또, 인터넷 포털사이트들은 여러 종류의 투표(poll)를 띄워두고 접속자들이 직접 참여하게 한 후 결과를 보여준다. 이렇게 스스로 표본에 들어가겠다고 선택한 사람들만 뽑힐 수 있는 표본을 자

발적 표본(voluntary sample) 또는 자기선택 표본(self-selected sample)이라고 하며, 그 인터넷 사이트를 이용하는 사람 중에서 특정한 이슈에 대해 투표에 참여하겠다는 마음이 들 정도로 강한 의견이 있는 사람들로만 표본이 구성되기 때문에 일반적인 여론을 대표할 수 없게 된다. 이런 표본들은 모두 편향표본(biased sample)이다. 표본의 크기가 크다고 해서 모집단을 잘 대표할 수 있는 것이 아니라, 편향이 없는 것이 중요하다. 매우 큰 크기의 표본이 모집단을 제대로 대표할 수 없었던 다음과 같은 역사적인 예가 있다.

예제 1.5

1936년 미국대통령 선거는 민주당 후보인 루즈벨트(F. Roosevelt)와 공화당 후보인 랜든(A. Landon)이 대결하였다. 당시 영향력 있던 주간잡지였던 리터러리 다이제스트(Literary Digest)는 여론조사를 위해 무려 1,000만 부의 설문지를 사용하였으며, 그 결과 랜든은 57%, 그리고 루즈벨트는 43%의 지지율을 보였다. 그러나 실제 선거에서는 루즈벨트가 62.5%의 압도적 지지를 얻는 반대의 결과가 나왔다. 과연 무엇이 이런 잘못된 예측들을 초래했을까? 이에 대한 후속 연구들은 다음과 같은 오류를 말하고 있다. 우선, 조사대상을 추출하는 표본추출틀로 '리터러리 다이제스트 구독자 리스트' 또는 '전화번호부'가 사용되었는데 이는 당시 상황에서 공화당 지지자들이 많은 부분을 차지하고 있다는 사실을 간과한 것으로 선택편향(selection bias)이 발생했다고 여겨진다. 아무리 많은 유권자들을 조사대상자로 삼았더라도 공화당 지지자들이 대부분인 표본추출틀을 사용하는 것은 모집단을 전혀 대표하지 못한 결과를 초래하였다. 다음으로는 1,000만 부의 설문지 중에서 오직 240만 부만 응답한 무응답편향(nonresponse bias)이 일어났으며, 무응답률이 높다면 응답한 개체들이 모집단을 잘 대표한다는 보장을 할 수 없게 되므로 그릇된 결과를 낳을 수 있다.

데이터를 사용하여 올바른 의사결정을 하기 위해서는 데이터를 수집하는 단계에서부터 체계적이고 과학적인 노력이 필요하다. 단지 데이터의 양이 많다는 이유만으로 올바른 결과가 얻어진다는 것은 매우 그릇된 생각이다. 때로는 데이터 수집과정에서 응답편향(response bias)이 발생할 수도 있다. 이것은 민감한 이슈에 대해서 거짓을 말하거나, 모호한 질문이나 너무 오래전 일에 대한 질문에 대해 잘못된 응답을 하는 경우 발생한다. 이런 편향을 막기 위해 설문을 만들 때 질문을 모호하게 만들거나 한쪽의 대답을 유도하는 식으로 만들어서는 안 되며, 너무 오래된 일을 질문

해서도 안 된다. 민감한 이슈에 대해서도 응답편향을 줄일 수 있는 워너(Warner)의 랜덤화 방법(Warner's Randomized Response Model)이 알려져 있다.

예제 1.6: 워너의 랜덤화 방법

응답하기 곤란한 질문에서 응답편향을 줄일 수 있는 방법으로 사회학자 워너(Warner)는 다음과 같은 랜덤화 방법을 제안하였다. 예를 들면, 마약경험여부와 같이 응답하기 곤란한 질문에 대하여 두 개의 질문을 만든다. 첫 번째 질문은 '당신의 아버지의 생일은 홀수 날입니까?'이고, 두 번째 질문은 응답하기 곤란한 '당신은 마약경험이 있습니까?'이다. 이제, 응답자는 동전을 던져 앞면이 나오면 첫 번째 질문에 그리고 뒷면이 나오면 두 번째 질문에 응답하면 된다. 응답자는 동전의 어떤 면이 나왔는지 질문자에게 알릴 필요가 없으며 단지 '예' 또는 '아니오'만을 답변함으로써 '예'라는 대답을 할 경우의 난처함을 줄일 수 있을 것이다. 동전의 각 면이 나올 확률(=1/2)을 알고 있을 때, 이 질문에 대한 응답을 통해 마약경험이 있는 응답자의 비율을 구할 수 있다.

대학생의 인식조사를 할 때 단순랜덤표본을 사용하는 경우 우연히 1, 2학년 학생이 대거 뽑히고 3, 4학년 학생은 거의 뽑히지 않는다면 저학년 학생들의 의견이 너무 많이 반영될 수 있다는 우려가 있을 수 있다. 이런 경우에는 1, 2, 3, 4학년을 나누어서 각 학년 안에서 주어진 크기의 단순랜덤표본을 추출하는 **층화표본추출**(stratified sampling)을 이용할 수 있다. 층화추출은 모집단을 몇 개의 층으로 나누어 각 층에서 단순랜덤표본을 뽑는 방법으로, 모집단에 속하는 개체가 어느 층(stratum)에 속하는지를 알아야 한다. 각 층 내부는 동질적인 속성을 갖는 반면에, 각 층들 간에는 이질적인 배타적 속성을 갖는다. 이러한 층화표본추출은 층을 구성하는 하위집단에 대한 정보가 주어지며 각 층들이 동질적인 경우 통계적 정밀도를 높일 수 있다는 장점이 있다.

예제 1.7: 예제 1.3 계속

예제 1.3에서 소개한 경제활동인구조사는 인구주택총조사 자료를 표본추출틀로 사용하였다. 표본의 모집단에 대한 대표성을 확보하기 위하여 공표단위인 7개 도시(특별시와 광역시)와 9개 도로 층화하였고, 9개 도에 대해서는, 도시지역인 '동부'와 군지역과 읍면지역인 '읍면부'가 고용 형태 및 소득, 소비구조 등에 차이가 있으므로 '동부'와 '읍면부'로 다시 층화하였다(이는 다단계 층화표본추출의 예가 된다). 이와 같은 층화방법은 각 층 내에서는 동질적이고 층 사이에는 이질적이므로 통계적 정밀성을 높일 수 있다. 나아가, 공표단위(7개 도시와 9개 도)별로 독립적인 추정이 가능하다는 장점이 있다.

군집표본추출(cluster sampling)은 표본추출단위로 개체 각각이 아닌, 개체들로 이루어진 '집단'을 무작위로 선택한 후, 그 선택된 '집단'들 내에 있는 모든 개체들을 표본으로 추출하는 방법이다. 이러한 과정에서 '집단'을 '군집(cluster)'이라고 하고 이러한 표본추출방법을 군집표본추출법이라고 한다. 단순랜덤표본추출에 현실적인 제약이 있을 때 이용될 수 있으며, 개체에 대한 표본추출틀이 없어도 실행할 수 있다는 장점을 갖는다. 이러한 군집표본추출은, 집단 내부는 이질적인 속성을 그리고 집단 간에는 동질적인 속성을 갖는 점이 층화표본추출과 상반된다.

예제 1.8

단순랜덤표본은 좋은 표본추출방법이기는 하지만 실제로 적용할 때 어려움이 있을 수 있다. 서울에서 1,000개의 가구를 뽑아서 전기요금누진제에 대한 의견조사를 한다고 하자. 이때 단순랜덤표본을 뽑으면 한 가구를 조사하기 위해 먼 거리를 가야 하는 어려움이 생길 수 있다. 또한 구, 동, 통과 반 정보는 정확히 가지고 있으나 반 안에서 가구의 정보는 완벽하지 않은 경우 가구를 추출하기 위한 표본추출틀이 불완전하게 된다. 이런 경우 서울시에서 랜덤하게 구를 뽑은 다음, 뽑힌 구 안에서 동을 뽑고 다시 뽑힌 동 안에서 반을 뽑은 다음, 뽑힌 반에 속하는 가구를 모두 다 조사하는 식으로 표본을 뽑는 방법을 고려할 수 있다. 이것은 몇 개의 추출단계를 사용하는 다단계추출방법이기도 하다. 이렇게 하면 가구단위의 표본추출틀이 완전하지 않더라도 선택편향을 막을 수 있고 한두 가구를 조사하기 위해 멀리 이동하는 어려움을 줄일 수 있다.

계통표본추출(systematic sampling)은 모집단의 크기를 원하는 표본크기로 나누어 추출간격 k를 정하고 첫 번째 추출할 개체를 임의로 정한 후 이후 추출한 개체로부터 k번째 나타나는 개체를 계속해서 표본에 포함시키는 방법이다. 표본추출틀이

랜덤하다면 쉽게 랜덤표본을 뽑을 수 있지만 표본추출틀이 주기성(periodicity) 등의 경향성을 가진다면 편향된 표본을 얻을 가능성이 있다.

예제 1.9

총선에서 출구조사(exit poll)를 실시하고자 한다. 이때 계통표본추출방법을 다음과 같이 적용할 수 있다. 총 1,000명으로 구성된 모집단에서 50명을 표본으로 뽑는다고 가정하자. 전체 모집단 대상자인 1,000을 표본크기 50으로 나누면 k=20이 된다. 표본추출틀로부터 1번부터 20번 사이에서 무작위로 한 명을 선택하였는데 7번 대상자가 선택되었다고 가정해 보자. 그러면, 7번으로부터 k=20번째 위치한 27번을 뽑고, 또 다시 27번으로부터 k=20번째 위치한 47번을 뽑는 방식으로 표본크기가 50명이 될 때까지 이 과정을 계속한다.

모든 표본조사에 있어서 연구의 목적에 맞는 통계적 정밀도를 얻기 위해서는 필요한 표본추출방법과 더불어 표본크기가 결정되어야 하며, 이러한 사항들은 자료수집 단계에서 미리 고려되어야 한다. 표본크기의 결정은 7장에서 자세히 다루어진다.

1.2 실험

영국 사람들은 차(tea)를 자주 마시는데 차에 우유를 타서 마시는 경우가 많다고 한다. 컵에 차를 먼저 따르고 우유를 넣는 경우와 우유를 먼저 넣고 차를 따르는 경우 맛이 달라질까? 어떤 부인이 자신은 두 경우를 정확히 구분한다고 말했다. 이 부인의 주장이 맞는지 어떻게 확인할 수 있을까? 이 예는 영국의 유명한 통계학자 피셔(R. A. Fisher)의 책 「The design of experiments(1935)」에 나오는 것이다. 이것은 실제로 피셔의 경험담이라고 하는데, 피셔는 다음과 같이 실험을 설계할 것을 제안한다. 그의 실험은 우유를 먼저 넣은 4개의 컵과 나중에 넣은 4개의 컵을 그 부인에게 랜덤한 순서로 내어주고 두 경우에 대해 몇 개를 맞추는지 기록한 다음, 몇 개를 맞추면 이 부인의 주장이 맞다고 할 수 있을지 확률계산을 통해 검정하는 것으로 끝난다. 검정의 부분은 8장에서 자세히 다루어질 것이고, 이 장에서는 이와 같은 실험을 어떻게 설계할 것인지에 대해 알아보겠다.

1.2.1 실험계획의 원리

실험을 통한 자료수집은 실험환경을 통제하고 조정한다는 점에서 표본조사와 구별된다. 모집단을 기술하기보다는, 변수의 영향을 연구하는 경우에 실험을 통한 데이터의 수집이 선호된다. 이러한 과정에 필요한 관련 용어들을 정리하면 다음과 같다.

· **실험단위**(experimental unit) – 실험이 수행되는 개체
· **변수** – 실험단위에서 측정되는 특성
· **반응변수**(종속변수) – 처리에 의해 변화하는 우리가 연구하고자 하는 변수
· **설명변수**(독립변수) – 반응변수에 영향을 주는 변수
· **처리**(treatment) – 실험단위에 적용되는 특정한 실험조건

실험계획의 원리: 분석의 목적에 맞는 올바른 자료를 구하기 위한 원리로 비교실험, 랜덤화, 블록화, 반복 등이 있다.

1. **비교실험:** 실험은 처리집단(treatment group)과 대조집단(control group)을 비교해야 한다. 그래야만 실험의 결과가 처리의 효과에 의한 것이라는 것을 보일 수 있다.

예제 1.10

새로운 진통제를 개발한 제약회사가 이 약의 효과를 보기 위해 실험을 하고자 하는데, 50명의 만성두통 환자들에게 약을 주고 두통이 시작되면 약을 먹으라고 했다고 하자. 약을 먹은 지 얼마의 시간이 지난 후 50명 중에 35명이 나아졌다고 보고했다. 이때 두통의 완화가 이 진통제의 효과를 보여 줄 수 있는가? 그저 시간이 지났기 때문에 나아진 것일 수도 있고, 다른 진통제를 먹어도 같은 효과가 있을 수도 있다. 새로운 진통제를 개발했다면 이 진통제의 장점을 홍보해야 하는데 이 실험은 처리집단만 있고 대조집단이 없기 때문에 그 장점을 증명할 수 없다. 50명의 환자들을 랜덤하게 두 집단으로 나누고 한 집단에는 새로운 진통제를, 다른 집단에는 기존에 흔히 사용되는 진통제를 주고 효과를 비교한다면, 새롭게 개발된 약의 효용을 보여 줄 수 있다.

2. **랜덤화:** 실험에 참여하는 개체들을 처리집단과 대조집단에 나눌 때는 랜덤하게 나누어야 한다. 이는 두 집단을 동질적으로 만들어, 있을 수 있는 잠재변수의 영향을 줄이기 위한 것이다.

예제 1.11: 예제 1.10 계속

앞의 예제 1.10에서 50명을 두 집단으로 나눌 때 한 집단에 모두 여성이 배정되고 다른 집단에 모두 남성이 배정된다든지, 한 집단에 모두 나이가 젊은 사람이 배정된다든지, 한 집단에 상대적으로 건강한 사람들이 모두 배정된다든지 하여 경향성이 나타나게 되는 경우를 배제하기 위해, 연구자가 생각할 수 있는 모든 변수를 고려하여 집단을 나눈다고 하자. 그런 경우에도 미처 생각하지 못한 변수를 놓치게 된다면 여전히 한쪽으로 경향성이 나타날 수 있다. 그러므로 주관적인 판단이 아니라 객관적이고 치우치지 않은 방법으로 그룹을 나누는 것이 좋을 것이다. 이것이 랜덤화의 원리이다. 50명 가운데 누가 새로운 진통제를 받을 것인지는 동전던지기 등을 통해 랜덤하게 결정해야 한다는 것이다. 랜덤하게 개체를 배정하면, 특히 개체의 수가 많은 경우, 두 집단은 다른 변수들에 대해 동질적으로 구성될 것으로 기대할 수 있다. 랜덤화는 다른 변수의 영향을 제거하는 것이 아니라 그 영향을 처리집단과 대조집단에 동일하게 할당하여 두 집단의 차이가 처리에 의한 것임을 확실히 하고자 하는 것이다. 두 집단의 차이가 단순히 우연한 것으로 보기에 너무 큰 경우, 그 차이는 통계적으로 유의하다(statistically significant)고 하고, 처리의 효과가 있다고 해석한다.

실험대상들을 처리방법에 랜덤하게 배치함으로써 거짓된 처리효과를 배제하는 것은 실험계획의 필수적인 요소 중의 하나이다. 그러나 이런 랜덤배치가 사회경제, 교육, 건강에 대한 연구 등에서 현실적으로 가능하지 않을 수 있다. 가령, 특정 암에 대한 흡연의 영향 연구에서 연구대상자들을 흡연집단과 비흡연집단에 랜덤하게 배치하는 것을 포함하여 실험 외적 환경을 통제하는 것이 가능하지 않을 수 있으며, 이런 경우 장기간 관측연구를 통해서만 두 집단 간의 차이를 알아 볼 수밖에 없다. 실제로, 흡연이 폐암 및 여러 질병의 원인이 된다는 결론을 내리기까지는 오랜 연구과정이 소요되었다.

3. **블록화**: 블록화는 처리에 대한 개체들의 반응에 영향을 줄 것이라고 생각되는 변수가 있을 때 그 변수에 대해 동질적인 개체들로 그룹을 만드는 것이다. 블록을 만든 다음에는 블록 내에서 처리집단과 대조집단을 랜덤하게 나누어 실험을 진행한다. 블록 내에서 처리와 대조집단을 비교함으로써 블록화에 이용된 변수의 영향을 배제할 수 있다. 예제 1.10에서 만약 새로 개발된 진통제의 효과가 성별에 따라 다르게 나타난다고 의심되는 경우, 성별이라는 변수를 블록으로 취급하여 그 효과를 배제할 수 있다.

4. **반복:** 실험의 결과가 우연히 나온 것이 아니라는 것을 반복을 통해 보일 수 있다. 반복해서 동일하게 나오는 결과는 실험에 대한 신뢰성을 높인다. 예제 1.10에서 처리집단 내의 25명, 대조집단 내의 25명이 반복이 되고, 성별로 블록화를 했다면 블록 내에서 처리 또는 대조집단에 속한 개체의 수가 반복의 횟수가 된다.

체계적이고 효율적인 실험계획을 통해 구한 자료는 실험 외적 환경을 통제함으로써 처리방법의 효과나 변수들 사이의 관계를 규명하는 데 매우 유용하다. 어떤 의약품의 효과를 알기 위한 자료수집과정에서 고려해야 하는 다른 사항으로 위약효과(placebo effect)나 이중눈가림(double-blind) 실험을 생각할 수 있다. **위약효과**는 참여개체의 심리상태가 결과에 영향을 미치게 되는 것을 말한다. 처리집단에는 투약을 하고 대조집단에는 투약을 하지 않았을 때, 대조집단은 투약을 하지 않았으니 병이 나아지지 않을 거라고 생각하고 처리집단은 투약의 효과로 병이 나아질 것이라고 생각할 수 있다. 두 집단 모두에게 투약을 하되, 처리집단에게는 진짜 약을, 대조집단에게는 위약을 투약하고, 참여개체들이 진짜 약인지 위약인지 모르도록 한다면, 이런 심리상태가 결과에 영향을 미치지 않을 것이다. **이중눈가림법**은 개체들 스스로 어떤 처리를 받고 있는지 모를 뿐 아니라 결과를 기록하고 보고하는 검사자들도 각 개체들이 어떤 처리를 받고 있는지 모르도록 하는 방법이다. 어떤 치료법의 효과를 알아볼 때, 환자의 상태를 검사하는 의료진이 치료법에 대해 특정한 의견을 가지고 있다고 해 보자. 어느 환자가 어떤 처리를 받고 있는지 검사자가 알고 있다면 개인적인 의견이 환자의 상태를 문진할 때 반영될 가능성이 있다. 이중눈가림법을 쓰면 검사자의 의견이 결과에 영향을 미치지 않도록 할 수 있다.

1.2.2 실험설계방법

실험은 설명변수가 아닌 다른 변수들에 의한 교락효과를 제어하고 처리방법 사이의 차이에 의해 설명변수와 반응변수 사이의 관계가 밝혀질 수 있도록 효율적으로 설계되어야 한다. 실험단위들을 처리조건에 배치하는 실험설계에는 다음과 같은 방법들이 있다.

완전임의화설계(completely randomized experimental design): 가장 기본적인 임의설계방법으로 동질적인 실험단위들을 각 처리집단에 랜덤화 과정을 거쳐 배치한다. 실험단위들이 각 처리집단에 배치될 가능성이 동일하다.

예제 1.12

비료의 종류에 따라 옥수수의 생산량을 비교하는 실험을 생각해 보자. 두 개의 필드(field)를 보다 작은 단위인 플롯(plot)으로 나누고 각 플롯을 비료 A, B, C에 랜덤하게 배치한다. 그리고 각 플롯에 심겨진 옥수수의 생산량을 측정하여 세 종류 비료의 효과를 비교한다면 이 설계는 완전임의화설계이다. 실험단위는 플롯이고 설명변수는 비료, 반응변수는 옥수수의 생산량이 될 것이다.

임의화 블록 설계(randomized block design): 실험단위들을 유사한 것끼리 묶어서 몇 개의 동질적인 블록으로 나눈 후에 각 블록 내에서 실험단위들을 랜덤으로 배치하는 방법이다. 잠재적인 교락효과를 줄이는 효과를 기대할 수 있으며, 완전임의화설계를 사용했을 때 실험단위들이 한쪽으로 치우칠 가능성을 배제하는 장점이 있다.

예제 1.13

예제 1.12의 옥수수의 생산량 실험을 다시 고려하자. 큰 농지단위들 사이에는 햇빛의 양이나 물빠짐의 정도, 토양의 비옥도 등에 차이가 있을 수 있다. 즉, 필드가 다르면 이러한 성질들이 달라서 그 차이가 실험에 영향을 줄 수 있으므로, 필드를 블록으로 취급하여 각 필드 내에서 플롯들을 세 종류 비료에 랜덤하게 배치하는 방법을 사용한다면 이는 임의화 블록 설계가 된다.

짝짓기 설계(matched pair design): 실험집단의 한 실험단위와 가장 유사한 대응짝을 대조집단의 한 실험단위로 하여 서로 짝짓기하는 방법이다. 임의화 블록 설계에서 블록의 크기가 2인 설계라고 할 수 있다. 한 개체에 대하여 두 가지 처리를 반복적으로 측정하거나, 쌍둥이와 같이 서로 연관된 개체들을 묶어서 실험을 할 때, 처리를 제외한 다른 변수들의 영향을 제거할 수 있는 방법이다.

예제 1.14

신발 밑창을 만드는 두 종류의 재료를 비교하기 위해 실험을 하고자 한다. 10명의 남자 어린이들에게 재료 A로 만들어진 신발과 재료 B로 만들어진 신발을 신게 하고 일정 시간이 지난 후 밑창이 얼마나 닳았는지 퍼센트로 측정하였다. 어린이들의 성향이 서로 다르므로 어떤 재료를 쓰든지 신발의 닳는 정도는 활동적인 어린이에게서 높게 나타나고 비활동적인 어린이들에게서 낮게 나타날 것으로 생각된다. 이러한 성향 차이가 실험의 결과에 영향을 주지 않도록, 모든 어린이가 한쪽에는 재료 A, 다른 한쪽에는 재료 B로 만들어진 신발을 받아 신게 하였다. 어느 쪽 발에 재료 A로 만들어진 신발을 신을 것인지는 랜덤하게 결정하였다. 이 실험의 결과로 신발의 닳은 정도를 조사한 자료가 다음 표[3]에 정리되어 있다. 이 실험에서 실험단위는 남자 어린이의 한쪽 발이 될 것이고, 오른쪽 발과 왼쪽 발이라는 두 실험단위가 한 어린이에게 속하여 서로 연관되어 있으므로 이 설계는 짝짓기 설계가 된다. 짝짓기 설계를 블록 크기가 2인 임의화 블록 설계로 보면, 실험에 참여한 각각의 어린이들이 블록이 되어 이 실험에는 10개의 블록이 있는 셈이다. 짝을 이루는 관측값들의 차이를 분석하면 다른 변수들의 영향을 배제한 설명변수의 영향을 파악할 수 있게 되고, 이러한 분석방법은 7장과 8장에서 자세히 다루도록 하겠다.

〈표 1.2〉 남아 신발 예제: 재료 A와 재료 B로 만들어진 신발 밑창의 닳은 정도를 퍼센트로 측정(A-foot은 재료 A로 만들어진 신발 밑창을 어느 쪽(L: 왼쪽, R: 오른쪽)에 신었는지를 나타냄)

Boy	A-foot	A	B
1	L	13.2	14.0
2	L	8.2	8.8
3	R	10.9	11.2
4	L	14.3	14.2
5	R	10.7	11.8
6	L	6.6	6.4
7	L	9.5	9.8
8	L	10.8	11.3
9	R	8.8	9.3
10	L	13.3	13.6

위에서 설명한 설계방법 외에도 인자가 여러 개인 경우, 또는 처리방법의 반복 여부 등에 따라 다양한 실험설계방법들이 존재한다. 통계학자 피셔(R. A. Fisher)는 실험계획의 중요성에 대해 다음과 같은 말을 남겼다. “자료수집과정이나 실험설계과정을 철저히 분석 조사함으로써 같은 시간과 노력으로 10배 이상의 효과를 얻을 수 있을 것입니다. 실험이 끝난 후 통계전문가와 상의하는 것은 그에게 시체부검을 요청하는 것과 같습니다. 아마도 그는 실험이 망가진 이유에 대해 언급할 것입니다.”

3) 자료출처: Box, Hunter, and Hunter(2005) Statistics for experimenters: design, innovation, and discovery, 2nd ed.

1장 연습문제

01 1번부터 600번까지 번호가 주어져 있는 600명의 참가자 중에서 10명을 뽑아 경품을 주려고 한다. 다음 난수표의 첫줄부터 사용하여 10명을 랜덤하게 뽑는다면 어떤 번호의 참가자들이 뽑히게 되는가?

23146	93414	94419	03749	27350	31888	12012	31640	73412	11355	68362
72001	41181	32477	00310	82608	50848	31294	83007	93419	83063	70781
40356	13176	41393	86327	54642	30490	87719	31930	45056	22860	88173

02 1번부터 600번까지 번호가 주어져 있는 600명의 참가자 중에서 10명을 뽑아 경품을 주려고 한다. 계통추출법으로 크기 10인 표본을 뽑는 방법을 설명하시오.

03 예제 1.5에서 다룬 리터러리 다이제스트(Literary Digest)의 큰 실수 이후 조사기관들은 조사대상을 추출하는 개선책으로 표본이 모집단을 대표할 수 있도록 고안된 할당표본추출법(quota sampling)을 활용하였다. 할당표본추출법은 모집단을 특성(가령, 성, 연령, 인종 등)에 따라 층을 형성하고 층별로 배정된 크기의 표본을 조사대상자로 선정하는 표본추출법이다. 이러한 할당표본추출법은 1948년 미국 대통령 선거에서 예측에 고배를 마셨다. 할당표본추출법의 가능한 단점에 대해 설명하시오.

04 어떤 세무서에서는 개인 소득세에 관한 부실신고율을 추정하기 위하여 1,000개의 소득신고서에서 10개를 표본으로 추출하여 정밀조사를 하고자 한다. 그런데 1,000개의 소득신고서는 소득규모에 의해 5,000만 원 이상인 100개의 소득신고서와 5,000만 원 이하인 나머지 900개의 소득신고서로 구성된 두 집단으로 나눌 수 있다고 한다. 이때 사용할 수 있는 단순랜덤표본추출법과 소득규모에 의해 층화된 층화랜덤표본추출법의 장단점을 비교하시오.

05 어느 광역자치단체에서 지역주민의 소득에 관한 표본조사를 시행하고자 한다. 해당지역을 도심지역과 주변지역으로 구분할 수 있다고 할 때, 지역에 따른 층화임의표본추출법(stratified random sampling)의 과정과 장점을 자세히 설명하시오.

06 모집단의 크기를 알고자 할 때 흔히 사용하는 방법으로 표집-재표집 추출법(capture-recapture sampling)이 있다. 이동하는 철새집단의 크기나 어느 강에 살고 있는 특정 물고기집단의 크기, 어느 산림지역에 살고 있는 특정 야생동물집단의 크기 등 주로 야생생물에 대한 연구에 사용된다. 이 추출법은 두 번의 표본채집이 필요한데, 첫 표본에 뽑힌 개체에 특정한 표시를 해서 다시 돌려보낸 다음 첫 표본과는 독립적으로 뽑힌 두 번째 표본에 포함된 개체 중에 표시된 개체가 몇 개나 있는지 확인하여 그 비율을 통해 모집단의 크기를 추정하게 된다. 여기서, 모집단에 대한 첫 표본크기의 비율이 두 번째 표본의 크기에 대한 표시된 개체수의 비율과 같다고 가정한다.

어느 강에 살고 있는 특정 물고기집단의 크기를 보기 위해 크기 200인 표본을 뽑아 표시를 한 다음 다시 강에 놓아주었다. 표시된 물고기들이 모집단에 골고루 섞일 수 있을 만큼의 시간이 흐른 후 다시 뽑은 크기 100인 두 번째 표본에 표시가 된 물고기가 20마리 있었다면, 모집단의 크기는 얼마로 추정할 수 있는가?

07 동전을 던져서 앞면이 나오면 "마약에 대한 경험이 있습니까?"라는 질문에, 그리고 뒷면이 나오면 "아버지의 생일은 홀수날입니까?"라는 질문에 대답한다고 하자. 대답은 "예" "아니오"로 제한한다. 이제 1000명의 응답자들 중에서 600명이 "예"라고 대답했다. 이에 근거하여 첫번째 질문에 "예"라고 답한 응답자의 비율은 얼마라고 추정할 수 있는가?

08 개발된 신약의 효과를 실험하기 위해 10명의 지원자를 랜덤하게 두 집단으로 나누어 한 집단에는 신약을, 다른 집단에는 경쟁사의 약을 처방하려고 한다.

(1) 다음 난수표를 이용하여 완전임의화설계로 처리집단과 대조집단에 실험단위를 할당하시오.

(2) 10명의 지원자 중에서 남자가 4명, 여자가 6명이라고 한다. 난수표를 이용하여 랜덤화 블록 설계로 실험단위를 할당하시오.

35573 27953 53094 03592 69655 00254 17208 65976 79779 13237
46312 25336 03756 30090 70189 73002 03573 61379 99216 11220

09 2008년 6월 1일 한겨레신문은 "골프를 치는 사람이 치지 않는 사람보다 평균 5년을 더 산다"라는 기사를 스웨덴 카롤린스카 연구소(Karolinska institute)의 연구결과를 바탕으로 인터넷에 보도하였다. 그렇다면 오래 살기 위해 지금이라도 골프를 시작해야 하는 것인지, 그렇지 않은지 설명하시오.

10 다음의 설명을 읽고 적절한 실험설계 또는 표본설계의 종류를 고르시오.

(1) 왼손잡이들은 왼손의 악력이 오른손의 악력보다 클 것으로 예상된다. 이를 검증하기 위해 왼손잡이 10명에게서 왼손과 오른손의 악력을 측정하여 비교하려고 한다.

(2) 정당지지도가 연령대별로 차이가 있을 것으로 예상될 때, 정당지지도를 조사하기 위해 표본을 뽑으려고 한다.

(3) 여러 가지 면에서 매우 동질적인 유치원생 100명에게 연산 위주의 수학교육법과 사고력 위주의 수학교육법으로 6개월간 교육한 후 성취도를 비교하고자 한다.

(4) 레고나 변신로봇 장난감 등의 가격이 급등하면서 남자 어린이들의 장난감 구입비용이 크게 늘고 있다. 어떤 초등학교에서 1학년 학생들을 위해 가정에서 장난감으로 얼마를 지출하는지 알기 위해 표본을 뽑으려고 한다.

11 예제 1.4의 〈표 1.1〉 1970년 징병 달력에서 월별로 중위수(median)를 찾아 아래 그림과 같이 표현하였다. 가령, 〈표 1.1〉의 1월에는 15개의 숫자가 211보다 크고 15개의 숫자가 211보다 작으므로 211이 1월의 중위수이다. 이와 같이 1월부터 12월까지 중위수를 구하였더니 연말에 가까워질수록 중위수가 작은 경향이 나타났다. 이는 연말에 가까운 생일이 있는 사람이 먼저 징병되는 경향성이 있었다는 것을 의미하며, 때문에 징병방법의 공정성 시비가 제기되었다. 이에 대한 개선책을 제시하시오.

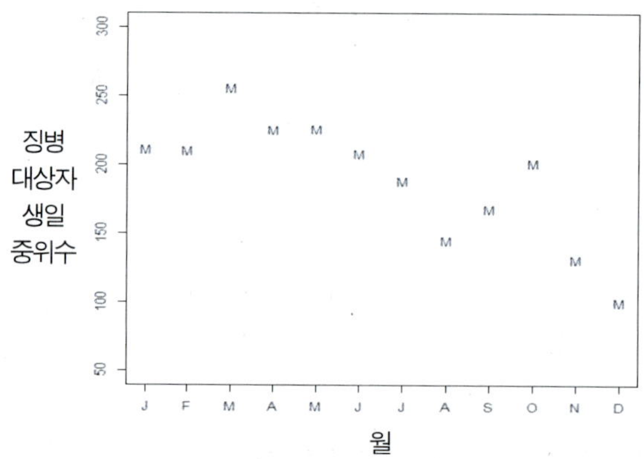

12 안전띠 착용 의무화 정책이 자동차 사고의 치사율에 미치는 영향의 연구에 필요한 자료수집방법과 그에 수반되는 문제점들을 논하시오.

제 2 장 자료의 정리

관측이나 실험 등을 통해 구한 원시자료(raw data)는 양적 축소를 통하여 자료의 특성이 의미 있게 표현됨으로써 필요한 정보를 제공할 수 있어야 한다. 특히 자료의 양이 클 때에는 자료를 요약하지 않고 그 특성을 파악하는 것은 매우 어려운 일이다. 이러한 과정에 사용되는 방법으로는 '수치'를 사용하거나 '그래프'를 사용하여 자료를 기술하는 통계적 방법(descriptive statistics)을 고려할 수 있다.

2.1 자료의 종류

자료의 종류에 따라 정리하고 요약하는 방법이 다르게 사용되므로, 자료를 정리하기에 앞서 우리가 가진 자료의 종류를 파악하는 것이 필요하다.

2.1.1 범주형 자료

자료가 가질 수 있는 값이 몇 개의 범주로 국한되는 경우, 이러한 자료를 범주형(categorical)이라고 한다. 범주형 자료는 다시 명목(nominal)형과 순서(ordinal)형으로 나눠진다. 남자와 여자로 나누어지는 성별이라든가 A형, B형, AB형, O형 등으로 나누어지는 혈액형 등 순서가 없는 범주를 가지는 경우를 명목형이라고 하고, 그에 반해 소형, 중형, 대형 등의 크기나 매우 불만족, 불만족, 보통, 만족, 매우 만족 등의 만족도와 같이 고유한 순서를 갖는 자료를 순서형이라고 한다.

예제 2.1

어떤 집단에 속하는 개체들에 대하여 미혼, 기혼, 이혼, 사별 등으로 결혼상태를 조사하는 경우 이 자료는 명목형 자료가 되고, 기독교, 천주교, 불교 등의 종교를 조사한 자료도 명목형 자료가 된다. 지체장애인에 대해 장애등급을 1급부터 6급까지로 조사한 자료는 순서형 자료가 될 것이다.

2.1.2 양적 자료

자료에 수치적인 의미가 있어서 연산이 가능한 경우, 이러한 자료를 양적(quantitative)이라고 한다. 양적 자료는 연속(continuous)형과 이산(discrete)형으로 다시 나누어지는데, 특정 사건의 횟수 등과 같이 몇 개의 다른 값만을 가지는 경우가 이산형이고 키나 몸무게처럼 어떤 구간 내에서 모든 값을 가질 수 있는 경우는 연속형이다.

현실적으로는 측정의 한계 때문에 어떤 구간 내의 모든 값을 가질 수 있는 자료를 만들 수는 없다. 예를 들어 키를 측정할 때 175.5cm나 175.3cm 등으로 소수점 뒷자리를 잘라서 표현하게 되지, 175.53897264...cm 등으로 표현하지는 않는다. 하지만 본질적으로 구간 내의 모든 값을 가질 수 있는 자료가 양적인 의미를 가지고 측정되는 경우 흔히 연속형 자료로 간주하게 된다.

양적 자료는 또 구간형(interval) 자료와 비율형(ratio) 자료로 나누기도 한다. 구간형 자료는 차이는 의미 있으나 비율은 의미 없는 자료이다. 대표적인 예로 온도나 연도를 들 수 있다. 구간형 자료의 특징은 0의 값이 아무 것도 없는 절대적인 0을 뜻하지 않는다는 것이다. 섭씨 0도가 온도가 없는 상태를 뜻하지 않고, 서기 0년이 시간이 시작된 절대적인 시점이 아니다. 섭씨 0도는 화씨로 32도이고, 서기 0년은 단기로 2333년이다. 섭씨 20도와 섭씨 10도는 섭씨로 10도 차이가 나지만 20도가 10도보다 2배 더 높은 온도라고 보지 않으며, 서기 2000년이 서기 1000년의 2배라고 보지 않는다. 비율형 자료는 구간형 자료와 같이 값의 차이도 의미가 있고, 동시에 비율도 의미 있는 자료를 말한다. 비율형 자료에서는 0의 값이 아무 것도 없는 상태를 의미한다. 몸무게 0kg은 무게가 없는 것이고, 이를 파운드로 변환하여도 0lb이다. 길이 0cm는 길이가 없는 것이고 이를 inch나 mm로 변환해도 역시 0이다. 대부분의 양적 자료는 비율형이라는 것을 쉽게 알 수 있다. 구간형 자료로 차(difference)를 구하면 이것은 비율형이 된다.

예제 2.2

가족당 자녀의 수를 조사한 자료는 이산형 자료이고, 나이나 연봉을 조사한 자료는 연속형으로 볼 수 있다. 하지만 나이나 연봉을 20대, 30대, 40대 또는 5천만 원 이하, 5천만 원에서 1억까지, 1억 이상과 같이 그룹으로 만들면 순서형 자료가 된다.

예제 2.3

다음은 405대의 자동차에 대해 연비(miles per gallon), 실린더의 개수, 배기량(cubic inches), 마력(horsepower), 차의 중량(pounds), 60mph까지 가속에 걸리는 시간(second), 제조연도(연도를 100으로 나눈 나머지 값, 예: 1980년이면 80), 제조국가(1: 미국, 2: 유럽, 3: 일본)의 8개 변수를 조사한 자료의 첫 10개 관측값이다[1].

1) 자료출처: CMU StatLib datasets archive, lib.stat.cmu.edu/datasets

	연비	실린더 개수	배기량	마력	중량	시간	제조년도	제조국가
1	18.0	8	307.0	130.0	3504	12.0	70	1
2	15.0	8	350.0	165.0	3693	11.5	70	1
3	18.0	8	318.0	150.0	3436	11.0	70	1
4	16.0	8	304.0	150.0	3433	12.0	70	1
5	17.0	8	302.0	140.0	3449	10.5	70	1
6	15.0	8	429.0	198.0	4341	10.0	70	1
7	14.0	8	454.0	220.0	4354	9.0	70	1
8	14.0	8	440.0	215.0	4312	8.5	70	1
9	14.0	8	455.0	225.0	4425	10.0	70	1
10	15.0	8	390.0	190.0	3850	8.5	70	1

이 가운데 제조국가는 명목형 자료이고, 연비, 배기량, 마력, 중량, 시간은 연속형 자료이며 실린더 개수는 이산형 자료이다. 제조년도는 이산형 자료이면서 특히 구간형 자료이다.

2.2 범주형 자료의 요약

2.2.1 도수분포표

도수분포표는 범주형 변수가 가질 수 있는 값들이 몇 번이나 관측되었는지 도수(또는 빈도)를 기록하고, 상대도수, 누적도수, 상대누적도수 등을 계산하여 표로 나타낸 것이다. 위의 예제 2.3에서 자동차 제조국가는 명목형 자료인데, 전체 405대에 대해 미국산이 몇 대, 유럽산이 몇 대, 일본산이 몇 대인지가 도수가 되고, 이를 총 관측값의 개수인 405로 나누면 상대도수, 미국산, (미국산+유럽산), (미국산+유럽산+일본산)으로 정리하면 누적도수, 누적도수를 405로 나누면 상대누적도수가 된다.

2.2.2 막대그래프(Bar graph)

막대그래프에서는 각 범주당 하나의 막대가 그려지는데, 막대의 높이로는 도수나 상대도수를 사용한다. 빈도의 순위에 따라 가장 많이 관측된 범주를 첫 번째, 다음으로 많이 관측된 범주를 두 번째 등의 순서대로 그리는 막대그래프는 파레토 차트(Pareto chart)라고도 한다.

2.2.3 파이차트(Pie chart)

파이차트에서는 각 범주가 파이의 한 슬라이스(부채꼴)로 표시되는데, 슬라이스의 크기는 범주의 상대도수에 비례한다. 한 범주의 상대도수가 25%였다면 그 범주에 해당하는 부채꼴의 중심각은 360°의 25%인 90°가 된다.

예제 2.4

예제 2.3에서 본 자동차의 전체 자료에 대해 제조국가별로 도수분포표와 막대그래프, 파이차트를 그려 요약해 보았다.

제조국가	빈도	상대빈도	누적빈도	누적상대빈도
1	253	62.47	253	62.47
2	73	18.02	326	80.49
3	79	19.51	405	100.00

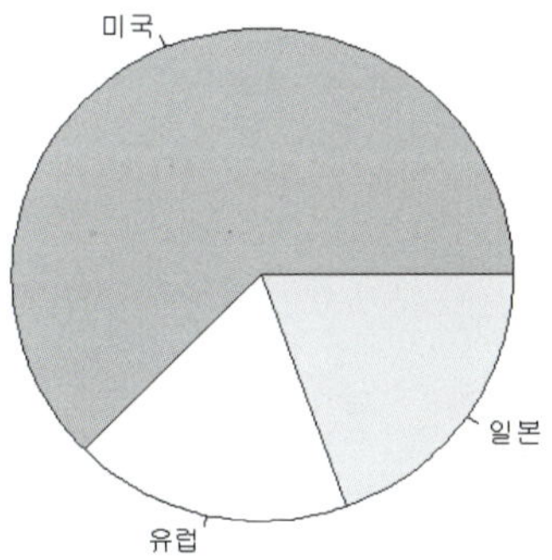

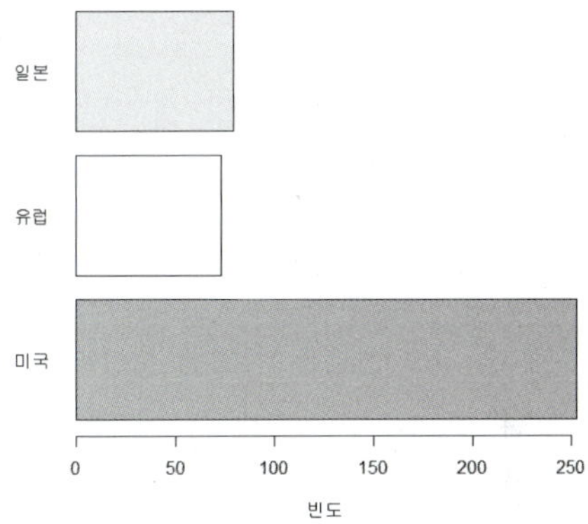

2.3 양적 자료의 요약

양적 자료는 연산이 가능하므로 그래프나 표를 사용하여 정리될 수 있을 뿐 아니라 수치로도 요약될 수 있다. 그래프에 의한 표현도 범주형 자료에 비해 더욱 다양하다.

2.3.1 수치를 사용하는 방법

2.3.1.1 자료의 대푯값(중심)에 대한 요약

주어진 자료 $x_1, \ldots, x_n$을 하나의 수치인 대푯값 'a'로 요약할 때에는 $x_1, \ldots, x_n$들

과 대푯값 'a'사이에 편차 $x_i - a(i=1, \cdots, n)$가 발생하며 이 편차들을 '최소화' 하는 것이 바람직하다. 이를 위하여, 편차제곱합 $\sum_{i=1}^{n}(x_i - a)^2$ 또는 절대편차합 $\sum_{i=1}^{n}|x_i - a|$을 최소화하는 점 'a'를 고려할 수 있다. 말하자면, 자료를 대표하는 대푯값으로 자료로부터의 '거리'가 가까운 값을 선택할 수 있다는 것이다.

평균(mean): 주어진 자료인 $x_1, \ldots, x_n$들의 합 $\sum_{i=1}^{n} x_i$를 개체의 수 n으로 나눈 $\overline{x} = \sum_{i=1}^{n} x_i / n$이며 산술평균이라고도 일컬어진다. 평균 $\overline{x}$는 편차제곱합 $\sum_{i=1}^{n}(x_i - a)^2$을 최소화하는 점 '$a$'이며, 물리적으로는 무게중심의 의미를 갖는다. 계산이 쉽고 수학적으로 다루기 쉬워 널리 사용되나 모든 관측값을 사용하므로 특이점(outlier)[2]의 영향을 많이 받는다.

중위수(median): 주어진 자료 $x_1, \ldots, x_n$를 크기순으로 나열했을 때 가장 중앙에 위치하는 관측값으로 정의된다. 중위수는 절대편차합 $\sum_{i=1}^{n}|x_i - a|$을 최소화하는 점 'a'이다. 순위를 사용하여 중앙에 있는 값만을 사용하므로 특이점의 영향을 크게 받지 않는다.

예제 2.5

앞에서 소개한 평균과 중위수를 간략한 예를 들어 비교해 보자.

1, 3, 5, 7, 9의 5개 관측값의 평균과 중위수는 모두 5이다.
1, 3, 5, 7, 14의 5개 관측값의 평균은 6이지만 중위수는 5이다.
1, 3, 5, 7, 24의 5개 관측값의 평균은 8이지만 중위수는 여전히 5이다.

이를 〈그림 2.1〉과 같이 표현할 수 있는데, 평균은 무게중심이 되며 큰 값에 영향을 받는 반면 순위에 근거한 중위수는 그렇지 않는 것으로 나타났다.

2) 자료 전체의 형태에서 벗어나 매우 크거나 작은 관측값을 특이점이라고 한다.

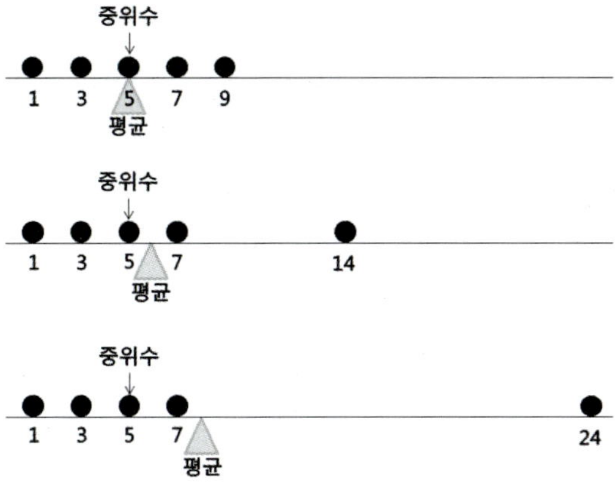

〈그림 2.1〉 평균과 중위수 비교

중위수는 평균과 달리 순위만을 사용하기 때문에 특이점의 영향을 받지 않는다. 가령, 어떤 스포츠 팀 선수들의 연봉의 분포를 고려할 때 소수의 스타선수의 고액연봉으로 말미암아 평균연봉이 높아지는 경우가 있는데 이를 팀 선수들 연봉의 대푯값으로 표현하는 것은 부적절할 수 있다. 이와 같이, 소득과 같은 자료에는 몇몇 큰 특이점이 존재할 수 있으므로 어떤 집단의 소득을 요약할 때 대푯값으로 평균보다는 중위수가 더 큰 의미를 가질 수 있다. 따라서 분포가 한쪽으로 치우쳐 있는 경우나 특이점들이 있는 경우 중위수가 평균보다 대푯값으로 더 타당할 수 있다.

최빈값(mode): 주어진 자료 $x_1, \ldots, x_n$들 중에서 가장 빈도가 높은 값으로 정의된다. 가령, 어떤 의류를 사용하는 집단의 신체적 특징(키, 허리둘레 등)의 경우 최빈값은 가장 빈도가 높은 신체적 특징을 의미하며, 의류업자는 최빈값과 같은 대푯값에 흥미를 가질 수 있다.

이렇게 정의된 대푯값들의 실제 계산과정을 살펴보기로 한다. 앞에서 정의된 바와 같이 평균은 관측값들의 총합을 관측개체의 개수로 나눔으로써 구해진다. 10개 관측값들 4, 6, 10, 3, 7, 6, 6, 8, 5, 9에 대한 평균, 중위수, 최빈값을 구해 보자. 먼저, 평균은 (4+6+10+3+7+6+6+8+5+9)/10=6.4이다. 중위수는 관측값들을 크기 순서(오름차순)로 나열했을 때 중앙에 위치한 값을 말한다. 이들을 크기순(오름차순)으로 정리하면 3, 4, 5, 6, 6, 6, 7, 8, 9, 10 과 같다. 관측값의 개수가 홀수이면 중간에 있는 관측값이 중위수가 되지만, 짝수이면 중간에 위치한 값이 없으므로 중간에 있는 한 쌍의 관측값의 평균을 중위수로 한다. 즉, 중위수는 (6+6)/2=6이다. 일반적으로, 관측값의 개수가 n 이면, 관측값을 오름차순으로 나열하였을 때 작은 쪽에서 세어 $(n+1)/2$ 번째가 중위수의 위치이다. 최빈값은 주어진 관측값 중에서 가장 빈번히 나타나는 값을 말한다. 이 경우에 최빈값은 6인데, 6은 세 번 나타나는 반면, 다른 값은 두 번 이상 나타나지 않기 때문이다.

절사평균(trimmed mean): 특이점으로 말미암아 편차가 큰 자료가 있는 경우 산술평균은 특이점의 큰 영향을 받게 되며 이는 자료의 대푯값으로 바람직한 성질이 아니다. 따라서 전체 자료에서 편차가 가장 큰 부분과 작은 부분을 일정비율만큼 제거한 후(제거하여 특이점의 영향을 없앤 후) 평균을 산출하는 방법이 유력한데 이를 절사평균이라고 한다. 가령, 어떤 체조경기에서 10명의 심사위원들 중에 가장 높은 점수와 낮은 점수를 제외한 나머지 8명 심사위원들의 평균점수로 선수를 평가할 수 있으며, 이 경우 전체자료의 20%(=2/10)를 제거하였으므로 20% 절사평균이라고 한다.

지금까지 자료의 중심에 대한 여러 가지 기술방법들을 다루었으며, 자료의 성격이나 분석의 목적에 맞도록 이들을 활용하여야 한다.

예제 2.6

다음은 정맥에서 심장으로 관을 삽입해야 하는 12명의 어린 환자들에게서 필요한 관의 길이(cm)를 측정한 것이다[3]. 환자들의 키(inches)와 몸무게(pounds)도 같이 측정하였다. 세 변수에 대하여 자료의 중심에 대해 요약해 보자.

관측값	키	몸무게	관의 길이
1	42.8	40.0	37
2	63.5	93.5	50
3	37.5	35.5	34
4	39.5	30.0	36
5	45.5	52.0	43
6	38.5	17.0	28
7	43.0	38.5	37
8	22.5	8.5	20
9	37.0	33.0	34

3) 자료출처: S. Weisberg, Applied linear regression, Wiley, 1980, p218

10	23.5	9.5	30
11	33.0	21.0	38
12	58.0	79.0	47

키의 산술평균은 40.3583, 중위수는 순서대로 나열했을 때 6번째와 7번째 값의 평균인 39이고 최빈값은 모든 값들이 한 번씩만 관측되었으므로 없다. 12의 16%가 2보다 작지만 근접한 값이므로 16% 절사평균은 가장 작은 값과 가장 큰 값을 빼고 나서 평균을 계산한 39.83이라고 할 수 있다. 관의 길이의 경우, 산술평균은 36.1667이고 중위수는 36.5, 그리고 최빈값은 34와 37이다. 34와 37은 두 번씩 관측되었고 나머지 값들은 모두 한 번씩 관측되었다.

산술평균과 중위수를 분포의 모양에 따라 〈그림 2.2〉를 통해 비교해 보면, 대칭인 분포에서는 산술평균과 중위수가 일치하지만, 왼쪽으로 꼬리가 긴(left-skewed) 분포에서는 평균이 더 작은 값을 갖고 오른쪽으로 꼬리가 긴(right-skewed) 분포에서는 평균이 더 큰 값을 갖는다. 왼쪽으로 꼬리가 긴 분포에서는 다른 값들에 비해 매우 작은 특이점들이 존재하여 그 값들로 인해 평균이 작아지게 되고, 오른쪽으로 꼬리가 긴 분포에서는 매우 큰 특이점들이 존재하여 그 값들로 인해 평균이 커지게 된다. 연봉의 분포가 오른쪽으로 꼬리가 긴 대표적인 분포이고, 인간수명의 분포가 왼쪽으로 꼬리가 긴 대표적인 분포라고 할 수 있다.

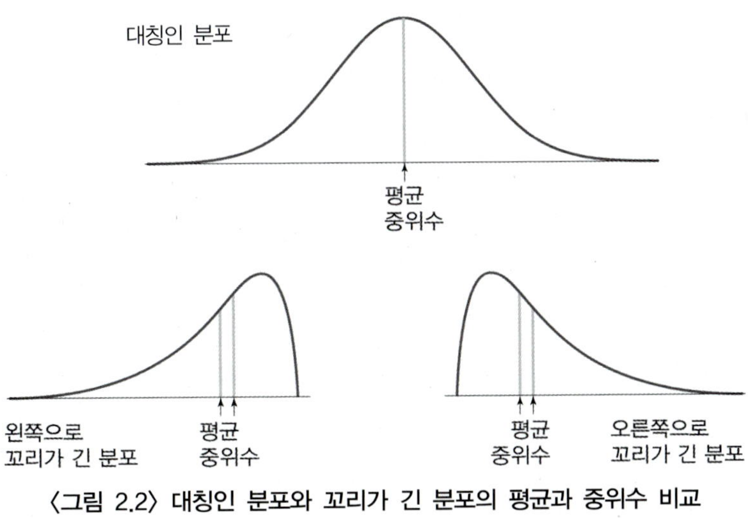

〈그림 2.2〉 대칭인 분포와 꼬리가 긴 분포의 평균과 중위수 비교

2.3.1.2 자료의 산포에 대한 요약

자료 $x_1, \ldots, x_n$의 요약은 대푯값만으로는 충분치 않다. 예를 들면, 두 집단 A와 B의 구성원들의 나이 분포를 고려해 보자. 두 집단 A와 B의 평균연령이 모두 30세로 같더라도 집단 A에는 어린아이들과 노년층이 많은 반면, 집단 B는 아이가 없는 젊은 부부로 구성되어 있다면 연령의 흐트러진 정도는 집단 A가 훨씬 높을 것이며 두 집단의 나이는 전혀 다른 분포를 보여 줄 것이다. 따라서 대푯값으로 자료를 요약하는 데에는 한계가 있으며, 자료의 흐트러진 정도, 즉 산포도 또한 고려해야 한다.

분산: 분산은 각 개체가 평균으로부터 떨어진 정도를 측정하는 편차인 $x_i - \overline{x}$들의 제곱합을 $n-1$로 나눈 값인 $s^2 = \frac{1}{n-1}\sum_{i=1}^{n}(x_i - \overline{x})^2$이다.

표준편차: 표준편차는 분산의 양의 제곱근 s로 정의된다. 분산과 달리 관측값과 같은 단위를 갖는다. (가령, 측정단위가 cm이면 표준편차의 단위도 역시 cm로 동일하다.) 가장 널리 이용되며 통계적 추론에 유용하나 산술평균처럼 관측값들 중에서 특별히 크거나 작은 특이점의 영향을 받는다.

범위: 자료의 흐트러진 정도를 측정하는 비교적 간단한 측도로서 자료에서 가장 큰 최댓값과 가장 작은 최솟값의 차이, 즉 '범위=최댓값−최솟값'을 이용한다. 자료의 흐트러진 정도가 심할 때는 자연히 범위도 커지므로, 범위는 자료의 흐트러진 정도를 나타내는 데 사용할 수 있는 간단한 측도가 된다. 그러나 주어진 자료에 특별히 크거나 작은 값이 있는 경우 범위는 이들의 직접적인 영향을 받는다.

사분위범위(IQR, interquartile range): 사분위범위를 알기 위해서는 다음과 같은 백분위수들을 먼저 정의해야 한다. 먼저 Q_1 = 25백분위수 = 제1사분위수(first quartile), 그리고 Q_3 = 75백분위수 = 제3사분위수(third quartile)라고 하면, 사분위범위는 사분위수 사이의 범위, 즉 $IQR = Q_3 - Q_1$으로 정의된다. 이는 자료의 흐트러진 정도를 표현하기도 하는데 자료가 많이 흐트러져 있을수록 큰 값을 갖는다. 이러한 사분위범위는 전체 자료의 중간 50% 부분이 가지는 범위를 뜻하며 특이점의 큰 영향을 받지 않는다. 특이점들은 자료의 중간이 아니라 꼬리부분에 위치하기 때문이다. 나아가 최솟값, Q_1, 중위수, Q_3, 최댓값을 자료에 대한 다섯숫자요약(Five-number summary)이라고 하며, 뒤에 소개되는 상자그림은 이들이 자료의 분포형태를 요약하는 것을 그림으로 나타낸 것이다.

주어진 자료로부터 사분위수를 계산하는 방법은 다음과 같다. 우선 자료를 오름차순으로 정리하여 반으로 나눈다. 관측값의 개수가 짝수이면 자료가 정확히 반으로 나눠지지만, 홀수이면 정확히 나눠지지 않는다. 관측값의 개수가 홀수인 경우에는 중간에 있는 관측값, 즉 중위수를 아래쪽과 위쪽에 모두 포함시켜 반으로 나눌 수 있다. 이제 Q_1은 아래쪽 자료의 중위수, Q_3은 위쪽 자료의 중위수로 계산하면 된다[4]. 중위수의 계산은 앞서 본 것처럼 관측값의 개수가 홀수이면 순서대로 정리한 자료의 가장 중간에 있는 관측값이고, 짝수이면 중간에 있는 관측값 한 쌍의 평균이 된다.

변동계수(coefficient of variation): 표준편차를 산술평균으로 나눈 $\frac{s}{\overline{x}}$로 정의된다. 이는 측정단위에 의존하지 않는 장점이 있으며 변동계수가 클수록 평균에 비해 흐트러진 정도도 크다는 것을 의미한다. 가령, 기업들의 매출액을 산업별로 비교했을 때, 표준편차는 같으나 평균이 크면 해당 산업의 변동성이 작은 것을 의미한다.

예제 2.7

예제 2.6의 관 삽입 환자에 대한 자료에서 세 변수 각각에 대하여 산포를 요약해 보자.

	분산	표준편차	범위	사분위범위
키	142.459	11.9356	41	9.25
몸무게	679.0057	26.0577	85	27
관의 길이	66.8788	8.1779	30	8.5

분산은 $\frac{1}{n-1}\sum_{i=1}^{n}(x_i-\overline{x})^2$, 표준편차는 분산의 양의 제곱근, 범위는 최댓값과 최솟값의 차이로 계산한다. 사분위범위 계산을 위해서는, 우선 자료를 오름차순으로 정리하여 반으로 나눈다. 표본의 크기가 12이므로 가장 작은 값부터 6번째 작은 값까지가 아래쪽 자료가 되고, 7번째 작은 값부터 가장 큰 값까지가 위쪽 자료가 된다. 아래쪽 자료의 크기는 6이므로 그 중위수, 즉 Q_1은 세 번째 작은 값과 네 번째 작은 값의 평균인 35이다. Q_3는 위쪽 자료의 중위수, 즉 세 번째 큰 값과 네 번째 큰 값의 평균인 44.25가 된다. 같은 방법으로 몸무게의 사분위수는 $Q_1=19$, $Q_3=46$이고 관의 길이의 사분위수는 $Q_1=32$, $Q_3=40.5$가 되므로 사분위범위를 위의 표에서와 같이 계산할 수 있다.

4) 주어진 자료에 대한 사분위수의 계산방법은 여러 가지가 있어서 책마다 조금씩 다를 수 있고, 통계 프로그램마다 다를 수 있다. 그러나 자료의 크기가 매우 크면 방법에 따른 차이는 미미할 것이다.

세 변수에 대하여 표준편차와 범위, 사분위범위 값들을 비교해 보면 모든 경우에서 몸무게가 가장 크고 관의 길이가 가장 작다. 하지만 몸무게의 단위는 파운드이고 키의 단위는 인치, 관의 길이의 단위는 센티미터로 모두 다르고, 몸무게의 경우 중심의 위치가 다른 변수들과 많이 다르므로 표준편차와 범위, 사분위범위 값으로 어떤 자료의 흐트러진 정도가 가장 큰지 말하기는 어렵다. 단위의 영향을 제거할 수 있도록 이들의 변동계수를 계산해 보면, 키는 0.2957, 몸무게는 0.6835, 관의 길이는 0.2261이 나온다. 몸무게의 산포가 가장 크고, 키와 관의 길이의 산포는 비슷하지만 관의 길이가 약간 작음을 알 수 있다.

5번째 관측개체의 키는 45.5, 몸무게는 52, 관의 길이는 43이다. 이 값에 대해 표준점수를 계산하면 키의 경우 평균 40.3583과 표준편차 11.9356을 이용하고, 몸무게의 경우 평균 38.125와 표준편차 26.0577을 이용하며, 관의 길이의 경우 평균 36.1667과 표준편차 8.1779를 이용하면 각각 다음과 같다.

$$\text{키: } \frac{45.5-40.3583}{11.9356}=0.4308,$$

$$\text{몸무게: } \frac{52-38.125}{26.0577}=0.5325,$$

$$\text{관의 길이: } \frac{43-36.1667}{8.1779}=0.8355$$

이 값들로 보면 이 개체는 키에 비해 몸무게가 좀 큰 편이고, 필요한 관의 길이가 키나 몸무게에 비해 길다는 것을 알 수 있다.

그 외의 자료에 대한 요약으로 다음에 설명되는 왜도(skewness)와 첨도(kurtosis), 그리고 백분위수와 표준점수 등을 들 수 있다.

왜도: 비대칭의 정도를 나타내는 왜도는

$$\sum_{i=1}^{n}(x_i-\overline{x})^3/(\sum_{i=1}^{n}(x_i-\overline{x})^2)^{3/2}$$

으로 정의되며 양수이면 오른쪽으로 꼬리가 길고, 음수이면 왼쪽으로 꼬리가 긴 분포이다.

첨도: 뾰족한 정도를 나타내는 첨도는

$$\sum_{i=1}^{n}(x_i-\overline{x})^4/(\sum_{i=1}^{n}(x_i-\overline{x})^2)^2$$

로 정의할 수 있지만, 때로는 정규분포의 첨도와 비교하기 위해 이 값에서 3을 뺀 것(정규분포의 경우 첨도= 3)을 첨도로 정의하기도 하고, 이 값을 초과첨도(excess kurtosis)로 표현하는 경우도 있다. 첨도가 크면 중앙이 뾰족하면서 꼬리쪽이 두꺼운 분포 형태를 보인다.

백분위수: 자료의 집합 내에서 어떤 특정 관측값의 다른 관측값들에 대한 상대적 위치를 나타내는 척도 중의 하나가 백분위수(percentile)이다. 자료의 중심, 흐트러진 정도 등의 대체적인 형태도 백분위수를 통해 나타낼 수 있다. 백분위수에 대한 정의는 다음과 같다. 어떤 자료의 집합에서 c **백분위수**(cth percentile)는 전체 관측값들의 c%가 그 값보다 작고 나머지는 그 값보다 큰 값을 가지는 것을 의미한다. 가령 어떤 시험을 치고 난 뒤 '점수 590점, 81백분위수'라는 결과를 통보받았다고 하자. 이는 시험점수가 590점이라는 사실 외에, 시험을 치른 사람들 중에서 81%가 590점 이하의 점수를 받았다는 사실로서 응시자의 상대적 위치를 알려주고 있다. 여기서 중위수의 정의를 생각해 보면 중위수는 50백분위수(50th percentile)임을 알 수 있다.

표준점수(standard score): 관측값에서 평균을 뺀 값을 표준편차로 나눈 것을 표준점수라고 한다. 관측값 x_i의 표준점수는 $\dfrac{x_i-\overline{x}}{s}$로 정의된다. 이와 같은 표준점수는 분자와 분모의 측정단위가 상쇄되어 측정단위가 없는 수치가 되며, 표준점수들의 평균은 0, 표준편차는 1이 된다. 이러한 표준점수는 각 관측값의 위치가 평균을 중심으로 몇 표준편차 위 또는 아래에 있다는 것을 의미하므로 관측값의 전체 데이터 내에서의 위치를 나타내는 데 효율적으로 활용될 수 있다. 예를 들어 난이도가 다른 과목을 치른 수험생들의 성적을 비교하는 등, 여러 집단의 관측값을 비교하거나 통합할 때 활용될 수 있다. 예를 들어 어떤 학생이 수학 시험에서는 70점을 받고 국어 시험에서는 80점을 받았다고 하자. 점수 자체만으로 보면 국어 시험을 더 잘 본 것 같다. 하지만 수학 시험의 반 평균은 60점이고 표준편차가 5점, 국어 시험의 반 평균은 70점이고 표준편차가 10점이었다면, 수학 표준점수는 2, 국어 표준점수는 1로 수학 시험을 더 잘 본 것이라고 할 수 있다.

2.3.2 그래프를 사용하는 방법

양적 자료의 경우에는 그래프를 사용하는 방법으로 줄기-잎 그림(stem-and-leaf plot), 히스토그램(histogram), 상자그림(boxplot), 선도표(line graph) 등이 있으며 범주형 자료에 비해 방법이 다양하다. 이러한 그래프를 통해서 전체적인 분포의 패턴과 그 패턴으로부터 벗어난 극단적 관측값을 찾아볼 수 있다.

2.3.2.1 줄기-잎 그림

줄기-잎 그림은 실제 자료의 수치를 그대로 사용하면서 분포의 형태를 보여 주는 그림으로, 쉽고 빠르게 그릴 수 있으며 실제 수치를 사용하기 때문에 정보의 손실이 없다. 자료가 음의 값을 가진다고 해도 사용할 수 있지만, 모든 값이 양수이면서 자료의 양이 많지 않을 경우 적당하다. 자료의 양이 많을 때는 분포의 형태를 제대로 파악하기 어려운 경우가 많다. 두 개의 연관된 분포를 비교하고 싶을 때, 같은 줄기를 공유하는 등맞댄 줄기-잎 그림(back-to-back stemplot)이 유용하게 쓰일 수 있다.

보통, 줄기-잎 그림을 그릴 때는 가장 오른쪽의 숫자를 잎으로 하고 나머지는 줄기로 삼는다. 줄기를 순서대로 아래로 나열하고 세로로 줄을 그은 다음 줄기 옆에 잎을 하나씩 써 넣고 마지막에 잎을 크기순으로 정리한다.

예제 2.8

다음 자료는 1973년 미국의 50개 주에서 관측된 도시인구의 백분율(%)이다[5].

58, 48, 80, 50, 91, 78, 77, 72, 80, 60, 83, 54, 83, 65, 57, 66, 52, 66, 51, 67, 85, 74, 66, 44, 70
53, 62, 81, 56, 89, 70, 86, 45, 44, 75, 68, 67, 72, 87, 48, 45, 59, 80, 80, 32, 63, 73, 39, 66, 60

이 자료로 줄기-잎 그림을 그려보자.

```
3 | 2 9
4 | 4 4 5 5 8 8
5 | 0 1 2 3 4 6 7 8 9
6 | 0 0 2 3 5 6 6 6 6 7 7 8
7 | 0 0 2 2 3 4 5 7 8
8 | 0 0 0 0 1 3 3 5 6 7 9
9 | 1
```

5) 자료출처: World Almanac and Book of facts 1975(Crime rates).

분포의 중심은 60%대에 있고, 양쪽으로 모두 꼬리가 길지 않은 형태를 띤다. 왼쪽으로 꼬리가 약간 길다고 볼 수도 있으나 자료는 거의 대칭에 가깝다.

예제 2.9

수강생이 30명인 기초통계학 수업의 중간고사 점수를 오름차순으로 정리한 자료가 다음과 같다.

37, 39, 47, 47, 48, 51, 52, 55, 58, 59, 60, 60, 62, 63, 65,
66, 67, 70, 70, 72, 72, 77, 77, 80, 83, 86, 87, 88, 91, 93

이 자료에 대해 줄기-잎 그림을 그려보면 다음과 같다.

```
3 | 7 9
4 | 7 7 8
5 | 1 2 5 8 9
6 | 0 0 2 3 5 6 7
7 | 0 0 2 2 7 7
8 | 0 3 6 7 8
9 | 1 3
```

분포가 60점대를 중심으로 거의 대칭인 형태를 띠고 있다. 대칭인 분포는 평균과 중위수가 같으므로 평균과 중위수가 모두 60점대일 것으로 생각된다.

나아가, 이 학생들의 기말고사 성적을 오름차순으로 정리한 자료가 다음과 같을 때, 중간고사 성적과 기말고사 성적을 등맞댄 줄기-잎 그림으로 나타내보자.

43, 44, 45, 47, 50, 51, 52, 57, 58, 60, 64, 65, 66, 67, 67,
69, 69, 70, 71, 73, 74, 74, 78, 79, 82, 83, 88, 89, 93, 97

```
                | 3 | 7 9
        7 5 4 3 | 4 | 7 7 8
      8 7 2 1 0 | 5 | 1 2 5 8 9
9 9 7 7 6 5 4 0 | 6 | 0 0 2 3 5 6 7
  9 8 4 4 3 1 0 | 7 | 0 0 2 2 7 7
        9 8 3 2 | 8 | 0 3 6 7 8
            7 3 | 9 | 1 3
```

기말고사 성적은 중간고사 성적과 비교할 때 중심의 위치는 비슷하나 산포가 작으며, 60점대를 중심으로 거의 대칭인 분포를 갖는다.

2.3.2.2 히스토그램

히스토그램(histogram)은 계량적 데이터를 그래프로 표현하는 데 널리 쓰이는 방법이다. 어떤 구간의 히스토그램의 높이는 자료의 빈도(frequency) 또는 밀도(density)를 의미한다. 즉, 히스토그램이 높은 구간에는 자료가 상대적으로 빈도가 높다.[6] 이는 단순한 막대그래프와는 다르다는 점을 유념할 필요가 있다. 히스토그램은 실제 자료의 수치를 그대로 이용하는 것이 아니라서 일정 정도의 정보의 손실이 있으나, 이러한 성질 때문에 오히려 큰 자료를 그래프로 요약할 때 유용하다.

예제 2.10

앞의 예제 2.9의 중간고사 점수

37, 39, 47, 47, 48, 51, 52, 55, 58, 59, 60, 60, 62, 63, 65,
66, 67, 70, 70, 72, 72, 77, 77, 80, 83, 86, 87, 88, 91, 93

를 히스토그램으로 그려보자. 위 자료에서 최댓값은 93, 최솟값은 37이고 범위는 56이다. 구간의 길이를 10으로 하여 다음의 7개 구간에 대해 빈도를 계산해 보자.

구간	빈도	상대빈도
[29.5, 39.5)	2	0.0667
[39.5, 49.5)	3	0.1
[49.5, 59.5)	5	0.1667
[59.5, 69.5)	7	0.2333
[69.5, 79.5)	6	0.2
[79.5, 89.5)	5	0.1667
[89.5, 99.5)	2	0.0667
계	30	1.0001

위의 도수분포표에서 상대빈도의 합은 반올림의 오차 때문에 1보다 큰 값이 나왔다. 구간을 29.5에서 39.5와 같이 잡은 것은 관측값의 마지막 자리가 일의 자리이므로 관측값이 구간의 경계값에 떨어지지 않도록 하기 위해서이다. 히스토그램은 막대의 높이를 구간에 속하는 자료의 상대빈도를 구간의 길이로 나눈 값으로 정함으로써 히스토그램의 모든 막대의 넓이의 합이 1이 되도록 하는 히스토그램이다. 이 히스토

6) 세로축에 상대빈도를 사용하여 전체 넓이를 100%로 하는 경우 밀도 히스토그램이라고 하며, 어떤 특정 구간의 히스토그램의 넓이는 그 구간에 속하는 관측값들의 비율을 의미한다.

그램에서 막대의 넓이는 그 구간에 속하는 자료의 상대빈도와 같다. 아래 그림은 중간고사 점수자료로 밀도 히스토그램을 그린 결과이다.

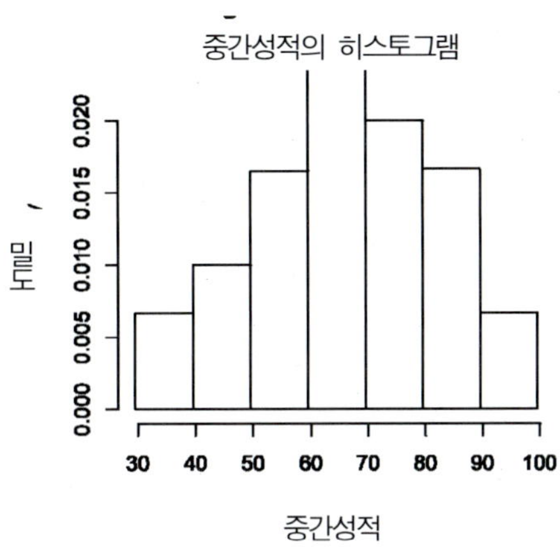

예제 2.11

다음의 표는 21개 OECD 가입국(1960년 기준)에 대한 농업, 공업, 서비스업에 종사하는 인구비율의 산업별 평균, 표준편차 및 표준점수=(종사비율−평균)/표준편차에 대한 자료이다.

국가명	종사비율			표준점수		
	농업	공업	서비스	농업	공업	서비스
United States	8	38	54	−0.93	−0.46	2.30
Canada	13	43	45	−0.66	−0.02	1.35
Sweden	14	53	33	−0.60	0.86	0.08
Switzerland	11	56	33	−0.77	1.13	0.08
Luxembourg	15	51	34	−0.54	0.69	0.19
United Kingdom	4	56	40	−1.16	1.13	0.82
Denmark	18	45	37	−0.38	0.16	0.50
West Germany	15	60	25	−0.54	1.48	−0.76
France	20	44	36	−0.27	0.07	0.40
Belgium	6	52	42	−1.05	0.78	1.03
Norway	20	49	32	−0.27	0.51	−0.03
Iceland	25	47	29	0.01	0.34	−0.34
Netherlands	11	49	40	−0.77	0.51	0.82
Austria	23	47	30	−0.10	0.34	−0.24
Ireland	36	30	34	0.63	−1.16	0.19
Italy	27	46	28	0.12	0.25	−0.45
Japan	33	35	32	0.46	−0.72	−0.03

Greece	56	24	20	1.74	−1.69	−1.29
Spain	42	37	21	0.96	−0.55	−1.19
Portugal	44	33	23	1.07	−0.90	−0.98
Turkey	79	12	9	3.02	−2.75	−2.45
평균	24.8	43.2	32.2	0.0	0.0	0.0
표준편차	18.0	11.4	9.47	1.0	1.0	1.0

이들 21개 OECD 가입국의 업종별 종사인구비율의 히스토그램은 다음과 같다.

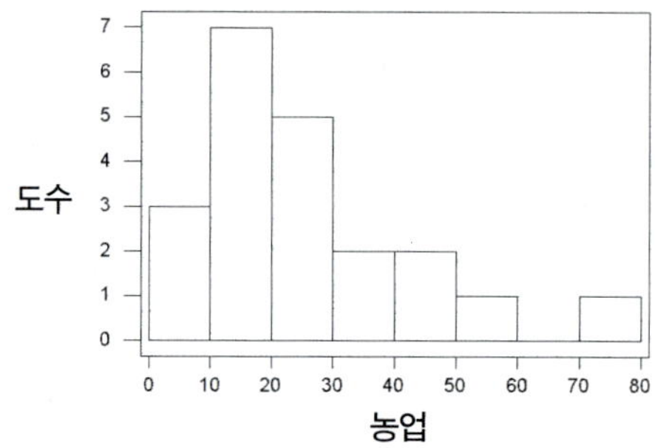

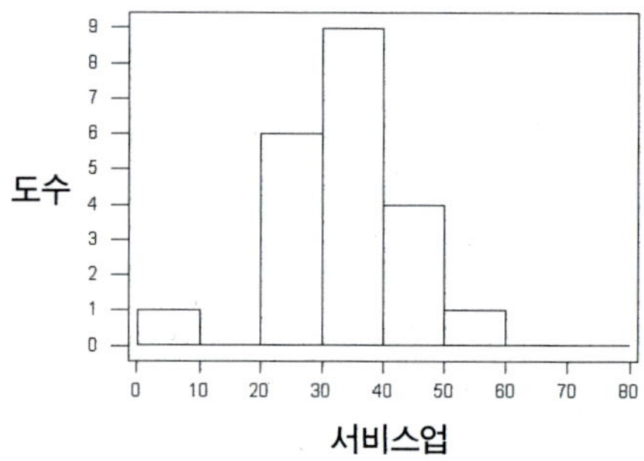

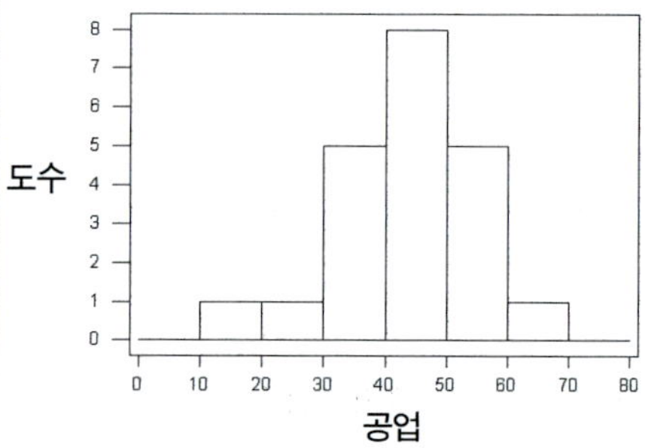

위 히스토그램으로부터 산업별 종사인구비율의 전체적인 분포의 형태를 파악하면 자료의 중심, 흐트러진 정도, 대칭여부, 특이값 등을 쉽게 파악할 수 있다는 장점이 있다. 평균은 일종의 균형점이며 따라서 분포가 대칭에서 기운 방향으로의 값을 갖는다. 따라서 농업의 경우는 분포가 오른쪽으로 기울었으므로 평균이 중위수보다 크며, 공업의 경우에는 분포가 왼쪽으로 기울었으므로 평균이 중위수보다 작게 나타난다. 반면에 서비스의 경우에는 분포가 비교적 대칭이므로 평균과 중위수의 차이가 작게 나타난다.

2.3.2.3 선도표(시계열 그래프)

자료가 시간에 따라 측정된 시계열자료라면, 가로축을 시간으로 하여 그린 그래프를 통해 추세(trend)와 계절변동(seasonal variation) 등을 찾을 수 있는데, 이러한 시계열 그래프를 선도표(line graph)라고 한다. 추세는 계절별로 반복되는 패턴이나 비정기적인 변동 등을 배제할 때 관찰할 수 있는 시계열자료의 장기적인 변화를 말하고, 계절변동은 주단위, 월단위, 분기단위 등의 시간차를 두고 같은 패턴이 주기적으로 반복되는 현상을 말한다.

예제 2.12

다음은 1949년 1월부터 1960년 12월까지 12년간의 월별 국제선 항공 승객수(단위: 1,000명) 자료와 이에 대한 히스토그램과 선도표이다[7].

112, 118, 132, 129, 121, 135, 148, 148, 136, 119, 104, 118,
115, 126, 141, 135, 125, 149, 170, 170, 158, 133, 114, 140,
145, 150, 178, 163, 172, 178, 199, 199, 184, 162, 146, 166,
171, 180, 193, 181, 183, 218, 230, 242, 209, 191, 172, 194,
196, 196, 236, 235, 229, 243, 264, 272, 237, 211, 180, 201,
204, 188, 235, 227, 234, 264, 302, 293, 259, 229, 203, 229,
242, 233, 267, 269, 270, 315, 364, 347, 312, 274, 237, 278,
284, 277, 317, 313, 318, 374, 413, 405, 355, 306, 271, 306,
315, 301, 356, 348, 355, 422, 465, 467, 404, 347, 305, 336,
340, 318, 362, 348, 363, 435, 491, 505, 404, 359, 310, 337,
360, 342, 406, 396, 420, 472, 548, 559, 463, 407, 362, 405
417, 391, 419, 461, 472, 535, 622, 606, 508, 461, 390, 432

자료에 대한 〈그림 2.3〉의 선도표를 보면 국제선 이용 승객이 점차적으로 증가하고 있는 추세를 보이면서 계절변동(seasonal variation)이 확연함을 알 수 있다. 성수기와 비수기가 뚜렷한 항공산업의 특징 때문일 것이다. 이 자료를 히스토그램으로 정리하면 승객수의 분포를 볼 수는 있지만 시간에 지나면서 변화하는 추세나 계절변동은 보이지 않게 된다.

---

7) 자료출처: Box and Jenkins(1976), Time series analysis, forcasting and control, 3rd edition, Holden-day, Series G.

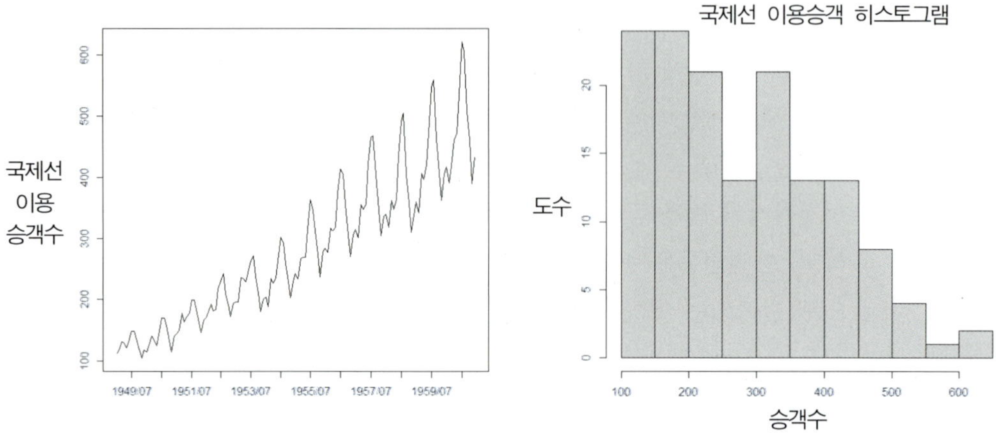

〈그림 2.3〉 국제선 이용 승객수에 대한 선도표와 히스토그램

2.3.2.4 상자그림(boxplot, box-and-whisker plot)

상자그림은 다섯숫자요약을 그래프로 표현한 것으로, 상자는 중앙 50%의 자료를 표시하고 상위 25%와 하위 25%는 상자로부터 긋는 수염(whiskers)으로 표시한다. 여러 개의 분포를 한눈에 비교할 때 유용하며, 단순상자그림(simple boxplot)과 수정상자그림(modified boxplot)이 있다. 단순상자그림은 그야말로 다섯숫자요약을 그림으로 나타낸 것으로, Q_1과 Q_3으로 끝나는 상자를 그리고(상자의 길이가 사분위범위가 된다), 상자 안에 줄을 그어 중위수를 표시한 다음, 그 상자로부터 최댓값까지 선을 긋고, 최솟값까지 선을 그으면 완성된다. 수정상자그림은 특이점을 표현해주는 상자그림이며 특이점을 결정하는 데에는 $1.5IQR$ 기준을 사용한다. 이는 $Q_3 + 1.5IQR$보다 크거나 $Q_1 - 1.5IQR$보다 작은 값을 특이점으로 간주하는 것이다. 수정상자그림의 상자부분은 단순상자그림과 똑같이 중앙 50%의 자료를 포함하도록 그려주고, $1.5IQR$ 기준에 의해 특이점으로 간주되는 값들은 * 또는 다른 기호로 표시한다. 그 다음, 특이점이 아닌 값들 중에서 가장 큰 값과 가장 작은 값까지 상자로부터 선을 그으면 된다.

예제 2.13

앞의 예제 2.12의 월별 국제선 승객수(단위: 1000명) 자료로 상자그림을 그려보자. 이 분포의 중위수는 265.5이고, Q_1은 180, Q_3은 361이다. IQR이 181이므로 $1.5IQR$ 기준에 의하면 632.5보다 큰 값이 특이점이 되지만, 자료에서 가장 큰 값이

622이므로 큰 값들 가운데에 특이점은 존재하지 않는다. 또, $Q_1 - 1.5IQR$은 음수이므로 작은 값들 가운데에서도 특이점이 존재하지 않는다. 특이점이 없기에 상자에서부터 수염은 최댓값과 최솟값까지 그어진다. 만약 632.5보다 큰 관측값이 존재한다면 그 값은 특이점이 될 것이고, 특이점은 상자그림에서 동그라미나 별표 등으로 표현한다. 그리고 수염은 특이점이 아닌 자료들 가운데 가장 큰 값까지 그으면 된다.

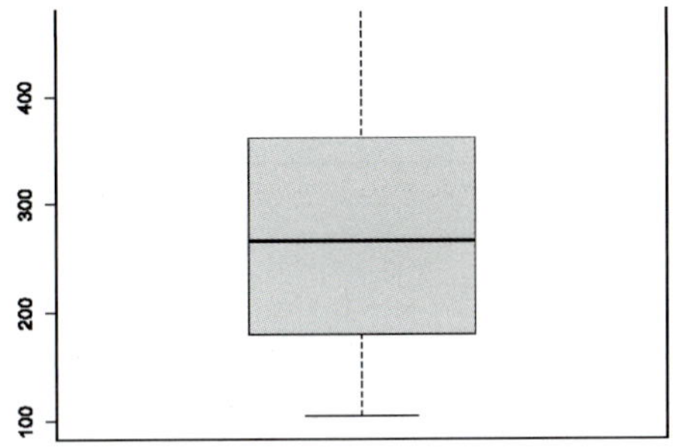

이 자료로 1월과 7월의 승객수를 비교하기 위한 **나란한 상자그림**(side-by-side boxplot)을 그리면 다음과 같다.

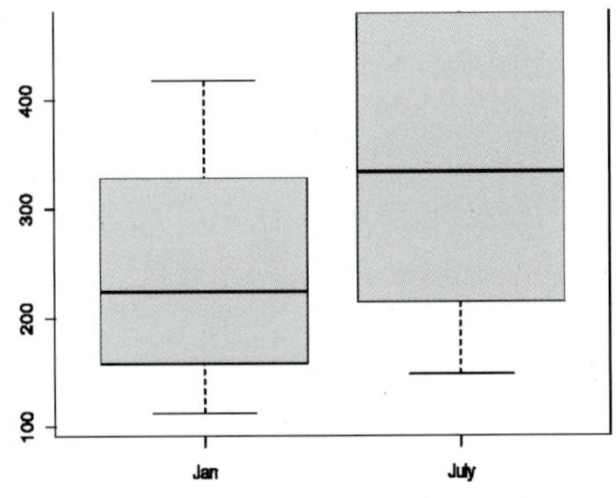

1월보다 7월에 더 많은 승객이 국제선을 이용한다는 것을 알 수 있다. 분포의 중심과 산포 모두 7월의 자료가 큰 값을 보인다. 두 분포 모두 오른쪽으로 꼬리가 긴 형태를 보이고 있다.

예제 2.14

다음은 분포에 따른 상자그림의 형태를 나타낸 것이다. (a)는 분포가 유한구간 내의 값만을 가지면서 그 값들이 모두 균일하게 나타나는 경우이고 (b)는 종모양의 대칭분포이며, (c)는 오른쪽으로 꼬리가 긴(right-skewed) 분포, (d)는 왼쪽으로 꼬리가 긴(lef-skewed) 분포이다. 분포가 대칭이면 상자그림도 대칭이고, 긴 꼬리부분에서 상자그림은 긴 수염을 갖게 된다.

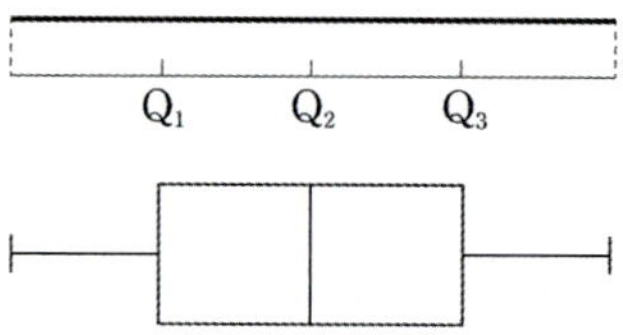

(a) 균등분포

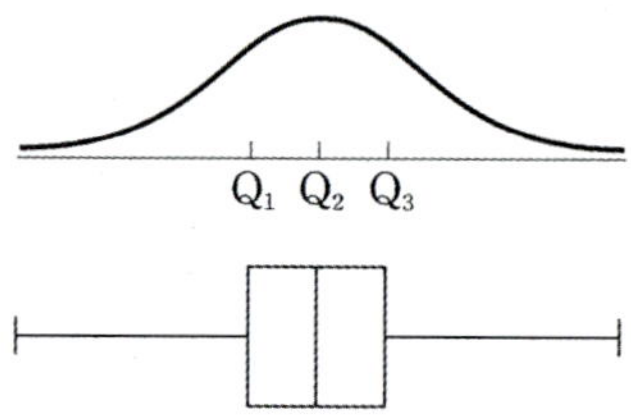

(b) 종모양의 대칭분포

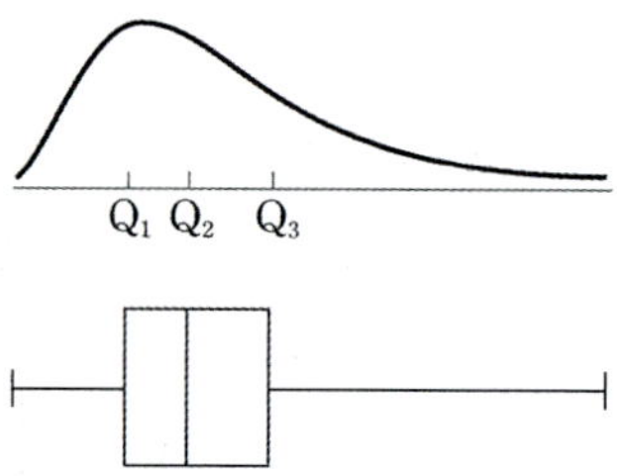

(c) 오른쪽으로 꼬리가 긴 분포

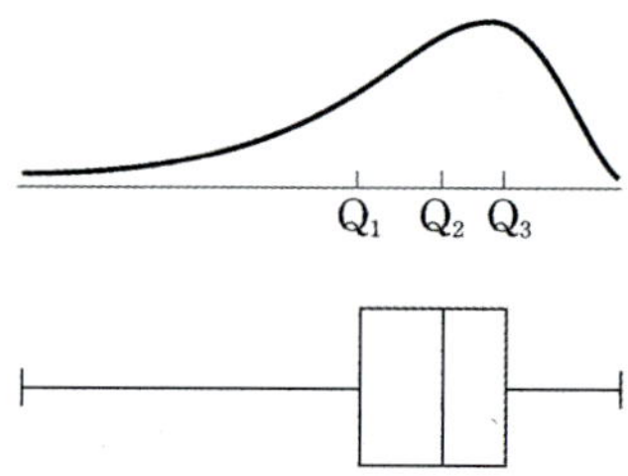

(d) 왼쪽으로 꼬리가 긴 분포

자료를 수치나 그래프를 사용하여 의미 있게 요약하는 것은 매우 중요한 일이다. 덴마크의 천문학자 브라헤(T. Brahe)는 죽음 직전에 자신이 평생에 걸쳐 관측한 자료와 행성궤도에 대한 루돌프 표(Rudolpine Tables)를 만드는 임무를 제자인 케플러(J. Kepler)에게 모두 넘겨주었다. 케플러는 브라헤가 오랜 기간 동안 수집한 관측자료를 분석 정리하여 마침내 행성운동의 수수께끼를 풀 수 있는 '케플러 제 1, 2, 3 법칙'을 정립함으로써 행성운동의 이정표를 세웠다.

2장 연습문제

01 어떤 초등학교 학생들을 대상으로 조사한 다음 몇 가지의 자료에 대하여 범주형인지 양적 자료인지 구별하고, 범주형이라면 순서형인지 명목형인지, 양적 자료라면 이산형인지 연속형인지 구별하여 답하시오.

(1) 가장 좋아하는 색깔

(2) 본인을 포함한 가족구성원의 수

(3) 현재의 학년

(4) 본인의 100미터 달리기 기록

02 다음의 자료에 대해 성별로 머리색의 분포와 눈동자의 색의 분포를 그래프로 요약해 보시오[8].

남성:

	Eye			
Hair	Brown	Blue	Hazel	Green
Black	32	11	10	3
Brown	53	50	25	15
Red	10	10	7	7
Blond	3	30	5	8

여성:

	Eye			
Hair	Brown	Blue	Hazel	Green
Black	36	9	5	2
Brown	66	34	29	14
Red	16	7	7	7
Blond	4	64	5	8

8) 자료출처: http://euclid.psych.yorku.ca/ftp/sas/vcd/catdata/haireye.sas

03 다음은 1973년 5월 뉴욕에서 관측된 풍속(단위: mile per hour)과 기온(단위: °F)의 자료이다. 이 자료의 풍속과 기온을 줄기-잎 그림과 히스토그램, 선도표 등으로 요약해 보시오[9].

	Wind	Temp	Month	Day
1	7.4	67	5	1
2	8.0	72	5	2
3	12.6	74	5	3
4	11.5	62	5	4
5	14.3	56	5	5
6	14.9	66	5	6
7	8.6	65	5	7
8	13.8	59	5	8
9	20.1	61	5	9
10	8.6	69	5	10
11	6.9	74	5	11
12	9.7	69	5	12
13	9.2	66	5	13
14	10.9	68	5	14
15	13.2	58	5	15
16	11.5	64	5	16
17	12.0	66	5	17
18	18.4	57	5	18
19	11.5	68	5	19
20	9.7	62	5	20
21	9.7	59	5	21
22	16.6	73	5	22
23	9.7	61	5	23
24	12.0	61	5	24
25	16.6	57	5	25
26	14.9	58	5	26
27	8.0	57	5	27
28	12.0	67	5	28
29	14.9	81	5	29
30	5.7	79	5	30
31	7.4	76	5	31

04 어느 과목을 수강한 학생 10명의 성적이 다음과 같다.

30, 40, 40, 40, 40, 40, 50, 50, 50, 120

(1) 이들에 대한 중심위치의 측도로 평균(mean), 중위수(median), 최빈값(mode)을 구하시오.

(2) 평균과 중위수의 성질을 비교 설명하시오.

9) 자료출처: Chambers, J. M., Cleveland, W. S., Kleiner, B. and Tukey, P. A. (1983) Graphical Methods for Data Analysis. Belmont, CA: Wadsworth.

05 1, 3, 5, 7, 14의 5개 관측값에 대하여,

(1) 편차제곱합을 최소화하는 점이 평균과 같은 6임을 보이시오.

(2) 절대편차합을 최소화하는 점이 중위수인 5임을 보이시오.

06 관측값이 14, 16, 17, 18, 20으로 주어졌을 때, 이들의 흩어진 정도를 측정하는 표준편차는 2이다. 표준편차의 성질을 이용해서 계산과정 없이 다음 물음에 답하시오.

(1) 15, 17, 18, 19, 21의 표준편차는 얼마인가?

(2) 115, 117, 118, 119, 121의 표준편차는 얼마인가?

(3) 150, 170, 180, 190, 210의 표준편차는 얼마인가?

07 어느 면접심사에서 심사위원 7명이 다음과 같이 점수를 주었다고 하자.

9.9, 9.3, 9.6, 9.8, 9.1, 5.5, 9.7

(1) 평균점수를 구하시오.

(2) 제일 낮은 점수와 높은 점수를 제외한 5명 심사위원들의 평균점수를 구하고 (1)에서 구한 평균점수와 비교 설명하시오.

08 다음 자료는 Newcomb이 1882년 7월부터 1882년 9월 사이에 빛의 통과속도를 측정한 자료이다. 원자료는 주어진 값에 10^{-3}을 곱하고 24.8을 더한 값이다.

28, -44, 29, 29, 30, 26, 27, 22, 23, 33, 16, 24, 29, 24, 40, 21, 31, 34, -2, 25, 19

(1) 평균을 구하시오

(2) 중위수를 구하시오.

(3) 가장 작은 값과 큰 값을 제외하고 평균을 구하시오.

(4) 표준편차를 구하시오.

(5) 변동계수를 구하시오.

09 어떤 집단의 IQ는 평균이 110이고 표준편차가 10인 분포를 따른다고 한다. IQ 점수가 130인 사람의 표준점수는 얼마인가?

10 어떤 학력고사를 두 집단 A와 B에 실시하였다. 그 결과 집단 A의 평균은 60이고 표준편차는 10, 그리고 집단 B는 평균은 65이고 표준편차는 5라고 하자.

(1) 집단 A에 속한 점수가 75점인 학생과 집단 B에 속한 마찬가지로 75점인 학생의 소속집단에서의 상대적 순위를 비교하시오.

(2) 집단 A에 속한 점수가 50점인 학생과 같은 상대적 위치를 갖는 집단 B에 속한 학생의 점수를 구하시오.

11 다음은 어느 집단의 연간소득자료에 관한 히스토그램이다.

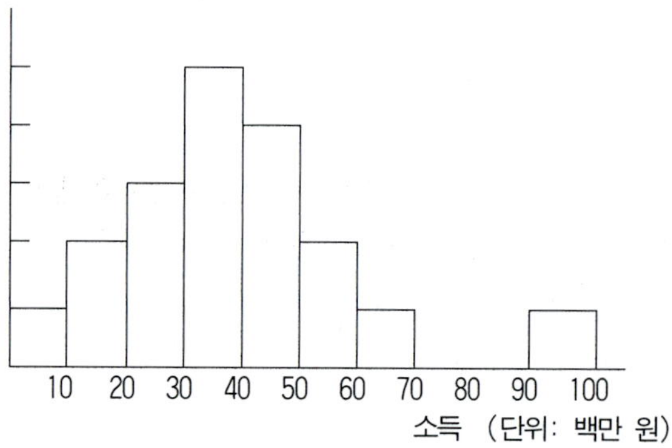

(1) 연간소득이 5,000만 원부터 1억 원 사이에는 전체집단의 몇 %가 분포되어 있는가?

(2) 소득분포의 대푯값으로 사용될 수 있는 중위수는 얼마인가?

12 다음은 미국의 1974년과 1978년에 걸친 소득세율에 관한 자료이다.

소득	세율		소득분포	
	1974	1978	1974	1978
$ 5000 이하	0.054	0.035	4.73	1.60
$ 5000~$ 9999	0.093	0.072	16.63	9.89
$10000~$14999	0.111	0.100	21.89	13.83
$15000~$99999	0.160	0.159	53.40	69.62
$100000 이상	0.384	0.383	3.34	5.06
합계	0.141	0.152	100.00	100.00

위 자료에 의하면 1974년에 비해서 1978년에는 모든 소득계층에 대하여 세율이 낮아졌음에도 불구하고 평균세율은 0.141에서 0.152로 오히려 늘었다. 이에 대한 적절한 설명을 하시오.

13 다음과 같은 자료에 근거하여 자동차 A와 B의 고장률을 비교하시오.

	자동차 A		자동차 B	
	총대수	고장률	총대수	고장률
중고차	800	10%	200	15%
새차	200	2%	800	5%

14 다음은 미국 메이저리그 야구의 전설적인 타자 Babe Ruth가 뉴욕 양키스 팀에 있었던 1920년부터 1934년까지 기록한 홈런 개수에 대한 자료이다. 54개가 1920년에 기록한 홈런 개수이고 59개가 1921년 등이다. 이 자료에 대하여 평균, 표준편차, 중앙값, 범위, 사분위 범위를 구하고, 상자그림을 그리시오[10].

54, 59, 35, 41, 46, 25, 47, 60, 54, 46, 49, 46, 41, 34, 22

10) 자료출처: www.baberuth.com

15 1960년도 위스키 판매에 관련하여 미국의 16개 주는 독점(monopoly), 26개 주는 사유(private-ownership)(나머지 주들은 기술상의 이유로 생략)로 볼 수 있다. 이 42개 주에 대한 "Seagram 7 Crown Whisky"가격(1961년) 자료가 다음과 같다.

monopoly states									
4.65	4.55	4.11	4.15	4.2	4.55	3.8	4	4.19	4.75
4.74	4.5	4.1	4	5.05	4.2				

private-ownership states									
4.82	5.29	4.89	4.95	4.55	4.9	5.25	5.3	4.29	4.85
4.54	4.75	4.85	4.85	4.5	4.75	4.79	4.85	4.79	4.95
4.95	4.75	5.2	5.1	4.8	4.29				

두 집단(독점과 사유)의 위스키 가격을 평균, 중위수, 표준편차 등을 사용하여 비교하시오.

16 다음은 1996년 18개 OECD 국가들의 가계소비에서 보건/의료가 차지하는 지출비율이다.

국가	비율(%)	국가	비율(%)
한국	4.4	이탈리아	6.6
일본	10.8	네덜란드	12.6
캐나다	4.3	포르투갈	5.2
멕시코	4.4	스페인	5.2
미국	18.0	스웨덴	4.0
오스트리아	5.4	스위스	13.1
덴마크	2.1	영국	1.6
프랑스	10.2	호주	7.2
독일	3.8	뉴질랜드	7.3

(1) 이 자료에 대한 다섯숫자요약을 하고 상자그림을 그리시오.

(2) 사분위범위와 범위를 구하시오.

(3) 이 자료에 대한 히스토그램을 그리고, (1)에서 그린 상자그림과 비교하시오.

(4) 평균과 중위수를 구하고 그 결과를 히스토그램을 통해 설명하시오.

제 3 장 자료의 연관

3.1 양적 자료의 연관: 상관

3.2 양적 자료의 연관: 회귀

3.3 범주형 자료의 연관: 분할표

3.4 연관관계 분석에서의 주의점

2장에서는 하나의 변수를 그림과 수치를 이용하여 요약하고 정리하는 것에 대해 살펴보았다. 이제 3장에서는 두 개의 변수가 관측되었을 때 두 변수 사이의 관계를 이해하기 위해 사용할 수 있는 기법들을 살펴보고자 한다. 변수 간의 연관관계(association)를 살펴볼 때는 한 변수의 변화로 인해 다른 변수가 어떤 방향으로, 얼마만큼 변화하는지가 주요관심이 된다. 양적 자료의 경우와 범주형 자료의 경우를 나누어 알아보자.

3.1 양적 자료의 연관: 상관

3.1.1 산점도

두 변수 X와 Y가 짝을 이루어 관측된 n개의 자료점 $(x_1, y_1), \cdots, (x_n, y_n)$이 주어졌을 때, 이들을 직교좌표의 평면에 점으로 표현한 그림을 산점도(scatterplot)라고 한다.

예제 3.1

다음의 자료는 예제 2.12에서 소개한 21개 OECD 가입국(1960년 기준) 가운데 미국을 제외한 20개 가입국의 농업 종사 인구비율(X)과 1인당 소득(Y: US $)의 자료이다. 〈표 3.1〉 아래에 이 자료에 있는 $n=20$개 관측점들을 2차원 좌표 위에 점으로 표시하여 산점도로 표현하였다. 산점도를 살펴보면 농업 종사비율(X)이 증가함에 따라 1인당 소득(Y)은 감소하는 경향을 보이고 있으나, X가 커짐에 따라 감소하는 경향이 점차 완만해짐을 볼 수 있으며 두 변수 사이의 관계를 단순비례로 파악하는 데에는 무리가 있음을 알 수 있다. 나아가 농업 종사비율(X)이 가장 큰 터키(Turkey)의 경우나 1인당 소득(Y)이 큰 캐나다(Canada), 스웨덴(Sweden)이 전체 자료의 연관형태에 큰 영향을 끼침을 짐작할 수 있다. 이 예제는 9장 회귀분석에서 좀 더 자세히 다루어진다.

〈표 3.1〉 20개 OECD 가입국(1960년 기준)의 농업종사 인구비율(X)과 1인당 소득(Y: US $)

Country	X	Y
Canada	13	1536
Sweden	14	1644
Switzerland	11	1361
Luxembourg	15	1242
United Kingdom	4	1105
Denmark	18	1049
West Germany	15	1035
France	20	1013
Belgium	6	1005
Norway	20	977
Iceland	25	839
Netherlands	11	810
Austria	23	681
Ireland	36	529
Italy	27	504
Japan	33	344
Greece	56	324
Spain	42	290
Portugal	44	238
Turkey	79	177

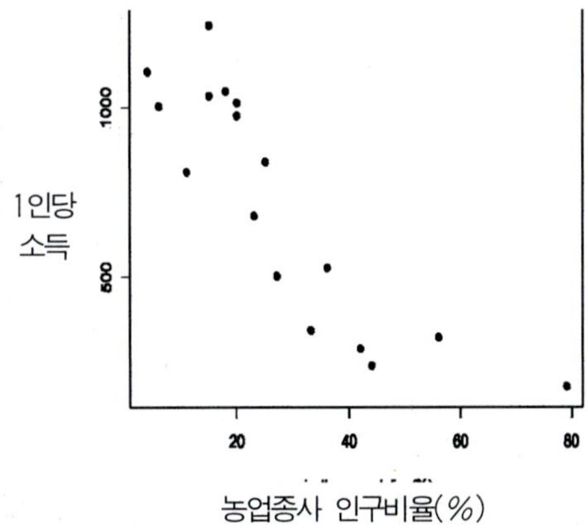

〈그림 3.1〉 20개 OECD 가입국(1960년 기준)의 농업종사 인구비율(X)과 1인당 소득(Y)의 산점도

한 변수에 대해서 그래프를 이용하여 자료를 정리할 때와 마찬가지로 두 변수에 대한 그래프적 요약인 산점도로부터 우리는 전체적인 변수 사이의 관계의 유형(pattern)과 그 유형으로부터 떨어져 있는 특이점들을 살펴보게 된다. 산점도를 이

용하면 두 변수의 관계에 대한 수치적인 요약만으로 보여지기 어려운 정보도 때로 손쉽게 찾아낼 수 있다. 따라서 두 변수 사이의 관계에 대한 본격적인 통계분석 이전에 산점도를 검토하는 것이 바람직하다.

3.1.2 공분산과 상관계수

두 변수 X와 Y에 대한 그림 ⟨3.2⟩의 산점도를 통하여 두 변수 사이의 연관관계의 척도인 공분산과 상관계수를 다루어 보기로 하자.

공분산

두 변수 X와 Y가 짝을 이루어 관측된 n개의 자료점 $(x_1, y_1), \cdots, (x_n, y_n)$이 주어졌을 때, 이들의 공분산(covariance)은

$$s_{XY} = \frac{\sum_{i=1}^{n}(x_i - \overline{x})(y_i - \overline{y})}{n-1}$$

로 정의된다. 여기서 $x_i - \overline{x}$는 x_i의 평균으로부터의 편차, $y_i - \overline{y}$는 y_i의 평균으로부터의 편차, 그리고 $(x_i - \overline{x})(y_i - \overline{y})$는 이들 두 값의 곱이다. ⟨그림 3.2⟩의 산점도에서는 n개의 자료점 $(x_1, y_1), \cdots, (x_n, y_n)$을 각 변수의 평균인 $\overline{x}$와 $\overline{y}$를 중심으로 4개의 영역 (1), (2), (3), (4)로 구분하였다. 따라서 영역 (1)과 영역 (3)에서는 $(x_i - \overline{x})(y_i - \overline{y})$이 양(+)이며, 영역 (2)와 영역 (4)에서는 $(x_i - \overline{x})(y_i - \overline{y})$이 음(−)이 된다. 그러므로 변수 X가 증가함에 따라 변수 Y도 증가하는 경향이 있으면 영역 (2)와 (4)에 비하여 영역 (1)과 (3)에 더 많은 점들이 있게 되고 공분산은 양의 값($s_{XY} > 0$)이 되며, 반대로 변수 X가 증가함에 따라 변수 Y가 감소하는 경향이 있으면 영역 (1)과 (3)에 비하여 영역 (2)와 (4)에 더 많은 점들이 있게 되며 공분산은 음의 값($s_{XY} < 0$)이 될 것이다.

편의상, 두 변수 X와 Y의 공분산에 대한 표기 s_{XY}와 함께 변수 X의 분산은 s_{XX}, 표준편차는 s_X, 그리고 변수 Y의 분산은 s_{YY}, 표준편차는 s_Y로 표기하기로 한다.

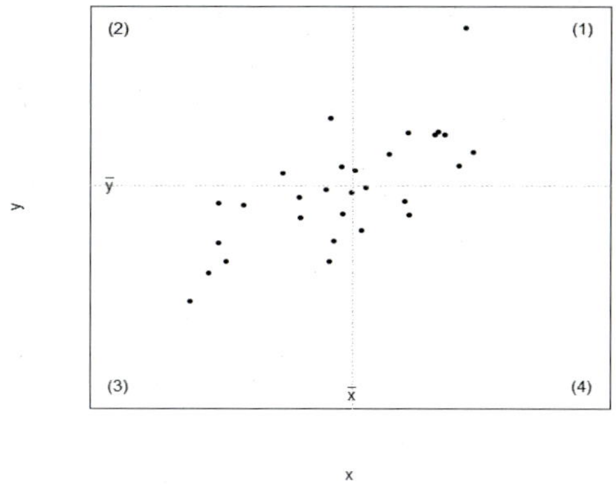

〈그림 3.2〉 공분산의 의미

상관계수

두 변수 X와 Y의 공분산은 변수의 측정단위에 의존하게 된다. 가령 변수 X의 단위가 킬로미터(km)에서 미터(m)로 바뀌면 공분산은 1,000배가 늘어나게 된다. 이와 같은 점을 보완하기 위하여 공분산

$$s_{XY} = \frac{\sum_{i=1}^{n}(x_i - \overline{x})(y_i - \overline{y})}{n-1}$$

을 변수 X와 Y의 표준편차의 곱인

$$s_X s_Y = \sqrt{\frac{\sum_{i=1}^{n}(x_i - \overline{x})^2}{n-1} \frac{\sum_{i=1}^{n}(y_i - \overline{y})^2}{n-1}}$$

로 나눈 $r = \dfrac{s_{XY}}{s_X s_Y}$를 두 변수 X와 Y의 상관계수(correlation coefficient)로 정의한다.

$$r = \frac{\sum_{i=1}^{n}(x_i - \overline{x})(y_i - \overline{y})}{\sqrt{\sum_{i=1}^{n}(x_i - \overline{x})^2 \sum_{i=1}^{n}(y_i - \overline{y})^2}}$$

이러한 상관계수 r은 피어슨 상관계수(Pearson's correlation coefficient)라고

하며, 두 양적 변수 간의 연관성을 구하기 위해 보편적으로 이용된다. 한 변수의 값이 증가할 때 다른 변수의 값이 증가하는 경향을 보이는 경우 상관계수는 양이고 두 변수는 양의 상관관계에 있다고 하고, 한 변수의 값이 증가할 때 다른 변수의 값이 감소하는 경향을 보이면 상관계수는 음이고 두 변수는 음의 상관관계가 있다고 한다.

상관계수는 다음과 같은 성질들을 가지고 있다.

- 선형 연관성의 강도를 재는 데 사용되며, 비선형 관계를 설명하는 데에는 부적절하다.
- 단위가 없고 항상 -1과 1 사이의 값을 가지며, 한 변수의 값이 증가할 때 다른 변수의 값이 증가하는 경향을 보이면 양의 값을, 반대로 감소하는 경향을 보이면 음의 값을 갖는다.
- 절댓값이 1에 가까울수록 연관성의 강도가 높다.
- 위치-척도(location-scale) 변환에 대해 불변성(invariance)을 가진다. 즉, 상수 a, b, c, d (단, $ac > 0$)에 대하여, 변수 X와 Y의 상관계수는 변수 $aX+b$와 $cY+d$의 상관계수와 같다. ($ac < 0$이면 X와 Y의 상관계수는 변수 $aX+b$와 $cY+d$의 상관계수와 절댓값은 같으나 부호가 바뀐다.)

어느 집단 구성원들의 몸무게와 키 사이의 상관계수를 구한다고 하자. 우리나라는 몸무게는 킬로그램, 그리고 키는 센티미터로 잰다. 반면에 미국은 몸무게는 파운드, 그리고 키는 인치로 잰다. 이때 두 변수 사이의 상관계수는, 변환에 대한 불변성에 의해, 우리나라나 미국이 동일한 값을 가지게 되며 이는 통계적 장점이라고 할 수 있다.

예제 3.2

예제 2.6의 자료를 다시 살펴보자. 인치와 파운드로 각각 측정된 12명의 소아 환자들의 키와 몸무게는 다음 표와 같이 센티미터와 킬로그램 단위로 변환가능하다 (1인치는 2.54센티미터이고, 1파운드는 0.453킬로그램이다).

관측값	키(inches)	몸무게(lbs)	키(cm)	몸무게(kg)
1	42.8	40.0	108.71	18.12
2	63.5	93.5	161.29	42.36
3	37.5	35.5	95.25	16.08
4	39.5	30.0	100.33	13.59

관측값	키(inches)	몸무게(lbs)	키(cm)	몸무게(kg)
5	45.5	52.0	115.57	23.56
6	38.5	17.0	97.79	7.70
7	43.0	38.5	109.22	17.44
8	22.5	8.5	57.15	3.85
9	37.0	33.0	93.98	14.95
10	23.5	9.5	59.69	4.30
11	33.0	21.0	83.82	9.51
12	58.0	79.0	147.32	35.79

인치로 측정된 키의 표준편차는 11.9356, 파운드로 측정된 몸무게의 표준편차는 26.0577이며, 다음의 공분산은 298.9148으로 계산된다.

$$s_{XY} = \frac{\sum_{i=1}^{n} (x_i - \overline{x})(y_i - \overline{y})}{n-1}$$

이를 단위변환하면, 센티미터로 측정된 키의 표준편차는 30.3165, 킬로그램으로 측정된 몸무게의 표준편차는 11.8042, 그리고 이들의 공분산은 343.9373이 되어 단위변환하기 전의 값들과 모두 달라졌다. 반면 피어슨 상관계수를 비교해 보면, 인치로 측정된 키와 파운드로 측정된 몸무게의 상관계수는 다음과 같다.

$$r = \frac{s_{XY}}{s_X s_Y} = \frac{298.9148}{11.9356 \times 26.0577} = 0.9611$$

또한, 센티미터로 측정된 키와 킬로그램으로 측정된 몸무게의 상관계수는 다음과 같음을 알 수 있다.

$$r = \frac{s_{XY}}{s_X s_Y} = \frac{343.9373}{30.3165 \times 11.8042} = 0.9611$$

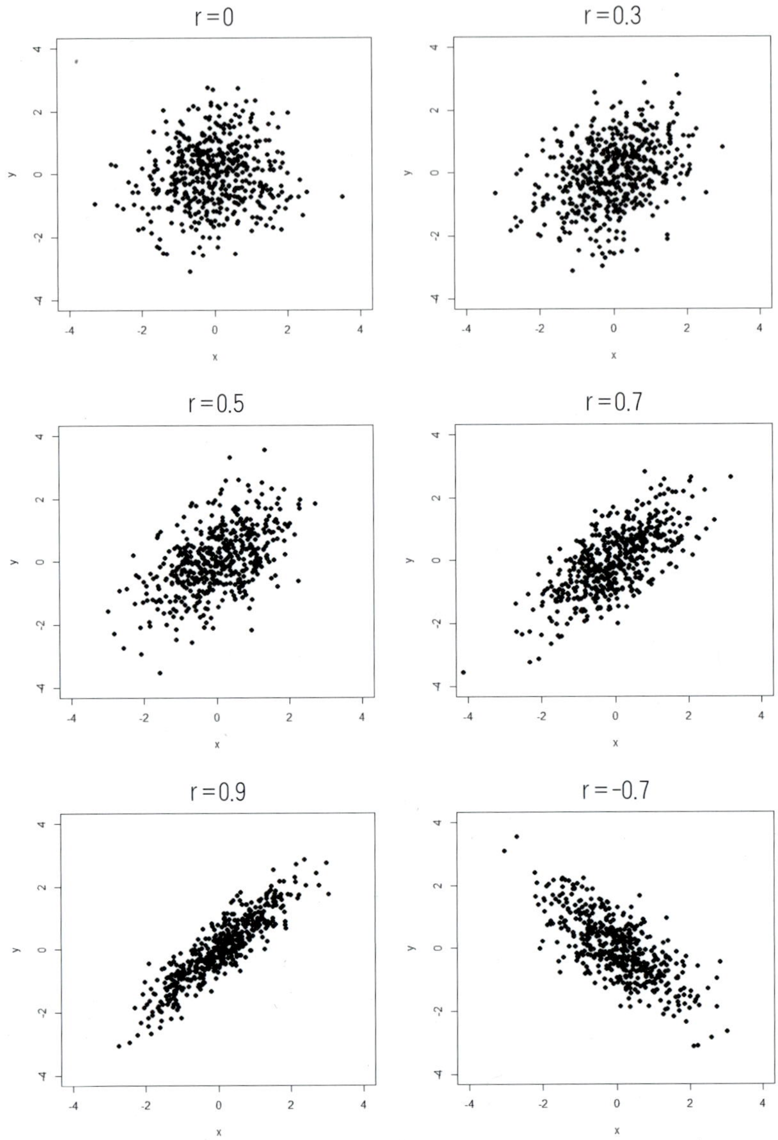

〈그림 3.3〉 여러 상관계수 값에 대한 전형적인 산점도

〈그림 3.3〉은 상관계수의 값에 따라 산점도의 모습이 어떻게 변하는지를 보여 준다. 방향과 선형집중성을 염두에 두고 상관계수의 의미를 음미해 보자.

〈그림 3.4〉의 4개 산점도 I, II, III, IV는 모두 상관계수가 0.7인 자료에 대한 것이다. 그러나 산점도에 나타나는 자료의 형태는 매우 다양하다. 산점도 I은 오른쪽 상단에 있는 일종의 특이점의 영향력이 매우 크며, 만일 이 특이점을 제외한다면 나머지 자료에 대한 상관계수는 0에 가까울 것으로 판단된다. 산점도 II는 맨 오른쪽

$x = 5$인 점을 제외하면 나머지 점들은 선형성이 매우 강하며 상관계수가 거의 1에 가까운 강한 선형관계를 보이고 있다. 산점도 III을 살펴보면 자료점들이 왼쪽 아래와 오른쪽 위에 군집을 이루고 있으며 각각의 군집을 별도로 다루면 상관계수의 값이 음으로 측정되지만 두 군집을 동시에 고려하면 상관계수가 비교적 큰 양의 값을 갖게 된다. 마지막으로 산점도 IV는 상관계수가 두 변수 사이의 연관성의 척도로서 의미가 있는 경우가 될 것이다. 이와 같이 두 변수 사이의 다양한 형태에 대해서 동일한 상관계수가 구해지므로, 두 변수의 연관관계를 보기 위해서는 산점도를 검토해야 한다.

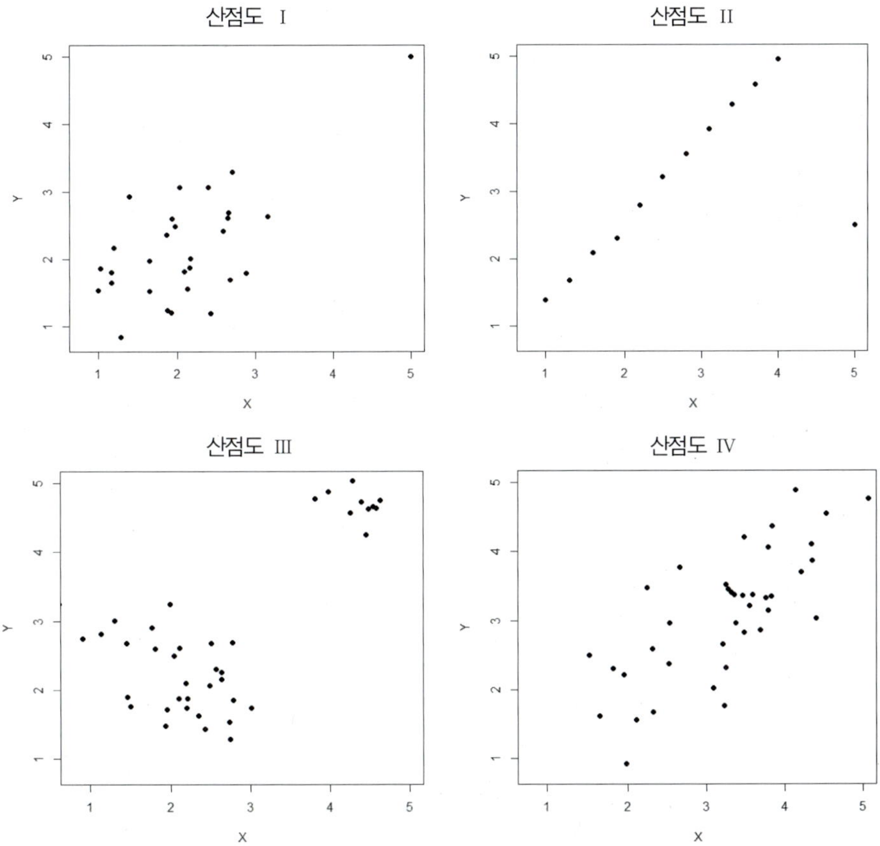

〈그림 3.4〉 동일한 상관계수 0.7을 가지는 4개의 산점도

주

자료가 순서형인 경우 자료의 값 대신 순위를 이용하는 상관계수로서 스피어만 상관계수(Spearman correlation coefficient) 또는 켄달 상관계수(Kendall correlation coefficient)가 있다. 이들은 자료를 작은 것부터 차례로 순위를 매겨 서열 순서로 바꾼 뒤 순위를 이용해 상관계수를 구하는 방법으로, 자료에 특이점이 있을 경우 유용하다.

3.2 양적 자료의 연관: 회귀

회귀분석(regression analysis)이란 변수들 간의 함수적인 관련성을 규명하기 위하여 수학적 모형을 가정하고, 이 모형을 측정된 변수들의 자료로부터 추정하는 방법이다. 상관계수를 통하여 연관관계를 보는 경우와 달리, 회귀분석에서는 변수들 간의 함수적 관계를 추정하기 때문에 필요한 예측을 할 수 있다. 상관계수를 구할 때는 두 개의 변수를 구별할 필요가 없지만, 회귀분석에서는 설명변수와 반응변수를 구별하게 된다. 종속변수라고도 불리는 반응변수(response variable)는 실험이나 조사의 결과를 측정하는 변수이고, 독립변수라고도 불리는 설명변수(explanatory variable)는 반응변수에 영향을 줄 수 있는 변수를 말한다. 예를 들어 흡연과 폐암발생에 대한 연구를 한다면, 이 연구에서는 흡연의 양이 설명변수가 되고 폐암발생여부가 반응변수가 될 것이고, 아버지의 키와 아들의 키의 연관성에 대한 연구라면 아버지의 키가 설명변수가 되고 아들의 키가 반응변수가 될 것이다.

영국의 학자 갈톤(Sir Francis Galton)에 의한 아버지의 키와 아들의 키에 대한 연구로부터 '회귀'분석이라는 용어가 유래되었는데, 오픈소스 통계 패키지인 R(www.r-project.org)에 내장되어 있는 갈톤의 자료로 그린 산점도는 다음의 〈그림 3.5〉와 같다. 아버지의 키와 아들의 키는 모두 인치(inches) 단위로 나타나 있고, 아버지의 키가 x로서 설명변수, 아들의 키가 y로서 반응변수가 되고 있다. 산점도에 나타난 자료는 1,078쌍의 아버지와 아들에 대한 것이며, 아버지의 키는 평균이 $\overline{x}=68$인치, 표준편차는 $s_X=2.7$인치 그리고 아들의 키는 평균이 $\overline{y}=69$인치, 표준편차는 $s_Y=2.8$인치이며 아버지의 키와 아들의 키 사이의 상관계수는 $r=0.5$이다. 점선으로 표시된 것은 기울기가 s_Y/s_X이고 평균점 (68,69)를 지나는 직선의 그래프로 아버지의 키와 아들의 키가 비례하는 것을 표시한다. 반면에, 실선으로 표시된 것은 이 자료에 적합된 회귀직선이다. (회귀직선의 적합에 대한 자세한 내용은 9장에서 다루도록 하겠다.)

이 자료에서 갈톤은 아버지의 키가 유독 큰 경우 아들의 키는 크긴 하지만 아버지만큼 특별히 크지는 않은 경우가 많았고, 아버지의 키가 유독 작은 경우 아들의 키는 작긴 하지만 아버지만큼 특별히 작은 경우가 역시 많지 않다는 것을 발견하였다. 가령, 〈그림 3.5〉에서 아버지의 키가 평균보다 표준편차의 2배가 큰 $x=68+2\times2.7=73.4$인치 부근일 때 아들의 키는 점선의 아래쪽에 많이 분포되어 있는 것을 발견할 수 있다. 즉, 아들의 키는 아버지의 키에 영향을 받으면서도 평균값으로 좀 더 가까이 가려는 경향이 있다는 것이다. 이것이 갈톤이 주장한 '평균으로의 회귀(regress

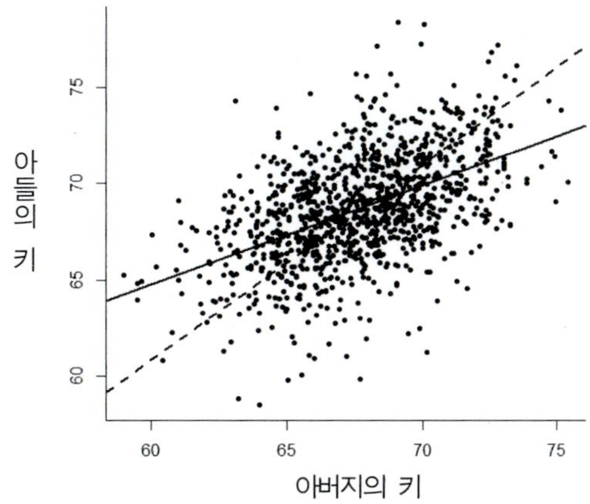

〈그림 3.5〉 아버지와 아들의 키에 대한 산점도

towards the mean)'라는 현상이고, 여기서 회귀분석의 용어가 유래하였다. 평균으로의 회귀현상은 흔히 '회귀효과(regression effect)'라고 하는데, 아들의 키에 영향을 미칠 수 있는 다른 변수들을 생각할 때 아버지의 키가 평균보다 크더라도 아들의 키는 아버지의 키에 영향을 받아 큰 편이지만 더 평균쪽에 가깝게 나타난다고 설명할 수 있다. 회귀분석을 통해 찾을 수 있는 회귀직선은 이러한 회귀효과를 설명해 주며, 〈그림 3.5〉에서 실선으로 표시된 회귀직선에 대해서는 아버지의 키가 주어졌을 때 그에 해당하는 아들의 키가 비교적 대칭으로 분포되고 있음을 볼 수 있다.

이러한 회귀효과 현상은 여러 사례에서 볼 수 있는데, 가령 중간고사 성적과 기말고사 성적의 관계를 살펴보면, 두 성적 사이에는 양의 상관관계가 있으며 중간고사 성적이 높은 학생들이 기말고사 성적도 높은 경향이 있지만, '평균적'으로는 중간고사 성적이 좋은 만큼 좋지는 않다는 것을 발견할 수 있다.

회귀분석에서는 주어진 자료에 나타난 변수들 간의 관계를 가장 잘 설명하는 함수식을 찾아내고, 그 함수식이 통계적으로 의미가 있는지 검정하며, 함수식을 이용하여 설명변수의 특정값이 주어졌을 때 반응변수의 값을 예측하게 된다. 이에 대한 자세한 내용은 9장의 회귀분석에서 좀 더 자세히 다루도록 한다.

3.3 범주형 자료의 연관: 분할표

범주형 자료의 연관관계는 분할표를 통해 살펴볼 수 있다. 분할표는 두 개의 범주형 변수가 있을 때 한 변수의 범주를 행(row)에, 다른 변수의 범주를 열(column)에 배치하여 2차원 표를 만들고, 각 칸(cell)에 자료에서 관측되는 빈도를 표시하는 것을 말한다. 분할표를 통해 조건부 분포를 만들면 두 변수 간에 연관관계가 있는지 보다 쉽게 살펴볼 수 있다.

비율의 차이: 분할표에서는 어떤 행이나 열 하나를 고정시켜 한 변수의 값이 정해진 상태에서 다른 변수의 조건부분포(conditional distribution)를 통해 범주별 비율의 차이를 알 수 있으며, 이 조건부분포는 두 범주형 변수의 연관관계를 설명하기 위해 사용될 수 있다.

예제 3.3

어떤 이슈에 대한 찬반여부를 묻는 100명에 대한 조사에 대하여 남자 40명, 여자 60명이 응답하였다. 전체 100명 중에 찬성은 40명이었다. 이런 경우에 두 범주형 변수(성별과 찬성여부) 사이의 연관성을 알아보기 위하여 아래와 같은 2×2 이차원 분할표를 작성할 수 있다. 이로부터 주어진 이슈에 대한 성별(남자와 여자)에 따른 찬성비율의 차이를 살펴볼 수 있다.

	남자	여자	합
찬성	10	30	40
반대	30	30	60
합	40	60	100

분할표로부터 성별에 따른 조건부분포를 구해 보자. 이 조사에 참여한 100명 중에는 찬성이 40%, 반대가 60%이지만, 참여한 남자 가운데에는 25%가 찬성의견, 75%가 반대의견을 표시하였다. 여자의 경우에는 50%가 찬성, 50%가 반대이다. 이를 표로 나타내면 다음과 같다.

	남자	여자	전체
찬성	10 25%	30 50%	40 40%
반대	30 75%	30 50%	60 60%
합	40 100%	60 100%	100 100%

여자들 가운데에는 찬성과 반대의견이 비슷하고 남자들 가운데에는 반대의견이 찬성의견보다 훨씬 많다는 것을 알 수 있다. 또한 다음과 같이 찬성의견, 반대의견 각각에 대하여 성별의 구조를 볼 수도 있다.

	남자		여자		합	
찬성	10	25%	30	75%	40	100%
반대	30	50%	30	50%	60	100%
합	40	40%	60	60%	100	100%

찬성의견 가운데는 여자의 비율이 훨씬 높고, 반대의견은 남자와 여자가 같은 비율로 나타난다. 이러한 조건부 분포를 아래 〈그림 3.6〉과 같이 막대그래프로 도식화할 수도 있는데, 이때 나란한 막대그래프(side-by-side barplot)가 유용하다.

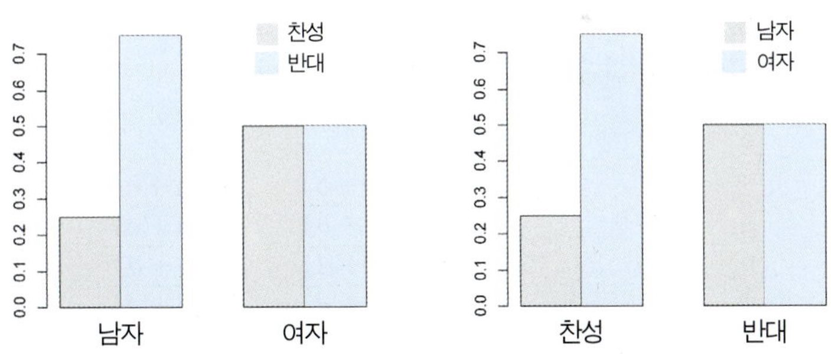

〈그림 3.6〉 성별에 따른 찬성/반대비율과 찬성/반대에 따른 성별비율의 나란한 막대그래프

상대위험도: 두 비율을 비교함에 있어, 두 비율이 모두 0에 매우 가까운 경우 차이보다는 상대위험도(relative risk)가 더 유용할 수 있다. 가령, 심장마비의 발생 여부와 특정약품의 투약여부에 대한 2×2 이차원 분할표가 주어졌는데, 투약했을 경우 심장마비 발생률이 0.001, 그리고 투약하지 않았을 때 심장마비 발생률이 0.05라면, 두 발생률의 매우 작은 차이(=0.05−0.001)보다는 이들의 비(ratio)인 '투약하지 않

았을 때 심장마비 발생률/투약했을 때 심장마비 발생률'(=0.05/0.001)이 더 의미 있는 해석을 낳을 수 있다.

오즈와 오즈비: 오즈는 어떤 사건의 발생 확률이 미발생 확률의 몇 배인지를 나타낸다. 가령, 오즈가 3.0이면 발생확률이 미발생 확률의 3배이고, 반대로 오즈가 1/3이면 미발생 확률이 발생 확률의 3배가 되는 것을 의미한다. 이와 같은 오즈는 스포츠 게임에서 이길 팀에 대한 내기를 할 때 자주 사용된다. 나아가, 보건의학 등에서 자주 주어지는 범주형 자료를 분석하는 데에도 널리 활용된다.

두 집단 A와 B에 대해 특정 사건의 발생여부에 대한 다음과 같은 2×2 이차원 분할표를 고려하자. (a, b, c, d는 발생횟수를 나타낸다.)

	발생	미발생	합
집단 A	a	b	$a+b$
집단 B	c	d	$c+d$
합	$a+c$	$b+d$	$a+b+c+d$

그러면, 첫 번째 행(집단 A)의 오즈는 $\frac{a}{a+b}/\frac{b}{a+b}$, 두 번째 행(집단 B)의 오즈는 $\frac{c}{c+d}/\frac{d}{c+d}$로 구해진다. 나아가, 두 행에서 계산된 오즈의 비를 오즈비(odds ratio)라고 하며 다음과 같이 정의된다.

$$\textbf{오즈비}: \frac{\dfrac{a/(a+b)}{b/(a+b)}}{\dfrac{c/(c+d)}{d/(c+d)}}=\frac{\dfrac{a/(a+c)}{c/(a+c)}}{\dfrac{b/(b+d)}{d/(b+d)}}=\frac{ad}{bc}$$

상대위험도는 $\frac{a}{a+c}/\frac{c}{a+c}$로 두 비율의 비인 반면, 오즈비는 두 오즈들의 비가 된다.

예제 3.4

구성원이 300명인 어떤 집단의 흡연 여부와 특정 질병 발생여부에 대한 자료가 다음과 같은 2×2 이차원 분할표로 주어졌다고 하자.

	질병 발생	질병 미발생	합
흡연	25	75	100
비흡연	30	170	200
합	55	245	300

한 집단의 발생자를 해당 집단 전체 대상자로 나눴을 때의 값이 이 집단에서의 질병발생률이고, 이는 위험도(risk)를 의미한다. 흡연 집단의 질병 발생률은 25/100=0.25 그리고 비흡연 집단의 질병 발생률은 30/200=0.15이며, 따라서 상대위험도는 0.25/0.15=1.67이 되고, 이는 흡연에 의해 연구대상이 되는 질병이 1.67배 더 발생한다는 것을 보여 준다. 오즈비 $\frac{25 \times 170}{30 \times 75} = 1.89$는 질병이 발생한 집단의 발생하지 않은 집단에 대한 흡연과 비흡연의 비를 나타내고 있다. 즉, 이 자료에 따르면 질병이 발생한 집단에서의 흡연과 비흡연의 비가 발생하지 않은 집단에서의 흡연과 비흡연의 비보다 1.89배 크다는 것이다. 또한 흡연 집단에서 구한 질병 발생/미발생에 대한 비가 비흡연 집단에서 구한 질병 발생/미발생에 대한 비보다 1.89배 크다는 것을 표현해준다.

주

두 변수가 '독립'이라면 한 변수의 모든 범주에 대해서 다른 변수의 범주별 백분율이 모두 같을 것이며, 이때는 오즈비가 1이 된다. 따라서 오즈비가 0에 가까워지거나 1보다 커질수록 두 변수 사이의 연관성은 커지게 된다. 오즈비나 상대위험도는 범주형 자료의 연관성을 설명하는 지표로 연구방법에 따라 사용될 수 있다. [일반적으로 코호트 연구(Cohort study)에서는 상대위험도, 환자-대조군 연구(case-control study)에서는 오즈비가 많이 사용되고 있다.]

일반적으로 두 범주형 변수에 대해 행범주가 r개, 그리고 열범주가 c개인 $r \times c$ 이차원 분할표가 주어질 수 있으며, 나아가 각 범주들이 명목형인지 순서형인지에 따라 다양한 통계적 분석방법들이 존재한다. 두 명목형 변수 사이의 연관도를 재는 대표적인 측도로 람다(λ: lambda)가 있으며, 두 순서형 변수 사이의 연관도를 재는 대표적 측도로는 일치쌍(각 변수에 대한 관측값이 크기순서에서 같은 방향에 있는 한 쌍의 관찰개체)과 불일치쌍(각 변수에 대한 관측값이 크기순서에서 반대방향에 있는 한 쌍의 관찰개체)의 개수를 이용한 감마(γ: gamma)가 있다. 분할표를 통한 범주형 자료의 연관성은 11장의 범주형 자료분석에서 보다 자세하게 다루도록 한다.

3.4 연관관계 분석에서의 주의점

앞서 설명한 변수 사이의 연관관계를 규명함에 있어 주의해야 할 몇 가지 사항들을 살펴보고자 한다.

3.4.1 상관계수와 선형성

상관계수는 선형 연관성의 강도를 재는 데 사용되며, 비선형 관계를 설명하는 데에는 부적절하다.

예제 3.5

아래의 산점도 I, II는 모두 상관계수가 0인 자료에 대한 것이다. 산점도 I은 한 변수의 증감에 따른 다른 변수의 변화가 거의 없으며, 두 변수 사이의 연관관계가 없는 것으로 판단된다. 반면에 산점도 II는 두 변수 사이의 뚜렷한 이차함수에 가까운 연관관계가 보인다. 그러나, 산점도 II의 자료에 대한 상관계수는 0이며 이는 상관계수가 선형관계의 강도를 측정하도록 만들어진 결과이다. 변수 사이의 비선형 연관관계도 가능하므로 상관계수가 0이라는 사실에 근거하여 두 변수 사이에 연관관계가 없다고 속단할 수는 없다.

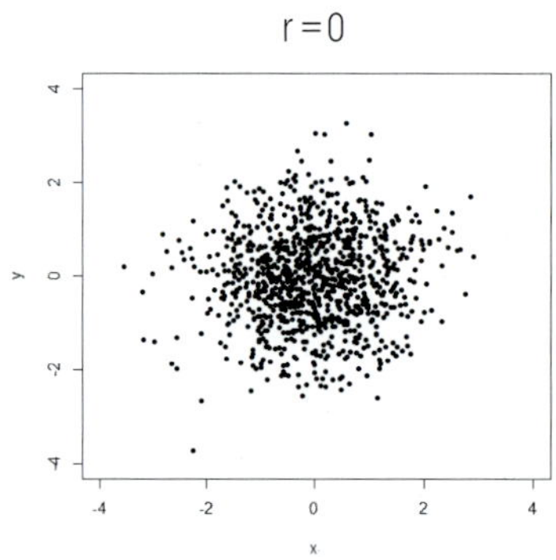

산점도 I

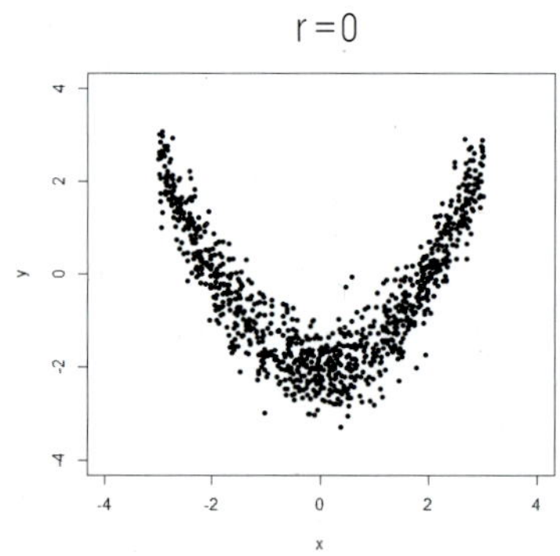

산점도 II

3.4.2 상관과 인과관계

상관관계는 두 변수 사이의 연관성을 설명하지만 이를 인과(causation)관계로 확대 해석하는 것은 매우 그릇된 결론에 도달할 수 있으므로, 상관과 인과를 구별해야 된다.

예제 3.6

최근 10년간 월별로 아이스크림 판매량과 익사자의 수를 조사하여 두 변수 사이의 상관계수를 계산하였더니 양의 값이 나왔다. 즉, 아이스크림 판매량이 증가할 때 익사자의 수도 증가하는 경향이 있고, 아이스크림 판매량이 감소할 때 익사자의 수도 감소하는 경향이 있다는 것이다. 그렇다면, 익사자의 수를 줄이기 위해 아이스크림을 팔지 말아야 할까? 물론, 아이스크림을 팔지 않으면 익사자의 수가 줄어들 것이라고 생각하는 사람은 없을 것이다. 두 변수 사이에 양의 상관관계가 있기는 하지만, 이 관계는 원인과 결과를 나타내는 인과관계는 아님이 분명하다.

두 변수 사이의 관계를 살펴볼 때, 이 두 변수에 영향을 주는 다른 변수가 있을 수 있다. 예제 3.6의 경우, 아이스크림 판매량과 익사자의 수에 공통적으로 영향을 주고 있는 변수로서 '기온'을 생각해 보자. 날씨가 더워지면 아이스크림 판매량도 늘어나고 수영하는 사람도 늘어나서 익사자의 수가 많아지게 되고, 날씨가 추워지면 아이스크림 판매량도 줄어들고 물에 들어가는 사람이 줄어듦으로써 익사자의 수도 적어지게 된다. 그러므로 아이스크림 판매량과 익사자의 수는 공통적으로 기온의 영향을 받아서 양의 상관관계를 보이는 것이지, 서로 원인과 결과의 관계에 있지 않다. 이와 같이 모든 상관관계가 인과관계를 의미하지는 않는다.

두 변수 사이에 유의미한 상관관계가 있는 경우, 실제로 두 변수 사이에 인과관계가 있을 수도 있다. 예제 3.6에서 만약 기온과 아이스크림 판매량을 조사했다면, 인과관계로 해석할 수 있을 것이다. 또는, 잠복변수(lurking variable)가 존재하여 두 변수 각각에 영향을 주고 있을 수 있다. 잠복변수란 연구에 포함되지 않았으나 연구에 포함된 변수들에 영향을 주고 있는 변수를 말한다. 예제 3.6에서는 '기온'이 잠복변수가 된다. 비슷한 예로, 화재현장에 파견된 소방관들의 숫자와 화재의 손해액에서 높은 양의 상관관계가 관측되었다고 하자. 손해액을 줄이기 위해 화재현장에 소수의 소방관들만 파견해야 하는 걸까? 그렇지 않다. 여기서는 '화재의 크기'라는 잠복변수가 소방관들의 숫자와 손해액에 동시에 영향을 주고 있어서, 소방관 숫자와 손해액이 높은 양의 상관관계를 갖게 되는 것이다. 이 역시, 상관관계가 인과관계를 의미하는 것이 아님을 보여 준다.

이 외에도, 평균이나 중위수를 이용하여 계산한 상관계수는 연관의 정도를 과장할 수 있다. 9장의 예제 9.9에는 2세에서 15세까지 남자아이들의 키의 중위수에 대한 자료가 주어져 있다. 이 자료를 통해 계산한 연령과 키의 피어슨 상관계수는 0.9987

이며, 〈그림 9.10〉에서 거의 완벽한 선형관계를 보이고 있음을 알 수 있다. 만약 연령과 키의 중위수가 아니라 아이들 각각의 연령과 키를 살펴보았다면, 개인별 격차 때문에 자료가 많이 퍼져서 이렇게 강한 상관관계가 관측되지 않았을 것이다. 그러므로 평균이나 중위수를 바탕으로 한 상관관계를 해석할 때는, 연관의 정도가 과장되었을 수 있음을 염두에 둘 필요가 있다.

또, 다른 집단에서 나온 관측값들을 통합하여 고려할 때는 상관관계가 왜곡되어 나타날 수 있다. 〈그림 3.4〉의 산점도 III을 생각해 보자. 관측값들이 두 개의 군집으로 나누어져 있는데, 각 군집 안에서는 음의 상관관계를 보이지만, 모든 관측값을 한꺼번에 고려하면 0.7이라는 상당히 큰 양의 상관계수를 얻는다. 이런 경우, 전체 자료에서는 상식적으로 설명되기 어려운 결과를 얻게 될 수 있다. 산점도를 통해 자료의 구조를 먼저 파악할 필요가 있음을 다시금 깨닫게 된다.

3.4.3 심프슨의 역설

어떤 집단의 통계 결과를 비교할 때, 하위 부분집단들에서 나타나는 결과와 이들을 결합한 전체집단에서 나타난 결과가 상반되는 현상을 보일 수 있는데, 이를 심프슨의 역설(Simpson's paradox)이라고 한다. 다음의 예제에서 이 역설을 발견할 수 있다.

예제 3.7

다음은 1973년 캘리포니아 대학(버클리)의 대학원 입학허가에 관한 도수자료로 지원자의 성별 합격자수에 관한 표이다[1].

	합격자	지원자	합격률
남자	1400	2691	52.0%
여자	722	1835	42.1%

자료로부터 성별로 합격률에 상당한 차이가 있음을 볼 수 있다. 그러나 위의 자료를 6개 지원분야별로 세분하여 정리한 다음의 표를 보면 이야기가 달라진다.

1) 자료출처: P. J. Bickel, E. A. Hammel, and J. W. O'Connell(1975), "Sex bias in graduate admissions: data from Berkeley", Science 187(4175), 398-404

〈남자〉

지원분야	합격자	지원자	합격률
A	512	825	62.1%
B	353	560	63.0%
C	120	325	36.9%
D	138	417	33.1%
E	53	191	27.8%
F	224	373	60.1%

〈여자〉

지원분야	합격자	지원자	합격률
A	89	108	82.4%
B	17	25	68.0%
C	202	593	34.1%
D	131	375	34.9%
E	94	393	23.9%
F	239	341	70.1%

표에 나타난 자료로부터 여자가 남자에 비해 입학허가에서 불이익을 받았다는 주장은 바뀌게 된다. 오히려 대부분의 지원분야에서 여자의 합격률이 남자의 그것보다 높게 나타나고 있다. 이러한 현상의 주된 원인은 상대적으로 합격률이 낮은 분야에 여성이 대거 지원함으로써 발생한 것이다.

예제 3.8

두 병원 A와 B의 평가를 위해, 두 병원의 입원환자 사망률을 살펴보았더니, 병원 A는 500명 중 40명이 사망하여 8%의 사망률을 보였고, 병원 B는 200명 중 14명이 사망하여 7%의 사망률을 보였다고 하자. 이 자료를 기반으로 판단할 때, 병원 B가 더 우수한 것으로 평가된다. 그런데 심각한 상태의 환자와 그렇지 않은 환자에 대해 사망률을 따로 살펴보았더니 다음 표와 같은 결과를 얻었다고 하자.

	병원 A	병원 B
심각한 상태	30/100=30%	8/20=40%
그렇지 않은 상태	10/400=2.5%	6/180=3.3%
전체	40/500=8%	14/200=7%

환자의 상태별로 따로 살펴보면 심각한 상태이든 그렇지 않은 상태이든 병원 A의 사망률이 더 낮다. 즉, 병원 A가 더 우수한 것으로 평가될 수 있다는 것이다. 두 가지 상태를 통합하여 사망률을 계산하였을 때 병원 B가 더 우수해 보인 이유는 사망률이 일반적으로 높은 심각한 상태의 환자들이 병원 A에 더 많았기 때문이다.

예제 3.7과 3.8에서 보이는 역설현상이 바로 심프슨의 역설이다. 이 현상은 범주형 변수들 간의 연관관계에서 잠복변수(lurking variable)의 영향 때문에 생긴다.

예제 3.7에서는 '지원분야'가 잠복변수인데, 지원분야별로 합격률이 상이하며, 합격률이 높은 지원 분야에 남자 지원자가 많고 낮은 지원 분야에 여자 지원자가 많았기 때문에 심프슨의 역설이 발생하였다. 예제 3.8에서는 '환자의 상태'가 잠복변수이다. 환자의 상태별로 사망률이 많이 다르고, 사망률이 높은 심각한 상태의 환자들이 병원 A에 더 많았기 때문에 심프슨의 역설이 발생하였다. 이와 같이, 잠복변수가 있어서 그 범주별로 결과가 상이하며, 관측값의 개수가 범주별로 균일하지 않고 치우쳐 있을 때 심프슨의 역설이 발생할 수 있다.

잠복변수는 연구결과를 왜곡할 수 있으므로 그 존재를 파악하여 그 영향을 제거하는 것이 중요하다. 혹시라도 연구의 결과에 영향을 미치는 잠복변수들이 있지는 않은지 면밀히 검토할 필요가 있다.

3장 연습문제

01 두 변수가 짝을 이룬 n개의 자료점 $(x_1, y_1), \cdots, (x_n, y_n)$이 주어졌을 때 이를 선형변환한 n개의 자료점 $(ax_1+b, cy_1+d), \cdots, (ax_n+b, cy_n+d)$을 구했다고 하자($a \neq 0$). 이때 원자료의 공분산을 s_{XY}라고 하면, 선형변환자료의 공분산은 acs_{XY}임을 보이시오.

02 두 변수가 짝을 이룬 n개의 자료점 $(x_1, y_1), \cdots, (x_n, y_n)$이 주어졌을 때, 두 변수를 각각 표준화한 n개의 자료점 $(x_1^*, y_1^*), \cdots, (x_n^*, y_n^*)$의 공분산은 원자료 $(x_1, y_1), \cdots, (x_n, y_n)$의 상관계수와 같음을 보이시오.

03 예제 3.1에서 소개한 자료의 두 변수(농업에 종사하는 인구비율(X)과 1인당 소득(Y: US $))에 대한 산점도를 검토하고 상관계수를 구하여 두 변수 사이의 연관성에 대해 논하시오.

04 짝 지어진 두 개의 연속형 변수 (X, Y)에 대하여

(1) (0,0), (1,1), (2,2), (3,3), (4,4), (5,5)의 6개 값이 주어졌을 때, 두 변수 사이의 상관계수를 구하시오.

(2) (0,1), (1,1), (2,1), (3,1), (4,1), (5,1)의 6개 값이 주어졌을 때, 두 변수 사이의 공분산을 구하시오.

(3) (0,0), (0,1), (0,2), (1,0), (1,1), (1,2), (2,0), (2,1), (2,2)의 9개 값이 주어졌을 때, 두 변수 사이의 상관계수를 구하시오.

(4) (0,0), (1,0), (1,1), (1,2), (2,2)의 5개 값이 주어졌을 때, 산점도를 그리고 두 변수 사이의 공분산과 상관계수를 구하시오.

(5) (5,10), (7,10), (7,13), (7,16), (9,16)의 5개 값이 주어졌을 때, 산점도를 그리고 두 변수 사이의 공분산과 상관계수를 구하고 (4)의 결과와 비교하시오.

05 다음은 2014년 1～6월의 아산, 천안 지역의 평균기온과 강수량에 대한 자료이다.

	1월	2월	3월	4월	5월	6월
평균기온(섭씨)	-0.8	1.8	7.4	13.4	18.8	22.8
강수량(mm)	4.9	15.1	40.9	62.1	34.6	73.9

(1) 평균기온과 강수량 사이의 상관계수를 구하시오.

(2) 평균기온을 화씨로 변환한 후에 평균기온과 강수량 사이의 상관계수를 구하시오(참고로, $°\mathrm{F} = \frac{9}{5}℃ + 32$ 이다).

06 두 개의 연속형 변수 (X, Y)에 대하여 크기가 $n = 48$인 자료로부터 다음과 같은 결과가 주어졌을 때,

$$\sum_{i=1}^{48}(x_i - \bar{x})^2 = 121, \quad \sum_{i=1}^{48}(y_i - \bar{y})^2 = 100$$

$$\sum_{i=1}^{48}(x_i - \bar{x})(y_i - \bar{y}) = 81$$

(1) 두 변수 사이의 공분산을 구하시오

(2) 두 변수 사이의 상관계수를 구하시오.

07 다음 표는 몸의 구성에 관한 연구과정에서 나온 자료로, 23세부터 61세 사이의 18명 성인에 대하여 나이와 지방비율 그리고 성별(gender)이 주어져있다. 나이(age)와 지방비율(%fat) 사이의 상관계수를 구하시오. 나아가, 성별로 상관계수를 각각 구하고 그 결과를 비교하시오.

나이	지방비율(%)	성별
23	9.5	M
23	27.9	F
27	7.8	M
27	17.8	M
39	31.4	F
41	25.9	F
45	27.4	M
49	25.2	F
50	31.1	F
53	34.7	F

53	42	F
54	29.1	F
56	32.5	F
57	30.3	F
58	33	F
58	33.8	F
60	41.1	F
61	34.5	F

08 예제 3.3에 주어진 2×2 분할표

	남자	여자	합
찬성	10	30	40
반대	30	30	60
합	40	60	100

에 대하여,

(1) 오즈비(odds ratio)를 구하시오.

(2) 성별로 찬성과 반대의 빈도가 알려져 있지 않고 열의 합과 행의 합만이 주어진 상황에서, 두 변수(성별과 찬성여부)가 독립, 즉 오즈비가 1이라고 할 때, 아래 표의 빈칸을 채우시오.

	남자	여자	합
찬성			40
반대			60
합	40	60	100

09 어떤 위험인자의 유, 무에 따른 특정 질병의 발생률과 미발생률이 다음과 같이 주어졌다고 하자.

	질병 발생	질병 미발생
위험인자 '유'	0.01	0.99
위험인자 '무'	0.001	0.999

(1) 위험인자 '유'의 위험인자 '무'에 대한 상대 위험도를 구하시오.

(2) 오즈비를 구하고 그 값이 10에 가까운 이유를 설명하시오.

10 다음은 통계청에서 발표한 '2016년 청소년 통계'에서 18세 미만의 청소년을 대상으로 보건복지부, 중앙아동보호전문기관에서 조사한 '전국아동학대현황보고서'에서 발췌한 2014년 연령별 아동학대 발생유형에 대한 자료이다. 조건부분포를 비교함으로써 두 변수(연령, 학대유형)의 연관관계를 설명하시오.

2014년 연령별 아동학대 발생유형(단위: 건수)

	1세미만	1-3세	4-6세	7-9세	10-12세	13-15세	16-17세	전체
신체학대	43	469	652	1091	1278	1539	627	5699
정서학대	64	655	822	1128	1353	1532	622	6176
성학대	0	4	44	58	113	157	71	447
방임	212	590	500	615	601	470	148	3136
전체	319	1718	2018	2892	3345	3698	1468	15458

11 다음은 미국 메이저리그의 타자 Derek Jeter와 David Justice의 타율 자료이다[2].

	1995		1996		Combined	
Derek Jeter	12/48	.250	183/582	.314	195/630	.310
David Justice	104/411	.253	45/140	.321	149/551	.270

1995년과 1996년의 타율을 따로 비교하고, 두 해를 합친 타율을 비교하여 어떤 타자가 높은 타율을 보이는지 확인하시오. 이러한 현상이 나타나는 이유에 대해 논하시오.

2) 자료출처: Ken Ross, "A Mathematician at the Ballpark: Odds and Probabilities for Baseball Fans (Paperback)" Pi Press, 2004

Ⅱ부

확률과 분포

4장 확률

5장 확률변수

6장 표본분포

제 4 장 확률

일상생활에서 만나는 많은 사건들은 불확실성을 내포한다. 내일 비가 올 것인지, 다음 선거에서 누가 당선될 것인지, 내일 특정 주식 가격이 오를 것인지, 어제 산 로또가 당첨이 될 것인지 등 우리 주변에서 불확실성을 가진 수많은 예를 찾아볼 수 있다. 이와 같은 상황에서 불확실성을 계량화한다면 올바른 의사결정을 위한 지식을 구할 수 있으며, 불확실성을 정량적으로 측정할 수 있는 필수 도구가 바로 확률이다. 이 장에서는 확률의 정의와 성질에 대해 알아보기로 한다.

4.1 확률의 정의

4.1.1 확률실험

동전을 한 번 던져서 그 결과를 기록한다고 하자. 다음 번 시행에서 앞면(H)이 나올지 뒷면(T)이 나올지는 알 수 없다.[1] 주사위를 던지는 경우에도 시행에 앞서서 어떤 눈이 나올지 정확히 예측할 수 없다. 이와 같이 개별 관측결과를 확실하게 알 수 없는 현상을 확률실험(random experiments)이라고 한다. 확률실험에서는 같은 시행을 같은 조건에서 여러 번 반복하게 되면, 관측결과들이 일정한 분포를 갖게 될 것으로 기대한다. 동전의 앞면과 뒷면이 나올 확률이 같다면, 이 동전을 매우 여러 번 던졌을 때 그 중 반 정도는 앞면이, 나머지 반 정도는 뒷면이 나올 것으로 예상할 수 있는 것과 같은 것이다.

동전던지기 실험에서 동전을 10번 던져 6번의 앞면이 나왔다고 하면, 앞면이 나오는 상대빈도는 0.6이 된다. 또다시 10번 던졌을 때는 상대빈도가 0.6이 아닌 다른 숫자가 나올 가능성이 높다. 10번 정도 던지는 경우 앞면이 나올 상대빈도는 상당히 변화가 심할 것으로 생각된다. 하지만 동전을 매우 여러 번 던진다면 앞면의 상대빈도는 안정적으로 어떤 숫자에 근접할 것으로 예상할 수 있고, 이 숫자를 이 동전을 던질 때 앞면이 나오는 **확률**로 정의할 수 있다(그림 4.1 참조).

두 시행이 독립이라는 것은 한 시행에서 나오는 결과가 다른 시행의 결과에 영향을 미치지 않는 것을 말한다. 동전을 두 번 던질 때 첫 번째 시행의 결과에 두 번째 시행의 결과가 영향을 받지 않는다면, 이 동전던지기 시행은 서로 독립이다.

1) 동전을 던졌을 때, 편의상 앞면(Heads)을 H, 그리고 뒷면(Tails)을 T로 표기한다.

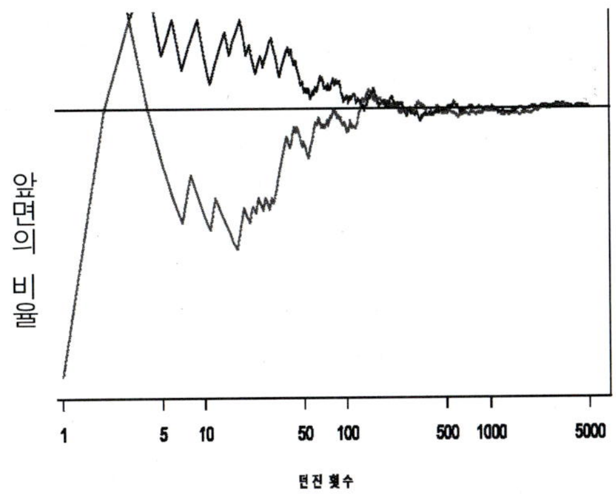

던진 횟수

〈그림 4.1〉 동전을 던진 횟수에 따른 앞면의 비율

역사상 유명한 동전던지기들이 있다. 18세기 프랑스의 뷰퐁(Buffon) 백작은 4,040번 동전을 던져서 앞면을 2,048번 얻었고, 영국의 통계학자인 피어슨(Karl Pearson)은 1900년 경 동전을 24,000번 던져서 앞면을 12,012번, 2차 세계대전 당시 포로수용소에 있었던 남아프리카 공화국의 수학자 케리히(John Kerrich)는 10,000번의 시행에서 5,067번의 앞면을 얻었다고 한다. 각각의 경우 앞면이 나오는 상대빈도는 0.5069, 0.5005, 0.5067이다.

4.1.2 확률모형

어떤 현상에 대한 과학적 연구에 필요한 자료를 관측이나 실험을 통해 구할 때 정확한 관측값을 얻는 것이 이상적이지만, 자료를 구하는 과정에서 오차는 늘 발생한다. 갈릴레이(Galileo Galilei)는 동일한 조건에서 반복적으로 측정한 관측값들이 매번 다르다는 사실을 강조하였으며, 이후, 가우스(J.C.F. Gauss)는 관측에 따른 오차가 대체로 평균값 주변에서 발생하며 '정규' 확률분포를 따른다는 사실을 밝혔다. 다른 사례로, 어떤 이슈에 대한 모집단의 지지율을 알아보기 위해 구한 표본지지율은 표본추출 때마다 다른 값을 가질 수 있을 것이다. 이와 같은 불확실성에 대처하기 위하여 확률모형을 활용함으로써 연구 대상의 성격 또는 특징을 규명할 수 있다.

이제, 확률모형을 설명하는 데 필요한 용어들을 살펴보기로 한다. **확률공간**은 표본공간과 그 표본공간의 부분집합으로 표현되는 사건들의 모임, 그리고 그 모임에 속하는 사건들이 일어날 확률로 구성된다. **표본공간**은 주로 S로 표기하는데, 랜덤한 현상의 모든 가능한 결과(outcome)들이 모인 집합이다. 동전을 한 번 던지는 경우 표본공간은 $S=\{H,T\}$ 이고, 주사위를 한 번 굴리는 경우 표본공간은 $S=\{1,2,3,4,5,6\}$ 이 될 것이다. **사건**(event)은 표본공간의 부분집합이다. 동전을 한 번 던졌을 경우 표본공간이 두 개의 결과로 구성되어 있으므로, 모든 가능한 사건의 모임은 $\{\phi, H, T, S\}$ 이 되고, 주사위 굴리기의 경우 표본공간은 예제 4.1에서와 같이 $2^6=64$ 개의 원소로) 이루어지게 된다. 관심 있는 사건들의 모임에 속하는 사건에 대해 확률이 정의된다. 동전이 동전의 앞면이나 뒷면이 나올 확률이 같다면 $P(H)=0.5$, $P(T)=0.5$로 쓸 수 있다.

예제 4.1

주사위를 한 번 던지는 확률실험에서 짝수가 나오는 사건 A와 2보다 큰 숫자가 나오는 사건 B를 구해 보자. 또, 가능한 모든 사건의 모임을 구해 보자. 표본공간이 $S=\{1,2,3,4,5,6\}$ 이므로 이 가운데 짝수만 고르면 $A=\{2,4,6\}$ 이 되고, 2보다 큰 숫자만 고르면 $B=\{3,4,5,6\}$ 이 된다. 가능한 모든 사건의 모임은 표본공간의 모든 부분집합들을 모아놓은 멱집합(power set)이 되는데, 이는 공집합과 S, 하나의 원소만을 갖는 $\{1\},\{2\},\cdots,\{6\}$, 두 개의 원소를 갖는 $\{1,2\},\{1,3\},\cdots,\{4,6\}$, $\{5,6\}$, 세 개의 원소를 갖는 $\{1,2,3\},\{1,2,4\},\cdots,\{3,4,6\},\{4,5,6\}$, 네 개의 원소를 갖는 $\{1,2,3,4\},\cdots \{3,4,5,6\}$, 다섯 개 원소를 갖는 $\{1,2,3,4,5\},\cdots,\{2,3,4,5,6\}$ 을 모두 포함한다. S의 부분집합은 1, 2, 3, 4, 5, 6 각각의 원소들에 대해 포함되거나 포함되지 않거나의 경우의 수를 모두 세어 $2^6=64$개가 가능함을 알 수 있다. 예를 들어 1은 포함, 2는 불포함, 3은 포함, 4, 5, 6은 모두 불포함이라면 $\{1,3\}$이 되고, 1은 불포함, 2, 3은 포함, 4는 불포함, 5, 6은 포함이라면 $\{2,3,5,6\}$이 얻어진다. 즉, 가능한 모든 사건의 모임인 멱집합은 표본공간의 부분집합 64개로 이루어진다.

4.2 확률의 성질

4.2.1 확률의 공리

확률이론의 근거가 되는 다음과 같은 세 가지 성질로 구성된 확률의 공리(axiom)가 있다.

확률의 공리(axiom)

(1) 어떤 사건 A에 대해, $0 \le P(A) \le 1$

(2) $P(S) = 1$

(3) 표본공간 S에 정의된 상호 배반인 사건열 $A_1,\ A_2,\ \cdots$가 있다고 하면 다음과 같다.

$$P(\bigcup_{i=1}^{\infty} A_i) = \sum_{i=1}^{\infty} P(A_i)$$

두 사건 A_i와 A_j가 배반(disjoint, mutually exclusive)이라 함은 두 사건에 공통적으로 들어 있는 원소가 없어서 두 사건이 동시에 일어날 수 없음, 즉 $A_i \cap A_j = \varnothing$을 의미한다. 사건 A가 표본공간 S상에 정의되어 있을 때, A에 포함되지 않는 모든 S의 원소의 집합을 여사건(complement)이라고 하며 A^c로 표기한다. 예를 들어 예제 4.1에서 '짝수의 눈'이 나오는 사건 A의 여사건 A^c은 '홀수의 눈'이 나오는 사건이 된다.

확률공리들로부터 다음과 같은 유용한 확률 규칙들을 도출할 수 있다.

(1) 여사건의 확률: $P(A^c) = 1 - P(A)$

(2) 합의 법칙(addition rule): $P(A \cup B) = P(A) + P(B) - P(A \cap B)$
서로 배반, 즉 $A \cap B = \varnothing$인 경우에는 $P(A \cup B) = P(A) + P(B)$가 된다.

(3) 곱의 법칙(multiplication rule): 서로 독립인 두 사건 $A,\ B$에 대하여, $P(A \cap B) = P(A)P(B)$. (서로 독립이 아닌 경우는 다음 절에 정의되는 조건부확률을 이용하면 된다.)

(4) 표본공간이 k개의 결과들로 이루어져 있고 이 결과들이 나올 확률이 모두 같다면 각 결과가 나올 확률은 $1/k$이고, 어떤 사건 A가 일어날 확률은

$$P(A) = \frac{A\text{에 속하는 결과들의 갯수}}{k}$$

로 계산된다.

예제 4.2

두 개의 동전을 던졌을 때의 표본공간 $S=\{HH,\ HT,\ TH,\ TT\}$는 4개의 원소로 구성되어 있다. 각 원소는 동일한 확률 1/4을 갖는다고 하자. 이때 최소한 한 번 앞면이 나올 확률은

$$P\{HH, HT, TH\} = P\{HH\} + P\{HT\} + P\{TH\} = 1/4 + 1/4 + 1/4 = 3/4$$

이다. 여기서 HH, HT, TH가 서로 배반이므로 이는 합의 법칙의 결과이다. 같은 결과를 여사건의 확률을 이용하여 구할 수도 있다. 최소한 한 번 앞면이 나오는 사건은 앞면이 한 번도 나오지 않는 사건의 여사건이므로 $1-P(TT)$로 구할 수 있고, $P(TT)=1/4$이므로 구하는 확률은 $3/4$가 된다.

예제 4.3

확률의 시작은 도박사(gambler)로부터라고 한다. 17세기 프랑스의 슈발리에 드 메레(Chevalier de Mere)는 다음과 같은 두 가지 게임에 흥미가 있었다. 첫 번째 게임은 1개의 주사위를 4번 던질 때 적어도 한 번 6이 나오면 이기는 게임이고, 두 번째 게임은 2개의 주사위를 24번 던질 때 적어도 한 번 (6, 6)이 나오면 이기는 게임이었다. 드 메레는 주사위가 1개일 때는 6가지 경우가 있으며 4번 던지고, 주사위 2개일 때는 36가지 경우가 있으며 24번 던지므로 6:4=36:24로 비가 같기 때문에 두 게임의 이길 확률이 같다고 생각하였다. (물론 이런 논리는 틀린 것이다.) 파스칼은 여사건의 확률을 이용해서 각 게임에서 이길 확률을 구했다. 1개의 주사위를 4번 던졌을 때, 적어도 한 번 6이 나오는 사건의 여사건은 한 번도 6이 안 나오는 것이고 그 확률은 $\left(\frac{5}{6}\right)^4$이므로, 첫 번째 게임에서 이길 확률은 다음과 같다.

$$1-\left(\frac{5}{6}\right)^4 \doteq 0.518$$

마찬가지 방법으로 2개의 주사위를 24번 던졌을 때 적어도 한 번 (6, 6)이 나오는 사건의 여사건의 확률은 $\left(\frac{35}{36}\right)^{24}$이므로 두 번째 게임에서 이길 확률은 다음과 같다.

$$1-\left(\frac{35}{36}\right)^{24} \doteq 0.491$$

즉, 첫 번째 게임이 약간 더 유리하다.

예제 4.4

17세기 이탈리아 도박사들은 주사위 3개를 던졌을 때 나오는 눈의 합에 대한 내기를 하였다. 그런데 이들은 합이 9일 확률이 10일 확률과 같다고 생각하였다. 그 이유는 합이 9인 경우가 (1,2,6), (1,3,5), (1,4,4), (2,2,5), (2,3,4), (3,3,3)으로 6가지이고, 합이 10인 경우도 (1,3,6), (1,4,5), (2,2,6), (2,3,5), (2,4,4), (3,3,4)으로 6가지이기 때문이었다. 그러나 많은 횟수의 게임 후에 합이 10인 사건이 합이 9인 사건보다 자주 나타난다는 사실을 인지하였다. 이에 갈릴레이(G. Galilei)는 다음과 같이 경우의 수를 사용하여 그 이유를 설명하였다.

합이 9인 경우	(1,2,6)	(1,3,5)	(1,4,4)	(2,2,5)	(2,3,4)	(3,3,3)	
	6	6	3	3	6	1	경우의 수
합이 10인 경우	(1,3,6)	(1,4,5)	(2,2,6)	(2,3,5)	(2,4,4)	(3,3,4)	
	6	6	3	6	3	3	경우의 수

따라서 전체 가능한 경우의 수는 $6\times6\times6=6^3$이므로, 합이 9일 확률은 $(6+6+3+3+6+1)/6^3=25/6^3$이지만 합이 10일 확률은 $(6+6+3+3+6+3)/6^3=27/6^3$로 합이 9일 확률보다 $2/6^3$ 만큼 크다는 것이다.

4.2.2 조건부확률

어떤 사건 B가 일어났다는 조건이 주어지면 특정 사건 A가 일어날 확률은 변할 수 있다. 이제 사건 B가 일어났다는 조건하에 사건 A가 일어날 **조건부확률** $P(A \mid B)$는 다음과 같이 정의된다.

$$P(A|B)=\frac{P(A\cap B)}{P(B)},\quad \text{단, } P(B)>0.$$

예제 4.5: 예제 4.2 계속

두 개의 동전을 던졌을 때, 최소한 하나의 동전이 앞면(H)이라는 조건하에서 둘 다 앞면(H)일 조건부확률을 구해 보자. C를 최소한 하나의 동전이 앞면(H)이라는 사건, 그리고 D를 둘 다 앞면(H)일 사건이라고 표기하면

$$P(D \mid C) = P(C \cap D \mid C) = \frac{P\{HH\}}{P\{HH,\ HT,\ TH\}} = \frac{\frac{1}{4}}{\frac{3}{4}} = \frac{1}{3}$$

을 얻을 수 있다.

조건부확률은 때로 나무그림(tree diagram)을 이용하면 계산하기 쉽다. 예제 4.5에서 첫 번째 던진 결과가 앞면일 확률과 뒷면일 확률은 각각 1/2이고, 두 경우 각각에 대해 동전을 두 번째 던졌을 때 앞면이 나올 확률과 뒷면이 나올 확률 또한 각각 1/2이므로 이 상황은 다음 그림과 같이 나타낼 수 있다. 최소한 하나의 앞면이 나오려면 그림에서 **로 표시된 세 가지 경우 중 하나가 일어나야 하고, 각 경우는 모두 배반이므로 최소한 하나의 앞면이 나올 확률은 **의 확률을 모두 더한 3/4과 같다. 두 번 모두 앞면이 나오는 사건은 첫 번째 **의 경우이므로 그 확률은 1/4이고, 따라서 $P(D|C)$는 $\frac{1/4}{3/4} = 1/3$이 된다.

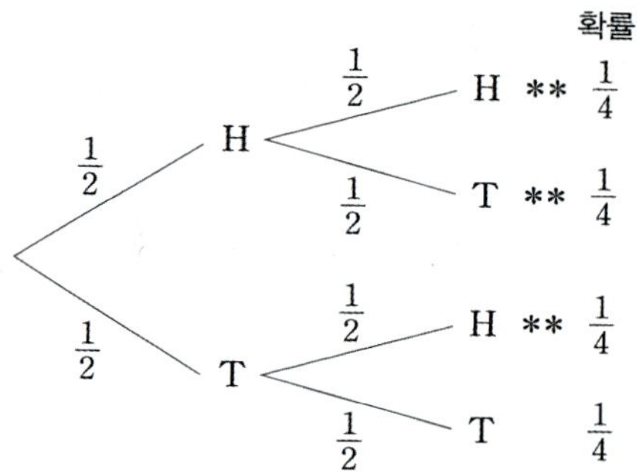

예제 4.6

주머니에 1장의 행운권을 포함한 티켓이 10장 들어 있다. 이제 10명이 랜덤하게 한 장씩 뽑는다면, 몇 번째로 뽑는 것이 가장 유리할까? 복원추출인 경우와 비복원추출인 경우 어떻게 다른가?

먼저 복원추출인 경우는 추출 때마다 주머니의 상태가 동일하므로, 행운권을 뽑을 확률이 순서에 상관없이 1/10로 같다. 이제 1개의 티켓을 랜덤하게 뽑는 비복원추출을 계속한다고 할 때, 가령 3번째 뽑은 티켓이 행운권일 확률을 구해 보자. S_3을 3번째 추출한 티켓이 행운권일 사건, F_i를 i번째($i = 1,\ 2$) 추출한 티켓이 행운권이 아닐 사건이라고 표기하자. 이때 행운권이 하나뿐이고 추출방법이 비복원이므로 3번째 행운권

을 뽑을 사건은 $F_1 \cap F_2 \cap S_3$으로 표현될 수 있다. 이제 그 확률을 구해 보면

$$P(F_1 \cap F_2 \cap S_3) = P(F_1)P(F_2 \mid F_1)P(S_3 \mid F_1 \cap F_2) = \frac{9}{10} \times \frac{8}{9} \times \frac{1}{8} = \frac{1}{10}$$

을 얻을 수 있다. 임의의 $j = 1, \cdots, 10$에 대해 $P(F_1 \cap \cdots \cap F_{j-1} \cap S_j)$가 같은 방법으로 $1/10$이 되므로 비복원추출의 경우에도 행운권을 뽑을 확률이 순서에 상관없이 $1/10$로 같게 된다.

예제 4.7

다음은 미국의 유명한 TV 프로그램 'Let's make a deal'의 사회자인 몬티 홀(Monty Hall)의 이름을 딴 확률 문제이다.[2] 쇼 프로그램 무대에 문이 세 개 있는데 그 중 하나에는 자동차(Automobile)가, 그리고 나머지 두 문에는 염소(Goat)가 있다고 한다. 이 TV쇼의 출연자는 일정한 관문을 통과하여 세 개의 문들 중 하나 앞에 설 수 있는데, 바로 그 문 뒤에 있는 자동차 또는 염소를 상품으로 받게 된다. 그런데 출연자가 일단 어느 문 앞에 서면, 사회자는 출연자가 서 있는 문을 제외한 문들 중에서 염소가 있는 문 하나를 랜덤으로 골라 열어 보이고는 마음을 바꿀 것인지 물어본다고 한다. 이제 출연자가 첫 번째 문 앞에 섰다. 사회자가 세 번째 문을 열어 그 뒤에 염소가 있는 것을 확인시킨 뒤에 '당신이 원하면 두 번째 문으로 옮길 수 있습니다. 자 어떻게 하시겠습니까?'라고 물었을 때 과연 어떤 결정을 내려야 현명할까?

이 경우 가능한 모든 결과들의 집합인 표본공간은 (AGG2, AGG3, GAG3, GGA2)로 표현되는데 표본점에 대한 설명은 다음과 같다. 가령, 표본점 'AGG2'는 자동차(A)가 첫 번째 문 뒤에 있고, 염소(G)가 두 번째 문 뒤에, 세 번째 문 뒤에 염소(G)가 있고 숫자 2는 사회자에 의해 두 번째 문이 열린 것을 표기한다. (출연자가 첫 번째 문 앞에 섰기 때문에 첫 번째 문이 열리는 경우는 없으므로 숫자 1은 나타날 수 없고, GAG인 경우는 반드시 세 번째 문이 열려야 하기 때문에 숫자 3만이 가능하며, GGA인 경우는 반드시 두 번째 문이 열려야 하므로 숫자 2만이 가능하다.) 이때 각 표본점에 해당하는 확률을 순서대로 구하면 $\frac{1}{6}, \frac{1}{6}, \frac{1}{3}, \frac{1}{3}$이 된다. (자동차와 염소의 배치는 AGG, GAG, GGA가 가능하므로 각 확률이 $1/3$이고, AGG인 경우 두 번째

2) 이 문제에 조건부확률을 활용한 해가 다수 존재한다. (참고문헌: Morgan et al.(1991), "Let's make a deal: the player's dilemma", The American Statistician, 45(4), pp 284-287)

문과 세 번째 문 중에 하나를 열 확률이 1/2이므로 AGG2인 확률은

$$P(AGG2) = P(AGG \cap 2) = P(AGG)P(2|AGG) = 1/3 \times 1/2 = 1/6$$

이 되고, AGG3의 확률도 같은 방법으로 $1/3 \times 1/2 = 1/6$이다. GAG3의 확률은

$$P(GAG3) = P(GAG \cap 3) = P(GAG)P(3|GAG) = 1/3 \times 1 = 1/3$$

이고 GGA2도 마찬가지로 1/3의 확률을 갖는다.) 옮겨서 자동차를 탈 사건을 W, 옮기지 않고 자동차를 탈 사건을 V, 사회자가 세 번째 문을 연 사건을 D3으로 표기하면 $P(W|D3)$와 $P(V \mid D3)$를 비교하여야 할 것이다. $P(W|D3)$가 더 크면 마음을 바꾸고, $P(V \mid D3)$가 더 크면 첫 번째 문을 고수하는 것이 옳다. 그런데,

$$\begin{aligned} P[W|D3] &= P[W \cap D3]/P[D3] \\ &= P[GAG3]/P[AGG3, GAG3] \\ &= \frac{1/3}{1/6 + 1/3} = 2/3 \end{aligned}$$

이고,

$$\begin{aligned} P[V|D3] &= P[V \cap D3]/P[D3] \\ &= P[AGG3]/P[AGG3, GAG3] \\ &= \frac{1/6}{1/6 + 1/3} = 1/3 \end{aligned}$$

이 된다. 따라서 자동차를 타고 싶은 경우에는 두 번째 문으로 옮기는 것이 그 확률을 1/3에서 2/3로 증가시키므로 현명하다고 할 수 있다.

때로는 사건 B가 일어났다는 조건이 주어져도 사건 A가 일어날 확률에 아무런 변화가 없으며 이런 경우 사건 A와 B는 서로 **독립**이라고 한다. 두 사건이 독립이면 $P(A \cap B) = P(A)P(B)$가 성립한다.

예제 4.8

52장의 카드에서 1장의 카드를 뽑을 때, A는 뽑은 카드가 하트일 사건, B는 뽑은 카드가 에이스일 사건이라고 할 때, $P(A \cap B)$를 구해 보자.

52장의 카드 가운데 하트는 13장이고 에이스는 4장이므로 $P(A)=1/4$, $P(B)=1/13$이다. $A\cap B$는 하트이면서 에이스인 카드를 뽑을 사건인데 그런 카드는 한 장밖에 없으므로 그 확률은 $P(A\cap B)=1/52$가 된다. 그런데 이는 $P(A)P(B)=1/4\times 1/13$과 같으므로 두 사건 A와 B가 독립임을 알 수 있다.

4.2.3 베이즈 정리

다음은 베이지안(Bayesian) 통계이론의 기초가 되는 베이즈(Bayes) 정리로서, 이 책에서는 베이지안 통계방법을 본격적으로 다루지는 않으나, 그 자체로 매우 유용하다.

어떤 AIDS 검사법(예: 면역효소 검사법)에 의하면 AIDS에 감염된 사람이 양성반응을 보일 확률이 0.95, 감염되지 않은 사람이 음성반응을 보일 확률이 0.9라고 한다. 그런데 AIDS가 전체집단에서 5,000명 중 1명꼴로 퍼져 있는 것을 알고 있다면, 어떤 사람이 양성반응을 나타냈을 때 이 사람이 실제로 AIDS에 감염되어 있을 확률은 얼마일까? 본인이 감염자인지 비감염자인지 모르는 상태에서 검사결과가 양성반응으로 나왔을 때 실제로 감염이 되었는지 아닌지에 관심이 있게 된다. 이러한 문제는 감염자가 양성반응을 나타낼 사건과 비교하면 전제(조건)와 사건(또는 원인과 결과)의 관계가 정반대이기 때문에 역확률의 문제라고도 불린다. 이러한 검사에 의해 감염자의 검사결과가 양성일 확률을 민감도(sensitivity), 비감염자의 검사결과가 음성일 확률을 특이도(specificity)라고 한다. (앞의 검사법은 민감도가 0.95, 특이도가 0.9가 된다.)

예제 4.9

앞의 사례에서 감염과 비감염을 각각 D와 D^c, 그리고 양성반응과 음성반응을 각각 $+$와 $-$로 표기하자. 이제 $P(+|D)=0.95$, $P(-|D^c)=0.9$, $P(D)=1/5000=0.0002$가 주어졌으므로 $P(D^c)=1-P(D)=1-1/5000=0.9998$, 그리고

$$P(+|D^c)=1-P(-|D^c)=1-0.9=0.1$$

이며,

$$P(+)=P(+\cap D)+P(+\cap D^c)=P(+|D)P(D)+P(+|D^c)P(D^c)$$

이다. 따라서 양성반응을 보인 사람이 실제로 AIDS에 감염되었을 확률은

$$\begin{aligned} P(D \mid +) &= \frac{P(D \cap +)}{P(+)} \\ &= \frac{P(+ \mid D)P(D)}{P(+ \mid D)P(D) + P(+ \mid D^c)P(D^c)} \\ &= \frac{0.95 \times 0.0002}{0.95 \times 0.0002 + 0.10 \times 0.9998} \\ &\doteq 0.0019 \end{aligned}$$

가 된다. 이와 같이 매우 작은 확률은 검사대상집단의 감염률이 $P(D) = 1/5000 = 0.0002$로 낮은 데 기인한다. 음성반응을 보인 사람이 실제로 감염되었을 확률은 이보다 훨씬 작다는 것을 쉽게 확인할 수 있다.

이와 같은 내용을 일반적으로 정리하면 다음의 베이즈 정리를 구할 수 있다.

베이즈 정리: 표본공간 S가 k개의 서로 배반인 사건 $A_1, \cdots, A_k$의 합집합으로 표현될 때(즉, $S = \cup A_i$이며 $A_i \cap A_j = \varnothing$, $i \neq j$), 어떤 사건 C에 대하여 $(P(C) > 0)$

$$P(A_i | C) = \frac{P(C | A_i)P(A_i)}{\sum_{j=1}^{k} P(C | A_j)P(A_j)}$$

가 성립한다.

예제 4.10

어떤 공장의 3개의 생산라인 A_1, A_2, A_3에서 같은 제품을 생산하고 있는데, 생산라인 A_1에서 나오는 제품의 불량률은 5%이고, A_2에서 나오는 제품의 불량률은 3%, A_3에서 나오는 제품의 불량률은 2%라고 한다. 전체 제품 중 30%가 생산라인 A_1에서 만들어지고 40%는 A_2에서 만들어지며, 나머지 30%는 A_3에서 만들어진다고 하자. 이제 생산된 제품들 중에서 랜덤하게 하나를 선택하여 검사했을 때 이것이 불량품이었다면, 이 제품이 생산라인 A_1에서 생산되었을 확률은 얼마인가?

제품이 불량인 사건을 D로 표시하자. 구하고자 하는 확률은 $P(A_1|D)$인데 우리가 알고 있는 정보는 $P(A_i)$, $i=1,2,3$과 $P(D|A_1), P(D|A_2), P(D|A_3)$이므로 베이즈 정리를 이용하여 구할 수 있다. 제품이 불량일 때 이것이 A_1에서 나왔을 확률은

$$P(A_1|D) = \frac{P(D|A_1)P(A_1)}{\sum_{j=1}^{3} P(D|A_j)P(A_j)} = \frac{0.05 \times 0.3}{0.05 \times 0.3 + 0.03 \times 0.4 + 0.02 \times 0.3} = \frac{5}{11}$$

로 45.45%가 된다. 이 제품이 불량이라는 정보가 없었다면, 랜덤하게 선택된 제품이 생산라인 A_1에서 나왔을 확률은 30%일 것이다. 하지만 생산라인 A_1이 나머지 생산라인들에 비해 높은 불량률을 가지므로, 불량이라는 정보가 있을 때 A_1에서 생산되었을 확률이 45.45%로 많이 높아졌다. 이와 같이 베이즈 정리는 새로운 정보에 의해 확률을 업데이트하는 데에 사용될 수 있다.

이 계산에 나무 그림을 이용해 보자. 아래 그림에서 **로 표시된 것이 불량품의 경우이다. 랜덤하게 선택된 제품이 불량일 확률 $P(D)$은 **로 표시된 확률 0.015, 0.012, 0.006를 모두 더한 0.033이고, 선택된 제품이 생산라인 A_1에서 나온 불량품일 확률 $P(A_1 \cap D)$는 0.015이다. 그러므로 $P(A_1|D) = 0.015/0.033 = 0.4545$가 된다.

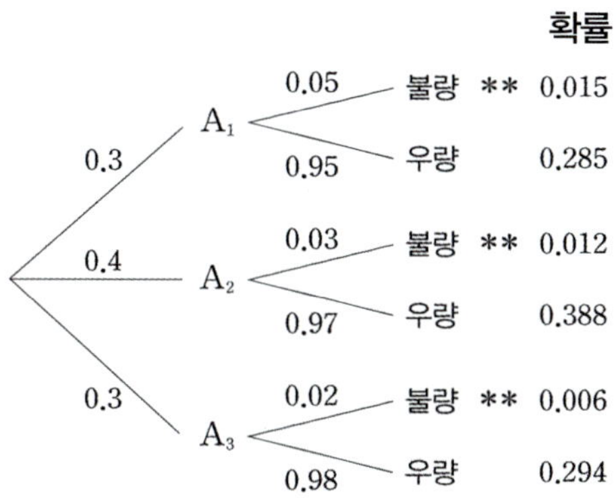

4장 연습문제

01 확률공리들로부터 다음의 확률규칙을 유도하시오

(1) 여사건의 확률: $P(A^c) = 1 - P(A)$

(2) 합의 법칙: $P(A \cup B) = P(A) + P(B) - P(A \cap B)$

02 두 사건 A와 B에 대하여, $P(A) = 0.5$, $P(A \cup B) = 0.7$이라고 하자. A와 B가 상호배반일 때, $P(B)$의 값을 구하시오.

03 공정한 주사위, 즉 모든 눈이 나올 확률이 같은 주사위 2개를 던졌을 때

(1) 표본공간을 구하시오.

(2) 나온 눈의 차이가 2일 확률은 무엇인가?

(3) 합이 짝수 또는 3의 배수일 확률은 무엇인가?

04 앞면과 뒷면이 나올 확률이 동일한 동전을 2회 던졌을 때,

(1) 2회 모두 앞면일 확률은?

(2) 앞면이 최소한 한번 나올 확률은?

(3) 앞면이 최소한 한번 나왔다는 조건하에서 2회 모두 앞면일 확률은?

05 두 사건 A와 B에 대하여, $P(A) = 2/5$, $P(B) = 2/5$, $P(A \cup B) = 1/2$이라고 하자.

(1) $P(A \cap B)$를 구하시오.

(2) $P(A|B)$를 구하시오.

06 어떤 주머니에 3개의 흰색 공과 2개의 검은색 공이 들어 있다. 두 개의 공을 비복원추출하는 경우, 첫 번째 공이 흰색일 사건을 $W1$, 검은색일 사건을 $B1$, 그리고 두 번째 공이 흰색일 사건을 $W2$, 검은색일 사건을 $B2$로 표기한다.

(1) $P(W1)$을 구하시오.

(2) 두 사건 $W1$과 $W2$의 독립여부를 말하시오.

(3) $P(B1)$을 구하시오.

(4) $P(B2 \mid B1)$을 구하시오.

07 동전을 3회 던졌다고 하자. H_1을 첫 번째 던진 결과가 앞면(H)일 사건, T_2를 두 번째 던진 결과가 뒷면(T)일 사건, H_3를 세 번째 던진 결과가 앞면(H)일 사건이라고 하자. 각 시행에서 앞면(H)이 나올 확률은 1/2로 동일하다고 한다.

(1) 이 실험의 표본공간을 구하시오.

(2) 두 사건 H_1과 T_2, H_1과 H_3, 그리고 T_2와 H_3는 서로 독립임을 보이시오.

(3) $P(H_1 \cap T_2 \cap H_3) = P(H_1) \cdot P(T_2) \cdot P(H_3)$이 성립함을 보이시오.

08 어느 대학의 남학생과 여학생의 비율이 각각 60%와 40%이다. 그런데 남학생의 50%와 여학생의 30%가 흡연자라고 한다. 이제 어느 학생이 흡연자라고 할 때 남학생일 확률을 구하시오.

09 어떤 학생이 선택이 4개 있는 객관식 선다형 문제를 풀게 되었다. 이 학생은 정답을 확실히 알지 못하면 추측하여 답을 쓰는데, 답을 알고 있을 확률이 1/3, 추측할 확률이 2/3라고 한다. 이 학생이 정답을 맞혔을 때, 답을 알고 있었을 확률은 무엇인가?

10 어떤 보험회사에서, 가입자를 사고성향이 있는 경우와 그렇지 않은 경우로 나누고 있다. 사고성향이 있는 경우는 1년 동안에 실제로 사고를 일으킬 확률이 0.3이고 그렇지 않은 경우는 0.2라고 한다. 그런데 이 보험회사의 가입자들 중 20%가 사고성향이 있다고 하자. (이러한 가정들은 가입기간 등에 영향을 받지 않는다고 가정한다.)

(1) 어떤 신규가입자가 가입 첫해에 사고를 낼 확률을 구하시오.

(2) 어떤 신규가입자가 가입 첫해에 사고를 냈다는 조건하에서, 그가 사고성향이 있을 확률을 구하시오.

11 전체 인구의 3%가 갖고 있는 어떤 질병을 검진하기 위한 한 검사(test)가 10%의 거짓 양성반응과 5%의 거짓 음성반응을 나타낸다고 한다.

(1) 어떤 사람을 임의로 선택하여 검사를 하였더니 양성반응을 나타냈다. 이 사람이 실제로 질병을 가지고 있을 확률은 얼마인가?

(2) 어떤 사람을 임의로 선택하여 검사를 하였더니 음성반응을 나타냈다. 이 사람이 실제로 질병을 가지고 있을 확률은 얼마인가?

12 주사위 두 개를 던져서 눈의 합이 2 혹은 3이면 이기고, 합이 7이 나오면 패한다. 그 나머지 경우는 비긴다고 하자. 이기는 경우에는 $1000의 상금이 있고, 패하는 경우에는 $500의 벌금이 있으며 비기는 경우에는 상금도 벌금도 없다고 한다.

(1) 이 실험의 표본공간을 구하시오. 주사위의 6개 눈이 나올 확률이 모두 동일하다면, 표본공간에 속하는 각 원소가 나올 확률은 무엇인가?

(2) 이길 확률은 얼마인가?

(3) 패할 확률은 얼마인가?

(4) 상금의 기댓값을 구하시오.

13 1천만 원 상당의 보험에 가입한 사람이 사고를 당할 확률이 0.05이다. 만일 이 보험가입자가 사고를 당하지 않으면 보험회사는 100만 원의 이익이 있고, 그렇지 않을 경우에는 900만 원의 손해가 있다. 보험회사 측에서의 기대 이익금액을 구하시오.

14 5번 시합을 해서 3번 먼저 이기면 타이틀을 차지하는 게임에서 선수 A와 선수 B가 대결하게 되었다. 그런데 첫 번째 시합을 선수 A가 이기고 나서 더 이상 시합을 계속할 수 없는 상황이 생겼다고 한다. 타이틀을 차지하는 경우 상금이 1,000만 원이라고 할 때, 선수 A가 얼마의 상금을 가지면 공정한가? 단, 매 시합은 서로 독립이고 각 시합에서 선수 A와 B가 이길 확률은 같으며 무승부는 없다.

15 (도박사의 파산(Gambler's ruin)). 두 명의 도박사 A와 B가 게임을 한다. 동전을 던져서 앞면이 나오면 A가 B로부터 한 개의 칩을 받고 반대로 뒷면이 나오면 B가 A로부터 1개의 칩을 받는다. 게임은 두 도박사 중 한명의 칩이 다 떨어질 때까지 계속한다. 계속된 동전던지기는 서로 독립이며 앞면이 나올 확률은 p라고 한다. A가 i개의 칩을 그리고 B가 $N-i$개의 칩을 가지고 게임을 시작했을 때, A가 가진 모든 칩을 잃고 끝날 확률은 얼마인가?

제 5 장 확률변수

5.1 확률변수

5.2 이산형 확률분포

5.3 연속형 확률분포

5.4 결합분포

확률변수는 확률실험의 결과를 수치적으로 나타내는 함수로서, 표본공간의 원소 각각을 실수값에 대응시키게 된다. 나아가 그 값이 랜덤한 현상의 결과에 따라 달라지므로 '변수'이고, 가질 수 있는 값들이 일어날 가능성이 확률분포로써 표현되는데 어떠한 확률변수이든지 항상 그에 대응하는 확률분포를 생각할 수 있다. 나아가, 여러 개의 확률변수들을 동시에 고려하는 경우 확률변수들의 결합분포도 정의할 수 있다.

5.1 확률변수

여기서는 대표적인 확률변수 및 분포들을 간략히 소개하고자 한다. 이산형으로는 이항분포, 포아송 분포, 기하분포 등을, 그리고 연속형으로는 균일분포, 지수분포, 정규분포 등을 다루도록 하겠다. 이와 같은 구체적인 분포들을 사용한 모형화를 통해 주어진 현상의 특징을 규명할 수 있다.

5.1.1 이산형 확률변수

이산형 확률변수는 유한(finite), 또는 셀 수 있는 무한의(countably infinite) 값만을 가질 수 있는데, 그 확률분포는 모든 가능한 값에 그 값이 나올 확률을 대응시키는 확률분포표나 확률 히스토그램 등으로 표현될 수 있다. 확률변수 X가 x라는 값을 가질 확률 $p_x = P(X=x)$는 **확률질량함수**(probability mass function)라고 하며, 0과 1 사이의 값을 가지고, 모든 가능한 x값에 대해 더하면 1이 되어야 한다.

예제 5.1

주사위를 세 번 던질 때 눈 '1(ace)'이 나오는 횟수를 X라고 하자. 이때 X는 이산형 확률변수이고 0, 1, 2, 또는 3의 값을 갖는다. 이 주사위가 공정한 주사위라는 가정하에 X의 확률분포는 다음과 같은 확률분포표로 나타낼 수 있다. 편의상 눈 '1(ace)'이 나오는 경우를 성공(S), 그렇지 않은 경우를 실패(F)로 표현하면 표본공간과 그에 대응하는 확률변수 X는 다음과 같다.

표본공간	X	확률
(S,S,S)	3	$\frac{1}{6}\times\frac{1}{6}\times\frac{1}{6}$
(S,S,F)	2	$\frac{1}{6}\times\frac{1}{6}\times\frac{5}{6}$
(S,F,S)	2	$\frac{1}{6}\times\frac{5}{6}\times\frac{1}{6}$
(F,S,S)	2	$\frac{5}{6}\times\frac{1}{6}\times\frac{1}{6}$
(S,F,F)	1	$\frac{1}{6}\times\frac{5}{6}\times\frac{5}{6}$
(F,S,F)	1	$\frac{5}{6}\times\frac{1}{6}\times\frac{5}{6}$
(F,F,S)	1	$\frac{5}{6}\times\frac{5}{6}\times\frac{1}{6}$
(F,F,F)	0	$\frac{5}{6}\times\frac{5}{6}\times\frac{5}{6}$

위의 표로부터 공정한 주사위를 세 번 던질 때 눈 '1'이 나오는 횟수에 대한 확률질량함수는 다음과 같이 주어진다.

x	0	1	2	3
$p_x = P(X=x)$	$\binom{3}{0}\left(\frac{5}{6}\right)^3$	$\binom{3}{1}\left(\frac{1}{6}\right)^1\left(\frac{5}{6}\right)^2$	$\binom{3}{2}\left(\frac{1}{6}\right)^2\left(\frac{5}{6}\right)^1$	$\binom{3}{3}\left(\frac{1}{6}\right)^3$

확률질량함수를 이용하여 여러 가지 사건에 대한 확률을 계산할 수 있는데, 예를 들어 주사위를 세 번 던질 때 적어도 1번 눈 '1'이 나오는 확률은

$$\begin{aligned} P(X \geq 1) &= P(X=1) + P(X=2) + P(X=3) \\ &= \binom{3}{1}\left(\frac{1}{6}\right)^1\left(\frac{5}{6}\right)^2 + \binom{3}{2}\left(\frac{1}{6}\right)^2\left(\frac{5}{6}\right)^1 + \binom{3}{3}\left(\frac{1}{6}\right)^3 \\ &= 0.4212 \end{aligned}$$

가 된다. 이 경우에는 여집합의 확률을 이용하여 $1-P(X=0)$으로 계산하는 것이 편리할 수 있다.

5.1.2 연속형 확률변수

연속형 확률변수는 어떤 구간 안의 모든 값을 다 취할 수 있는 변수이다. 구간 안의 모든 값은 셀 수 없이 무한하므로(uncountably infinite), 연속형인 경우 이산형과 같이 모든 가능한 값 각각에 대해 확률을 대응시킬 수 없다. 따라서 **확률밀도함수**(probability density function)라고 하는 함수 $f(x)$를 이용하여 분포를 표현한다. 연속형 확률변수의 확률밀도함수는 항상 0 이상의 값을 가져야 하고, 모든 실수에 대해 적분한 값은 1이어야 한다. 연속형 확률변수가 어떤 구간에 속하는 값을 가질 확률은 확률밀도함수를 그 구간에서 적분한 값, 즉 밀도함수 아래의 면적과 같다. 즉, 확률변수 X가 실직선상의 구간 (a, b)에 속할 확률은

$$P(X \in (a,b)) = \int_a^b f(x)dx$$

가 된다. 연속형 확률변수가 단 하나의 값을 가질 확률, 즉 어떤 상수 c에 대하여 $P(X=c)$는 0이다.

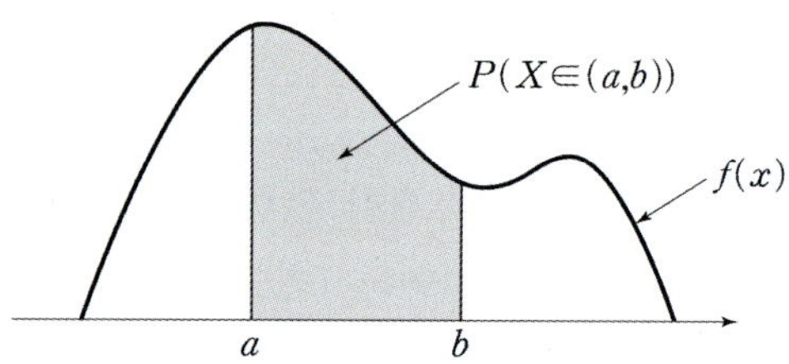

예제 5.2

X가 0과 1 사이의 난수(random number)라고 하자. 그러면 X는 0과 1 사이의 모든 값을 다 취할 수 있으므로 연속형 확률변수가 된다. 또한 0과 1 사이 모든 값들이 나올 수 있는 가능성이 동일하다고 볼 수 있으므로 이 확률변수를 설명하는 확률밀도함수는 0과 1 사이에서는 1의 함수값을 갖고 0과 1 바깥에서는 0의 함수값을 갖게 된다(그림 5.1 참조). 이러한 연속형 확률분포를 0과 1 사이의 균일분포라고 하고 $U(0,1)$로 표기한다. X가 $U(0,1)$의 균일분포를 따를 때 X가 0.2에서 0.5 사이의 값을 가질 확률 $P(0.2 \le X \le 0.5)$은 이 구간에서 확률밀도함수 $f(x)=1, (0 \le x \le 1)$을 적분한 값은 다음과 같고,

$$\int_{0.2}^{0.5} 1dx = 0.3$$

X가 0.3보다 작거나 0.8보다 큰 확률은

$$P(X<0.3)+P(X>0.8)=\int_{0}^{0.3} 1dx + \int_{0.8}^{1} 1dx = 0.5$$

와 같이 구할 수 있다. $P(X \leq 0.3)$이나 $P(X<0.3)$은 확률밀도함수 아래의 면적이 같으므로 같은 값을 가진다. 즉, $P(X=0.3)=0$임을 알 수 있다. 이 경우에는 사각형의 면적으로 확률을 구할 수도 있지만 일반적으로는 확률밀도함수를 주어진 구간에서 적분하여 확률값을 계산하게 된다.

5.1.3 기댓값과 분산

확률변수의 특징을 표현하는 방법으로 기댓값과 분산에 대해 알아보기로 하자. 확률변수 X의 기댓값은 일종의 가중평균으로 해석될 수 있으며, 여기서 확률이 가중값의 역할을 하므로, 높은 확률을 갖는 결과치가 큰 비중을 차지하게 된다. **기댓값**(expectation)은 또한 랜덤한 현상이 독립적으로 여러 번 반복될 때 결과값의 평균값으로 $E(X)$ 또는 μ로 표기한다.

이산형 확률변수 X의 기댓값은

$$E(X)=\sum_{x} x\,P(X=x)$$

로 정의한다. 즉, 확률변수가 가질 수 있는 가능한 값 x에 대하여 가중값의 역할을 하는 확률을 곱한 다음 모든 가능한 값에 대해 더하면 된다.

예제 5.3

공정한 주사위를 세 번 던질 때 1이 나오는 횟수의 기댓값은 예제 5.1의 결과를 이용하여

$$\mu=0\times\frac{125}{216}+1\times\frac{25}{72}+2\times\frac{5}{72}+3\times\frac{1}{216}=0.5$$

로 계산할 수 있다.

예제 5.4

스피도 1000은 동전 등으로 긁어 즉석에서 당첨을 확인할 수 있는 즉석복권이다. 각 회차별 총 1,500만 매를 발행하며 구입금액은 1,000원이다. 이 복권의 당첨금과 당첨매수는 다음과 같다.

등위	당첨금(원)	당첨매수(매)
1등	500,000,000	3
2등	20,000,000	15
3등	100,000	8,250
4등	5,000	375,000
5등	1,000	4,500,000

각 회차별 총 1,500만 매를 발행하므로, 500,000,000원에 당첨될 기회는 15,000,000매 중에 3매, 20,000,000원에 당첨될 기회는 15,000,000매 가운데 15매 등의 방법으로, 1등에서 5등까지 당첨될 확률을 계산할 수 있다. 따라서 복권 한 장의 당첨금에 대한 확률모형은 아래와 같다.

당첨금(단위: 천 원)	확률
500,000	1/5,000,000
20,000	1/1,000,000
100	11/20000
5	1/40
1	3/10

이 복권의 기댓값은 각 당첨금에 대해 그에 해당하는 확률을 곱하여 모두 더함으로써 얻어진다. 즉,

$$\mu = 500,000,000 \times \frac{1}{5,000,000} + 20,000,000 \times \frac{1}{1,000,000} + 100000 \times \frac{11}{20000} + 5000 \times \frac{1}{40} + 1000 \times \frac{3}{10} = 600$$

이므로, 즉석복권 스피또 1000의 기댓값은 600원이다.

예제 5.5

시합의 중단에 따른 상금 분배(simple version of "Problem of the points" by Pascal in 1654): 두 선수 A와 B가 겨루는 5전 3선승제의 시합에서 각 선수가 매 게임을 이길 확률은 0.5로 같으며 매 게임은 독립이라고 하자. 그런데 A가 두 게임을 내리 이긴 상황에서 더 이상 시합을 계속하지 못하게 된 경우 선수 A와 B에게 각각 얼마만큼의 상금을 분배하는 것이 타당한가? 상금총액은 800만 원이다.

선수 A는 나머지 세 게임을 모두 지지만 않으면 시합을 이기게 되며, 나머지 세 게임을 모두 질 확률은 $\frac{1}{2}\times\frac{1}{2}\times\frac{1}{2}=\frac{1}{8}$이다. 따라서 선수 A가 시합을 이길 확률은 $1-\frac{1}{8}=\frac{7}{8}$이 되며 선수 A가 획득할 상금의 기댓값은 $800\times\frac{7}{8}+0\times\frac{1}{8}=700$(만 원)이 된다. 반면 선수 B는 나머지 세 게임을 모두 이겨야만 시합을 이기게 되므로 선수 B가 획득할 상금의 기댓값은 $800\times\frac{1}{8}=100$(만 원)이다. 그러므로, 전체 상금을 선수 A에게 700만 원, 그리고 선수 B에게 100만 원씩 분배하는 것이 타당하다. 이 문제는 파스칼(Blaise Pascal)에 의해 풀렸으며 파스칼과 페르마(Pierre de Fermat)와의 편지왕래로도 유명하다. 연이어 소개된 도박사의 파산문제(참조: 연습문제 4.15)와 더불어 현대 확률론의 시초가 된 문제로 알려져 있다.

연속형 확률변수의 기댓값은 확률밀도함수 $f(x)$를 이용하여

$$E(X)=\int_{-\infty}^{\infty} x f(x)dx$$

로 정의한다. 이는 이산형 확률변수에서의 합($\sum$)을 같은 개념인 적분($\int$)으로 대체한 꼴이며, 그림 5.1에서와 같이 확률밀도함수 $f(x)$의 무게중심이라고 볼 수 있다. 그림에서 보듯이 확률분포가 대칭일 때 무게중심은 분포의 정중앙에 있게 되고, 한쪽으로 치우쳐 있을 때는 그렇지 않다. 분포를 저울 위에 올려놓았다고 생각하고 어디에서 저울이 균형을 이룰 것인지를 생각하면 그 점이 기댓값이 될 것이다. $U(0,1)$의 균일분포에서의 기댓값은 다음과 같고,

$$\mu=\int_0^1 x dx=\frac{1}{2}$$

이 분포는 $(0, 1)$의 중점인 1/2에 대해 대칭이므로 기댓값이 1/2이 됨을 쉽게 짐작할 수 있다.

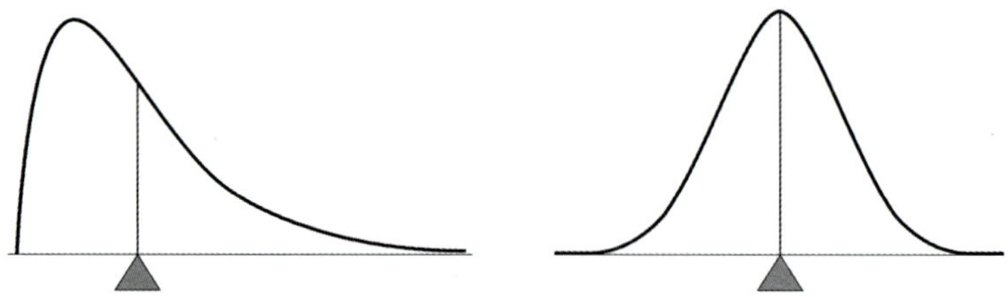

〈그림 5.1〉 연속형 확률분포의 기댓값

예제 5.6

어떤 전구의 수명 X(단위: 시간)는 다음의 확률밀도함수를 갖는 연속형 확률변수라고 한다.

$$f(x) = \frac{1}{2000}\exp(-\frac{x}{2000}), \quad x > 0$$

이때 이 전구의 기대수명은 몇 시간인가? 주어진 확률밀도함수를 이용하여 X의 기댓값을 구하면,

$$E(X) = \int_0^\infty \frac{x}{2000}\exp(-\frac{x}{2000})dx = 2000\int_0^\infty y\exp(-y)dy$$

$$= 2000\left(-ye^{-y}|_0^\infty + \int_0^\infty e^{-y}dy\right) = -2000e^{-y}|_0^\infty = 2000$$

이 된다. 즉, 이 전구의 기대수명은 2,000시간이다. 위의 계산에서 $y = \frac{x}{2000}$의 치환과 $\int_0^\infty ye^{-y}dy$에 대한 부분적분, 그리고 로피탈 정리에 의한 $\lim_{y\to\infty} ye^{-y} = \lim_{y\to\infty} e^{-y} = 0$의 성질을 이용하였다.

이제 확률변수 X의 함수에 대한 기댓값을 생각해 보자. 가령 X를 연속형 확률변수라고 가정하고 $Y = g(X)$라고 할 때, 이것의 기댓값은 $Y = g(X)$의 확률밀도함수, $f_Y(y)$를 따로 구하여

$$E(Y) = \int_{-\infty}^{\infty} y f_Y(y) dy$$

의 계산을 통해 구할 수도 있지만, 확률변수 X의 밀도함수를 이용하여 다음과 같이 쉽게 구할 수 있다. 즉, 확률변수 X의 함수인 $g(X)$의 기댓값 $E[g(X)]$는

$$E_X[g(X)] = \begin{cases} \sum_{\text{모든 } x_i} g(x_i) P(X = x_i) & \text{이산형인 경우} \\ \int_{-\infty}^{\infty} g(x) f(x) dx & \text{연속형인 경우} \end{cases}$$

와 같이 구해진다.

확률변수 X의 흐트러진 정도에 대한 측도로 사용되는 **분산**(variance)은 흔히 $Var(X)$ 또는 σ^2으로 표시하며, 평균으로부터의 편차의 제곱인 $g(X) = (X - E(X))^2$에 대한 기댓값, 즉

$$Var(X) = E\left[(X - E(X))^2\right]$$

으로 정의한다. 이 값이 크면 확률변수 X의 흐트러진 정도가 큰 것이고 작으면 흐트러진 정도가 작은 것이다. 분산의 양의 제곱근은 **표준편차**(standard deviation)라고 하며 $SD(X)$ 또는 σ로 표기하는데 확률변수 X와 같은 측정단위를 갖는다. 예를 들어 변수 X의 단위가 cm이면 $Var(X)$의 단위는 cm^2인 반면에 표준편차는 변수 X와 같은 단위인 cm를 사용하여 흐트러짐을 측정한다.

예제 5.7

예제 5.1에서 다루었던 공정한 주사위를 세 번 던져서 눈 '1'이 나오는 횟수에 대한 분산은

$$\sigma^2 = (0-0.5)^2 \times \frac{125}{216} + (1-0.5)^2 \times \frac{25}{72} + (2-0.5)^2 \times \frac{5}{72} + (3-0.5)^2 \times \frac{1}{216} = 0.4167$$

이 된다. 또,

$$E\left[(X - E(X))^2\right] = E(X-\mu)^2 = E(X^2 - 2\mu X + \mu^2) = E(X^2) - 2\mu E(X) + \mu^2 = E(X^2) - \mu^2$$

로부터

$$\sigma^2 = 0 \times \frac{125}{216} + 1 \times \frac{25}{72} + 4 \times \frac{5}{72} + 9 \times \frac{1}{216} - 0.5^2 = 0.4167$$

로 구할 수도 있다.

예제 5.8

예제 5.6에서 전구의 수명 X(단위: 시간)는 다음의 확률밀도함수를 갖는 연속형 확률변수였다.

$$f(x) = \frac{1}{2000}\exp(-\frac{x}{2000}), \quad x > 0$$

전구 수명의 제곱의 기댓값 $E(X^2)$는

$$\int_0^\infty \frac{x^2}{2000}\exp(-\frac{x}{2000})dx = 2000^2\int_0^\infty y^2\exp(-y)dy$$

$$= 2000^2\left(-y^2e^{-y}|_0^\infty + 2\int_0^\infty ye^{-y}dy\right) = 2 \times 2000^2$$

이고, 예제 5.6에서 계산한 바와 같이 $E(X)$는 2000이다. 위의 계산에서 $y = \frac{x}{2000}$의 치환과 $\int_0^\infty y^2e^{-y}dy$에 대한 부분적분, 그리고 로피탈 정리에 의한 $\lim_{y\to\infty} y^2e^{-y} = \lim_{y\to\infty} 2e^{-y} = 0$의 성질을 이용하였다. 또한 예제 5.6에서 계산한 $\int_0^\infty ye^{-y}dy = 1$의 결과도 사용하였다. 이를 이용하면 전구 수명의 분산은

$$\sigma^2 = E(X^2) - (E(X))^2 = 2 \times 2000^2 - 2000^2 = 2000^2$$

이고, 표준편차는 2,000시간임을 알 수 있다. 분산의 단위는 시간의 제곱(squared hour)이다.

나아가, 확률변수 X의 함수에 대한 기댓값에 대한 몇 가지 성질을 살펴보면, 상수 a, b, c에 대하여

$$E(c) = c$$
$$E(aX+b) = aE(X)+b$$

를 만족한다. 또, 확률변수 X와 상수 a, b에 대하여

$$Var(aX+b) = a^2 Var(X)$$

가 성립한다. 여기서 상수 b는 위치이동을 의미하며, 이에 대해 분산은 아무런 변화가 없다. 분산은 흐트러진 정도를 재는 측도이므로, 위치 이동이 분산에 아무런 영향을 끼치지 않는다는 것은 타당한 일이다. 이러한 성질들은 앞서 설명한 기댓값의 정의로부터 자명하다.

5.2 이산형 확률분포

이산형 확률변수의 대표적인 확률분포로 이항분포, 포아송 분포 등을 소개하고 그의 성질들을 파악하기로 한다.

5.2.1 이항분포

어떤 확률실험이 두 개의 결과만을 가질 수 있을 때 이러한 시행을 베르누이(Bernoulli) 시행이라고 한다. 편의상 두 개의 결과 가운데 하나를 성공, 다른 하나를 실패라고 하고, 성공이 나올 확률을 p라고 하자. 이 베르누이 시행에서 성공이 나오는 횟수를 X라고 하면 X의 확률분포는 다음과 같다.

x	0	1
$p_x = P(X=x)$	$1-p$	p

이때 X는 성공확률이 p인 베르누이 분포를 따른다고 한다. 이러한 베르누이 확률변수 X의 기댓값은 $E(X) = p$이고, 분산은 $Var(X) = p(1-p)$가 된다.

이제 이 베르누이 시행을 미리 정해진 횟수 n번만큼 독립적으로 반복한다고 해보자. 매 시행에서 성공률 p는 동일하다. n회의 독립반복시행에서 발생하는 성공횟수를 Y라고 한다면 확률변수 Y의 분포는 시행횟수가 n이고 성공률이 p인 이항분포가 되며, $B(n,p)$로 표기한다.

예를 들어, 모든 눈이 나올 확률이 1/6로 동일한 공정한 주사위를 3번 던질 때 1의 눈이 나오는 횟수는 $B(3,1/6)$ 분포를 따를 것이고, OX 문제 5개를 완벽히 추측으로만 푼다고 했을 때, 답을 맞힐 확률이 1/2이므로, 맞는 문제의 개수는 $B(5,1/2)$의 분포를 따를 것이다. 물론 시행횟수가 $n=1$이라면 베르누이 분포가 된다.

$B(n,p)$를 따르는 확률변수 X의 확률질량함수 $P(X=x)$는 $x=0,1,\cdots,n$에 대하여

$$P(X=x)=\binom{n}{x}p^x(1-p)^{n-x}$$

로 쓸 수 있다[1]. 이항분포 $B(n,p)$를 따르는 확률변수 X의 기댓값은 $E(X)=np$이고, 분산은 $Var(X)=np(1-p)$가 된다.

예제 5.9

모든 눈이 나올 확률이 동일하게 $\frac{1}{6}$인, 공정한 주사위를 3번 던지는 실험에서 '1'의 눈(성공)이 나오는 횟수를 X라고 하자. 이제 X가 2일 사건은 3개의 원소 {(성공, 성공, 실패), (성공, 실패, 성공), (실패, 성공, 성공)}으로 구성된다. 예를 들어 (성공, 성공, 실패)는 첫 번째와 두 번째는 성공 그리고 세 번째는 실패를 뜻한다. 그런데 3번의 시행은 서로 독립이므로 각 원소가 발생할 확률은 모두 $(\frac{1}{6})^2(\frac{5}{6})$로 같아진다. 나아가 3개의 원소들은 상호배반이므로 X가 2일 확률은 $(\frac{1}{6})^2(\frac{5}{6})$를 3번 더하여 다음과 같이 얻을 수 있다.

$$P(X=2)=\binom{3}{2}(\frac{1}{6})^2(\frac{5}{6})=0.0694$$

1) 서로 다른 n개의 원소 중에서 순서에 관계없이 r개를 선택할 때 이 r개로 이루어진 각각의 집합을 n개에서 r개 택한 조합(combination)이라고 하고, 선택하는 조합의 수는 $\binom{n}{r}=\frac{n!}{r!(n-r)!}$이다.

여기서 $\binom{3}{2}$는 3번의 시행에서 성공이 2번, 실패가 1번 나오는 경우의 수이다. 이 설명을 요약하면 다음과 같다. 사건들은 상호배반이고 확률은 매 시행이 독립이므로 각 확률을 곱해서 얻어진다.

사건	확률
(성공, 성공, 실패)	$\frac{1}{6}\times\frac{1}{6}\times\frac{5}{6}=(\frac{1}{6})^2(\frac{5}{6})$
(성공, 실패, 성공)	$\frac{5}{6}\times\frac{1}{6}\times\frac{1}{6}=(\frac{1}{6})^2(\frac{5}{6})$
(실패, 성공, 성공)	$\frac{5}{6}\times\frac{1}{6}\times\frac{1}{6}=(\frac{1}{6})^2(\frac{5}{6})$

앞 예제 5.9를 $X\sim B(n,p)$인 경우로 확장하면, $x=0,1,\cdots,n$인 x에 대해 $P(X=x)$는 n번의 시행 가운데 x번의 성공과 $n-x$번의 실패가 나오게 되는 경우의 수 $\binom{n}{x}$와, x번의 성공과 $n-x$번의 실패가 나오는 특정한 하나의 결과를 얻을 확률 $p^x(1-p)^{n-x}$를 곱하여 $P(X=x)=\binom{n}{x}p^x(1-p)^{n-x}$로 구할 수 있다.

예제 5.10

어떤 수업시간에 사지선다형 문제(4개의 항목 중 하나만이 정답임) 10개로 구성된 깜짝 퀴즈가 나왔다. 퀴즈의 내용에 대해 전혀 준비가 되어 있지 않은 한 학생이 완벽히 추측으로만 이 퀴즈를 푼다면 이 학생이 맞힐 문제의 개수는 $B(10,\frac{1}{4})$의 분포를 따르고, 기댓값은 2.5, 분산은 $\frac{15}{8}$가 된다. 또, 이 학생이 8개 이상 맞힐 확률은 X가 $B(10,\frac{1}{4})$를 따르는 확률변수일 때,

$$P(X\geq 8)=\binom{10}{8}\left(\frac{1}{4}\right)^8\left(\frac{3}{4}\right)^2+\binom{10}{9}\left(\frac{1}{4}\right)^9\left(\frac{3}{4}\right)+\binom{10}{10}\left(\frac{1}{4}\right)^{10}=\frac{436}{4^{10}}=0.0004$$

가 된다.

5.2.2 포아송분포

단위시간이나 단위공간에서 일어나는 특정 사건의 횟수에 대한 확률모형을 세울 때 사용되는 분포로서 포아송(Poisson) 분포가 있다. 예를 들어 어떤 사거리에서 주어진 시간 구간 동안 지나가는 자동차의 대수나, 페이지당 나타나는 오타의 숫자 등을 포아송 분포로 모형화할 수 있다. 또, 포아송 분포는 이항분포의 시행횟수가 크고 성공률이 아주 낮을 때 이항분포에 대한 근사분포로 사용되기도 한다. 포아송 분포의 확률질량함수는 다음과 같다.

$$P(X=x) = \frac{\exp(-\lambda)\lambda^x}{x!}, \qquad x = 0, 1, 2, \cdots$$

여기서 λ는 확률변수 X의 기댓값이고, 포아송 분포에서는 기댓값과 분산이 동일하므로 분산 또한 λ가 된다. 즉, $E(X) = \lambda$ 그리고 $Var(X) = \lambda$이다.

예제 5.11

다음의 자료는 1500년부터 1931년까지 432년 동안의 전쟁발발횟수(의 분포)에 관한 것이다.

1500 ~ 1931년 사이의 전쟁발발

발발횟수	연도 수	Poisson 분포	
		확률	기대연도수
0	223	0.501	216.2
1	142	0.346	149.7
2	48	0.120	51.8
3	15	0.028	12.0
4	4	0.005	2.1
5		0.001	0.3
6			
7			
합계	432	1.000	432.0
평균	0.6921		

자료에 의하면 432년 동안에 전쟁발발횟수가 0회인 해는 223년, 1회인 경우는 142년, 2회인 경우는 48년 등이다. 전 세계적으로 1500년부터 1931년 사이에 한 해 평균 0.6921번의 전쟁이 일어났다는 것이다. 이 평균값 0.6921을 λ로 하는 포아송 분포를 가정하면 전쟁발발횟수가 0회인 해의 기댓값은 216.2년($\exp(-0.6921) \times 432 = 216.2$년), 1회인 경우는 149.7년($\exp(-0.6921) \times 0.6921 \times 432 = 149.7$년), 2회인 경우는 51.8년 등으로 전쟁발발횟수가 포아송 분포에 비교적 잘 적합되는 것을 볼 수 있다.

예제 5.12

어떤 출판사의 교정단계에서 발견되는 페이지당 평균 오타수가 2라고 한다. 이 출판사에서 출판되는 책들의 페이지당 오타의 개수, X가 평균이 2인 포아송 분포를 따른다고 가정하면, 어떤 페이지에 오타의 수가 3개 이상일 확률은

$$\begin{aligned} P(X \geq 3) &= 1 - P(X=0) - P(X=1) - P(X=2) \\ &= 1 - e^{-2} - 2 \times e^{-2} - \frac{e^{-2}2^2}{2!} = 0.3233 \end{aligned}$$

이다. 페이지에 오타가 하나도 없을 확률은 $P(X=0) = e^{-2} = 0.1353$이다.

5.2.3 그 외의 이산형 분포

앞에서 소개한 베르누이 분포, 이항분포, 포아송 분포 외에도 다음과 같은 이산형 분포들이 자주 사용된다.

기하분포

'성공' 확률이 p인 베르누이 시행을 독립적으로 반복할 때, 첫 번째 '성공'이 일어날 때까지의 시행횟수를 X라고 하면 확률변수 X의 확률질량함수는

$$P(X=x) = p(1-p)^{x-1} \quad (\text{단, } x = 1,\ 2,\ \cdots)$$

이 되며, 이때 X는 성공률이 p인 기하분포를 따른다고 한다. 기하 확률변수 X의 기댓값과 분산은 각각 $E(X) = \frac{1}{p}$, $Var(X) = \frac{1-p}{p^2}$이다.

음이항분포

'성공' 확률이 p인 베르누이 시행을 독립적으로 반복할 때, r개의 '성공'을 얻을 때까지 필요한 시행횟수를 X라고 하면, 확률변수 X의 확률질량함수는

$$P(X=x) = \binom{x-1}{r-1} p^r (1-p)^{x-r} \quad (x = r,\ r+1,\ \cdots)$$

이다. 이때 X는 성공의 횟수가 r이고 성공률이 p인 음이항분포를 따른다고 한다. 음이항확률변수 X의 기댓값은 $E(X) = \frac{r}{p}$이고, 분산은 $Var(X) = \frac{r(1-p)}{p^2}$가 된다.

초기하분포

어떤 주머니에 r개의 빨간 공과 w개의 하얀 공(단, $r+w=N$)이 들어 있다. 이제, n개의 공을 무작위 비복원추출(sampling without replacement)하였을 때, X를 빨간 공의 개수라고 하면 확률변수 X의 확률질량함수는

$$P(X=x) = \frac{\binom{r}{x}\binom{N-r}{n-x}}{\binom{N}{n}},\ x = \max(0,\ n-N+r),\ \cdots,\ \min(r,\ n)$$

이며, 이때 X는 모수 n, r, N을 갖는 초기하분포를 따른다고 한다. 여기서 $x > r$인 경우 $\binom{r}{x} = 0$이고, $x < n-N+r$인 경우 $\binom{N-r}{n-x} = 0$이므로 위의 확률질량함수를 $x = 0,\ \cdots, n$에 대해서 정의해도 무방하다. 표본에 포함된 빨간(또는 하얀) 공의 개수는 전체 빨간(또는 하얀) 공의 개수보다 클 수 없으므로 $x > r$이거나 $x < n-N+r$이면 확률질량함수의 값이 0이 되는 것이 타당하다. 위의 실험에서 추출방법이 복원추출(sampling with replacement)인 경우 빨간 공의 개수는 이항분포 $B(n,p)$(단, $p = \frac{r}{N}$)를 따른다.[2]

초기하확률변수 X의 기댓값은 $E(X) = n\frac{r}{N}$이고, 분산은 다음과 같다.

$$Var(X) = \frac{nr}{N}\left[\frac{(N-r)(N-n)}{N(N-1)}\right]$$

그런데 $N \to \infty$, $r \to \infty$, $r/N \to p$이면

$$\lim_{N\to\infty,\, r\to\infty,\, r/N\to p} \frac{\binom{r}{x}\binom{N-r}{n-x}}{\binom{N}{n}} = \binom{n}{x} p^x (1-p)^{n-x}$$

2) 비복원추출을 하면 모집단이 유한이고 복원추출을 하면 모집단이 무한이 되므로, 초기하분포가 이항분포와 다른 점은 모집단의 유한성(finiteness)이라고 할 수 있다.

이 성립한다. 따라서 $N(=r+w)$과 r이 충분히 크고 $\frac{r}{N}$이 0이나 1에 아주 가깝지 않은 경우, 초기하분포의 근사에 이항분포를 활용할 수 있다. 기댓값과 분산을 초기하분포와 이항분포 $B(n, p)$, $p=\frac{r}{N}$에서 비교하면, 기댓값은 같지만 분산은 다르다. 초기하분포의 분산은 이항분포의 분산에 $\frac{N-n}{N-1}$을 곱한 꼴이 되는데, 이 $\frac{N-n}{N-1}$을 유한모집단 보정계수(finite population correction factor)라고도 한다.

5.3 연속형 확률분포

연속형 확률변수의 대표적인 확률분포로 균일분포, 지수분포, 정규분포 등을 소개하고 그의 성질들을 파악하기로 한다.

5.3.1 균일분포

컴퓨터 모의실험으로 0과 1 사이에서 난수(random number)를 생성하는 경우, 생성된 난수는 0과 1 사이의 모든 값을 취할 수 있고 그 값들은 모두 동일한 확률로 나타난다고 간주될 수 있다. 생성된 난수를 X라고 하면, 이는 구간 $(0, 1)$에서의 균일분포(uniform distribution)를 따른다고 하고 확률밀도함수는

$$f(x)=\begin{cases}1, & 0 \le x \le 1 \\ 0, & \text{그 외의 경우}\end{cases}$$

와 같다. 기댓값은

$$E(X)=\int_{-\infty}^{\infty} xf(x)dx=\int_{0}^{1} xdx=\frac{1}{2}$$

이고 분산은

$$Var(X)=E(X^2)-[E(X)]^2=\int_{0}^{1} x^2dx-1/4=1/12$$

이 된다. 보다 일반적으로 구간 (a, b)에서의 균일분포, $U(a, b)$를 다음과 같은 확률

밀도함수로 정의할 수 있고,

$$f(x) = \begin{cases} \dfrac{1}{b-a}, & a \le x \le b \\ 0, & \text{그 외의 경우} \end{cases}$$

이 경우 기댓값은 $\dfrac{a+b}{2}$, 분산은 $\dfrac{(b-a)^2}{12}$이 된다. 균일분포의 경우 확률밀도함수를 주어진 구간에 대해 적분하는 것이 직사각형의 면적을 구하는 문제가 되므로, 균일분포에 대한 확률은 매우 간단히 구할 수 있다(그림 5.2 참조).

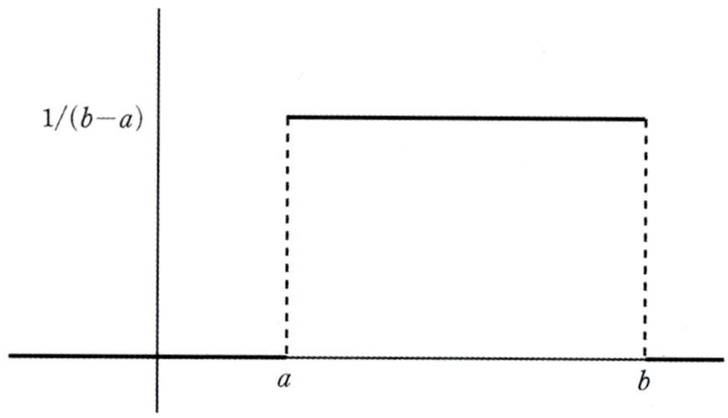

〈그림 5.2〉 $U(a,b)$의 확률밀도함수

예제 5.13

컴퓨터 모의실험으로 0과 10 사이의 난수를 생성할 때, 난수의 값이 1에서 2.5 사이에 있을 확률과 7보다 클 확률은 각각 다음과 같이 구해진다. 생성되는 난수의 값 X는 $U(0,10)$을 따르는 확률변수이며 확률밀도함수는 $0 \le x \le 10$에 대하여 $f(x) = \dfrac{1}{10}$이므로, 난수의 값이 1에서 2.5 사이에 있을 확률은

$$P(1 \le X \le 2.5) = \int_1^{2.5} \frac{1}{10} dx = \frac{1}{10} \times (2.5-1) = 0.15$$

이고 7보다 클 확률은

$$P(X > 7) = \int_7^{10} \frac{1}{10} dx = \frac{1}{10} \times (10-7) = 0.3$$

이다. 이 경우 확률밀도함수가 1/10로 일정하므로, 주어진 두 구간에서 확률밀도함

수 아래의 면적은 높이가 1/10이고 폭이 각각 1.5와 3인 직사각형의 면적으로 쉽게 구할 수 있다.

5.3.2 지수분포

시간이 지남에 따라 일어나는 어떤 특정한 사건의 발생횟수에 대한 모형을 고려했을 때, 그 사건이 일어난 후 또 다시 같은 사건이 일어날 때까지 걸리는 시간은 음이 아닌 값을 가지는 연속형 확률변수가 된다. 지수분포는 이와 같이 포아송 확률과정에서 도착간격시간(inter-arrival time)을 모형화하거나 생존분포의 일부분을 모형화하는 등에 많이 사용된다.

확률변수 X가, $\theta > 0$에 대하여

$$f(x) = \frac{1}{\theta}\exp(-x/\theta), \quad \theta > 0$$

를 확률밀도함수로 가질 때 확률변수 X는 모수가 θ인 지수분포를 따른다고 하며 기댓값과 분산은 각각 θ와 θ^2이다. 즉, $E(X) = \theta$ 그리고 $Var(X) = \theta^2$이다.

예제 5.14

어떤 전자제품의 수명(X)이 평균이 5년인 지수분포를 따른다고 한다. 이 제품을 10년 이상 사용할 확률은

$$P(X > 10) = \int_{10}^{\infty}(1/5)\, e^{-x/5}\,dx = e^{-2} = 0.1353$$

과 같이 구할 수 있다.

5.3.3 정규분포

정규분포의 확률밀도함수는 18세기 초에 시행횟수가 큰 이항분포의 확률을 계산할 방법을 찾던 드무아브르(Abraham de Moivre)에 의해 이항분포의 근사분포로서 처음 소개되었으며, 라플라스(Pierre-Simon Laplace)에 의해 그 근사결과가 확장되었다. 한편, 가우스(J.C.F. Gauss)는 관측에 따른 오차가 정규분포를 따른다는 사실을 밝혔으며, 이후 이 분포는 관측값에서 참값을 추정해내는 근본적인 원리로 자리 잡게 된다. 이와 같은 정규분포는 연속형 분포 가운데 가장 널리 쓰이는 확률분포

로서 다음과 같은 확률밀도함수를 갖는다.

$$f(x) = \frac{1}{\sqrt{2\pi}\,\sigma} \exp\left[-(x-\mu)^2/2\sigma^2\right], \quad -\infty < x < \infty$$

확률밀도함수에서 보이는 것처럼 정규분포는 두 개의 모수, μ와 σ를 갖는데 μ는 기댓값으로서 분포의 중심을 나타내고 σ는 표준편차로서 분포의 퍼짐 정도를 나타낸다. 확률밀도함수는 μ에 대칭인 종 모양(bell-shaped)이고 $\mu \pm \sigma$에서 볼록성이 바뀐다. $\mu-\sigma$에서 $\mu+\sigma$ 사이에서는 위로 볼록(concave)하고 바깥 구간에서는 아래로 볼록(convex)하다. σ가 작은 모집단의 분포는 평균 주위에 가깝게 몰려있게 되고, σ가 큰 모집단의 분포는 넓게 퍼져 있는 형태를 취한다. 평균이 μ이고 표준편차가 σ인 정규분포는 주로 $N(\mu, \sigma^2)$로 표시하며[3], $\mu=0$이고 $\sigma=1$인 $N(0,1)$은 표준정규분포(standard normal distribution)라고 한다. 다음의 〈그림 5.3〉은 평균은 동일하지만 표준편차가 다른 정규분포와 표준편차는 동일하지만 평균이 다른 정규분포의 곡선을 비교하고 있다.

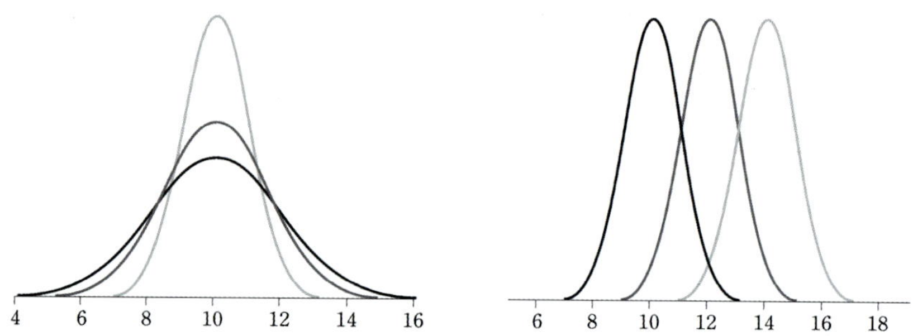

〈그림 5.3〉 평균은 동일하지만 표준편차가 다른 정규분포곡선(왼쪽), 평균이 다르고 표준편차가 같은 정규분포곡선(오른쪽)

예제 5.15

19세기 초 케틀레(Adolphe Quételet)는 '보통사람'을 나타내는 평균인의 개념을 도입하고 신체적 특징에 대한 통계적 모형을 시도하였다. 다음은 그가 구한 5,732[4] 명의 스코틀랜드 병사의 가슴둘레에 대한 도수분포표이다. 이에 대한 히스토그램과 그를 근사한 정규분포곡선이 아래 그림에 주어져있다. 곡선은 평균이 39.8481인치

3) 확률변수 X가 평균이 μ이고 분산 σ^2인 정규분포를 따르면 $X \sim N(\mu, \sigma^2)$으로 표기한다.

4) 케틀레의 자료요약에는 5,738명으로 되어 있으며 학술지에 게재된 5,732명과는 약간의 차이를 보이나 중요한 문제로 여겨지지는 않는다.

이고 분산이 4.2870제곱인치인 정규분포의 확률밀도함수이며, 히스토그램이 이 분포로 잘 근사됨을 볼 수 있다.

가슴둘레 (인치)	병사수
33	3
34	19
35	81
36	189
37	409
38	753
39	1062
40	1082
41	935
42	646
43	313
44	168
45	50
46	22
합계	5732

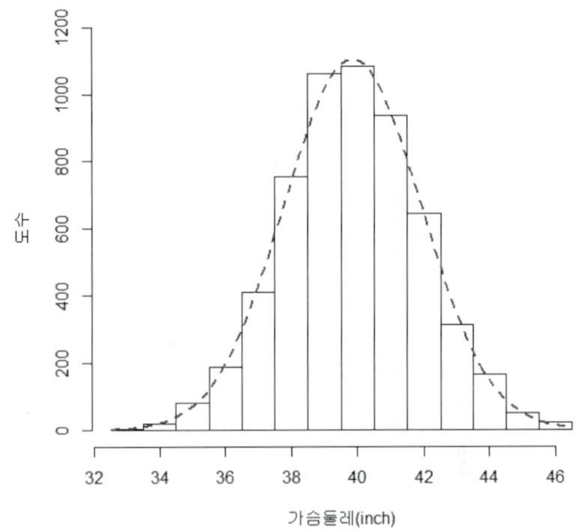

확률변수 X가 $N(\mu, \sigma^2)$을 따를 때, X의 선형변환인 $aX+b$는 $N(a\mu+b, a^2\sigma^2)$를 따른다는 것이 알려져 있다. 이는 $E(aX+b)=aE(X)+b$, 그리고 $Var(aX+b)=a^2 Var(X)$라는 사실과 더불어 선형변환에 대해 정규성이 보존된다는 정규분포의 성질을 보여 준다.

위에서 확인한 정규분포의 성질에 따라 $X \sim N(\mu, \sigma^2)$인 확률변수 X에서 평균을 빼고 표준편차로 나누어 표준화한 $\frac{X-\mu}{\sigma}$는 표준정규분포 $N(0,1)$을 따르게 된다. $z=\frac{x-\mu}{\sigma}$를 $z-$점수($z-$score) 또는 표준점수라고 하는데 이 값은 정규분포에서 추출된 자료 x가 그 평균으로부터 몇 표준편차나 떨어져 있는지를 나타내준다. z점수가 -2라면 이 자료는 평균보다 2 표준편차 작은 값이고, z점수가 3이라면 이 자료는 평균보다 3 표준편차 큰 값이다.

정규분포는 표준편차와 관련하여 다음과 같은 성질을 가진다. 이 성질을 때로 68-95-99.7 규칙이라고도 하며, 그림으로 표현하면 〈그림 5.4〉와 같다.

관측값의 68%는 평균에서 1 표준편차 이내에 들어간다.
관측값의 95%는 평균에서 2 표준편차 이내에 들어간다.
관측값의 99.7%가 평균에서 3 표준편차 이내에 들어간다.

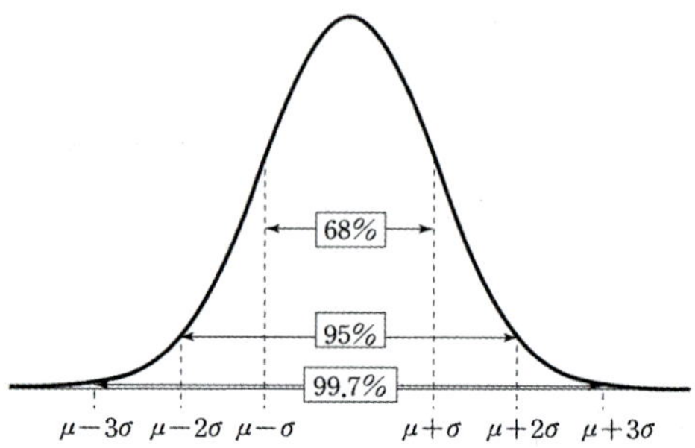

〈그림 5.4〉 $N(\mu,\sigma^2)$ 분포의 표준편차와 넓이

정규분포는 연속형 확률분포이므로 확률이 구간에 할당되고 확률계산을 하려면 그 구간에서 확률밀도함수를 적분해야 한다. 그런데 임의의 유한구간에서 정규확률 밀도함수의 정확한 적분값은 구할 수 없고, 수치적으로 근사한 값을 사용해야 한다. 이 근삿값은 여러 컴퓨터 통계 패키지를 이용하면 쉽게 구할 수 있고, 컴퓨터를 사용하지 않는다면 표준정규확률표를 이용하여 구할 수 있다. 표준정규분포의 상위 α 백분위수 z_α는 $P(Z \geq z_\alpha) = \alpha$를 만족하는 값이다. 몇 가지 유용한 z_α의 값들은 다음과 같고, 부록의 〈표 1〉에서 $N(0,1)$ 분포의 백분위수들을 찾을 수 있다.

$$z_{0.05} = 1.645, z_{0.025} = 1.96,\ z_{0.01} = 2.33,\ z_{0.005} = 2.58$$

예제 5.16

우리나라 20대 남자의 키의 분포가 평균이 173cm이고 표준편차가 5.5cm인 정규분포를 따른다고 가정하고, 랜덤하게 뽑은 20대 남자의 키가 168cm 이하일 확률을 구해 보자. 랜덤하게 뽑은 20대 남자의 키를 X라고 하면 $X \sim N(173, 5.5^2)$이 되고, 이를 표준화하면 $\dfrac{X-173}{5.5} \sim N(0,1)$이 된다. 그러면,

$$P(X \leq 168) = P\left(\frac{X-173}{5.5} \leq \frac{168-173}{5.5}\right) \approx P(N(0,1) \leq -0.91)$$

이 되므로 표준정규확률변수가 -0.91 이하일 확률을 구하면 된다. 부록 〈표 1〉의 표준정규확률표에서 일부 발췌한 아래 표를 이용하면 $P(N(0,1) \le -0.91) = 0.1814$임을 알 수 있다. 즉, 랜덤하게 뽑은 20대 남자의 키가 168cm 이하일 확률은 18.14%이다.

z	.00	.01	.02	.03	.04	.05	.06	.07	.08	.09
-1.2	.1151	.1131	.1112	.1093	.1075	.1056	.1038	.1020	.1003	.0985
-1.1	.1357	.1335	.1314	.1292	.1271	.1251	.1230	.1210	.1190	.1170
-1.0	.1587	.1562	.1539	.1515	.1492	.1469	.1446	.1423	.1401	.1379
-0.9	.1841	.1814	.1788	.1762	.1736	.1711	.1685	.1660	.1635	.1661
-0.8	.2119	.2090	.2061	.2033	.2005	.1977	.1949	.1922	.1894	.1867

그렇다면 랜덤하게 뽑은 20대 남자의 키가 170cm와 180cm 사이에 있을 확률은 얼마일까?

$$P(170 < X < 180) = P\left(\frac{170-173}{5.5} < Z < \frac{180-173}{5.5}\right) \approx P(-0.55 < Z < 1.27)$$

이고, $P(-0.55 < Z < 1.27) = P(Z < 1.27) - P(Z \le -0.55)$이며 연속확률분포를 따르는 Z에 대해 $P(Z \le c) = P(Z < c)$이므로 다음의 표를 이용하면

$$P(Z < 1.27) - P(Z \le -0.55) = 0.8980 - 0.2912 = 0.6068$$

임을 알 수 있다.

z	.00	.01	.02	.03	.04	.05	.06	.07	.08	.09
-0.9	.1841	.1814	.1788	.1762	.1736	.1711	.1685	.1660	.1635	.1661
-0.8	.2119	.2090	.2061	.2033	.2005	.1977	.1949	.1922	.1894	.1867
-0.7	.2420	.2389	.2358	.2327	.2296	.2266	.2236	.2206	.2177	.2148
-0.6	.2743	.2709	.2676	.2643	.2611	.2578	.2546	.25114	.2483	.2451
-0.5	.3085	.3050	.3015	.2981	.2946	.2912	.2877	.2843	.2810	.2776
⋮	⋮	⋮	⋮	⋮	⋮	⋮	⋮	⋮	⋮	⋮
1.0	.8413	.8438	.8461	.8485	.8508	.8531	.8554	.8577	.8599	.8621
1.1	.8643	.8665	.8686	.8708	.8729	.8749	.8770	.8790	.8810	.8830
1.2	.8849	.8869	.8888	.8907	.8925	.8944	8962	.8980	.8997	.9015
1.3	.9032	.9049	.9066	.9082	.9099	.9115	.9131	.9147	.9162	.9177
1.4	.9192	.9207	.9222	.9236	.9251	.9265	.9279	.9292	.9306	.9319

이를 그림으로 표현하면 다음과 같다.

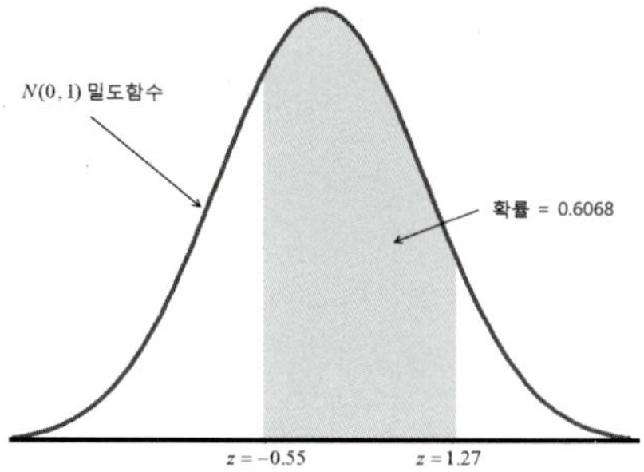

표준정규분포는 0에 대해 대칭이므로 어떤 상수 c에 대하여 $P(Z \le -c) = P(Z \ge c)$가 성립하고, 확률밀도함수 아래 전체 면적은 1이므로 $P(Z \le c) = 1 - P(Z > c)$도 성립한다.

예제 5.17

표준정규확률표를 조금 다르게 사용해 보자. 20대 남자의 키가 평균이 173cm이고 표준편차가 5.5cm인 정규분포를 따를 때, 상위 10%에 해당하는 키는 몇 cm일까? 즉, $X \sim N(173, 5.5^2)$일 때 $P(X > x) = 0.1$이 되는 x값을 구하고자 한다.

z	.00	.01	.02	.03	.04	.05	.06	.07	.08	.09
1.0	.8413	.8438	.8461	.8485	.8508	.8531	.8554	.8577	.8599	.8621
1.1	.8643	.8665	.8686	.8708	.8729	.8749	.8770	.8790	.8810	.8830
1.2	.8849	.8869	.8888	.8907	.8925	.8944	8962	.8980	.8997	.9015
1.3	.9032	.9049	.9066	.9082	.9099	.9115	.9131	.9147	.9162	.9177
1.4	.9192	.9207	.9222	.9236	.9251	.9265	.9279	.9292	.9306	.9319

표준정규확률표를 보면 $P(Z \le 1.28) = 0.8997$이고, $P(Z \le 1.29) = 0.9015$이므로, $P(Z \le 1.28) \approx 0.9$라고 본다면 $P(X > x) = P(Z > \frac{x-173}{5.5}) = 0.1$에서 $\frac{x-173}{5.5}$는 1.28이 되어야 한다. 그러므로 $x = 1.28 \times 5.5 + 173 = 180.04$cm가 상위 10퍼센트에 해당하는 키가 된다. 또는 선형보간법을 사용하여 $\frac{3}{18} \times 1.29 + \frac{15}{18} \times 1.28 = 1.281667$이므로 이 값을 써서 $x = 1.281667 \times 5.5 + 173 = 180.0492$로 구해도 된다. 이렇게, 정규분포의 백분위수는 먼저 표의 몸통부분에서 원하는 확률을 찾아서 해당하는 z값을 거꾸로 찾는 방법으로 구할 수 있다.

예제 5.18

포장무게의 평균이 100g이고 표준편차가 8g인 어떤 과자 한 봉을 샀을 때, 포장의 무게가 110g이었다고 하자. 이 포장의 표준점수는 (110 − 100)/8 = 1.25이다. 포장의 무게가 정규분포를 따른다고 가정할 때, 110g보다 더 무거운 과자포장을 구입할 확률은

$$P(X \geq 110) = P(\frac{X-100}{8} \geq \frac{110-100}{8})$$

$$= P(N(0,1) \geq 1.25) = 1 - 0.8944 = 0.1056$$

이므로 약 10.56%에 불과함을 알 수 있다.

예제 5.19

다음 표는 정상적으로 운영되고 있었던 미국의 50개 은행의 연도별 영업비율(operating ratio(%))의 평균과 표준편차와 함께 프랭클린 은행(Franklin National Bank of New York)의 영업비율을 나타낸 것이다.

연도	프랭클린 은행의 영업비율	정상운영 50개 은행		프랭클린 은행의 표준점수
		평균	표준편차	
1969	84.06	78.27	5.40	1.07
1970	86.14	79.54	5.30	1.25
1971	91.19	81.04	5.80	1.75
1972	93.77	82.08	6.10	1.92
1973	95.60	84.90	5.16	2.07

프랭클린 은행의 경우 표준점수가 연도별로 점점 증가하는데, 50개 은행의 연도별 영업비율이 정규분포를 따른다면 1971년에 이르러서는 프랭클린 은행의 영업비율이 상위 4%에, 1973년에는 상위 2%에 속하게 됨을 표준정규확률표로부터 확인할 수 있다. 영업비율은 순매출 대비 영업비용(operating expenses/net sales)으로 정의되며, 이 값이 작을수록 기업의 수익성이 높다고 볼 수 있다. 프랭클린 은행은 1974년 8월 당시 기준으로 미국내 최대규모의 파산을 겪었다.

그 외의 연속형 확률분포

확률모형을 만드는 데 있어서 정규분포가 널리 사용되고 있으나, 모든 데이터가 정규분포를 따르지는 않는다. 예를 들어 어떤 집단의 소득분포는 오른쪽으로 꼬리가 길고 평균에 대해 대칭이 아니므로 정규분포가 아니다. 여기서는 다루지 않지만 다양한 연속형 확률분포들이 있다. 지수분포의 확장된 형태인 감마(gamma) 분포, 유한구간에서의 연속형 분포를 표현할 때 사용되는 베타(beta) 분포, 공학분야에서 물체의 장력측정 등에 사용되는 와이블(Weibull) 분포, 생의학(biomedical), 보험 등의 분야에서 자주 사용되는 파레토(Pareto) 분포 외에도 대수정규(lognormal), 이중지수(double exponential), 로지스틱(logistic) 등의 많은 연속형 분포가 있으며, 주어진 현상을 합리적으로 설명하기 위한 모형화에 각각 활용된다.

5.4 결합분포

때로 우리가 흥미를 가지는 현상이 여러 개의 확률변수들로 이루어져 있을 수 있다. 예를 들어 아버지의 키와 아들의 키를 짝을 이루어 함께 생각한다든가, 환자에 대한 건강기록을 구성하는 변수로 나이, 혈압, 몸무게 등을 생각한다든가, 어느 기계의 수명을 조사하기 위하여 반복 실험을 하였다든가 하는 경우들이다. 이와 같이 여러 개의 확률변수들을 동시에 고려할 때, 이들의 결합분포(joint distribution)에 대한 이론이 필요하게 된다.

5.4.1 결합 확률질량함수 및 결합 확률밀도함수

이산형 확률변수 X와 Y의 **결합 확률질량함수**(joint probability mass function)는 모든 가능한 (x, y)쌍에 대해

$$p(x,y) = P(X = x \text{ 이고 } Y = y)$$

로 정의된다. 나아가, (x, y)의 순서쌍들을 원소로 갖는 어떤 사건 A가 일어날 확률은

$$P((X, Y) \in A) = \sum_{(x,y) \in A} p(x,y)$$

로 계산할 수 있으며, X와 Y의 **주변 확률질량함수**(marginal probability mass function)는

$$p_X(x) = \sum_y p(x, y),$$
$$p_Y(y) = \sum_x p(x, y)$$

와 같이 구한다. 주변 확률질량함수는 결합분포를 이루는 변수들 하나하나의 분포를 설명하는데, 예를 들어 주어진 x^*에 대해 $\sum_y p(x^*, y)$를 구하면 X의 값이 x^*인 모든 순서쌍 (x^*, y)의 확률을 더하는 것이므로 $X = x^*$의 확률이 된다. 즉, 다음과 같아진다.

$$p_X(x) = P(X = x), \ \ p_Y(y) = P(Y = y)$$

연속형 확률변수 X, Y에 대해서는 **결합 확률밀도함수**(joint probability density function)로 그 결합확률분포를 나타내는데, 어떤 2차원 집합 A에 대하여 결합 확률밀도함수 $f(x, y)$는 다음을 만족한다.

$$P((X, Y) \in A) = \int\int_A f(x, y)dxdy$$

여기서 A가 $(x, y) : a \le x \le b, c \le y \le d$라면,

$$P((X, Y) \in A) = \int_c^d \int_a^b f(x, y)dxdy$$

가 된다. X와 Y 각각의 분포를 나타내는 **주변 확률밀도함수**(marginal probability density function)는

$$f_X(x) = \int_{-\infty}^{\infty} f(x, y)dy, \qquad -\infty < x < \infty$$
$$f_Y(y) = \int_{-\infty}^{\infty} f(x, y)dx, \qquad -\infty < y < \infty$$

와 같이 구할 수 있다.

예제 5.20

앞면(H)과 뒷면(T)이 나올 확률이 각각 0.5로 같은 공정한 동전을 세 번 던지는 실험을 생각해 보자. 이때 X는 전체 시행에서 앞면이 나오는 횟수라고 하고 Y는 두 번째와 세 번째 시행에서 뒷면이 나오는 횟수라고 하자. 이때 시행의 가능한 결과와 각 결과에 따라 정의되는 확률변수 X, Y는 다음과 같이 표현된다.

	X	Y	확률
H, H, H	3	0	1/8
H, H ,T	2	1	1/8
H, T, H	2	1	1/8
H, T, T	1	2	1/8
T, H, H	2	0	1/8
T, H, T	1	1	1/8
T, T, H	1	1	1/8
T, T, T	0	2	1/8

따라서 (X, Y)의 결합 확률질량함수는

X \ Y	0	1	2
0	0	0	1/8
1	0	1/4	1/8
2	1/8	1/4	0
3	1/8	0	0

로 나타낼 수 있다. 나아가, X와 Y의 주변 확률질량함수는 각각

$$p_X(0) = \sum_{y=0}^{2} p(0, y) = p(0,0) + p(0,1) + p(0,2) = \frac{1}{8}$$

$$p_X(1) = \sum_{y=0}^{2} p(1, y) = p(1,0) + p(1,1) + p(1,2) = \frac{3}{8}$$

$$p_X(2) = \sum_{y=0}^{2} p(2, y) = p(2,0) + p(2,1) + p(2,2) = \frac{3}{8}$$

$$p_X(3) = \sum_{y=0}^{2} p(3, y) = p(3,0) + p(3,1) + p(3,2) = \frac{1}{8}$$

그리고

$$p_Y(0) = \sum_{x=0}^{3} p(x, 0) = p(0,0) + p(1,0) + p(2,0) + p(3,0) = \frac{1}{4}$$

$$p_Y(1) = \sum_{x=0}^{3} p(x, 0) = p(0,1) + p(1,1) + p(2,1) + p(3,1) = \frac{1}{2}$$

$$p_Y(2) = \sum_{x=0}^{3} p(x, 2) = p(0,2) + p(1,2) + p(2,2) + p(3,2) = \frac{1}{4}$$

이 된다.

예제 5.21

다이아몬드 13장, 하트 13장, 클로버 13장, 스페이드 13장으로 이루어진 보통의 카드 덱(deck)에서 랜덤하게 2장을 뽑을 때 이 2장에 포함된 다이아몬드 카드의 숫자를 X, 하트 카드의 숫자를 Y라고 하자. 그러면 (X, Y)의 결합 확률질량함수는

X \ Y	0	1	2
0	25/102	26/102	6/102
1	26/102	13/102	0
2	6/102	0	0

가 된다. 이 계산에서,

$$p(0,0) = \frac{\binom{26}{2}}{\binom{52}{2}} = \frac{25}{102}, \quad p(0,1) = \frac{\binom{13}{1}\binom{26}{1}}{\binom{52}{2}} = \frac{26}{102}, \quad p(0,2) = \frac{\binom{13}{2}}{\binom{52}{2}} = \frac{6}{102},$$

$$p(1,0) = \frac{\binom{13}{1}\binom{26}{1}}{\binom{52}{2}} = \frac{26}{102}, \quad p(1,1) = \frac{\binom{13}{1}\binom{13}{1}}{\binom{52}{2}} = \frac{13}{102}, \quad p(2,0) = \frac{\binom{13}{2}}{\binom{52}{2}} = \frac{6}{102},$$

그리고 두 장을 뽑는 확률실험이므로 $p(1,2) = p(2,1) = p(2,2) = 0$임을 쉽게 알 수 있다. 이제 A가 랜덤하게 뽑은 두 장의 카드에 다이아몬드 카드 1장이 포함된 사건이라면 A가 나올 확률은 $P(A) = p(1,0) + p(1,1) = \frac{26}{102} + \frac{13}{102} = \frac{39}{102}$가 되며, 이는 $P(X=1)$과 같다.

5.4.2 조건부분포

경우에 따라, 여러 개의 확률변수들 중 몇 개의 값이 주어졌다는 조건하에서 나머지 변수들의 분포를 구하고자 할 때가 있다. 가령 '아버지의 IQ와 성인 자녀의 IQ가 짝지어져 있을 때, 아버지의 IQ가 120인 자녀들의 IQ는 어떤 분포를 따를까?' 라는 질문에 대한 답은 '조건부분포'를 통해 파악될 수 있다. 이러한 조건부 분포이론은 후에 회귀분석 등에서 필수적으로 사용되며, 변수들 사이의 연관성과도 깊은 관련이 있다.

이산형 확률변수 X와 Y의 결합 확률질량함수가 $p(x,y)$라고 하자. 이때 X의 값이 x로 주어진 상태에서($p_X(x)>0$) Y의 **조건부 확률질량함수**는

$$p_{Y|X}(y|x)=\frac{p(x,y)}{p_X(x)}, \qquad -\infty<y<\infty$$

으로 정의된다. 이 조건부 확률질량함수는 X의 값이 x로 주어졌을 때, Y의 확률분포에 대한 확률질량함수이다. 그러므로 조건부 확률질량함수는 일반적인 확률질량함수의 성질을 모두 만족한다. 나아가 연속형 확률변수 X와 Y의 결합 확률밀도함수가 $f(x,y)$라면 X의 값이 x로 주어진 상태에서($f_X(x)>0$) Y의 **조건부 확률밀도함수**는

$$f_{Y|X}(y|x)=\frac{f(x,y)}{f_X(x)}, \qquad -\infty<y<\infty$$

으로 정의된다.

확률변수 X와 Y가 독립이면 Y의 분포가 X의 값에 의존하지 않으므로 이산형인 경우는 $p_{Y|X}(y|x)=p_Y(y)$, 그리고 연속형인 경우는 $f_{Y|X}(y|x)=f_Y(y)$가 성립한다. 따라서 X와 Y가 **독립**(independent)이면, 이산형인 경우는

$$p(x,y)=p_X(x)p_Y(y)$$

그리고 연속형인 경우는

$$f(x,y)=f_X(x)f_Y(y)$$

가 된다. 즉, 결합 확률질량함수(또는 결합 확률밀도함수)가 주변 확률질량함수(또는 주변 확률밀도함수)들의 곱의 꼴로 표현된다.

예제 5.22

예제 5.20에서의 동전던지기 실험에서 앞면이 2번 나왔다면, 두 번째와 세 번째 시행에서 뒷면이 1번 나올 확률은 얼마인가? 또, X가 앞면이 나오는 횟수이고 Y가 두 번째와 세 번째 던졌을 때 뒷면이 나오는 횟수일 때, X와 Y는 독립인가?

앞면이 2번 나왔을 때, 두 번째와 세 번째 시행에서 뒷면이 1번 나올 확률은

$$P(Y=1|X=2)=p_{Y|X}(1|2)=\frac{p(2,1)}{p_X(2)}=\frac{1/4}{1/8+1/4}=2/3$$

이다.

$$p(2,1)=P(X=2, Y=1)=\frac{1}{4}\neq\frac{3}{8}\times\frac{1}{2}=P(X=2)P(Y=1)=p_X(2)p_Y(1)$$

이므로 X와 Y는 독립이 아니다. X와 Y가 독립이 아닌 것은, $p_{Y|X}(1|2)=\frac{2}{3}\neq\frac{1}{2}=p_Y(1)$이라는 사실로도 확인할 수 있다.

예제 5.23

예제 5.21의 카드 뽑기 실험에서 X와 Y는 독립이 아니다. 이는 X의 값이 2일 때 Y는 0일 수밖에 없고, Y의 값이 2일 때 X가 0일 수밖에 없으므로 자명하다. 이를 결합 확률질량함수를 통해 살펴보면,

$$p(2,1)=P(X=2, Y=1)=0\neq\frac{6}{102}\times\frac{39}{102}=P(X=2)P(Y=1)=p_X(2)p_Y(1)$$

이므로 독립이 아니다.

예제 5.24

다이아몬드 13장, 하트 13장, 클로버 13장, 스페이드 13장으로 이루어진 보통의 카드 덱(deck)에서 랜덤하게 1장을 뽑을 때 에이스 카드의 숫자를 X, 하트 카드의 숫자를 Y라고 하자. 그러면 (X, Y)의 결합 확률질량함수는

X \ Y	0	1
0	36/52	12/52
1	3/52	1/52

가 된다. 이 계산에서,

$$p(0,0)=P(no\ aces\cap no\ hearts)=\frac{36}{52},\ p(0,1)=P(no\ aces\cap hearts)=\frac{12}{52},$$

$$p(1,0)=P(aces\cap no\ hearts)=\frac{3}{52},\ p(1,1)=P(aces\cap hearts)=\frac{1}{52}$$

이고,

$$p_X(0)=p(0,0)+p(0,1)=\frac{48}{52},\ p_X(1)=p(1,0)+p(1,1)=\frac{4}{52},$$

$$p_Y(0)=p(0,0)+p(1,0)=\frac{39}{52},\ p_Y(1)=p(0,1)+p(1,1)=\frac{13}{52}$$

이므로

$$p(0,0)=\frac{36}{52}=\frac{48}{52}\times\frac{39}{52}=p_X(0)p_Y(0),$$

$$p(0,1)=\frac{12}{52}=\frac{48}{52}\times\frac{13}{52}=p_X(0)p_Y(1),$$

$$p(1,0)=\frac{3}{52}=\frac{4}{52}\times\frac{39}{52}=p_X(1)p_Y(0),$$

$$p(1,1)=\frac{1}{52}=\frac{4}{52}\times\frac{13}{52}=p_X(1)p_Y(1)$$

을 통해 X와 Y가 독립임을 알 수 있다.

5.4.3 기댓값과 공분산

확률변수 X와 Y의 함수인 $h(X,Y)$의 기댓값 $E[h(X,Y)]$는 변수가 하나일 경우와 비슷하게

$$E(h(X,Y))=\begin{cases}\sum_x\sum_y h(x,y)p(x,y) & \text{이산형}\\ \int_{-\infty}^{\infty}\int_{-\infty}^{\infty}h(x,y)f(x,y)dxdy & \text{연속형}\end{cases}$$

로 구할 수 있다.

두 확률변수 X와 Y의 연관관계의 척도인 **공분산**(covariance)은 $Cov(X, Y)$로 표기하는데, 이는 X와 Y의 함수인 $h(X, Y) = [X - E(X)][Y - E(Y)]$의 기댓값으로

$$Cov(X, Y) = E[(X - E(X))(Y - E(Y))] = E(XY) - E(X)E(Y)$$

와 같이 정의된다.

이렇게 정의된 공분산은 X와 Y 사이의 연관관계를 측정하는 척도로서 단위에 영향을 받는다. 즉, 단위를 바꾸면 공분산의 값도 바뀌게 되며, 단위가 다른 경우의 공분산을 직접 비교하기 어렵다. 이러한 단점을 보완하기 위해 단위에 영향을 받지 않는 **상관계수**를 다음과 정의하여 사용한다.

$$\rho(X, Y) = Corr(X, Y) = \frac{Cov(X, Y)}{\sqrt{Var(X)Var(Y)}}$$

$ac > 0$인 상수 a, b, c, d에 대하여, 다음이 성립함을 통해 상관계수가 선형변환에 영향을 받지 않음을 알 수 있다.

$$\rho(aX + b, cY + d) = \rho(X, Y)$$

한편, 두 확률변수 X와 Y가 서로 독립이면 $E(XY) = E(X)E(Y)$가 성립한다. 따라서 두 확률변수 X와 Y가 서로 독립이면 두 변수 사이의 공분산은 $Cov(X, Y) = 0$이며, 아울러 상관계수 $\rho(X, Y) = 0$이 성립한다. 그러나 $\rho(X, Y) = 0$이라고 해서 두 변수 X와 Y가 독립인 것은 아니며, $\rho(X, Y) = 0$인 X와 Y는 상관관계가 없다(uncorrelated)라고 말한다. 상관계수는 항상 -1에서 1 사이의 값을 가지며 X와 Y가 완벽한 선형관계에 있으면 상관계수의 값은 1 또는 -1이 되는데, $Y = aX + b$ $(a \neq 0)$일 때 $\rho(X, Y) = sgn(a)$이다[5].

예제 5.25

두 이산형 확률변수 X와 Y의 결합 확률질량함수가 다음과 같다고 하자.

X \ Y	−1	0	1
0	0	1/2	0
1	1/4	0	1/4

5) $sgn(a)$는 a가 양수이면 1, 음수이면 -1, 0이면 0인 부호함수이다.

이때 $p(1,0)=0 \neq \frac{1}{2}\times\frac{1}{2}=p_X(1)p_Y(0)$이므로 두 확률변수는 독립이 아니다. 하지만 $E(Y)=-1\times\frac{1}{4}+0\times\frac{1}{2}+1\times\frac{1}{4}=0$이고, $E(XY)=-1\times\frac{1}{4}+1\times\frac{1}{4}=0$이기 때문에 공분산이 0이 되어 상관계수도 0임을 알 수 있다. 즉, X와 Y는 상관관계는 없으나 독립은 아니다.

확률변수 X와 Y의 선형결합인 $aX\pm bY$에 대한 기댓값과 분산은 다음과 같다.

$$E(aX\pm bY)=aE(X)\pm bE(Y)$$
$$Var(aX+bY)=a^2 Var(X)+b^2 Var(Y)+2abCov(X,Y)$$

나아가, X와 Y가 서로 독립이면

$$Var(X+Y)=Var(X)+Var(Y)$$

가 성립한다. 즉, 서로 독립인 확률변수의 합의 분산은 각각의 분산의 합과 같다.

예제 5.26

금융자산들 가운데 채권과 주식의 수익률은 일반적으로 약한 음의 상관관계가 있다고 알려져 있다. 채권은 보통 주식에 비해 평균 수익률이 낮은 반면 수익률이 안정적이라서 위험이 작고, 주식은 평균 수익률이 높은 반면 위험이 크다고 본다. 수익률이 안정적이라는 것은 수익률 분포의 분산이 크지 않음을 의미한다. 이제, 어떤 투자자가 30%는 채권, 70%는 인덱스 펀드(index fund: 주가지수의 수익률에 연동되는 펀드)로 이루어진 포트폴리오에 투자한다고 하자. 채권의 기대수익률은 2%, 표준편차는 3%, 인덱스 펀드의 기대수익률은 5%, 표준편차는 8%라고 가정하자. 두 수익률 간의 상관계수가 -0.1이라면 이 포트폴리오의 기대수익률과 표준편차는 얼마인가?
채권의 수익률을 X, 인덱스 펀드의 수익률을 Y라고 하면 포트폴리오의 수익률은 $0.3X+0.7Y$로 쓸 수 있고, 이것의 기댓값과 분산은

$$E(0.3X+0.7Y)=0.3E(X)+0.7E(Y)=0.3\times0.02+0.7\times0.05=0.041$$
$$\begin{aligned}Var(0.3X+0.7Y)&=0.3^2 Var(X)+0.7^2 Var(Y)\\&\quad+2\times0.3\times0.7\rho\sqrt{Var(X)Var(Y)}\\&=0.0031\end{aligned}$$

이다. 이 포트폴리오의 기대수익률은 4.1%이고 수익률의 표준편차는 5.57%로, 채권보다 기대수익률이 높지만 표준편차는 더 크고 인덱스 펀드보다 기대수익률이 낮지만 표준편차는 작은 성질을 갖는다. 기대수익률을 높이려면 위험부담이 늘어나고 위험부담을 줄이려면 기대수익률이 낮아지는 현상을 볼 수 있다.

예제 5.27

예제 5.20에서의 동전던지기 실험에서 X와 Y의 합의 분산을 구해 보자. 두 변수는 독립이 아니므로,

$$Var(X+Y) = Var(X) + Var(Y) + 2Cov(X, Y)$$

를 구해야 한다. 결합 확률질량함수

X \ Y	0	1	2
0	0	0	1/8
1	0	1/4	1/8
2	1/8	1/4	0
3	1/8	0	0

로부터, $E(XY) = 1 \times \frac{1}{4} + 2 \times \frac{1}{8} + 2 \times \frac{1}{4} = 1$를 구할 수 있고 주변 확률질량함수

x	0	1	2	3
$p_X(x)$	1/8	3/8	3/8	1/8

y	0	1	2
$p_Y(y)$	1/4	1/2	1/4

로부터 $E(X) = \frac{3}{2}$, $E(Y) = 1$을 계산하여 $Cov(X, Y) = -\frac{1}{2}$의 공분산을 얻을 수 있다. X는 앞면의 횟수이고 Y는 뒷면의 횟수이므로 두 변수가 음의 상관관계를 갖는 것은 당연하다.

$$Var(X) = E(X^2) - (E(X))^2 = 3 - \frac{9}{4} = \frac{3}{4},$$

$$Var(Y) = E(Y^2) - (E(Y))^2 = \frac{3}{2} - 1 = \frac{1}{2}$$

이므로

$$Var(X+Y) = \frac{3}{4} + \frac{1}{2} + 2 \times \left(-\frac{1}{2}\right) = \frac{1}{4}$$

이 된다.

5장 연습문제

01 앞면과 뒷면이 나올 확률이 모두 1/2인 공정한 동전을 3회 독립 반복하여 던졌을 경우에 X를 앞면의 수라고 하자.

(1) 표본공간을 만들고 확률변수 X의 확률질량함수를 구하시오.

(2) X의 기댓값 $E(X)$과 분산 $Var(X)$를 구하시오.

02 다음 확률분포에 대하여 기댓값 $E(X)$과 분산 $Var(X)$를 구하시오.

x	0	1	2
$f(x)$	0.3	0.4	0.3

03 확률변수 X의 확률질량함수가 다음과 같을 때, 기댓값 $E(X)$과 분산 $Var(X)$를 구하시오.

x	2	7	8	16	17
$f(x)$	$\frac{1}{6}$	$\frac{1}{3}$	$\frac{1}{12}$	$\frac{1}{6}$	$\frac{1}{4}$

04 어떤 부부의 혈액형이 한쪽은 AB형이고 다른 한쪽은 A형이다. 이 A형을 갖는 사람의 부모는 한 쪽이 O형, 다른 한쪽은 AB형이었다고 하자. 이제, 이 부부가 5명의 자녀를 낳으려고 할 때, B형의 자녀가 세 명 이상 태어날 확률은 무엇인가? 또, B형의 자녀의 수의 분산은 무엇인가? 단, 자녀의 혈액형은 서로 독립이라고 한다.

05 연속형 확률변수 X의 확률밀도함수가

$$f(x)=\begin{cases} c(1-x^4) & -1<x<1\text{인 경우} \\ 0 & \text{그 외의 경우} \end{cases}$$

로 주어졌을 때,

(1) $f(x)$가 확률밀도함수의 조건들을 만족하기 위한 상수 c의 값을 구하시오.

(2) X의 기댓값 $E(X)$과 분산 $Var(X)$를 구하시오.

06 어떤 연속형 확률변수 X의 확률밀도함수가

$$f(x)=\begin{cases} x+1 & -1<x<0 \\ -x+1 & 0\le x<1 \\ 0 & \text{그 외} \end{cases}$$

로 주어졌을 때, $P(-1/3<X<1/2)$의 확률을 구하시오.

07 확률변수 X의 평균이 100이고 분산이 10일 때, $Y=5X+10$의 평균과 분산은 얼마인가?

08 다음의 사실들을 보이시오.

(1) $E(c)=c$

(2) $E(aX+b)=aE(X)+b$

(3) $Var(aX+b)=a^2Var(X)$

09 앞면과 뒷면이 나올 확률이 모두 1/2인 동전을 1회 던졌을 때 나오는 앞면의 수를 X라고 하자. 이때 X^2+10의 기댓값과 표준편차는 각각 얼마인가?

10 $X_i\ (i=1,\ \cdots\ ,n)$은 서로 독립이고 성공확률이 p인 베르누이(Bernoulli) 분포를 따른다고 하자.

(1) $X_i\ (i=1,\ \cdots\ ,n)$들의 합 $Y=\sum_{i=1}^{n} X_i$는 이항분포 $B(n,p)$를 따름을 보이시오.

(2) $E(Y)=np$ 그리고 $Var(Y)=np(1-p)$가 성립함을 보이시오.
(힌트: 서로 독립인 확률변수들의 합의 분산은 각각의 분산의 합과 같다.)

11 공정한(즉, 모든 눈이 나올 확률이 같은) 주사위를 처음으로 3의 배수가 나올 때까지 반복하여 던지는 확률실험에서 필요한 시행횟수 X의 기댓값은 얼마인가?

12 X가 기댓값이 λ인 포아송 분포를 따른다고 할 때, $E(X^2)$을 구하시오.

13 어느 콜센터에 매분 평균적으로 2건의 신고가 이루어진다고 한다. 신고건수 X가 포아송 분포를 따른다는 가정하에, 1분 동안에 3건 이상의 신고가 발생할 확률을 구하시오.

14 확률변수 X가 구간 (a,b)에서 균일분포, $U(a,b)$를 따른다고 할 때, 분산은
$Var(X)=\dfrac{(b-a)^2}{12}$이 됨을 보이시오.

15 어떤 특정지역에 진도 4 이상의 지진이 매년 평균 4회씩 포아송 과정을 따라 발생한다고 하자. 이때, 첫 번째 진도 4 이상의 지진이 발생할 때까지 걸리는 시간 X가 1년 이상일 확률을 구하시오.

16 확률변수 X가 지수분포를 따르면, 양의 실수 a와 t에 대해서

$$P(X > a+t \mid X > a) = P(X > t)$$

가 성립함을 보이시오.

17 어떤 집단의 IQ 점수는 평균이 110이고 표준편차가 10인 정규분포를 따른다고 한다.

(1) IQ 점수가 130인 사람의 표준점수는 얼마인가?

(2) 95백분위수(95th percentile)에 해당하는 IQ 점수는 얼마인가?

(3) 이 집단에서 IQ가 130 이상인 사람은 약 몇 %인가?

(4) 이 집단에서 IQ가 100 이상 120 미만인 사람은 몇 %인가?

18 어떤 집단의 신장은 평균이 165cm이고 표준편차가 10cm인 정규분포를 따른다고 한다. 이 집단에서 신장이 175cm 이상인 사람은 약 몇 %인가?

19 어느 전구제조업자는 자기회사제품의 수명이 평균 1,500시간, 표준편차 50시간인 정규분포를 따른다는 것을 알고 있다. 그래서 다음과 같은 광고문안을 작성하려고 한다.

"우리회사에서 생산하는 전구의 95%는 수명이 (　　　)시간 이상입니다."

괄호 안에 알맞은 숫자는 무엇인가?

20 확률변수 X와 Y의 결합확률분포가 다음과 같다.

X \ Y	0	1	2
0	0.1	0.3	0.05
1	0.2	0.25	0.1

(1) 확률변수 X의 확률질량함수 $p(x)$, 기댓값 $E(X)$과 분산 $Var(X)$를 구하시오.

(2) 확률변수 Y의 확률질량함수 $p(y)$, 기댓값 $E(Y)$과 분산 $Var(Y)$를 구하시오.

(3) $P(X \geq Y)$를 구하시오.

(4) $Z = X + Y$의 분포와 기댓값 $E(Z)$을 구하시오.

21 두 확률변수 X, Y의 결합 확률질량함수가 $p(1,1)=1/2$, $p(1,2)=1/4$, $p(2,1)=1/8$, $p(2,2)=1/8$으로 주어졌다.

(1) X와 Y의 독립여부를 밝히시오.

(2) $X=i$ $(i=1,2)$가 주어졌을 때, Y의 조건부 확률질량함수를 구하시오.

(3) $Cov(X,Y)$를 구하시오.

22 확률변수 X와 Y의 결합확률분포가 다음과 같다.

X \ Y	-1	0	1
0	1/3	0	1/3
1	0	1/3	0

(1) $Corr(X,Y)$를 구하시오.

(2) X와 Y의 독립여부를 밝히시오.

23 다음의 결합분포를 나타내는 표에서 변수 X는 건강상태에 관한 변수로 0은 양호, 1은 보통, 2는 나쁨, 변수 Y는 흡연하는 담배개비의 수(편의상 0, 10, 20으로 분류)를 의미한다.

X \ Y	0	10	20	$p_x(x)$
0	0.25	0.05	0.05	0.35
1	0.05	0.15	0.05	0.25
2	0.05	0.10	0.25	0.40
$p_y(y)$	0.35	0.30	0.35	1

(1) 두 변수의 독립여부를 설명하시오.

(2) $Y=20$으로 주어졌을 때, X의 조건부분포와 조건부기댓값을 구하고 그 결과를 X의 분포 및 기댓값과 비교설명하시오.

24 두 확률변수 X와 Y에 대하여 $Cov(X-Y, X+Y)$를 구하시오.

25 확률변수 X와 Y에 대해서 $Var(X)=16$, $Var(Y)=25$, $Cov(X, Y)=-20$이 주어졌을 때, $Corr(3X+3, 2Y-4)$를 계산하시오.

26 확률변수 X 와 Y에 대해서 $Var(X)=4$, $Var(Y)=9$, $Cov(X, Y)=5$가 주어져 있다.

(1) $Corr(X, Y)$를 구하시오.

(2) $Var(X-Y)$를 구하시오.

제 6 장 표본분포

통계적 방법론을 사용하는 많은 연구에서, 모집단으로부터 표본을 뽑아 자료를 수집하고 그 자료를 바탕으로 모집단에 대한 추론을 하게 된다는 것은 앞에서 이미 언급하였다. 관련된 용어 몇 가지를 다시 정리해 보면, 모집단(population)이란, 연구에서 실제 관심 있는 집단, 즉 우리가 정보를 원하는 모든 대상의 집합체이다. 모집단은 전국의 모든 근로자, 전국의 모든 유권자, 서울 지역의 2인 이상 가구 등과 같이 전체를 모두 관측하기 어려운 경우가 많다. 표본(sample)은 모집단의 일부분으로서 실제로 연구자가 자료를 수집하여 연구하는 부분이다. 표본추출이 잘 되어야 연구 전체가 의미 있어진다고 할 수 있다.

모집단의 추론은 모집단의 특성을 수치적으로 나타내는 모수(parameter)에 대한 것일 때가 많다. 모집단의 평균이나 분산, 비율이나 상관계수 등 여러 가지 특성들이 모수가 될 수 있다. 모수는 모집단의 특성이므로 전체를 모두 관측할 수 없는 상황에서는 정확하게 알 수 없다. 그래서 베이지안 방법론을 제외한 통계적 추론에서 모수는 미지(unknown)의 고정된 상수로 취급된다. 이에 반해 표본의 특성을 수치적으로 나타내는 통계량(statistic)은 고정된 상수가 아니다. 통계량은 특정한 표본이 주어지면 그 값을 완전히 결정할 수 있는 표본의 함수인데, 표본이 바뀌면 그 값도 바뀌게 되므로 확률변수가 된다. 통계량은 미지의 모수를 포함해서는 안 되며, 주로 모수값을 추정하는 데에 사용된다.

이 장에서는 모수를 추정하는 데에 사용되는 통계량의 분포로서 표본분포를 다룬다. 7장부터 시작되는 통계적 추론을 위해 통계량의 분포는 매우 중요하다.

6.1 통계량의 분포

6.1.1 표본분포

통계량의 표본분포란 확률변량인 통계량의 확률분포를 말한다. 즉, 모집단에서 표본의 크기가 n(정해진 숫자)인 모든 표본이 뽑혔다고 가정했을 때, 각 표본에서 계산된 통계량이 가지는 값들의 분포를 말한다. 실제 우리가 똑같은 크기의 표본을 많이 뽑지는 않으므로 이는 이론적인 분포이고, 실제 관측하는 분포는 아니라고 할 수 있다.

우선 표본평균 $\overline{X}$의 분포를 생각해 보자. 〈그림 6.1〉에서처럼 하나의 모집단에서 크기가 같은 여러 개의 표본을 뽑을 때, 각 표본의 표본평균은 서로 다른 값을 가지게 될 것이다. 즉, 평균이 μ이고 표준편차가 σ인 모집단에서 표본크기 n 인 표본을 많이 추출했다고 가정하고 각 표본에서 표본평균을 계산한다면, 어떤 표본에서의 평균은 μ보다 크고, 어떤 표본에서의 평균은 μ보다 작아지면서 표본분포가 생성될 것이다.

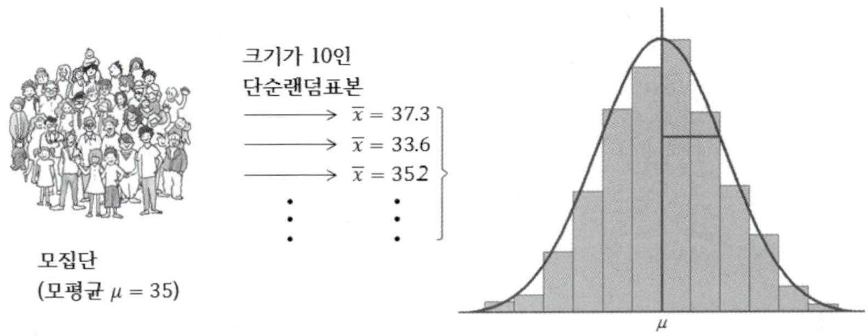

〈그림 6.1〉 모집단으로 구한 표본평균의 표본분포

〈그림 6.1〉은 평균이 $\mu=35$인 모집단으로부터 구한 크기가 $n=10$인 단순랜덤표본의 표본평균 $\overline{X}$의 표본분포를 설명하고 있다. 모집단에 속하는 모든 사람들의 평균 나이가 35세라고 할 때, 그 중에서 10명을 랜덤하게 뽑아 그들 나이의 평균을 계산하는 작업을 여러 번 반복한다고 해 보자. 어떤 표본의 평균은 37.3세, 어떤 표본의 평균은 33.6세, 35.2세 등으로 표본에 따라 그 평균값이 다르게 나타날 것이다. 이렇게 계산된 표본평균들을 다 모아 〈그림 6.1〉의 오른쪽과 같은 히스토그램을 그려 그 분포를 살펴보면, 표본평균은 모집단의 평균을 중심으로 분포하고 있음을 볼 수 있는데, 이론적으로 랜덤표본(random sample)의 표본평균의 기댓값은 모평균과 같음을 보일 수 있다. 표본평균을 모평균의 추정에 사용할 때, 표본평균의 이와 같은 성질을 비편향성(unbiasedness)이라고 한다. 표본분포가 추정하고자 하는 값을 중심으로 분포하기 때문에 평균적으로 봤을 때 과대추정하거나 과소추정하는 편향(bias)이 없기 때문이다. 표본평균의 표준편차는 모집단의 표준편차보다 작으며 표본의 크기가 증가함에 따라 $1/\sqrt{n}$의 비율로 줄어들게 됨도 이론적으로 보일 수 있다. 즉, 평균이 μ이고 표준편차가 σ인 모집단에서 크기 n의 임의표본을 뽑아 표본평균을 구하면 $E(\overline{X})=\mu$이고, $SD(\overline{X})=\sigma/\sqrt{n}$이 된다는 것이다. 관측값들 몇 개를 모아서 평균을 계산하면 이 평균은 개별 관측값보다는 변동(variation)이 작아

짐을 쉽게 예상할 수 있다. 몇몇 관측값들이 극단적인 값을 가지더라도 극단적이지 않은 값들과 평균을 내면서 그 영향이 줄어들게 되기 때문이다. 그래서 표본평균의 표준편차는 모집단의 표준편차보다 작은데, 표본크기가 커지면 점점 더 작아지며 작아지는 비율은 $1/\sqrt{n}$ 이다.

6.1.2 정규분포에서의 표본분포

모집단에 대한 통계적 추론에 사용되는 대표적 가정들 중의 하나가 모분포에 대한 정규성이다. 따라서 정규분포에서 얻어진 표본과 그의 함수들에 대한 성질을 파악하는 것은 앞으로 다루어질 통계적 추론에 있어서 매우 유용하다. 여기서는 정규분포로부터 얻은 랜덤표본의 함수로 표현되는 확률변량들의 분포에 대해 살펴보겠다. 표본이 하나인 경우와 두 개인 경우로 나누어, 엄밀한 유도보다는 결과 위주로 통계적 추론에 필요한 내용들을 서술하고자 한다.

모집단이 하나인 경우: $X_1, X_2, \cdots, X_n$을 평균이 μ이고 분산이 σ^2인 정규분포 $N(\mu, \sigma^2)$으로부터의 크기가 n인 랜덤표본이라고 할 때, 표본평균 $\overline{X}$의 표본분포의 형태를 알아보자. $\overline{X}$의 표본분포는 모평균 μ에 대한 통계적 추론에 사용된다. 모집단의 분포에 상관없이 표본이 랜덤표본이기만 하면 표본평균의 기댓값이 μ이고 분

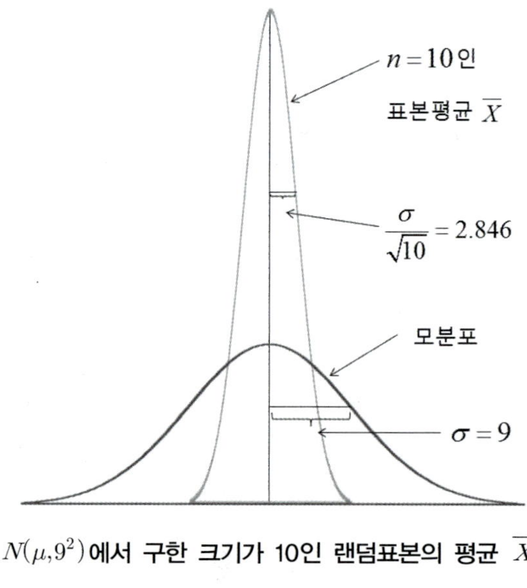

〈그림 6.2〉 $N(\mu, 9^2)$에서 구한 크기가 10인 랜덤표본의 평균 $\overline{X}$의 표본분포

산이 σ^2/n임은 이미 살펴보았다. 만약 모집단의 분포가 정규분포 $N(\mu,\sigma^2)$를 따른다면, 표본평균의 분포는 $N(\mu,\sigma^2/n)$을 따르게 됨이 정규확률변수의 수리적 성질에 의해 보여질 수 있다(〈그림 6.2〉 참조).

예제 6.1

전국의 초등학교 6학년을 대상으로 국어능력평가를 치른 결과가 기댓값이 70이고 표준편차가 15인 정규분포를 따른다고 한다. 전국의 초등학교 6학년 중에서 크기가 100인 랜덤표본을 뽑을 때 그 표본평균의 분포는 $\sigma^2/\mathrm{n} = 225/100 = 2.25$이므로 $N(70, 2.25)$가 된다. 만약 크기가 100인 어떤 표본에서 표본평균이 73으로 관측되었다면, 이 값의 표준점수가 $(73-70)/\sqrt{2.25}$이므로 표본평균의 분포에서 97.72백분위수가 된다.

한편, X_1, X_2, $\cdots$, X_n들을 표준화하여 제곱한 것들의 합의 꼴인, 확률변량 $\sum_{i=1}^{n}\left(\frac{X_i-\mu}{\sigma}\right)^2$은 자유도가 n인 **카이제곱분포**[1]를 따른다. 이와 같은 카이제곱분포는 모분산 σ^2에 대한 통계적 추론의 바탕이 되는 표본분산

$$S^2 = \sum_{i=1}^{n}(X_i - \overline{X}_n)^2/(n-1)$$

의 표본분포를 이해하는 데 중요한 역할을 하는데, 관련된 확률변량

$$(n-1)S^2/\sigma^2 = \sum_{i=1}^{n}(X_i - \overline{X}_n)^2/\sigma^2$$

은 자유도가 $n-1$인 카이제곱분포를 따른다. 카이제곱확률변수의 분포형태는 모수인 자유도 n에 의해 결정되며(〈그림 6.3〉 참조), 확률변수 X가 자유도 n인 카이제곱분포를 따른다고 할 때 $X \sim \chi^2(n)$와 같이 표기한다. 카이제곱분포의 주요 백분위수는 부록의 〈표 3〉에 주어져 있으며 $X \sim \chi^2(n)$일 때, $\chi^2_\alpha(n)$은 $P[X \geq \chi^2_\alpha(n)] = \alpha$를 만족하는 값이다.

---

1) 카이제곱확률변수의 중요한 성질 중의 하나로, 서로 독립인 카이제곱확률변수의 합은 역시 카이제곱분포를 따르며, 이때 자유도는 해당하는 자유도들의 합과 같다.

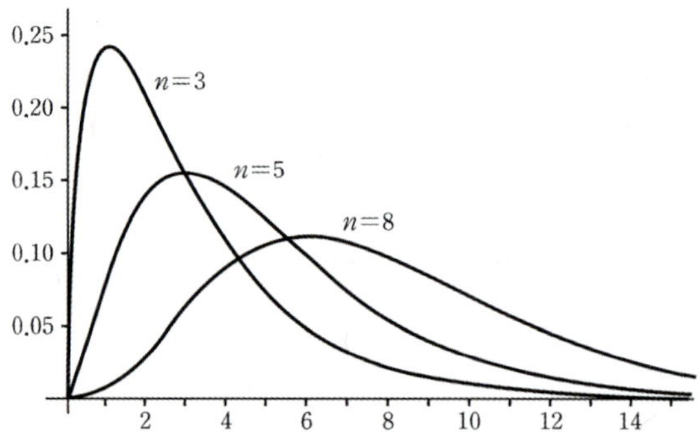

〈그림 6.3〉 자유도가 n인 카이제곱분포의 확률밀도함수

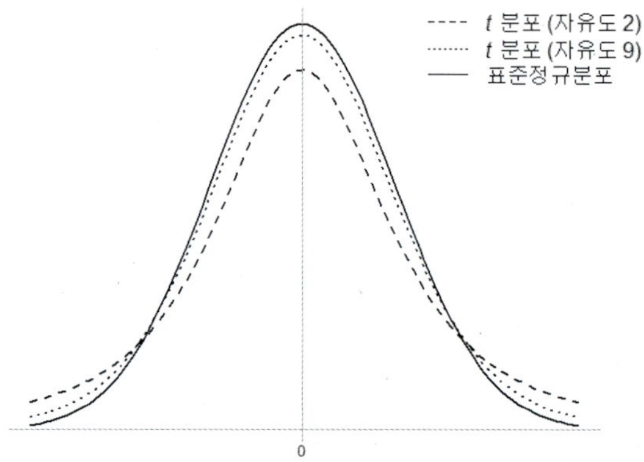

〈그림 6.4〉 t분포와 표준정규분포의 확률밀도함수

다음으로, 확률변량 $T=\dfrac{(\overline{X}_n-\mu)}{S/\sqrt{n}}$ 는 표본평균 $\overline{X}_n$을 표준화함에 있어서 미지의 표준편차 σ를 S로 대치한 결과이며 이는 모평균 μ에 대한 통계적 추론 등에서 널리 활용된다. 이러한 T는 자유도가 $(n-1)$인 ***t* 분포**(Student's t distribution)를 따른다. 이와 같은 t 확률변수의 분포형태는 0에 대하여 대칭이며 모수인 자유도에 의해 확률밀도함수의 '꼬리' 부분의 두터운 정도가 결정된다. 표본의 크기 n이 크면 S 가 σ의 가까운 추정값이 되므로, t 분포는 표준정규분포와 매우 비슷한 분포가 되리라고 짐작할 수 있다. 즉, 자유도가 커질수록 t 분포가 표준정규분포에 가까이 간다는 것이다. t 분포와 표준정규분포의 확률밀도함수를 〈그림 6.4〉에서 비교하였으며, 확률변수 T가 자유도 n인 t 분포를 따른다고 할 때 $T\sim t(n)$과 같이 표기한다. t 분포의 주요 백분위수는 부록의 〈표 2〉에 주어져 있으며 $T\sim t(n)$일 때, $t_\alpha(n)$은

$P[T \geq t_\alpha(n)] = \alpha$를 만족하는 값이다.

모집단이 두 개인 경우: 정규분포를 따르는 두 개의 모집단으로부터 독립인 두 개의 표본이 각각 주어졌을 때를 고려해 보자. 이와 같은 자료는 1장에서 다룬 처리집단(treatment group)과 대조집단(control group)의 비교를 통한 실험에서 자주 접할 수 있는 기본적인 형태이다.

정규분포 $N(\mu_X, \sigma_X^2)$을 따르는 모집단으로부터 크기가 n인 랜덤표본 X_1, X_2, $\cdots$, X_n, 그리고 정규분포 $N(\mu_Y, \sigma_Y^2)$을 따르는 모집단으로부터 크기가 m인 랜덤표본 Y_1, Y_2, $\cdots$, Y_m을 각각 얻었다고 하자. 두 모집단을 비교함에 있어서, 모평균은 위치를 나타내므로 그들의 차이인 $\mu_X - \mu_Y$에 대한, 그리고 모분산은 흐트러진 정도를 나타내므로 그들의 비인 σ_X^2/σ_Y^2에 대한 추론에 필요한 통계량의 표본분포를 살펴보기로 한다. 모평균 μ_X와 μ_Y에 해당하는 표본평균을 각각 $\overline{X}_n$와 $\overline{Y}_m$, 그리고 모분산 ${\sigma_X}^2$과 ${\sigma_Y}^2$에 해당하는 표본분산을 각각 다음과 같다고 하자.

$$S_X^2 = \sum_{i=1}^{n} (X_i - \overline{X}_n)^2/(n-1) \quad \text{및} \quad S_Y^2 = \sum_{i=1}^{m} (Y_i - \overline{Y}_m)^2/(m-1)$$

이제 두 표본이 서로 독립이라고 하면 표본평균의 차이 $\overline{X}_n - \overline{Y}_m$는 정규확률변수의 성질에 의하여 $N(\mu_X - \mu_Y, \frac{\sigma_X^2}{n} + \frac{\sigma_Y^2}{m})$를 따른다. 즉,

$$\overline{X}_n - \overline{Y}_m \sim N(\mu_X - \mu_Y, \frac{\sigma_X^2}{n} + \frac{\sigma_Y^2}{m})$$

이 성립한다. 나아가, $F = \dfrac{{S_X}^2/{\sigma_X}^2}{{S_Y}^2/{\sigma_Y}^2}$은 자유도가 $(n-1, m-1)$인 F **분포**[2])를 따른다. 즉,

$$F = \frac{{S_X}^2/{\sigma_X}^2}{{S_Y}^2/{\sigma_Y}^2} \sim F(n-1, m-1)$$

이 성립한다. 따라서 두 모분산이 같은 경우(${\sigma_X}^2 = {\sigma_Y}^2$), 표본분산비 ${S_X}^2/{S_Y}^2$는

2) $F(n,m)$ 확률변수는 자유도가 n, m인 서로 독립인 카이제곱 확률변수를 해당하는 자유도로 나눈 통계량의 비의 꼴이다. 즉, $V \sim \chi^2(n)$이고 $W \sim \chi^2(m)$이며 V와 W가 서로 독립일 때 $\frac{V/n}{W/m}$은 $F(n,m)$을 따른다.

자유도가 $(n-1, m-1)$인 F 분포를 따른다. 이러한 표본분포들은 모평균의 차이와 모분산의 비에 대한 통계적 추론에 활용된다.

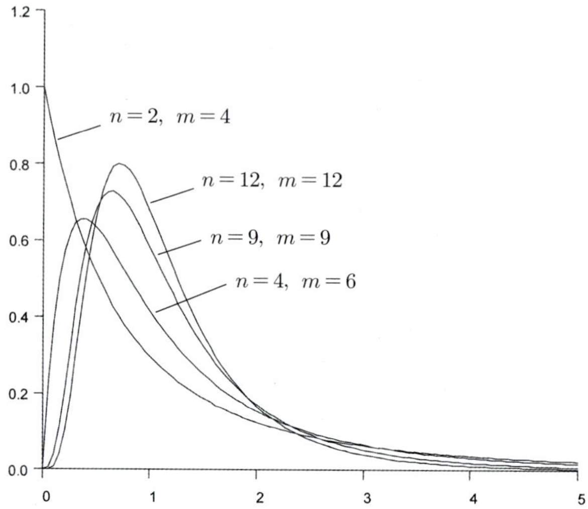

〈그림 6.5〉 $F(n,m)$ 분포의 확률밀도함수

〈그림 6.5〉는 몇 가지 자유도에 대한 F 분포의 확률밀도함수를 나타낸다. 확률변수 F가 자유도 (n,m)인 F 분포를 따른다고 할 때 $F \sim F(n,m)$과 같이 표기한다. F 분포의 주요 백분위수는 부록의 〈표 4〉에 주어져 있으며 $F \sim F(n,m)$일 때, $F_\alpha(n,m)$은 $P[F \geq F_\alpha(n,m)] = \alpha$를 만족하는 값이다.

6.2 중심극한정리

이 절에서는 확률론과 통계학 분야에서 가장 중요한 결과들 중의 하나로 여겨지는 중심극한정리(Central Limit Theorem)를 다루기로 한다. 앞의 5장에서 소개한 바와 같이, $X \sim B(n,p)$에서 n이 클 때 이를 정규분포로 근사하는 방법으로 드무아브르(A. de Moivre)가 중심극한정리를 제시하였으며 이러한 결과는 통계학의 발전에 지대한 영향을 끼쳤다.

중심극한정리

평균과 분산이 각각 μ와 $\sigma^2 < \infty$인 모분포로부터 랜덤표본 $X_1, X_2, \cdots, X_n$을 얻었다고 하자. 이때 확률변량

$$Z_n = \frac{\sum_{i=1}^{n} X_i - E\left(\sum_{i=1}^{n} X_i\right)}{\sqrt{Var\left(\sum_{i=1}^{n} X_i\right)}} = \frac{\sum_{i=1}^{n}(X_i - \mu)}{\sqrt{n}\,\sigma}$$

의 분포는 표본의 크기 n이 무한대에 접근함에 따라 표준정규분포 $N(0,1)$로 수렴한다.

X_1, X_2, $\cdots$, X_n의 합 $\sum_{i=1}^{n} X_i$를 표준화한 Z_n의 평균은 0이고 분산은 1이 된다. 그런데 중심극한정리에 의해

$$Z_n = \frac{\overline{X}_n - E(\overline{X}_n)}{\sqrt{Var(\overline{X}_n)}} = \frac{\overline{X}_n - \mu}{\sigma / \sqrt{n}} \sim N(0,1)$$

이 근사적으로 성립하므로 다음과 같은 내용을 도출할 수 있다. 평균이 μ이고 표준편차가 σ인 모집단에서 랜덤표본을 뽑을 때, 표본크기 n이 충분히 크면 표본평균의 표본분포는 근사적으로

$$\overline{X}_n \sim N(\mu, \frac{\sigma^2}{n})$$

이 된다. 〈그림 6.6〉은 모평균이 2인 분포에서 얻은 표본평균의 분포를 표본의 크기에 따라 비교한 것이다. (a) $n = 1$에서 보듯이 모분포의 형태는 오른쪽으로 긴 꼬리를 가진다. 그러나 표본의 크기가 (b) $n = 2$, (c) $n = 10$, (d) $n = 25$로 커지면서 표본평균의 분포가 정규분포와 비슷해져 가는 것을 볼 수 있다. (a), (b), (c), (d)에서 평균은 모두 2이며, 분산은 표본의 크기가 커질수록 점점 줄어든다.

이러한 중심극한정리는 모분포에 상관없이 성립하므로 그 응용범위가 매우 넓다. 물론 이와 같은 근사방법의 정확성은 표본크기와 모분포의 형태에 의존한다. 모집단의 분포가 대칭이면서 정규분포와 비슷한 모양을 가지면 표본이 크지 않아도 비교적 좋은 근사가 주어지지만 모집단이 정규분포와 많이 다를수록 더 큰 표본이 필요하다.

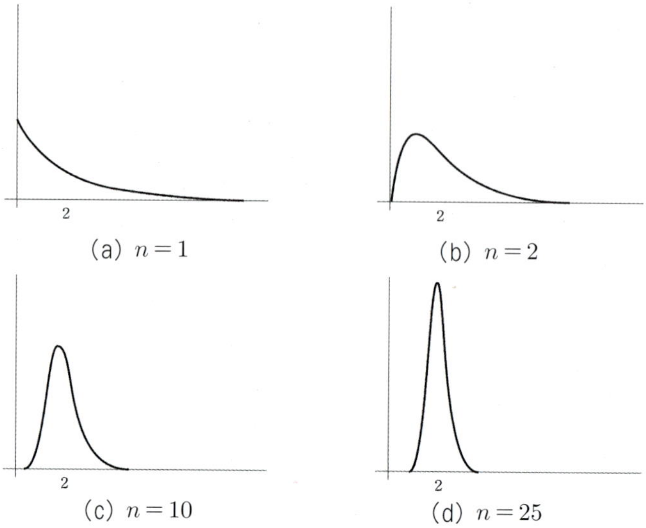

〈그림 6.6〉 모평균이 2일 때 표본의 크기에 따른 표본평균의 분포

예제 6.2

관광객을 전망대로 수송하는 어떤 엘리베이터에는 수용가능무게가 2200kg이라고 쓰여 있다. 이 엘리베이터를 타는 사람들의 몸무게의 평균이 70kg이고 표준편차가 15kg일 때, 30명이 엘리베이터를 타게 되는 경우 수용가능무게를 넘어설 확률은 얼마인가?

엘리베이터를 타는 사람들의 몸무게의 분포는 알려져 있지 않지만, 중심극한정리를 이용하여 몸무게의 합의 분포를 정규분포로 근사할 수 있다. 엘리베이터를 30명이 타게 되므로 표본크기는 30이고, 이 사람들의 몸무게가 $X_1,\cdots,X_{30}$이라고 하면

$$E(\sum_{i=1}^{30} X_i) = 70 \times 30 = 2100$$

이고

$$Var(\sum_{i=1}^{30} X_i) = 30 \times Var(X) = 30 \times 225 = 6750$$

이다. 중심극한정리에 의해

$$Z_n = \frac{\sum_{i=1}^{n} X_i - E\left(\sum_{i=1}^{n} X_i\right)}{\sqrt{Var\left(\sum_{i=1}^{n} X_i\right)}} = \frac{\sum_{i=1}^{30} X_i - 2100}{\sqrt{6750}} \sim N(0,1)$$

이므로 30명의 몸무게의 합은 평균이 2,100이고 분산이 6,750인 정규분포로 근사할 수 있다. 이를 이용하면 몸무게의 합이 수용가능무게를 넘어설 확률은 근사적으로

$$P(\sum_{i=1}^{30} X_i > 2200) \fallingdotseq P(N(0,1) > \frac{2200-2100}{\sqrt{6750}})$$
$$= P(N(0,1) > 1.217) = 0.1118$$

이 된다.

예제 6.3

어떤 과자포장 무게의 평균은 50g이고 표준편차는 5g이라고 한다. 이 과자포장 100개를 랜덤하게 뽑은 표본의 평균이 49.5g과 50.5g 사이에 있을 확률은 얼마인가?

표본의 크기가 100이므로 표본평균의 표준편차는 $\sigma/\sqrt{n} = 5/10 = 0.5$g이다. 모집단의 분포가 알려져 있지 않지만 표본의 크기가 크므로 중심극한정리를 쓸 수 있다. 중심극한정리에 의하면 크기가 100인 표본의 평균은 근사적으로 $N(50, 0.5^2)$을 따른다. 그러므로 표본의 평균이 49.5g과 50.5g 사이에 있을 확률은

$$P(49.5 < \overline{X} < 50.5) \fallingdotseq P(\frac{49.5-50}{0.5} < N(0,1) < \frac{50.5-50}{0.5})$$
$$= P(-1 < N(0,1) < 1)$$

이므로 정규분포의 68-95-99.7 규칙에 의해 약 68%이다.

6.3 이항분포의 정규근사

어느 공연에 예약한 사람이 예약을 사전에 취소하지 않고 나타나지 않을 확률이 0.1이라고 한다. 1,000명의 관객을 수용할 수 있는 공연장에 1,050건의 예약을 접수 받았다고 하자(지정 좌석제가 아님). 이때 주최 측은 예약을 하고 공연에 온 관객이 좌석을 이용할 수 없게 되는 상황이 발생하는 것을 우려하게 된다. 예약을 하고 공연에 오는 관객의 수를 X라고 하면, 예약자들이 모두 독립이라는 가정하에 이항분포를 사용하여 $X \sim B(1050, 0.9)$로 모형화할 수 있다. 이제, 주최 측이 구하고자 하는 '예약을 하고 공연에 온 관객들 중에 좌석을 이용할 수 없는 고객이 발생'할 확률은

$$P(X > 1000) = \binom{1050}{1001} 0.9^{1001}(1-0.9)^{1050-1001} + \binom{1050}{1002} 0.9^{1002}(1-0.9)^{1050-1002}$$
$$+ \cdots + \binom{1050}{1050} 0.9^{1050}(1-0.9)^{1050-1050}$$

이 된다. 이런 경우 조합의 수를 포함한 정확한 계산 과정이 매우 복잡하므로 좋은 근사방법을 구하는 것이 매우 타당한 접근방법이다.

이제 $X \sim B(n, p)$라고 하면, X는 서로 독립이며 '성공' 확률이 p인 n개의 베르누이 확률변수 $X_1, X_2, \cdots, X_n$들의 합 $\sum_{i=1}^{n} X_i$와 같은 분포를 갖는다. 그런데 $E(X_i) = p$, $Var(X_i) = pq$이므로, 중심극한정리에 의해서 $(\sum_{i=1}^{n} X_i - np)/\sqrt{npq}$는 ($n$이 클 때) 근사적으로 표준정규분포를 따른다. 그러므로 $Z \sim N(0,1)$라고 하면

$$P[a \le X \le b] = P\left[a \le \sum_{i=1}^{n} X_i \le b\right] = P\left[\frac{a-np}{\sqrt{npq}} \le \frac{\sum_{i=1}^{n} X_i - np}{\sqrt{npq}} \le \frac{b-np}{\sqrt{npq}}\right]$$
$$\fallingdotseq P\left(\frac{a-np}{\sqrt{npq}} \le Z \le \frac{b-np}{\sqrt{npq}}\right)$$

이 된다. 앞서 살펴본 예에서 예약을 하고 공연에 온 관객들 중에 좌석을 이용할 수 없는 고객이 발생'할 확률, $P(X > 1000)$은

$$P(X > 1000) \fallingdotseq P\left(Z > \frac{1000-945}{\sqrt{94.5}}\right) = P(Z > 5.6578) \fallingdotseq 0$$

이 되며 주최 측은 이 정도의 초과 예약에 대해 별로 걱정할 필요가 없을 것이다.

예제 6.4

주사위를 두 번 던지는 시행을 독립적으로 200번 반복할 때 나온 눈의 합이 9가 되는 횟수가 10번 이상 30번 이하일 확률은 근사적으로 얼마인가?

주사위를 두 번 던지는 시행에서 나온 눈의 합이 9가 되려면 (3,6), (4,5), (5,4), (6,3)의 눈이 나와야 하므로 그 확률은 $4/36 = 1/9$이다. 눈의 합이 9가 되는 횟수를 X라고 하면 $X \sim B(200, 1/9)$를 따른다. 중심극한정리를 이용하면 횟수가 10번 이상 30번 이하일 확률은

$$
\begin{aligned}
P(10 \le X \le 30) &\fallingdotseq P\left(\frac{10-200/9}{\sqrt{1600/81}} \le N(0,1) \le \frac{30-200/9}{\sqrt{1600/81}}\right) \\
&= P(-2.75 \le N(0,1) \le 1.75) = 0.9569
\end{aligned}
$$

로 계산된다. 통계 컴퓨터 패키지를 이용하여 이항분포의 정확한 확률을 계산하면 0.9634가 된다.

표본의 크기가 클 때 이항분포 $B(n,p)$는 중심극한정리에 의해 $N(np, np(1-p))$의 정규분포로 잘 근사될 수 있다. 여기서 이항분포를 근사하는 정규분포의 평균과 분산이 원래의 평균과 분산과 같다는 것을 기억하면 편리하다. 정규근사에 필요한 표본의 크기는 보통 $np \ge 15$, $n(1-p) \ge 15$으로 한다. 즉, '성공'의 횟수의 기댓값과 '실패'의 횟수의 기댓값이 공히 15보다 크거나 같아야 한다는 것이다. p가 0.5 근처에 있을 때는 이항분포의 형태가 대칭에 가까우므로 표본의 크기가 아주 크지 않아도 정규근사가 잘 되며, p가 아주 작거나 아주 큰 경우에는 치우친 형태를 띠게 되므로 표본의 크기가 많이 커야만 정규근사가 가능하다.

예제 6.5

주사위를 한 번 던지는 시행을 독립적으로 50번 반복할 때 홀수의 눈이 나오는 횟수가 30번 이상 35번 미만일 확률을 구해 보자.

홀수의 눈이 나올 확률은 $1/2$이므로 50번의 시행에서 홀수의 눈이 나오는 횟수를 X라고 하면 $X \sim B(50, 1/2)$가 된다. 구하는 확률은 X가 30 이상 35 미만일 확률이므로

$$P(30 \le X < 35) = \binom{50}{30}0.5^{50} + \binom{50}{31}0.5^{50} + \binom{50}{32}0.5^{50} + \binom{50}{33}0.5^{50} + \binom{50}{34}0.5^{50}$$
$$= 0.0980$$

이다. $np = 25$, $n(1-p) = 25$로 정규근사를 사용하는 데에 문제가 없으므로 확률을 정규근사로 구해 보면

$$P(30 \le X < 35) \fallingdotseq P(\frac{30-25}{\sqrt{12.5}} \le N(0,1) < \frac{35-25}{\sqrt{12.5}})$$
$$= P(1.4142 \le N(0,1) < 2.8284)$$

가 되고 이 확률은 0.0763이 된다.

정규근사의 정확도를 높이는 방법으로 연속성 보정(continuity correction)을 생각해 볼 수 있다. 이것은 정수의 값을 가지는 이항분포라는 이산형 분포를 정규분포라는 연속형 분포로 근사하는 것의 문제점을 보완하기 위한 방법이다. 이항확률변수 X가 정수 a와 b 사이에 있을 확률을 구할 때, 0.5를 가감해서 $a-0.5$와 $b+0.5$ 사이의 확률을 계산하여 연속성 보정을 하는 것으로 다음과 같이 계산된다.

$$P(a \le X \le b) = P(\frac{a-0.5-np}{\sqrt{np(1-p)}} \le Z \le \frac{b+0.5-np}{\sqrt{np(1-p)}})$$

예제 6.6

예제 6.5의 확률을 연속성 보정을 이용하여 구하면

$$P(30 \le X < 35) \fallingdotseq P(\frac{29.5-25}{\sqrt{12.5}} \le N(0,1) \le \frac{34.5-25}{\sqrt{12.5}})$$
$$= P(1.2728 \le N(0,1) \le 2.6870)$$

이 되고 이 확률은 0.0979이다. 이항분포를 이용한 정확한 확률인 0.0980에 매우 근접한 값을 얻는다. 연속성 보정을 한 쪽이 훨씬 더 가까운 확률값을 제공함을 확인할 수 있다.

일반적으로, $0 \le m \le n$인 정수 m과 n에 대해 $X \sim B(n, p)$이고 $Y \sim N(np,$

$np(1-p)$)인 확률변수라면

$$P(X \le m) \approx P(Y \le m+0.5)$$
$$P(X < m) \approx P(Y \le m-0.5)$$
$$P(X \ge m) \approx P(Y \ge m-0.5)$$
$$P(X > m) \approx P(Y \ge m+0.5)$$

와 같이 연속성 보정을 하면 된다.

예제 6.7

어떤 회사의 제품 100,000개 중 10,000개가 불량품이라는 것을 알고 있을 때, 크기가 10인 표본을 뽑아서 표본에 포함된 불량품의 개수를 세어본다고 하자. 100,000개 중에서 크기가 10인 표본을 비복원추출로 뽑을 때 i번째 뽑은 제품이 불량일 횟수를 X_i라고 하면($i=1, \cdots, 10$), $X_1, \cdots, X_{10}$은 각각 0 또는 1의 값을 갖는 성공확률 0.1의 베르누이 확률변수가 된다. 그런데,

$$P(X_2 = 1 | X_1 = 1) = \frac{9999}{99999} = 0.099991,$$

$$P(X_2 = 1 | X_1 = 0) = \frac{10000}{99999} = 0.100001$$

이므로 X_1과 X_2는 독립이 아니다. 사실, 비복원추출에 의한 시행에서 모집단의 상태는 앞선 시행의 결과에 영향을 받으므로 각 시행은 독립이 아니게 된다. 즉, 제품 100,000개 중에서 크기가 10인 표본을 뽑는 시행이 독립이 아니므로 표본 중 불량품의 개수, $\sum_{i=1}^{10} X_i$는 이항분포를 따르지 않게 된다[3].

그러나 $P(X_2 = 1 | X_1 = 1)$과 $P(X_2 = 1 | X_1 = 0)$의 두 조건부확률을 소수점 5째 자리에서 반올림하면 둘 다 0.1이 되고, X_{10}에 대한 조건부확률을 보더라도

$$P(X_{10} = 1 | X_1 = 1, \cdots, X_9 = 1) = \frac{9991}{99991} = 0.099919$$

3) 이때 $\sum_{i=1}^{10} X_i$는 초기하분포를 따른다. 초기하분포가 유한모집단에서 비복원추출로 뽑은 표본에 대한 모형화에 유용하다는 것은 5.2.3절에서 이미 살펴보았다.

$$P(X_{10}=1|X_1=0,\cdots,X_9=0)=\frac{10000}{99991}=0.100009$$

와 같이, X_1, $\cdots$, X_9의 결과에 따라 변하되 아주 조금만(최대 0.00009) 변하게 된다. 이처럼 매우 큰 모집단에서 작은 표본을 뽑는 경우 시행들은 근사적으로 독립이라고 볼 수 있고, 100,000개 제품 중에서 뽑은 크기 10인 표본의 불량품 개수는 근사적으로 $B(10, 0.1)$을 따른다고 할 수 있다.

이와 같이 매우 큰 모집단에서 비복원추출로 표본을 뽑을 때 각각의 개체들에게 어떤 특성이 발현되면 1, 발현되지 않으면 0으로 놓고 X를 표본에서 그 특성이 발현되는 횟수라고 하면 X는 근사적으로 이항분포를 따른다고 볼 수 있으며[4] 중심극한정리에 따른 정규근사가 가능하다.

---

4) 이와 같은 내용은 초기하분포가 이항분포로 근사될 수 있음을 설명한 바 있다. 초기하분포는 N과 r이 충분히 클 때 이항분포로 근사될 수 있음을 5.2.3절에서 설명한 바 있다.

6장 연습문제

01 확률변수 X 가 다음과 같은 확률질량함수를 갖고 있다.

x	2	4	6	8
$f(x)$	$\frac{1}{4}$	$\frac{1}{4}$	$\frac{1}{4}$	$\frac{1}{4}$

복원추출을 통하여 크기가 2인 표본을 랜덤추출할 때, 표본평균 $\overline{X}$의 분산을 구하시오.

02 어떤 학생집단의 학력고사성적이 평균이 100점이고 분산이 100인 정규분포를 따른다고 한다. 이 집단에서 단순랜덤표본추출(simple random sampling)한 100명의 평균 점수(즉, 표본평균)의 표준편차는 얼마인가? 또, 평균점수가 105점과 115점 사이에 있을 확률은 얼마인가?

03 $X \sim N(10, 25)$일 때, $P[15 < (X-10)^2 < 20]$을 구하시오.

04 모분포 $N(0, 25)$로부터 랜덤표본 $X_1, X_2, \cdots, X_{10}$을 얻었다고 할 때,

(1) $P(\overline{X}_{10} < c) = 0.90$을 만족하는 상수 c의 값을 구하시오.

(2) $P(\frac{1}{10}\sum_{i=1}^{10} X_i^2 < c) = 0.90$을 만족하는 상수 c의 값을 구하시오.

05 $X_1, X_2, \cdots, X_{10}$이 $N(\mu, 25)$으로부터 구한 랜덤표본이라고 하자. 이때 다음을 계산하시오.

$$P(5 < \sum_{i=1}^{10} (X_i - \overline{X}_{10})^2/10 < 15)$$

06 모분포 $N(0, 1)$로부터 랜덤표본 $X_1, X_2, \cdots, X_{20}$을 얻었다고 할 때,

(1) $P(X_1^2 + \cdots + X_{20}^2 < 30)$을 계산하시오.

(2) $P(20 < X_1^2 + \cdots + X_{20}^2 < 40)$을 계산하시오.

07 T가 자유도 n인 t 분포를 따른다면 T^2은 $F(1, n)$ 분포를 따름을 보이시오.

08 F가 자유도가 (n,m)인 F 분포를 따르면 $\frac{1}{F}$은 자유도가 (m,n)인 F 분포를 따름을 보이시오.

09 어떤 정책에 대한 지지율을 알아보고자 모집단에서 1,000명을 단순랜덤표본으로 추출하여 조사하였다. 표본에서 지지한 사람의 수의 분포를 정규근사하시오.

10 이항확률변수 $X \sim B(20, 1/4)$에서 $P(3 < X < 7)$의 값을 중심극한정리를 활용하여 연속성 보정을 한 경우와 하지 않은 경우를 비교하시오.

11 $X_1, X_2, \cdots, X_{50}$이 평균이 $\lambda = 2$인 포아송 분포로부터 얻은 랜덤표본이라 할 때, $P(\sum_{i=1}^{50} X_i > 120)$를 근사계산하시오.

12 평균이 5인 지수분포로부터 얻은 크기가 20인 랜덤표본의 평균을 $\overline{X}$이라고 할 때, $P(\overline{X} > 6)$를 구하시오.

13 서로 독립인 랜덤표본 $X_1,\ X_2,\ \cdots,\ X_n$과 $Y_1,\ Y_2,\ \cdots,\ Y_n$이 각각 평균이 $\mu_1,\ \mu_2$이고 분산은 σ^2으로 같은 정규분포로부터의 랜덤표본이라고 할 때, 다음의 분포를 구하시오.

$$\frac{(\overline{X}_n - \overline{Y}_n) - (\mu_1 - \mu_2)}{\sigma\sqrt{2/n}}$$

14 $X_1,\ X_2,\ \cdots,\ X_{25}$과 $Y_1,\ Y_2,\ \cdots,\ Y_{50}$이 각각 $N(0, 16)$와 $N(3, 25)$으로부터 구한 서로 독립인 랜덤표본이라고 하자.

(1) $\overline{X}_{25} - \overline{Y}_{50}$의 표본분포를 구하고 이에 따른 $P(\overline{X}_{25} - \overline{Y}_{50} > 0)$를 구하시오.

(2) $P\left(\dfrac{S_X^2}{S_Y^2} \le 1\right)$을 구하시오.

(3) $P(cS_X^2 \le S_Y^2) = 0.95$를 만족하는 상수 c를 구하시오.

15 두 개의 주사위를 100번 독립적으로 던지는 시행에서 합이 7인 눈이 나오는 횟수가 따르는 분포는 무엇인가? 이제 100번의 시행에서 합이 7인 눈이 나오는 횟수가 15번 이상 18번 이하일 확률을 근사적으로 구하시오. 연속성 보정을 한 경우와 그렇지 않은 경우를 비교하시오.

16 예제 6.7에서 크기가 30개인 표본을 뽑았을 때 표본에 포함된 불량품의 개수가 4개 이상일 확률을 근사적으로 구하시오.

Ⅲ부

통계적 추론

제 7 장 추정

7.1 점추정과 구간추정

7.2 모평균의 신뢰구간

7.3 모비율의 신뢰구간

7.4 표본크기의 결정

7.5 모평균의 차에 대한 신뢰구간

7.6 모비율의 차에 대한 신뢰구간

7.7 모분산에 대한 신뢰구간

7.8 모분산의 비에 대한 신뢰구간

논리 전개의 대표적 방법으로 연역적 방법과 귀납적 방법을 들 수 있다. 어떤 전제(또는 공리)로부터 결론을 도출하는 연역법과는 달리 귀납법은 결과가 주어졌을 때 그와 관련된 전제를 결정하는 문제와 만나게 된다. 통계적 추론은 크게 추정(estimation)과 검정(testing)으로 나누어 볼 수 있는데, 데이터와 같은 경험적 사실에 근거하여 어떤 일반적인 결론을 내리기 위한 체계적 방법으로 귀납적 논리전개를 주로 사용한다. 연구의 궁극적 관심의 대상은 모집단이고 모집단의 특성을 나타내주는 것이 모수라고 할 때, 통계적 추론의 대상은 모수가 될 것이다. 그 모수의 참값이 무엇인지 자료를 통해 합리적인 추측을 하는 것이 추정이고, 모수의 참값이 어떤 특정한 값인지 아닌지를 자료를 통해 결정하는 것이 검정이다. 관심의 대상이 되는 모수는 평균, 분산 또는 표준편차, 비율, 상관계수 등 여러 가지가 될 수 있고, 이러한 모수들을 표본에서 얻을 수 있는 적절한 통계량을 이용하여 추정하거나 검정하게 된다. 모수의 추정에 사용되는 통계량을 추정량(estimator)이라고 하고, 검정에 사용되는 통계량을 검정통계량(test statistic)이라고 한다. 7장에서는 모평균과 모비율, 그리고 모분산을 중심으로 추정에 대해 알아보도록 하겠다.

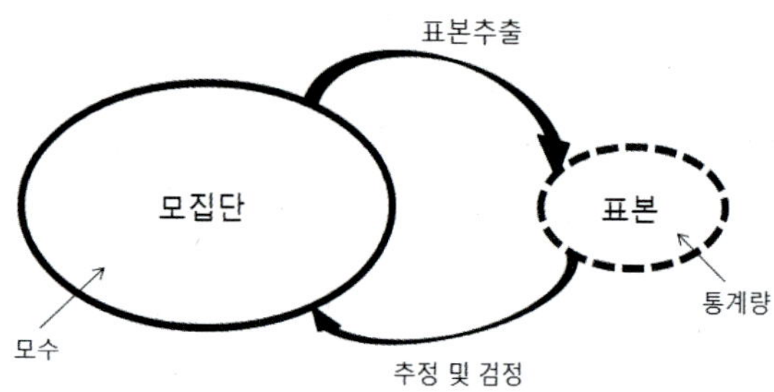

〈그림 7.1〉 모집단, 표본, 모수와 통계량

7.1 점추정과 구간추정

추정은 크게 두 가지로 나누어진다. 하나의 값으로 모수를 추정하는 점추정(point estimation)과 모수가 속하리라고 생각되는 적절한 구간을 설정하여 모수를 추정하는 구간추정(interval estimation)이 그것이다. 점추정은 자료를 통하여 우리가 할 수 있는 최선의 선택을 하나의 추정값으로 제시하는 것인데, 추정값의 정확성에 대한 정보를 제공하지 않으므로 추정의 결과로 충분치 않을 수 있다. 이에 비해 구간추정은 모수가 어떤 값을 가질 것인지에 대한 정보와 함께 신뢰도와 오차의 한계를 통하여 추정의 불확실성에 대한 정보도 제공하기 때문에 점추정을 보완한 추정방법이라고 하겠다. 그런데 많은 경우 구간추정은 점추정에 오차의 한계를 덧붙여 만들어지기 때문에, 좋은 점추정량을 사용하면 좋은 구간추정을 얻을 수 있다는 점에 유념할 필요가 있다.

7.1.1 점추정

모집단의 평균이나 분산, 비율, 상관계수 등의 모수를 추정할 때, 여러 가지 추정량을 생각할 수 있다. 예를 들어 모평균을 추정한다고 해 보자. 모평균은 표본평균으로 추정할 수도 있고 표본중위수로 추정할 수도 있으며, 표본에서 얻은 절사평균을 사용할 수도 있다. 이때 표본평균, 표본중위수, 표본절사평균 등은 모집단의 평균을 추정하기 위한 추정량(estimator)들이다. 실제로 표본을 관측하여 이들의 값을 계산하면 그 값들은 추정값(estimate)이 된다. 표본평균과 표본중위수, 표본절사평균의 값들은 표본에 의지하므로, 표본에 따라 같을 수도 있지만 일반적으로는 다 다를 것이다. 그렇다면 어떤 것을 사용하여 추정하는 것이 가장 좋을까? 이 질문은 곧 어떤 추정량이 가장 좋은 추정량인가 하는 질문이 될 것이다. 상식적으로 모수의 참값에 가장 '가까운' 것을 고르면 되겠지만, 추정량은 통계량이고 통계량은 확률변수이므로 표본이 달라지면 값이 달라지기 때문에 추정량의 분포를 고려하여 추정의 기준을 세워야 한다.

〈그림 7.2〉는 추정량의 분포를 과녁을 향해 쏜 화살의 분포에 비유한 것이다. 몇 사람의 궁수 가운데 가장 활을 잘 쏘는 사람을 골라야 할 때, 직접 활을 쏘게 하여 그 결과를 비교해볼 수 있을 것이다. 딱 한 번만 쏘아서 가장 과녁에 가깝게 활을 쏜 사람이 가장 훌륭하다고 말하기는 어렵다. 그 시행에서 뜻밖의 행운이나 불운이 있을 수 있기 때문이다. 진짜 실력을 알려면 여러 번의 시행을 통해 전반적으로 파악하는 것이 좋다. 〈그림 7.2〉를 네 명의 궁수 A, B, C, D가 쏜 화살의 분포라고 한다면, 궁수 A가 가장 훌륭하다고 판정할 수 있을 것이다. 모든 화살이 고르게 과녁 한 가운데를 맞췄기 때문이다. 궁수 A가 쏜 화살은 서로 매우 가까이 있고, 과녁 한가운데를 중심으로 분포하고 있다. 궁수 B가 쏜 화살은 서로 매우 가까이 있지만, 과녁 한가운데를 중심으로 하지 않고, 모두 오른쪽 위로 편향되어 있다. 궁수 C가 쏜 화살도 오른쪽으로 편향되어 있고, 이들은 서로 붙어있지 않고 넓게 퍼져 있다. 궁수 D가 쏜 화살은 넓게 퍼져 있지만 그래도 과녁 한가운데를 중심으로 퍼져 있다.

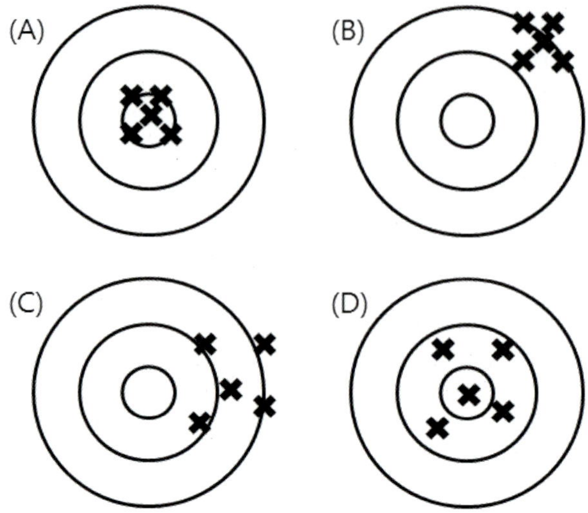

〈그림 7.2〉 추정량의 분산과 편향

궁수를 추정량에, 궁수가 쏜 화살을 추정값으로 비교하여 생각해 보자. 궁수의 실력을 화살 하나로 판정할 수 없듯이, 추정량의 좋고 나쁨을 관측값 하나로 판단하는 것은 무리이다. 표본을 많이 뽑아서 각 표본에 대한 추정값을 계산하여 그 값들의 분포를 보고, 즉 추정량의 분포를 통해 결정해야 하는 것이다. 추정량의 분포를 화살의 분포에 비교해 보면, 화살이 서로 매우 가까이 있는 것은 표본이 달라지더라도 추정값은 크게 다르지 않다는 것이고, 화살이 과녁 한가운데를 중심으로 분포하고 있다는 것은 추정값들이 모수의 참값을 중심으로 분포한다는 것이다. 첫 번째 성질은 추정량의 **분산**에 관한 것이고, 두 번째 성질은 추정량의 **편향**에 관한 것이다. 추정값들이 가까이 있으면 추정량의 분산이 작은 것이고, 넓게 퍼져 있으면 분산이 큰 것이다. 추정값들이 모수의 참값을 중심으로 분포하면, 즉 추정량의 기댓값이 모수의 참값과 같으면 추정량은 편향이 없는 것이고 그렇지 않으면 추정량은 편향이 있는 것이다. 좀 더 엄밀하게 말하자면, 추정량의 편향은 추정량의 기댓값에서 모수의 참값을 뺀 것으로 정의된다. 그림 7.2에서 보듯이, 분산도 작고 편향의 절댓값도 작은 것이 좋은 추정량이라고 할 수 있으므로 추정의 기준을 다음과 같이 평균제곱오차로 잡을 수 있다.

$$\text{평균제곱오차(mean square error)} = \text{분산(variance)} + (\text{편향(bias)})^2$$

다른 추정의 기준도 생각할 수 있지만, 평균제곱오차를 널리 사용하며 이 책에서도 추정량들을 비교할 때 평균제곱오차를 사용하기로 한다. 특별히, 편향이 0인 추정량은 비편향추정량(unbiased estimator)이라고 한다. 어떤 추정량이 비편향추정량인지는 보통 추정량의 분포를 바탕으로 수리적인 계산을 통해 확인하게 되는데, 다음의 예에서는 간단한 경우에 대해 추정량의 비편향성을 직접 확인할 수 있다.

예제 7.1

어떤 모집단이 5개의 원소, $X_1 = 1, X_2 = 2, X_3 = 3, X_4 = 4, X_5 = 5$를 갖는다고 해보자. 이때 모평균은 이 다섯 숫자를 더해서 5로 나눈 값인 3이다. 이 모집단에서 크기가 2인 표본을 복원추출(sampling with replacement)한다고 하면 가능한 표본은 (1, 1), (1, 2), (1, 3), (1, 4), (1, 5), (2, 1), (2, 2), ..., (5, 5)와 같이 25개가 되며 이들은 표본으로 뽑힐 확률이 모두 1/25로 같다. 각각의 경우 표본평균은 1, 1.5, 2, 2.5, 3, 1.5, 2, ..., 5가 되는데 이 표본평균들을 모두 더해서 가능한 표본의 개수인 25로 나누어 보면 모평균과 같은 3이 나오게 된다. 즉, 표본평균의 평균은 모평균과 같게 되어 표본평균은 모평균의 비편향추정량이 된다. 이는 6장에서 살펴본 표본평균의 분포에서, 표본평균의 기댓값이 모평균과 같다는 결과와 일치한다.

예제 7.2

위의 예제 7.1의 모집단에서 뽑은 크기 2인 복원표본에 대해 표본분산을 계산해보자. 모분산은

$$\sigma^2 = \frac{1}{5}((1-3)^2 + (2-3)^2 + (3-3)^2 + (4-3)^2 + (5-3)^2) = 2$$

인데, (1, 1), (1, 2), (1, 3), (1, 4), (1, 5), (2, 1), (2, 2), ..., (5, 5)의 뽑힐 확률이 같은 25개 표본에 대해 표본분산을 계산하면 $S^2 = 0, 0.5, 2, 4.5, 8, 0.5, 0, \cdots, 0$ 등으로 각각 계산된다. 표본분산들을 모두 더해서 가능한 표본의 개수인 25로 나누면 모분산과 같은 2가 나오게 된다. 즉, 표본분산의 평균은 모분산과 같게 되어 표본분산은 모분산의 비편향추정량이 된다.

일반적으로, 앞 예제에서 보여진 바와 같이 표본평균, 표본분산은 각각 모평균, 모분산에 대한 비편향추정량이며 가장 널리 쓰이고 있다.

7.1.2 구간추정

구간추정은 점추정과 달리 추정의 불확실성에 대한 정보도 함께 제공한다. 모평균을 표본평균으로 추정하는 경우를 예로 들어 설명해 보자. 표본평균으로 모평균을 점추정할 때, 모평균이 표본평균과 정확히 같다고 볼 수는 없다. 왜냐하면 모평균은 하나의 상수값인 반면 표본평균은 표본에 따라 많은 다른 값을 취할 수 있기 때문이다. 그렇다면 표본평균은 모평균에 얼마나 가까이 있는 것일까? 모평균이 μ이고 모분산이 σ^2인 모집단에서 뽑은 크기 n인 표본에 대하여 표본평균 $\overline{X}_n$의 기댓값(평균)은 μ이고 표준편차는 $\sigma/\sqrt{n}$라는 것을 6장에서 다루었다. 즉, 표본의 크기가 커질수록 표준편차가 작아져, 표본평균의 분포가 μ 주변으로 집중된다는 것이다. 그러므로 표본의 크기가 충분히 크면 관측된 표본평균이 모평균에 매우 가까이 있다고 생각할 수 있다. 여기서 표준편차 $\sigma/\sqrt{n}$는 추정량인 표본평균 $\overline{X}_n$의 흩어진 정도에 대한 측도로서 **표준오차**(standard error)라고도 한다.

모집단이 정규분포를 따르면, 표본평균의 분포는 $N(\mu, \sigma^2/n)$을 따르게 되고,

$$
\begin{aligned}
1-\alpha &= P\left(-z_{\alpha/2} \le \frac{\overline{X}_n-\mu}{\sigma/\sqrt{n}} \le z_{\alpha/2}\right) \\
&= P(\overline{X}_n - z_{\alpha/2}\sigma/\sqrt{n} \le \mu \le \overline{X}_n + z_{\alpha/2}\sigma/\sqrt{n})
\end{aligned}
$$

이 성립한다. 나아가, 모분포가 정규분포가 아니더라도, 표본의 크기가 충분히 커서 중심극한정리를 사용할 수 있다면 표본평균의 분포를 $N(\mu, \sigma^2/n)$으로 근사할 수 있으므로 위의 식이 근사적으로 성립한다.

예를 들어 $\alpha = 0.05$라면 $z_{\alpha/2} = 1.96$이 되고, 위의 식은 표본평균의 95% 정도가 모평균으로부터 1.96×표준편차 이상 떨어져 있지 않다는 뜻이 된다. 즉, 매우 많은 표본을 뽑아서 각각에 대해 표본평균을 계산하여 $\overline{X}_n \pm 1.96\sigma/\sqrt{n}$의 구간을 구하면, 그 가운데 95% 정도의 구간이 모평균을 포함하게 된다는 것이다. 〈그림 7.3〉은 동일한 크기의 표본을 여러 개 뽑아서 각 표본에서 계산된 표본평균 $\overline{X}_n$의 값으로 구한 $\overline{X}_n \pm 1.96\sigma/\sqrt{n}$의 구간을 표시한 것이다. 이 그림에서는 딱 하나의 구간이 모평균을 포함하지 않고, 다른 모든 구간은 모평균을 포함하고 있다. 이와 같이 $\overline{X}_n \pm 1.96\sigma/\sqrt{n}$의 구간은 표본에 따라 달라지는 랜덤한 구간(random interval)으로, 모평균을 포함할 수도 있고 포함하지 않을 수도 있다. 우리가 하나의 표본만을

뽑아서 $\overline{X}_n \pm 1.96\sigma/\sqrt{n}$ 를 구하면 이 구간의 미지의 모평균 포함여부를 알 수는 없지만, 동일한 크기의 표본을 매우 많이 뽑아 각 표본에 대해 $\overline{X}_n \pm 1.96\sigma/\sqrt{n}$ 의 구간들을 구하면 그 중에서 95% 정도가 모평균을 포함한다는 사실은 알 수 있다. 즉, 구간추정에 우리가 사용하는 방법의 성공률이 95%라고 할 수 있겠다. 이 성공률을 신뢰수준(confidence level) 또는 신뢰도라고 하고, 이 구간을 모평균에 대한 신뢰구간이라고 하며 이것이 모평균의 구간추정이 된다.

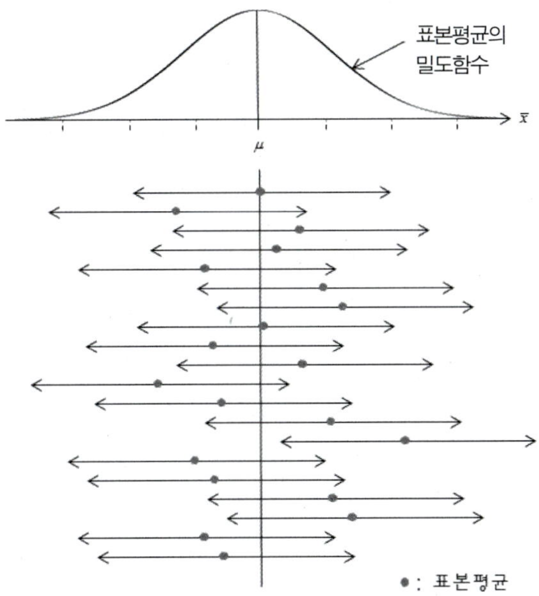

〈그림 7.3〉 모평균에 대한 신뢰구간

예제 7.3

갈색 계란 한 판(30개 들이)을 구입했더니 그 무게가 1920g이었다고 하자. 만약 이 브랜드의 갈색 계란 무게가 표준편차 5g인 정규분포를 따른다면, 자료에 근거하여 이 브랜드 갈색 계란 한 개의 평균무게에 대한 신뢰수준이 95%인 신뢰구간은

$$\frac{1920}{30} \pm 1.96 \times 5/\sqrt{30} = 64 \pm 1.7892 = (62.2108,\ 65.7892)$$

으로 구해진다.

7.2 모평균의 신뢰구간

모분산이 알려져 있는 경우, 신뢰수준이 $1-\alpha$인 모평균 μ의 신뢰구간은 7.1절에서 본 것과 같이

$$\overline{X}_n \pm z_{\alpha/2}\sigma/\sqrt{n}$$

으로 구할 수 있다. 물론 이것은 모분포에 대한 정규성 가정하에서 구한 신뢰구간이므로, 모집단이 정규분포를 따르거나 아니면 중심극한정리를 적용할 수 있는 경우에 근사적으로 사용할 수 있는 신뢰구간이다.

다음으로, 모분산이 알려져 있지 않을 때를 고려해 보자. 6장에서 다루어진 바와 같이, 평균이 μ 이고 분산이 σ^2인 정규분포에서 크기가 n인 임의표본을 뽑을 때 $\dfrac{\overline{X}_n-\mu}{\sigma/\sqrt{n}}$은 표준정규분포를 따른다. 나아가, 표본평균 $\overline{X}_n$의 표준오차 $\sigma/\sqrt{n}$를 $S/\sqrt{n}$으로 추정하여 대체한 $\dfrac{\overline{X}_n-\mu}{S/\sqrt{n}}$는 자유도가 $n-1$인 t분포를 따른다. 이러한 사실에 근거하여, 모평균 μ에 대한 신뢰수준 $1-\alpha$인 신뢰구간

$$\overline{X}_n \pm t_{\alpha/2}(n-1)S/\sqrt{n}$$

을 구할 수 있다.

예제 7.4

어떤 고등학교의 1학년 학생들을 대상으로 하루의 스마트폰 사용시간을 조사하고자 한다. 그 중 랜덤하게 추출된 10명의 학생들에 대한 자료가 다음과 같다(단위: 시간).

1.5, 3.8, 2.4, 0.5, 4.6, 1.2, 5.5, 3.5, 1, 0.5

이 고등학교 1학년 학생들의 스마트폰 이용시간이 정규분포를 따른다고 가정하고, 모평균에 대한 95% 신뢰구간을 구해 보자. 표본의 크기가 10이므로 $\dfrac{\overline{X}_{10}-\mu}{S/\sqrt{10}}$은 자유도가 9인 t 분포를 따른다. 표본평균은 $\overline{X}_{10}=2.45$, 표본표준편차는 $S=1.7958$로 계산되고, $t_{0.025}(9)=2.262$이므로 모평균에 대한 95% 신뢰구간은

$$\overline{X}_{10} \pm t_{\alpha/2}(9)S/\sqrt{10} = 2.45 \pm 2.262 \times 1.7958/\sqrt{10} = (1.1655, 3.7345)$$

이다. 즉, 이 고등학교의 1학년 학생들의 스마트폰 사용시간의 평균은 95% 신뢰수준에서 1.1655시간에서 3.7345시간 사이에 있다.

7.3 모비율의 신뢰구간

한 여론조사기관이 2017년 1월 5일 발표한 1월 2 ~ 4일 조사결과에서, 여당인 새누리당의 지지도는 13.1%였고, 표본오차는 ±2.5% 포인트, 신뢰수준은 95%였다. 이 문장은 여당의 지지율에 대한 신뢰수준이 95%인 신뢰구간이 (10.6%, 15.6%)임을 뜻한다. 이렇게 모비율에 대한 신뢰구간은 여러 가지 여론조사에서 많이 등장하는데, 이를 어떻게 구하는지 알아보자.

여당을 지지하는지 그렇지 않은지와 같은 Yes와 No, 성공과 실패, 찬성과 반대 등 두 개의 경우만을 가질 수 있는 상황을 고려할 때(편의상 '성공'과 '실패'로 나타내기로 함), 성공할 확률을 모비율 p라고 하고, 표본에서의 성공률을 표본비율 $\hat{p}$이라고 하자. 표본의 크기가 n일 때, $n\hat{p}$은 표본에서 '성공'이 관측되는 횟수이므로 성공확률이 p인 베르누이 시행을 n번 독립적으로 반복했을 때의 성공횟수로 볼 수 있고, 이는 이항분포 $B(n,p)$로 모형화할 수 있다. 즉, X_i를 성공확률이 p인 베르누이 시행을 n회 독립적으로 반복했을 때 i번째 시행에 의한 확률변수라고 하면[1] $n\hat{p} = \sum_{i=1}^{n} X_i \sim B(n,p)$이다. 표본비율 $\hat{p} = \sum_{i=1}^{n} X_i/n$으로 모비율 p를 추정하며, 이때 $\hat{p}$의 표준오차는 $\sqrt{\frac{p(1-p)}{n}}$이 된다. $n\hat{p}$이 이항분포 $B(n,p)$를 따르므로 정확한 분포를 찾는 것도 가능하지만, 계산이 복잡하고 이산형 확률변수의 한계가 있어, 정규분포를 써서 추정과 검정을 하는 것이 일반적이다. 이항분포에 대한 정규근사를 사용하면, 표본의 크기가 클 때 표본비율 $\hat{p}$은 평균이 p이고 분산이 $\frac{p(1-p)}{n}$인 정규분포를 근사적으로 따른다는 것을 알 수 있다.

---

1) 베르누이 시행이 '성공'인 경우에는 $X_i = 1$, '실패'인 경우는 $X_i = 0$이며 $P(X_i = 1) = p$, $P(X_i = 0) = 1-p$, $i = 1, \cdots, n$이다.

이 결과를 이용하여 표본비율로 모비율을 추정하거나 검정할 때, 주로 정규근사를 이용하여 통계적 추론을 한다. 물론 표본의 크기가 충분히 커야 하고, 그 기준은 $n\hat{p} \geq 15$, $n(1-\hat{p}) \geq 15$가 많이 사용된다. 근사적으로 $\hat{p} \sim N(p, \frac{p(1-p)}{n})$이므로,

$$
\begin{aligned}
1-\alpha &= P(-z_{\alpha/2} \leq \frac{\hat{p}-p}{\sqrt{\frac{p(1-p)}{n}}} \leq z_{\alpha/2}) \\
&= P(-z_{\alpha/2}\sqrt{\frac{p(1-p)}{n}} \leq p-\hat{p} \leq z_{\alpha/2}\sqrt{\frac{p(1-p)}{n}}) \\
&= P(\hat{p}-z_{\alpha/2}\sqrt{\frac{p(1-p)}{n}} \leq p \leq \hat{p}+z_{\alpha/2}\sqrt{\frac{p(1-p)}{n}})
\end{aligned}
$$

에서 구간 $\hat{p} \pm z_{\alpha/2}\sqrt{p(1-p)/n}$가 모비율을 포함할 확률이 $1-\alpha$가 된다. 하지만 구간 자체에 모수 p가 들어가므로 모수를 추정하는 데에 이 구간을 사용할 수 없다. 이에 모비율 p를 표본비율 $\hat{p}$로 추정하여 신뢰수준 $1-\alpha$인 모비율의 신뢰구간을

$$\hat{p} \pm z_{\alpha/2}\sqrt{\hat{p}(1-\hat{p})/n}$$

로 구하게 된다.

예제 7.5

어떤 제약회사에서 새로운 진통제를 개발하여, 기존의 진통제에 비해 효과가 더 우수한지 알아보고자 한다. 50명의 만성 두통질환자에게 실험한 결과, 32명의 환자가 새로운 진통제의 효과가 더 좋다고 하였다. 이 환자들이 만성 두통질환자들 중에 뽑힌 랜덤표본이라고 가정할 때, 새로운 진통제를 선호하는 환자의 모비율에 대한 99% 신뢰구간은

$$32/50 \pm z_{0.005}\sqrt{(32/50)\times(18/50)/50} = (0.4649, 0.8151)$$

로, 99% 신뢰수준으로 46.49%에서 81.51%의 만성 두통질환자들이 새로운 진통제를 선호한다고 할 수 있다.

예제 7.6

한국갤럽이 전국의 성인남녀 1,010명을 조사해서 발표한 2017년 3월의 19대 대선 후보 지지도는 A 후보가 32%, B 후보가 11%였다. 이 자료에 의한 지지도의 95% 신뢰구간은, A 후보의 경우 $0.32 \pm 1.96 \times \sqrt{0.32 \times 0.68/1010} = (0.2912, 0.3488)$로 29.12%에서 34.88%이고, B 후보의 경우 $0.11 \pm 1.96 \times \sqrt{0.11 \times 0.89/1010} = (0.0907, 0.1293)$로 9.07%에서 12.93%이다.

그런데 한국갤럽의 리포트에 따르면, 95% 신뢰수준에서 표본오차는 $\pm 3.1\%$ 포인트였다고 한다. 즉, A 후보에 대한 모집단의 지지율의 95% 신뢰구간은 $0.32 \pm 0.031 = (0.289, 0.351)$이고, B 후보에 대한 모집단의 지지율의 95% 신뢰구간은 $0.11 \pm 0.031 = (0.079, 0.141)$이라는 뜻이다. 여기서 0.031은 $2 \times \sqrt{0.5 \times 0.5/1010}$을 계산한 값으로, $z_{0.025} = 1.96$의 값을 2로 근사하고 $\sqrt{\hat{p}(1-\hat{p})/n}$을 $\sqrt{0.5 \times 0.5/n}$으로 대체한 것이다. $\hat{p}(1-\hat{p})$는 $\hat{p} = 0.5$일 때 최댓값을 가지므로 표준오차를 가장 큰 값으로 대체하여, 95% 신뢰구간을 대략적으로 구한 것을 제시하고 있다고 하겠다.

7.4 표본크기의 결정

모분산이 알려져 있을 때의 모평균의 신뢰구간 $\overline{X}_n \pm z_{\alpha/2}\sigma/\sqrt{n}$를 구할 때, $\overline{X}_n$, σ, n이 모두 고정된 상태에서 신뢰수준을 높이면, 즉 α를 줄이면, $z_{\alpha/2}$의 값이 커져서 구간이 넓어진다. 예를 들어 $\alpha = 0.10$이면 $z_{\alpha/2} = 1.645$이지만 $\alpha = 0.05$이면 $z_{\alpha/2} = 1.96$이 된다. 표본으로부터의 정보량이 고정되어 있는데, 구간추정에 대해 더 높은 신뢰수준을 원한다면 추정을 좀 더 모호하게 만들 수밖에 없기 때문이다. 그런데, 신뢰수준을 높이기 위해 너무 넓은 신뢰구간을 제공한다면 그 추정은 현실적으로 아무런 의미가 없을 수도 있다. 성인남자의 키에 대한 추정에서 평균키에 대한 신뢰구간이 150cm에서 200cm라고 말한다면 아무리 신뢰수준이 높다고 해도 전혀 도움이 되지 않을 것이다. 반대로, 신뢰구간의 길이가 매우 짧아서 추정이 정밀하다고 해도 신뢰수준이 너무 낮으면 이 또한 별 의미가 없을 것이다. 성인남자의 평균키에 대한 신뢰구간이 170cm에서 171cm라고 할 때, 신뢰수준이 50%라면 이 추정을 신뢰하기가 어려울 것이다. 이와 같이 신뢰구간을 구할 때는 적절한 신뢰구간의 길이와 적절한 신뢰수준이 필요하다.

이제, 모평균의 신뢰구간을 필요로 하는 연구에서 특정한 신뢰수준과 신뢰구간의 길이가 필요하다고 생각해 보자. 모집단의 표준편차 σ는 고정되어 있으므로, 표본의 크기를 조절하여 원하는 신뢰수준과 신뢰구간의 길이를 얻어야 한다. 원하는 신뢰수준이 $1-\alpha$이고 신뢰구간의 길이가 d라고 한다면, $d = 2 \times z_{\alpha/2}\sigma/\sqrt{n}$ 으로부터

$$n = \left(\frac{2z_{\alpha/2}\sigma}{d}\right)^2$$

을 얻을 수 있다. 표본크기를 결정하는 데에 있어서는 비용이나 다른 제약조건 또한 고려해야 하므로, 적절한 결과를 얻을 수 있는 가장 작은 표본크기를 결정하는 것이 좋다. 신뢰수준이 $1-\alpha$인 신뢰구간의 길이가 d 이하가 되길 원한다면

$$n \ge \left(\frac{2z_{\alpha/2}\sigma}{d}\right)^2$$

을 만족하는 가장 작은 표본크기를 결정하면 될 것이다.

여론조사와 같이 모비율에 대한 신뢰구간을 필요로 하는 연구에서는

$$d = 2 \times z_{\alpha/2}\sqrt{\frac{p(1-p)}{n}}$$

로부터 표본의 크기를 결정해야 하는데, p는 모르는 모수이고 표본을 얻기 전이므로 p를 $\hat{p}$로 대체할 수도 없는 문제가 있다. 만약 비슷한 연구가 미리 이루어져 있다면 그 연구에서 구한 $\hat{p}$을 사용하는 것이 가능하다. 하지만 $\hat{p}$에 대한 정보가 전혀 없다면 $p(1-p) = 1/4$로 놓고 $d = \frac{2z_{\alpha/2}}{\sqrt{4n}} = \frac{z_{\alpha/2}}{\sqrt{n}}$를 풀어서

$$n = \left(\frac{z_{\alpha/2}}{d}\right)^2$$

으로 표본의 크기를 결정할 수 있다. $p(1-p) = 1/4$로 놓는 것은 $p = 1/2$에서 $p(1-p)$가 최댓값을 가지며, 최댓값을 쓰게 되면 실제로 필요한 표본의 크기보다 더 큰 표본을 쓰게 되어 보수적인 신뢰구간을 얻게 되기 때문이다.

예제 7.7

예제 7.4에서 고등학교 1학년생들의 스마트폰 이용시간의 평균에 대한 95% 신뢰구간의 길이가 2.569시간이었다. 95% 신뢰구간의 길이를 1시간 이하로 만들기 위해서는 몇 명의 학생들을 뽑아 조사해야 하는가?

크기가 $n = \left(\frac{2z_{\alpha/2}\sigma}{d}\right)^2$ 인 표본을 뽑으면 모분산이 σ^2인 모집단의 평균에 대한 $100(1-\alpha)$% 신뢰구간의 길이가 d가 된다. 여기서 $d=1$, $\alpha=0.05$라면 95% 신뢰구간의 길이가 1시간임을 뜻한다. 그런데 모분산 σ^2의 값은 모르므로 앞서 뽑은 크기 10인 표본의 표본 분산을 대신 사용하기로 하자. 예제 9.4에서 표본 표준편차가 $S=1.7958$이었으므로 이 값을 σ 대신 사용하면, $n=(2\times1.96\times1.7958/1)^2=49.5551$이므로 신뢰구간의 길이를 1시간 이하로 하기 위한 최소의 표본크기는 50명이다.

예제 7.8

새로운 진통제를 개발한 제약회사에서 약의 효과를 보기 위해 만성 두통질환자들에게 실험을 하고자 한다. 기존의 진통제에 비해 새로 개발된 진통제를 선호하는 환자의 비율을 구하여 효과를 확인할 것이다. 이 비율에 대한 90% 신뢰구간의 길이가 0.2 이하이기를 원한다면, 몇 명의 환자에게 실험해야 하는가?

p의 값을 알지 못하므로 $p(1-p)=1/4$을 이용하면 $n \ge \left(\frac{z_{\alpha/2}}{d}\right)^2$이 되어야 한다. 90% 신뢰구간이라면 $\alpha=0.1$이고, $z_{\alpha/2}=z_{0.05}=1.645$이다. $n \ge (1.645/0.2)^2 = 67.65$이므로 적어도 68명의 환자에게 실험해야 한다.

7.5 모평균의 차에 대한 신뢰구간

지금까지는 하나의 모집단에서 하나의 표본을 뽑아서 평균이나 비율을 추정하는 문제를 다루었다. 7.5절과 7.6절에서는 두 모집단의 평균 또는 비율의 차를 추정하는 이표본 문제를 생각해 보도록 하겠다.

〈그림 7.4〉는 실험 A와 B로부터 얻어진 표본의 관측값들을 비교하고 있다. 검은 점은 표본평균을 나타낸다. 실험 A나 실험 B 모두 왼쪽 패널과 오른쪽 패널에서의 검은 점이 같은 위치에 있어서, 표본평균이 같은 것을 알 수 있다. 그런데 왼쪽 패널은 실험 B의 평균이 실험 A의 평균보다 커 보이는 반면, 오른쪽 패널은 실험 A와 B의 평균이 별로 달라 보이지 않는다. 그 이유는 오른쪽 패널에서 표본 내 산포가 크기 때문인데, 이와 같이 두 평균의 차이에 대한 추정이나 검정에 있어서 표본평균의 차이뿐만 아니라 표본 내의 산포 또한 고려해야 한다는 것을 알 수 있다. 즉, 표본 내의 산포에 비하여 표본평균의 차이가 클 때 두 모평균에 차이가 있다고 말하고자 한다.

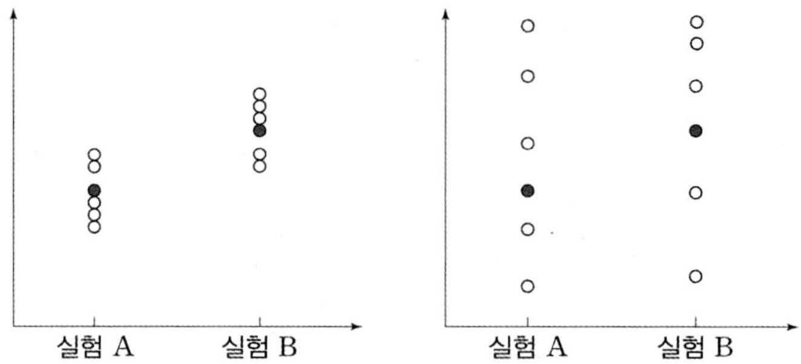

〈그림 7.4〉 두 표본에서 평균의 차이와 표본 내 산포도

정규분포 $N(\mu_X, \sigma_X^2)$을 따르는 모집단으로부터 크기가 n인 랜덤표본 X_1, X_2, $\cdots$, X_n, 그리고 정규분포 $N(\mu_Y, \sigma_Y^2)$을 따르는 모집단으로부터 크기가 m인 랜덤표본 Y_1, Y_2, $\cdots$, Y_m을 각각 얻었다고 하자. 두 모평균의 차이 $\mu_X - \mu_Y$에 해당하는 표본평균의 차이 $\overline{X}_n - \overline{Y}_m$는 $N(\mu_X - \mu_Y, \frac{\sigma_X^2}{n} + \frac{\sigma_Y^2}{m})$ 분포를 따른다. 이를 표준화하면

$$Z = \frac{\overline{X}_n - \overline{Y}_m - (\mu_X - \mu_Y)}{\sqrt{\frac{\sigma_X^2}{n} + \frac{\sigma_Y^2}{m}}} \sim N(0,1)$$

이 된다.

이를 이용하여, 두 모분산 σ_X^2과 σ_Y^2이 알려져 있는 경우에는 $\mu_X - \mu_Y$에 대한 신뢰수준 $1-\alpha$의 신뢰구간을

$$\overline{X}_n - \overline{Y}_m \pm z_{\alpha/2}\sqrt{\frac{\sigma_X^2}{n}+\frac{\sigma_Y^2}{m}}$$

와 같이 얻을 수 있다.

두 모분산 σ_X^2과 σ_Y^2이 알려져 있지 않은 경우에는 신뢰구간에 모르는 모수가 들어갈 수 없으므로 σ_X와 σ_Y를 추정해 대체해야 하는데, 보통 표본표준편차를 사용한다. 모분산을 모르더라도 두 모분산 σ_X^2과 σ_Y^2이 같다고 가정할 수 있는 경우에는 합동이표본분석(pooled two-sample procedure)을 할 수 있다. 동일한 모분산 $\sigma^2 = \sigma_X^2 = \sigma_Y^2$의 추정량으로 두 표본분산 S_X^2과 S_Y^2을 다음과 같이 가중평균하여

$$S_p^2 = \frac{(n-1)S_X^2 + (m-1)S_Y^2}{n+m-2}$$

으로 σ^2을 추정한다. 이를 합동분산추정량(pooled variance estimator)이라고 하는데, 이는 크기가 더 큰 표본이 더 많은 가중값을 가지도록 두 표본분산을 가중 평균한 추정량이다. 이를 사용한 이표본 $t-$확률변량

$$t = \frac{(\overline{X}_n - \overline{Y}_m) - (\mu_X - \mu_Y)}{S_p\sqrt{\frac{1}{n}+\frac{1}{m}}}$$

는 자유도가 $n+m-2$인 t 분포를 따르게 되며, $\mu_X - \mu_Y$의 신뢰수준 $1-\alpha$인 신뢰구간은

$$(\overline{X}_n - \overline{Y}_m) \pm t_{\alpha/2}(n+m-2) \times S_p\sqrt{\frac{1}{n}+\frac{1}{m}}$$

로 구할 수 있다.

두 모분산이 같다고 가정할 수 없는 경우에는 앞서 살펴본 $Z-$확률변량에서 모분산을 표본분산으로 바꾸어, 다음과 같은 확률변량을 만들 수 있다.

$$t = \frac{\overline{X}_n - \overline{Y}_m - (\mu_X - \mu_Y)}{\sqrt{\frac{S_X^2}{n}+\frac{S_Y^2}{m}}}$$

이 확률변량은 모집단이 정규분포를 따르는 경우에도 정확히 t 분포를 따르지는 않고, 근사적으로 t 분포를 따른다. 이때의 자유도는 계산식이 복잡하므로 간단한 계산을 위해 $n-1$과 $m-1$ 중에 작은 것을 자유도로 사용할 수도 있으나 이것은 신뢰구간을 필요 이상으로 넓게 만들 수 있다. 이제, 복잡하지만 더 정확한 자유도 df[2]를 사용한 $(\mu_X - \mu_Y)$에 대한 신뢰수준 $1-\alpha$의 신뢰구간은

$$\overline{X}_n - \overline{Y}_m \pm t_{\alpha/2}(df)\sqrt{\frac{S_X^2}{n} + \frac{S_Y^2}{m}}$$

이 된다. 이 구간추정은 정규분포에 바탕을 두고 있으므로, 모집단의 분포가 정규분포가 아닌 경우에는 표본의 크기가 커야 하는데, 두 표본의 크기의 합이 약 40을 넘으면 정규성 가정에 큰 무리가 없고, 특별히 두 표본의 크기가 같을 때는 모집단의 분포에 많은 영향을 받지 않는다.

예제 7.9

A 브랜드 차량과 B 브랜드 차량의 고속도로 연비를 비교하기 위해 출고 직전의 차량 20대씩을 랜덤하게 뽑아 고속도로 연비를 측정하였다. A 브랜드 차량 20대의 연비는 평균이 리터당 20km, 표준편차가 3km였고, B 브랜드 차량 20대의 연비는 평균이 리터당 15km, 표준편차가 2.5km였다. 두 브랜드의 평균연비 차이에 대한 신뢰수준이 90%인 신뢰구간을 다음과 같이 구할 수 있다.

모집단의 분포에 대한 가정이 없지만, 표본의 크기의 합이 40이므로 정규성을 가정하여 신뢰구간을 구할 수 있다. 두 모분산이 같다는 가정이 없으므로 모분산이 같지 않을 때의 신뢰구간을 구해 보자.

$df = \left(\frac{3^2}{20} + \frac{2.5^2}{20}\right)^2 \Big/ \left(\frac{1}{19}\left(\frac{3^2}{20}\right)^2 + \frac{1}{19}\left(\frac{2.5^2}{20}\right)^2\right) = 36.8032$ 이므로 자유도 36, $t_{0.05}(36) = 1.6883$을 이용하여

$$\begin{aligned}\overline{X}_n - \overline{Y}_m \pm t_{\alpha/2}(df)\sqrt{\frac{S_X^2}{n} + \frac{S_Y^2}{m}} &= 20 - 15 \pm t_{0.05,36}\sqrt{3^2/20 + 2.5^2/20} \\ &= (3.5258, 6.4742)\end{aligned}$$

---

2) $df = \left(\frac{S_X^2}{n} + \frac{S_Y^2}{m}\right)^2 \Big/ \left(\frac{1}{n-1}\left(\frac{S_X^2}{n}\right)^2 + \frac{1}{m-1}\left(\frac{S_Y^2}{m}\right)^2\right)$

로 구할 수 있다. 여기서 공식으로부터 계산한 df의 값이 36.8032일 때 자유도를 36으로 사용하는 이유는 보다 보수적으로 신뢰구간을 얻기 위함이다. 자유도를 $n-1$과 $m-1$중에 작은 값, 즉 19를 이용하면 신뢰수준이 90%인 신뢰구간은

$$20-15 \pm t_{0.05}(19)\sqrt{3^2/20+2.5^2/20}=(3.4901, 6.5099)$$

이며 앞서 계산된 신뢰구간보다 길이가 길다는 것을 확인할 수 있다.

만약 두 모분산이 동일하다는 가정을 할 수 있다면

$$S_p^2=\frac{(n-1)S_X^2+(m-1)S_Y^2}{n+m-2}=\frac{19\times 9+19\times 6.25}{38}=7.625$$

와 $t_{0.05,38}=1.6860$을 이용하여, 신뢰수준이 90%인 신뢰구간을

$$20-15 \pm 1.6860\times\sqrt{7.625}\times\sqrt{1/20+1/20}=(3.5278, 6.4722)$$

로 구할 수 있다.

두 모평균의 차이에 대한 추론에서 두 표본을 독립적으로 구하지 않고 동질적인 실험단위들을 짝지어 비교하는 것이 더 효율적인 경우가 있다. 예를 들어 어떤 다이어트 프로그램의 효과를 알아보기 위해 이 프로그램을 신청한 사람들의 체중을 프로그램 시작 전에 측정하고 또 끝난 후에 측정하면 한 사람에게 측정된 두 개의 관측값이 짝지어진다. 같은 사람에게 두 개의 관측값을 얻는 경우 외에도, 쌍둥이로부터 어떤 유전적 요인이 갖는 영향을 연구한다든지 나이나 성별, 교육수준 등이 매우 비슷한 사람들을 짝으로 하여 관심 있는 요인 외의 다른 요인들에 대한 영향을 없애고자 할 때 이와 같은 대응짝 표본(matched-pair sample)을 사용하게 된다.

n개의 대응짝 $(X_{11}, X_{21}), (X_{12}, X_{22}), \cdots, (X_{1n}, X_{2n})$ 중에서 i번째 짝에 해당하는 두 관측값 X_{1i}와 X_{2i}의 차이를 $Y_i = X_{1i}-X_{2i}$라고 하자($i=1, \cdots, n$). 이제, X_{1i}와 X_{2i}의 모평균을 각각 μ_1과 μ_2라고 할 때, 두 모평균의 차이 $\mu_Y=\mu_1-\mu_2$의 추정에는 두 표본평균의 차이인 $\overline{Y}=\overline{X}_1-\overline{X}_2$가 사용된다(단, $\overline{X}_j=\frac{1}{n}\sum_{i=1}^{n}X_{ji}$, $j=1, 2$). 일반적으로 Y_i의 모분산 σ_Y^2은 두 표본이 독립일 때와는 달리 X_{1i}와 X_{2i} 사이의 연관 정도에 의존하며, 이에 대한 추정은 표본이 하나인 경우와 마찬가지로 Y_i들의 표

본분산인 S_Y^2 으로 추정한다. 이러한 결과들을 이용하여 모평균의 차이에 대한 신뢰 수준 $1-\alpha$ 인 신뢰구간은 표본평균 $\overline{Y}$와 표본표준편차 S_Y를 사용하여

$$\overline{Y} \pm t_{\alpha/2}(n-1)\frac{S_Y}{\sqrt{n}}$$

가 된다.

예제 7.10

옥수수(Zea mays) 재배에서 교차수정과 자가수정의 성장 차이를 알아보기 위해, 거의 동일한 조건하에서 15개의 옥수수 씨를 짝지어서 교차수정 그리고 자가수정시킨 자료이다. 옥수수 키를 측정하는 데에 사용한 단위는 인치(inch)이다. 교차수정이 자가수정보다 성장이 우월한지가 주된 관심사이며, 이 연구의 분석에 대해 다윈(C.R. Darwin)이 갈톤(F. Galton)에게 조언을 구했다는 일화가 있다.

짝	교차수정 X_1	자가수정 X_2	교차-자가 $X_1 - X_2$
1	23.5	17.4	6.1
2	12	20.4	−8.4
3	21	20	1
4	22	20	2
5	19.1	18.4	0.7
6	21.5	18.6	2.9
7	22.1	18.6	3.5
8	20.4	15.3	5.1
9	18.3	16.5	1.8
10	21.6	18	3.6
11	23.3	16.3	7
12	21	18	3
13	22.1	12.8	9.3
14	23	15.5	7.5
15	12	18	−6
평균	20.193	17.586	2.607
표준편차	3.616	2.038	4.713

두 모평균의 차이, 즉 '교차수정 - 자가수정'에 대한 신뢰수준이 95%인 신뢰구간은 자유도 14인 t 분포의 해당하는 분위수 $t_{0.025}(14) = 2.145$를 사용하여 다음과 같이 구해진다.

$$\overline{Y} \pm t_{\alpha/2}(n-1)\frac{s_Y}{\sqrt{n}} = 2.607 \pm 2.145\frac{4.713}{\sqrt{15}} = (-0.003, 5.217)$$

7.6 모비율의 차에 대한 신뢰구간

첫 번째 모집단의 모비율이 p_X, 두 번째 모집단의 모비율이 p_Y일 때, 두 모비율의 차이 $p_X - p_Y$를 추정하고자 한다. 두 모집단에서 서로 독립인 두 표본을 얻는데, 첫 번째 표본의 크기는 n, 표본비율은 $\hat{p}_X$, 그리고 두 번째 표본의 크기는 m, 표본비율은 $\hat{p}_Y$라고 하면, 두 모비율의 차이 $p_X - p_Y$는 표본비율의 차이 $\hat{p}_X - \hat{p}_Y$으로 추정할 수 있다, 이제, 표본의 크기 n과 m이 충분히 크다면 중심극한정리를 사용하여

$$\hat{p}_X \sim N\left(p_X, \frac{p_X(1-p_X)}{n}\right), \quad \hat{p}_Y \sim N\left(p_Y, \frac{p_Y(1-p_Y)}{m}\right)$$

와 같이 정규근사할 수 있으며, $\hat{p}_X$과 $\hat{p}_Y$이 독립이므로

$$\hat{p}_X - \hat{p}_Y \sim N\left(p_X - p_Y, \frac{p_X(1-p_X)}{n} + \frac{p_Y(1-p_Y)}{m}\right)$$

가 근사적으로 성립한다. 따라서 두 모비율의 차이 $p_X - p_Y$에 대한 신뢰수준 $1-\alpha$인 근사신뢰구간은

$$\hat{p}_X - \hat{p}_Y \pm z_{\alpha/2}\sqrt{\frac{\hat{p}_X(1-\hat{p}_X)}{n} + \frac{\hat{p}_Y(1-\hat{p}_Y)}{m}}$$

이다. 일반적으로 모비율의 차에 대한 정규근사에 있어서는, 일표본의 경우보다 작은 표본크기가 요구된다. 각 표본에서의 성공의 개수와 실패의 개수, 즉 $n\hat{p}_X$, $n(1-\hat{p}_X)$, $m\hat{p}_Y$, $m(1-\hat{p}_Y)$이 10 이상이라면 정규근사에 큰 무리가 없다.

예제 7.11

A시에서 공대를 지망하는 고등학교 3학년 학생들의 비율이 성별로 얼마나 차이가 나는지 비교하기 위해 남학생과 여학생 100명씩을 랜덤하게 뽑아 지망계열을 조사하였다. 두 표본에서 공대를 지망하는 남학생이 25명, 여학생이 11명이었다면 공대에 가기를 지망하는 A시 고등학교 3학년 남학생의 비율과 여학생의 비율의 차의 신뢰수준이 95%인 신뢰구간을 다음과 같이 구할 수 있다.

$n = m = 100$이고 $\hat{p}_X = 25/100 = 0.25$, $\hat{p}_Y = 11/100 = 0.11$이다. $n\hat{p}_X$, $n(1-\hat{p}_X)$, $m\hat{p}_Y$, $m(1-\hat{p}_Y)$의 값이 적절히 크므로 정규근사를 이용하면,

$$0.25 - 0.11 \pm 1.96\sqrt{\frac{0.25 \times 0.75}{100} + \frac{0.11 \times 0.89}{100}} = (0.0353,\ 0.2447)$$

이 된다. 즉, 공대에 가기를 지망하는 A시 고등학교 3학년 남학생의 비율과 여학생의 비율의 차는 95% 신뢰수준에서 3.53%에서 24.47%로 남학생의 비율이 더 크다.

7.7 모분산에 대한 신뢰구간

어떤 분포의 특징을 파악하는 데 있어서는 중심을 나타내는 평균 외에도 흐트러진 정도의 측도인 분산 또한 큰 의미를 가진다. 예를 들어 제조업 현장에서 생산되는 제품의 품질이 중량에 의해 좌우된다고 할 때, 중량의 모평균 외에도 분포의 흐트러진 정도를 측정하는 모분산이 품질관리에 중요한 의미를 갖는다. 이제, 정규분포 $N(\mu, \sigma^2)$을 따르는 모집단으로부터 랜덤표본 $X_1, X_2, \cdots, X_n$을 구했다고 할 때, 모분산 σ^2에 대한 신뢰구간을 구해 보기로 한다. 모평균 μ가 알려진 경우에는 $\sum_{i=1}^{n}(X_i - \mu)^2/\sigma^2$이 자유도가 n인 카이제곱분포를 따르는 점에 근거하여

$$P\left[\chi^2_{1-\alpha/2}(n) \le \frac{\sum_{i=1}^{n}(X_i-\mu)^2}{\sigma^2} \le \chi^2_{\alpha/2}(n)\right]$$

$$= P\left[\frac{\sum_{i=1}^{n}(X_i-\mu)^2}{\chi^2_{\alpha/2}(n)} \le \sigma^2 \le \frac{\sum_{i=1}^{n}(X_i-\mu)^2}{\chi^2_{1-\alpha/2}(n)}\right] = 1-\alpha$$

이므로, 모분산 σ^2에 대한 신뢰수준이 $100(1-\alpha)\%$인 신뢰구간을 다음과 같이 구할 수 있다.

$$\left[\frac{\sum_{i=1}^{n}(X_i-\mu)^2}{\chi^2_{\alpha/2}(n)},\ \frac{\sum_{i=1}^{n}(X_i-\mu)^2}{\chi^2_{1-\alpha/2}(n)}\right]$$

카이제곱분포는 대칭이 아니므로 신뢰수준이 $100(1-\alpha)\%$인 신뢰구간을 구할 때 양쪽 꼬리에 확률을 어떻게 나눌 것인지에 대해 생각해 볼 필요가 있으나, 여기서는 양쪽 꼬리에 확률을 동일하게 나누는 방식으로 신뢰구간을 구하기로 한다.

한편, 모평균 μ가 알려지지 않은 경우에는 μ를 표본평균 $\overline{X}_n$로 추정한 통계량 $\sum_{i=1}^{n}(X_i-\overline{X}_n)^2/\sigma^2$이 자유도가 $n-1$인 카이제곱분포를 따르는 점에 근거하여(6.1.2절 참조),

$$\begin{aligned}
&P\left[\chi^2_{1-\alpha/2}(n-1)\le\frac{\sum_{i=1}^{n}(X_i-\overline{X}_n)^2}{\sigma^2}\le\chi^2_{\alpha/2}(n-1)\right]\\
&=P\left[\frac{\sum_{i=1}^{n}(X_i-\overline{X}_n)^2}{\chi^2_{\alpha/2}(n-1)}\le\sigma^2\le\frac{\sum_{i=1}^{n}(X_i-\overline{X}_n)^2}{\chi^2_{1-\alpha/2}(n-1)}\right]\\
&=1-\alpha
\end{aligned}$$

이므로, 모분산 σ^2에 대한 신뢰수준이 $100(1-\alpha)\%$인 신뢰구간을 다음과 같이 구할 수 있다.

$$\left[\frac{\sum_{i=1}^{n}(X_i-\overline{X}_n)^2}{\chi^2_{\alpha/2}(n-1)},\ \frac{\sum_{i=1}^{n}(X_i-\overline{X}_n)^2}{\chi^2_{1-\alpha/2}(n-1)}\right]$$

예제 7.12

어떤 회사에서 생산하는 제품의 품질을 관리하기 위하여, 생산되는 제품 무게의 흐트러진 정도의 측도인 모분산을 어느 수준 이하로 낮추고자 한다. 제품의 중량은 정규분포 $N(\mu,\sigma^2)$를 따른다고 가정한다. 랜덤표본 $X_1, X_2, \cdots, X_{20}$에 근거하여 표본분산 $S^2=10$을 구했다고 하자. 이에 따른 모분산 σ^2에 대한 신뢰수준이 95%인 신뢰구간은

$$\left[\frac{\sum_{i=1}^{20}(X_i-\overline{X_n})^2}{\chi^2_{\alpha/2}(19)},\ \frac{\sum_{i=1}^{20}(X_i-\overline{X_n})^2}{\chi^2_{1-\alpha/2}(19)}\right]=\left[\frac{19S^2}{\chi^2_{0.025}(19)},\ \frac{19S^2}{\chi^2_{0.975}(19)}\right]$$

$$=\left[\frac{19\times10}{32.8523},\ \frac{19\times10}{8.9066}\right]=[5.7835,\ 21.3325]$$

와 같이 구할 수 있다.

7.8 모분산의 비에 대한 신뢰구간

2장에서 소개한 내용을 예로 들어보자. 두 집단 A와 B의 평균연령이 모두 30세로 같더라도 집단 A에는 어린아이들과 노년층이 많은 반면, 집단 B는 아이가 없는 젊은 부부로 구성되어 있다면 연령의 흐트러진 정도는 집단 A가 훨씬 높을 것이며 두 집단의 나이는 전혀 다른 분포를 보여 줄 것이다. 따라서 두 모분포의 비교를 위해 모분산의 비에 대한 통계적 추론도 필요하다.

이제, 두 모집단의 흐트러진 정도를 비교하기 위하여 모분산의 비(ratio) σ_X^2/σ_Y^2에 대한 신뢰구간을 고려한다.[3] 정규분포 $N(\mu_X,\sigma_X^2)$을 따르는 모집단으로부터 크기가 n인 랜덤표본 $X_1,\ X_2,\ \cdots,X_n$을, 그리고 정규분포 $N(\mu_Y,\sigma_Y^2)$를 따르는 모집단으로부터 크기가 m인 랜덤표본 $Y_1,\ Y_2,\ \cdots,\ Y_m$을 각각 얻었다고 하자. 모평균을 아는 경우와 그렇지 않은 경우를 따로 다루어 본다.

모평균 μ_X와 μ_Y를 아는 경우에는 서로 독립인 확률변량

$$\sum_{i=1}^{n}(X_i-\mu_X)^2/\sigma_X^2 \quad \text{및} \quad \sum_{i=1}^{m}(Y_i-\mu_Y)^2/\sigma_Y^2$$

이 각각 자유도가 n과 m인 카이제곱분포를 따르는 점에 근거하여(6.1.2절 참조), 다음과 같이 구할 수 있다. 즉,

3) 분산은 흐트러진 정도에 대한 측도인 척도모수(scale parameter)이므로 두 모분산의 비교에는 비(ratio)를 사용한다. 이는 위치를 표현하는 평균의 경우 두 모평균의 비교에 그 차(difference)가 사용되는 것과 대별된다.

$$\frac{\sum_{i=1}^{n}(X_i-\mu_X)^2/(n\sigma_X^2)}{\sum_{i=1}^{m}(Y_i-\mu_Y)^2/(m\sigma_Y^2)} \sim F(n,m)$$

에 의하여, F 분포도 카이제곱분포와 같이 대칭이 아니지만, 양쪽 꼬리부분에서 $\alpha/2$씩의 확률을 고려하여

$$P\left[F_{1-\alpha/2}(n,m) \le \frac{\sum_{i=1}^{n}(X_i-\mu_X)^2/(n\sigma_X^2)}{\sum_{i=1}^{m}(Y_i-\mu_Y)^2/(m\sigma_Y^2)} \le F_{\alpha/2}(n,m)\right]=1-\alpha$$

가 만족된다. 따라서 모분산의 비 σ_X^2/σ_Y^2에 대한 $100(1-\alpha)\%$ 신뢰구간은

$$\left[\left(\frac{\sum_{i=1}^{n}(X_i-\mu_X)^2/n}{\sum_{i=1}^{m}(Y_i-\mu_Y)^2/m}\right)F_{1-\alpha/2}(m,n),\ \left(\frac{\sum_{i=1}^{n}(X_i-\mu_X)^2/n}{\sum_{i=1}^{m}(Y_i-\mu_Y)^2/m}\right)F_{\alpha/2}(m,n)\right]$$

이 된다. 여기서, $F_\alpha(n,m)=\dfrac{1}{F_{1-\alpha}(m,n)}$의 F 분포의 성질을 이용하였다(6.1.2절 참조).

모평균 μ_X와 μ_Y를 모르는 경우에는 모평균 μ_X와 μ_Y를 각각 표본평균 $\overline{X}_n$과 $\overline{Y}_m$으로 추정한 확률변량

$$\sum_{i=1}^{n}(X_i-\overline{X}_n)^2/\sigma_X^2 \quad \text{및} \quad \sum_{i=1}^{m}(Y_i-\overline{Y}_m)^2/\sigma_Y^2$$

이 각각 자유도 $(n-1)$과 $(m-1)$인 카이제곱분포를 따르며 서로 독립이라는 점에 근거하여 다음과 같이 구할 수 있다. 즉,

$$\frac{S_X^2/\sigma_X^2}{S_Y^2/\sigma_Y^2} \sim F(n-1,m-1)$$

에 의하여(단, $S_X^2=\sum_{i=1}^{n}(X_i-\overline{X}_n)^2/(n-1)$, $S_Y^2=\sum_{i=1}^{m}(Y_i-\overline{Y}_m)^2/(m-1)$),

$$P\left[F_{1-\alpha/2}(n-1,m-1) \le \frac{S_X^2/\sigma_X^2}{S_Y^2/\sigma_Y^2} \le F_{\alpha/2}(n-1,m-1)\right]=1-\alpha$$

이므로, 모분산의 비 σ_X^2/σ_Y^2에 대한 신뢰수준이 $100(1-\alpha)\%$ 인 신뢰구간은

$$\left[\left(\frac{S_X^2}{S_Y^2}\right)F_{1-\alpha/2}(m-1, n-1),\ \left(\frac{S_X^2}{S_Y^2}\right)F_{\alpha/2}(m-1, n-1)\right]$$

이 된다. 모평균을 알 때의 신뢰구간에서와 같이, $F_\alpha(n,m) = \dfrac{1}{F_{1-\alpha}(m,n)}$ 의 성질을 이용하였다.

예제 7.13

어떤 화학반응에 대한 실험을 섭씨 0도와 섭씨 10도에서 10회 반복 시행한 결과, 나온 실험결과물의 무게가 다음과 같다고 하자. ($X=$ 섭씨 0도에서의 무게, $Y=$섭씨 10도에서의 무게)

X	44	48	39	51	38	42	39	48	47	58
Y	49	47	64	43	54	50	51	52	68	50

섭씨 0도일 때보다 섭씨 10도일 때 실험결과물의 무게 분포가 더 흐트러져 있는지에 대한 통계적 추론을 위해서 모분산의 비에 대한 신뢰구간을 구하면 다음과 같다. (단, 두 모분포에 대한 정규성은 가정하되 모평균은 알려지지 않았다고 가정하자.) 표본분산은 각각 $S_X^2 = 39.6$, $S_Y^2 = 57.96$으로 계산되며, 이에 따른 모분산의 비(ratio) σ_X^2/σ_Y^2에 대한 신뢰수준이 95%인 신뢰구간은

$$\left[\left(\frac{S_X^2}{S_Y^2}\right)F_{1-\alpha/2}(m-1,\ n-1),\ \left(\frac{S_X^2}{S_Y^2}\right)F_{\alpha/2}(m-1,\ n-1)\right]$$

$$=\left[\left(\frac{S_X^2}{S_Y^2}\right)F_{0.975}(10-1,\ 10-1),\ \left(\frac{S_X^2}{S_Y^2}\right)F_{0.025}(10-1,\ 10-1)\right]$$

$$=\left[\frac{39.6}{57.96}\times 0.2483\ ,\ \frac{39.6}{57.96}\times 4.0260\right] = [0.1696, 2.7507]$$

으로 구해진다.

7장 연습문제

01 성공확률이 p인 베르누이 시행을 n회 독립적으로 반복했을 때, X_i를 i번째 베르누이 시행에 의한 확률변수라고 하면 표본비율 $\hat{p} = \sum_{i=1}^{n} X_i/n$는 모비율 p의 비편향추정량임을 보이시오.

02 모분포 $N(\mu, 3^2)$으로부터 얻은 단순임의표본 $X_1, X_2, \cdots, X_9$에 근거하여 모평균 μ를 추정하는 세 가지 방법으로

$$\hat{\mu}_1 = \frac{X_1 + X_9}{9},\ \hat{\mu}_2 = \frac{X_1 + 2X_4 + X_9}{4},\ \hat{\mu}_3 = \overline{X}_9 = \frac{\sum_{i=1}^{9} X_i}{9}$$

가 제안되었다고 하자. 다음의 물음에 정확한 계산과정을 기술하고 그에 근거하여 답하시오.

(1) 세 가지 추정방법 중에서 편향(bias)이 없는 추정방법은 어떤 것인가?
(1개 이상일 수도 있음)

(2) 세 가지 추정방법 중에서 분산이 가장 작은 추정방법은 어떤 것인가?

(3) $\mu = 2$일 때, 평균제곱오차가 가장 작은 추정방법은 어떤 것인가?

03 단순랜덤표본 $X_1, \cdots, X_n$과 독립인 또 다른 단순랜덤표본 $Y_1, \cdots, Y_m$의 모분포가 각각 정규분포 $N(\mu_X, \sigma^2)$와 $N(\mu_Y, \sigma^2)$을 각각 따른다고 하자.

(1) 공통된 모분산 σ^2의 추정을 다음 식을 사용하여 설명하시오.

$$S_X^2 = \sum(X_i - \overline{X}_n)^2/(n-1),\quad S_Y^2 = \sum(Y_i - \overline{Y}_m)^2/(m-1)$$

(2) 모평균이 같다고 가정할 경우, 즉 $\mu_X = \mu_Y (= \mu)$, 공통된 모평균 μ의 추정량을 구하시오.

04 어떤 세무서에서는 개인 소득세에 관한 부실신고율을 추정하기 위하여 10,000개의 소득신고서를 소득에 의해 세 집단으로 나누어 아래와 같이 층화랜덤표본에 의한 결과를 얻었다. 이를 이용하여 모집단의 부실신고율을 추정하시오.

층	층의 크기	표본크기	표본내 부실신고건수
5000만 원 이하	8000	30	2
5000만 원~1억	1500	20	2
1억 이상	500	10	3

05 어느 TV 방송국의 프로그램 시청률을 알고자 전국에서 2,500가구를 표본으로 조사한 결과 그 중에서 500가구가 시청하는 것으로 나타났다. 이때 전국의 시청률에 대한 95% 근사신뢰구간을 구하시오.

06 유권자들의 모집단에서 1,000명을 단순랜덤표본으로 추출하여 조사하였더니, 어떤 정책을 600명이 지지하는 것으로 나타났다. 이 경우 표본비율의 표준오차는 약 0.015로 계산된다. 이제, 표준오차를 0.005로 줄이기 위해서는 표본의 크기를 얼마로 선택해야 하는가?

07 어느 기관에서 특정 정책에 대한 지지율을 조사하기 위해 100명을 무작위로 추출하여, 이 표본에서 추정된 표본비율로 모집단의 지지율을 추정하기로 하였다. 이제, 표본의 크기를 1,600명으로 늘리면 표본비율의 표준오차는 100명에 근거한 결과에 비해 얼마나 줄어드는가?

08 어떤 집단에서 100명을 무작위로 추출한 결과, 키의 표본평균은 170cm이고 표준편차가 10cm로 나타났다. 이 집단의 키가 정규분포를 따른다고 할 때,

(1) 키의 모평균에 대한 90% 신뢰구간을 구하시오.

(2) 키의 모평균에 대한 95% 신뢰구간을 구하시오.

09 $N(\mu, \sigma^2)$ 분포를 따르는 정규확률변수의 평균 μ에 대한 신뢰구간의 폭이 $\frac{\sigma}{5}$보다 작기 위한 표본의 크기를 구하시오. 단, 신뢰수준은 95%이다.

10 포아송 분포를 따르는 모집단으로부터 구한 크기가 20인 랜덤표본의 합이 $\sum_{i=1}^{20} X_i = 200$으로 주어졌을 때, 정규근사를 활용하여 모수 λ에 대한 신뢰수준 95%의 신뢰구간을 구하시오.

11 어떤 정책에 대한 두 지역(지역 A와 지역 B)의 지지율을 비교하기 위하여 각각 1,000명을 랜덤추출하여 조사한 결과 지역 A에서는 450명이 그리고 지역 B에서는 500명이 지지하였다. 두 지역의 지지율의 차이에 대해 신뢰수준이 95%인 근사신뢰구간을 구하시오.

12 정규분포를 따르는 두 개의 모집단의 평균을 비교하기 위해 크기가 30, 25인 표본을 각 모집단으로부터 랜덤 추출하여 다음과 같은 결과를 얻었다고 하자.

표본 1 $(n=30)$	표본 2 $(m=25)$
$\overline{X}=240$ $S_X^2=19$	$\overline{Y}=245$ $S_Y^2=20$

(1) 두 모집단의 분산이 같다고 할 때, 공통된 분산을 추정하시오.

(2) (1)의 결과를 이용하여 두 모평균의 차이에 대해 신뢰수준이 95%인 신뢰구간을 구하시오.

13 유권자들의 모집단에서 1,000명을 단순랜덤추출하여 어떤 후보의 지지율에 대해 신뢰수준이 95%인 신뢰구간을 구하였다. 이제, 표본크기를 2배로 늘여 모집단에서 2,000명을 단순랜덤추출하여 동일한 신뢰수준의 신뢰구간을 구축할 경우, 신뢰구간의 길이는 몇 배로 늘어나는가(또는 줄어드는가)?

14 어떤 제조라인에서 랜덤추출한 제품 10개의 중량의 분산이 4.5였다. 제품의 중량은 정규분포를 따른다고 할 때, 모분산 σ^2에 대한 신뢰수준이 95%인 신뢰구간을 구하시오.

15 어느 화학실험에서 온도(저온과 고온)에 따른 반응속도를 각각 10회씩 측정한 결과가 다음과 같이 주어졌다.

저온($n=10$)	고온($m=10$)
$\overline{X}=20$ $S_X^2=5$	$\overline{Y}=50$ $S_Y^2=6$

반응속도가 온도에 관계없이 정규분포를 따른다고 할 때, 모분산의 비(ratio) σ_X^2/σ_Y^2에 대한 신뢰수준이 95%인 신뢰구간을 구하시오.

16 운전자들이 신호등의 빨간 불에 반응하는 속도와 초록 불에 반응하는 속도가 어떻게 차이를 보이는지 알아보기 위한 실험을 10명의 운전자들에게 시행하였다. 운전자들에게 빨간 불을 보고 있다가 초록 불로 바뀔 때, 초록 불을 보고 있다가 빨간 불로 바뀔 때 버튼을 누름으로써 반응하게 하고 그 시간을 기록하였다(단위: 초).

운전자	빨간 불 반응속도(X_i)	초록 불 반응속도(Y_i)
1	0.48	0.50
2	0.45	0.49
3	0.48	0.58
4	0.52	0.50
5	0.45	0.50
6	0.35	0.47
7	0.25	0.39
8	0.20	0.37
9	0.45	0.46
10	0.27	0.34

반응속도가 각각 정규분포를 따른다고 가정할 때, 속도차이의 평균에 대한 신뢰수준 99%의 신뢰구간을 구하시오.

17 어느 지역구 국회의원 후보가 총선을 앞두고 지지율 조사 의뢰를 하였다. 지역구 내 A동에서 뽑은 100명의 유권자 가운데 42명이 이 후보를 지지하고, 같은 지역구 내 B동에서 뽑은 120명의 유권자 가운데에서는 45명이 지지한다고 하였다. 이때 두 동의 지지율 차이에 대한 신뢰수준 95%의 신뢰구간을 구하시오.

18 다음 자료는 수거미(X)와 암거미(Y)의 길이에 대한 자료(단위: 밀리미터)이다.

수거미($n=12$)	암거미($m=12$)
$\overline{X}=5.84$ $S_X^2=0.88$	$\overline{Y}=8.29$ $S_Y^2=2.11$

수거미와 암거미의 길이는 정규분포를 따르며, 두 표본은 독립이라고 가정한다. 이때 모평균의 차이에 대한 신뢰수준 95%의 신뢰구간을 구하시오.

제 8 장 검정

7장에서 다룬 통계적 추정은 모수의 참값이 될 만한 가능성이 높은 값 하나 또는 값들의 범위를 제시하여 모집단에 대한 추론을 하는 것이었다면, 이 장에서 다루는 통계적 검정은 관측이나 실험 등을 통해 구한 표본의 정보에 근거하여 모집단에 대해 특정 조건의 참 여부를 판단하는 의사결정방법이다.

가령, 어떤 과자회사가 통아몬드가 들어 있는 초코볼 상자를 판매하는데, 이 포장에는 용량이 200g이라고 되어 있다고 하자. 정확한 무게로 포장되는지 확인하기 위해, 품질관리부서에서 50개의 상자를 랜덤하게 골라서 용량의 평균을 구해 보았더니 195g이었다면, 포장에 문제가 있는 것일까? 뽑은 50개의 상자무게의 평균이 200g에 미치지 못하기는 하지만, 아몬드의 크기는 조금씩 다르기에 모든 포장의 무게가 정확히 200g이 될 것으로 기대할 수는 없다. 그러므로 평균무게 195g과 목표무게 200g과의 차이는 포장기계의 오작동이 아니라 랜덤추출에서 올 수 있는 우연한 차이일 수도 있다. 만약 그렇다면, 품질관리부서에서 포장과정을 점검할 필요는 없는 것이다. 그러나 만약 195g과 200g이 구조적인 차이라면 포장과정을 점검하여 수정할 필요가 있을 것이다. 즉, 포장과정이 정확히 작동하는지 확인하기 위해 포장무게 평균의 참값이 200g인지 아닌지 확인하면 된다. 이 경우, 평균의 참값이 200g이라는 가설과 200g보다 작다는 두 가설에 대한 통계적 검정을 통한 의사결정을 할 수 있다.

예를 하나 더 들어보자. 특정 질병 치료를 위해 어느 제약회사에서 새로 개발된 신약이 과연 효과가 있는지 알아보고자 한다. 앞서 2장에서 다룬 실험계획방법을 활용하면, 환자를 무작위로 두 집단으로 나누어, 한쪽 처리집단에는 신약을, 다른 한쪽 대조집단에는 '가짜약'(placebo)을 투약한 후에 두 집단의 경과를 비교할 수 있다. 그런데 아무 효과가 없는 약이라도 투약 뒤에 호전 또는 악화될 수 있으며, 호전되는 사람이 우연히 처리집단에 많이 나타남으로써 신약과 가짜약 사이에 차이가 발생할 수 있다. 그렇다면, 신약과 가짜약의 효과의 차이가 없으며 실험에서 나타난 차이는 '우연'의 결과가 아닐까? 신약이 효과가 없음에도 불구하고 그 차이가 우연히 생길 확률은 어느 정도인가? 만일 이 확률이 매우 작다면 그 차이는 우연이 아니라고 할 수 있을까? 통계적 가설검정은 이 확률이 매우 작을 경우 '그 차이는 우연이 아니다'라는 의사결정을 하게 된다.

8.1 가설검정의 기본원리

8.1.1 가설

통계적 가설검정에는 두 종류의 가설(hypothesis)을 고려한다. 가설은 물론 모집단의 성질에 대한 것이고, 보통 모수의 값에 대한 가정이다. 두 종류의 가설 중 하나는 **귀무가설**(null hypothesis) 또는 영가설이라고 하고, 다른 하나는 **대립가설**(alternative hypothesis)이라고 하는데, 귀무가설은 H_0으로 표기하고 대립가설은 H_1로 표기하기로 한다. 이 두 가설은 상호 배반되는 가설, 즉 어느 하나가 참이면 다른 하나는 거짓이 되어야 하는 것이다. 일반적으로 귀무가설은 기존의 사실, 주장, 믿음 등으로 해석되고, 대립가설은 새로운 사실, 주장, 믿음 등으로 해석된다. 즉, 귀무가설이 참이라면 지금까지 알고 있었던 사실이 그대로 옳고, 새로운 효과나 차이 등이 나타나지 않는다는 것이고, 대립가설이 참이라면 어떤 변화가 있어서 지금까지 알고 있었던 사실이 바뀌었다는 것으로 설정된다. 보통 연구자들이 통계적 검정을 하게 되는 이유는 기존의 사실과 달라진 것이 있다는 주장을 밝히기 위한 것이므로, 대립가설에 주어지는 모수영역이 연구자가 입증하고자 하는 영역이 되고 귀무가설에 주어지는 모수영역은 그에 반대되는 영역이 된다. 통계적 가설검정에서는 이렇게 두 가설을 세운 다음, 수집된 자료가 귀무가설에 대한 반증이며 대립가설에 대한 입증이 되는지 확인하여 만약 그렇다면 귀무가설을 기각하고, 그렇지 않다면 귀무가설을 기각하지 않는다.

예제 8.1

어떤 제약회사에서 새로운 진통제를 개발하여 그 효과의 우수성을 입증하려고 한다. 만성 두통질환자들에게 통증이 올 때 새로운 진통제 또는 기존의 진통제를 복용하도록 하고 어느 쪽을 선호하는지 조사하여, 새로운 진통제를 선호하는 비율이 높다는 것을 보이고자 하는 것이다. 이때의 귀무가설은 "만성 두통질환자들이 새로운 진통제를 선호하는 비율은 0.5이다"로, 대립가설은 "만성 두통질환자들이 새로운 진통제를 선호하는 비율은 0.5보다 크다"로 설정할 수 있을 것이다. 새로운 진통제를 선호하는 비율을 p라고 하면, 귀무가설은 $H_0 : p = 0.5$, 대립가설은 $H_1 : p > 0.5$가 된다.

통계적 가설검정은 형사재판의 과정과 자주 비교되곤 한다. 형사재판은 피고인이 무죄인지 또는 유죄인지를 여러 가지 증거를 바탕으로 의사결정을 하는 과정이라고 할 수 있다. 무죄추정의 원칙에 따라, 피고인은 유죄로 판결이 확정될 때까지는 무죄로 추정된다. 따라서, 귀무가설은 피고인은 무죄라는 가설이다. 피고인이 무죄라는 가정 아래 여러 가지 증거가 수집되고, 피고인이 유죄임을 입증할 수 있는 충분한 증거가 있는 경우 피고인에게 유죄가 선고된다. 만약 피고인이 유죄임을 입증할 수 있는 충분한 증거가 없다면 무죄가 선고될 것이다. 통계적 가설검정에서도, 귀무가설이 참이라는 가정 아래 표본에서 관측된 값이 귀무가설에 대한 유의미한 반증이며 대립가설에 대한 입증이 확인된다면 귀무가설을 기각한다.

8.1.2 검정통계량

모수를 추정하기 위해서 추정량(estimator)이라고 하는 통계량을 사용하는 것처럼, 모수를 검정하기 위해서는 검정통계량(test statistic)이라고 하는 통계량을 사용한다. 문제에 따라 적절한 검정통계량을 정의하고, 이 통계량의 귀무가설이 참일 때의 분포와 관측된 값에 따라 의사결정을 하게 된다. 일반적으로 관측된 값이 귀무가설로부터 얼마나 떨어져 있는지에 대한 표준화된 척도를 제공해줄 수 있는 통계량으로 검정통계량을 삼게 되며, 검정에 필요한 확률계산을 위해 귀무가설하에서의 검정통계량의 분포가 필요하다.

예제 8.2

아몬드 초코볼 예제에서 가설을 설정한다면 귀무가설은 "상자무게의 모평균은 200g이다", 그리고 대립가설은 "상자무게의 모평균은 200g보다 작다"로 택할 수 있다. 상자의 용량이 평균이 μ이고 표준편차가 10g인 정규분포를 따른다고 해 보자. 표본의 크기는 $n=50$이고 관측된 표본평균은 $\bar{x}=195g$이다. 귀무가설이 $H_0 : \mu = 200$이므로 검정통계량은 195g이라는 관측값이 귀무가설에서 제시된 200g이라는 값으로부터 얼마나 떨어져 있는지에 대한 표준화된 척도가 되어야 한다. 표본평균이 $\overline{X}_n$이고 귀무가설에서 제시된 모평균이 μ_0라면, 검정통계량은 $\dfrac{\overline{X}_n - \mu_0}{\sigma/\sqrt{n}}$으로 잡을 수 있다. 검정통계량은 '통계량'이므로 그 자체가 확률변수이고, 미지의 모수가 포함되어서는 안 된다. $\dfrac{\overline{X}_n - \mu_0}{\sigma/\sqrt{n}}$은 표본평균이 귀무가설로부터 몇 표준편차만큼 떨어져있는지를 측정해 주고 있으므로, 이 값이 아주 작다면 귀무가설을 기각하고 대립가설인 $\mu < 200$을 뒷받침하는 증거가 있다고 결론을 내리게 될 것이고, 그렇지 않다면 귀무가설을 기각하지 않을 것이다.

귀무가설을 기각할 만큼 값이 크거나 작은지를 결정하는 것은 다음에서 정의할 유의확률과 유의수준을 이용하게 된다.

8.1.3 유의확률(P-value)

예제 8.1의 신약예제로 돌아가 보자. 만성 두통질환자 100명을 대상으로 실험한 결과, 새로운 진통제를 선호하는 환자가 62명이었다. 100명 중 62명이라는 관측값이 귀무가설하에서, 즉 모비율의 참값이 0.5일 때 흔히 나올 수 있는 관측값이라면 이것이 귀무가설을 기각할만한 증거가 되지 않을 것이고, 웬만해서는 나올 수 없는 희귀한 관측값이라면 귀무가설을 기각할 만한 증거가 된다고 할 수 있다. 즉, 귀무가설이 참이라는 가정하에서 관측값이 나올 가능성이 얼마나 낮은지를 확률로 계산할 수 있다면 이것을 의사결정에 사용할 수 있을 것이다.

귀무가설이 사실이라는 가정하에서, 검정통계량이 관측값과 같거나 혹은 이보다 귀무가설에서 대립가설 방향으로 더 멀리 떨어진 값을 얻을 확률을 **유의확률**(P-value)이라고 한다. 귀무가설에서부터 더 멀리 떨어졌다는 것은 귀무가설에 대한 반증이 더 강한, 그래서 대립가설을 더 잘 뒷받침해줄 수 있는 관측값을 의미한다. 따라서 유의확률이 작을수록 귀무가설에 대해 더 강한 반증이라고 할 수 있다. 예제 8.1의 신약예제에서는 귀무가설에서 주어진 값 0.5에서 관측값인 $\frac{62}{100} = 0.62$보다 위쪽으로 더 멀리 떨어져 있는, 즉 0.62보다 더 큰 값들이 관측값보다 대립가설을 더 뒷받침해 주는 자료들이다.

유의확률이 크다면, 귀무가설하에서 관측값과 같거나 더 극단적인, 즉 귀무가설로부터 더 멀리 떨어져 있는 자료를 얻을 확률이 높다는 것이므로 주어진 관측값이 귀무가설에 대한 반증이 되지 못한다. 신약의 예제에서 0.62보다 큰 값이 나올 확률이 50% 정도로 크다면 표본을 여러 번 뽑을 때 두 번에 한 번꼴로 0.62보다 더 귀무가설에서 멀리 있는 관측값을 얻게 될 것이다. 즉, 0.62라는 표본비율은 귀무가설하에서 흔히 관측할 수 있는 값이므로 귀무가설을 기각할 충분한 근거가 되지 못한다. 그러므로 유의확률이 클 때는 귀무가설을 기각하지 못한다. 반대로, 유의확률이 작다면 귀무가설하에서 관측값과 같거나 더 극단적인 자료를 얻을 확률이 낮다는 것이므로 관측값이 희귀한 값이라는 것이다. 0.62라는 표본비율이 나올 확률이 1% 정도로 작다면, 0.62는 표본을 100번쯤 뽑아야 겨우 1번 나올 수 있는 흔치 않은 값이라는 것이다. 이렇게 희귀한 값이 관측되었으므로, 이 관측값은 귀무가설이 참이 아니라는 증거가 될 수 있다. 그러므로 유의확률이 작을 때는 귀무가설을 기각한다.

유의확률이 크고 작음을 판단하는 기준으로는 다음 절에서 정의할 유의수준이 흔히 사용된다. 유의수준보다 유의확률이 작으면 귀무가설을 기각하고 그렇지 않으면 기각하지 않는 방식으로 의사결정을 하게 된다.

8.1.4 두 가지 오류와 유의수준

가설은 모집단의 성질에 대한 것인데 우리의 의사결정은 랜덤한 표본에만 의존하게 되므로 오류의 가능성은 항상 존재한다. 가설검정에서 발생할 수 있는 오류는 두 가지가 있는데, 귀무가설이 참일 때 이를 기각하는 오류는 제1종 오류(Type I error)라고 하고, 귀무가설이 거짓일 때 귀무가설을 기각하지 못하는 오류는 제2종 오류(Type II error)라고 한다. 다음 표 8.1에 두 가지 오류가 정리되어 있다.

〈표 8.1〉 두 가지 오류

실제 \ 결정	H_0을 기각하지 못함	H_0을 기각
H_0이 참	옳은 결정	잘못 (제1종 오류)
H_0이 거짓	잘못 (제2종 오류)	옳은 결정

예제 8.2의 아몬드 초코볼 예제를 고려해 보자. 사실은 포장이 목표무게인 200g을 평균적으로 잘 맞추고 있는 데도 관측된 195g과 목표무게 200g의 차이가 우연이 아니라고 판단하여 귀무가설을 기각하는 결론을 내린다면 이것이 제1종 오류이다. 반대로, 포장이 목표무게를 평균적으로 맞추지 못하고 있는데도 관측된 195g과 목표무게 200g의 차이가 우연히 나타난 결과라고 판단하여 귀무가설을 기각하지 못한다면 이것이 제2종 오류이다. 제1종 오류를 저지르게 되면 멀쩡한 포장과정을 수정하게 될 것이고, 제2종 오류를 저지르게 되면 제대로 기능하지 못하는 포장과정을 그대로 두게 될 것이다.

형사재판의 예에서는, 실제로 무죄인 피고인에게 유죄가 선고되어 죄 없는 사람이 감옥에 가게 되는 것이 제1종 오류가 되고 실제로 유죄인 피고인에게 무죄가 선고되어 범죄자가 풀려나게 되는 것이 제2종 오류이다.

예제 8.3

어떤 질병에 대하여 지금까지 알려진 방법에 의한 치유율이 40%라고 한다. 이제 어느 제약회사 연구소에서 이 질병에 대한 새로운 치료제로서 신약을 개발하였다면 신약의 치유율을 p라고 할 때 임상실험에 의하여 검정하고자 하는 가설은

$$H_0 : p \leq 0.4 \quad 대 \quad H_1 : p > 0.4$$

이 된다. 이 경우 두 가지의 오류에 대하여 생각해 보자. 제1종 오류는 "실제는 신약의 치유율이 더 좋지는 않은데($p \leq 0.4$, 즉 H_0가 참일 때), 임상실험에 의한 자료분석 결과 치유율이 좋다고($p > 0.4$, 즉 H_0을 기각)하는 것"이고, 제2종 오류는 "실제 신약의 치유율이 더 좋은데($p > 0.4$, 즉 H_0가 거짓일 때), 임상실험에 의한 자료분석 결과 치유율이 좋다고 결정하지 못하는 것($p \leq 0.4$, 즉 H_0을 기각하지 못함)"이다.

제1종 오류를 저지를 확률의 최댓값을 검정에 있어서 유의수준(significance level)이라고 하고 이를 통상 α로 표시한다. 제2종 오류를 범할 확률은 보통 β를 써서 표시하는데, 이를 1에서 뺀 값을 검정의 검정력(power)이라고 한다. 즉, **검정력**은 귀무가설이 참이 아닐 때 옳은 결정을 내려 귀무가설을 기각하게 되는 확률을 말한다. 유의수준은 귀무가설이 참이라는 가정하에 계산되므로 검정통계량의 귀무가설하에서의 분포를, 검정력은 대립가설이 참이라는 가정하에 계산되므로 검정통계량의 대립가설하에서의 분포를 이용하여 계산한다.

검정의 결과는 의사결정으로 나타나므로, 좋은 검정법이란 의사결정에 있어서의 오류를 최소화하는 것이라고 볼 수 있다. 오류를 전혀 저지르지 않는 검정법이 있다면 그것이 가장 좋겠지만, 우리는 모집단 전체를 볼 수 없고 모집단의 일부분인 표본만을 보고 의사결정을 하게 되므로 오류를 전혀 저지르지 않을 수는 없다. 그렇다면 두 가지 오류를 저지를 확률을 가장 작게 하는 검정법이 가장 좋을 것이다. 불행하게도, 제1종 오류와 제2종 오류는 이율배반적이라서 두 종류의 오류를 범할 확률을 동시에 최소화하는 검정법을 고를 수는 없다. 가령, 귀무가설을 기각하지 않을수록 제1종 오류를 범할 확률을 줄이지만 이는 제2종 오류를 범할 확률을 늘리는 결과를 초래한다. 즉, 제1종 오류를 범할 확률을 작게 하면 제2종 오류를 범할 확률은 커지고, 반대로 제2종 오류를 범할 확률을 작게 하면 제1종 오류를 범할 확률이 커진다. 그래

서 제1종 오류를 저지를 확률의 최댓값인 유의수준을 우리가 받아들일 수 있는 작은 값, 주로 $\alpha = 0.05$나 $\alpha = 0.01$ 등으로 고정시킨 다음 제2종 오류를 저지를 확률을 가장 작게, 즉 검정력을 가장 크게 하는 검정법을 고르게 된다.

앞에서도 언급한 바와 같이, 유의확률의 크고 작음을 결정하는 기준으로 유의수준을 많이 사용한다. 가령, 유의확률이 0.03으로 계산되었다면 유의수준 0.05에서는 유의확률이 유의수준보다 작으므로, 귀무가설을 기각한다. 그러나 유의수준 0.01에서는 유의확률이 유의수준보다 크므로, 귀무가설을 기각하지 않는 의사결정을 하게 된다. 이 기준을 사용하게 되면, 유의확률은 주어진 관측치로부터 귀무가설을 기각할 수 있는 최소의 유의수준이라고 할 수 있고, 때로는 이것이 유의확률의 정의로 사용되기도 한다.

가장 널리 많이 사용되는 유의수준은 $\alpha = 0.05$이지만, 유의수준을 반드시 0.05로 정할 필요는 없다. 유의수준을 결정할 때는 귀무가설을 기각하게 되면 어떤 조치가 취해질 것인지를 생각할 필요가 있다. DNA 증거를 가지고 무기징역이나 사형을 선고하게 되는 형사재판인 경우 무죄인 사람이 유죄판결을 받는 제1종 오류를 저질렀을 때 그 결과가 매우 심각하다. 이럴 때는 제1종 오류를 저지를 확률의 최댓값인 유의수준을 아주 작게 잡을 필요가 있다. 하지만 제1종 오류에 대한 결과가 심각하지 않거나, 규모가 큰 연구를 시작하기 전에 작은 규모로 예비연구를 진행하는 경우에는 의미 있는 결과를 놓치지 않도록 유의수준을 조금 큰 값을 사용해도 좋을 것이다.

귀무가설을 기각하는 경우, 결과가 "통계적으로 유의하다"라는 표현을 쓰곤 한다. 통계적으로 유의하다는 것은 표본에서 얻어진 결과가 우연히 발생한 것이 아니라는 뜻이다. 그런데 통계적인 유의성이 반드시 실제적인 유의성과 연결되지는 않는다. 결과가 우연히 발생한 것이 아니라는 강한 증거가 있더라도, 통계적 유의성은 어떤 효과가 있다는 것만 말해줄 뿐, 그 효과의 크기에 대해서는 말해주지 않는다. 차이가 있음이 매우 유의하다는 것이 차이가 크다는 뜻은 아니기 때문이다. 통계적으로 매우 유의한 효과가 실제로는 그 크기가 너무 작아 의미가 없을 수도 있다. 예를 들어 미취학 아동에게 읽기를 가르치는 두 교육방법 A와 B의 차이를 보기 위해 각각의 방법으로 교육한 아동들이 얼마 만에 책을 읽을 수 있게 되는지를 조사했다고 해보자. 방법 A로 교육받은 아동들이 상대적으로 빨리 책을 읽는다는 결과가 통계적으로 매우 유의했다고 하더라도, 그 차이가 한두 시간 정도에 불과하다면, 이 결과는 현실적으로 큰 의미가 없을 것이다.

8.2 모평균에 대한 검정

모평균이 μ이고 분산이 σ^2인 정규분포에서 뽑힌 크기가 n인 랜덤표본 X_1, $\cdots$, X_n으로부터 모평균이 μ_0와 같은지 그렇지 않은지를 검정해 보자. 이때 귀무가설은 $H_0 : \mu = \mu_0$로 할 수 있고, 대립가설은 $H_1 : \mu > \mu_0$, $H_1 : \mu < \mu_0$, 또는 $H_1 : \mu \neq \mu_0$의 세 가지로 생각할 수 있다. 대립가설이 $\mu > \mu_0$ 또는 $\mu < \mu_0$가 되는 경우를 **단측검정**(one-sided test)이라고 하고, 대립가설이 $\mu \neq \mu_0$가 되는 경우를 **양측검정**(two-sided test)이라고 한다.

모집단의 분포가 정규분포이므로 표본평균 $\overline{X}_n$의 분포가 $N(\mu, \sigma^2/n)$인 것을 이용하면, $Z = \dfrac{\overline{X} - \mu_0}{\sigma/\sqrt{n}}$이 귀무가설하에서 표준정규분포를 따름을 알 수 있다.

모분산이 알려져 있는 경우: 모분산이 알려져 있다면 $Z = \dfrac{\overline{X} - \mu_0}{\sigma/\sqrt{n}}$는 미지의 모수가 포함되어 있지 않은 통계량이 되고, 이를 검정통계량으로 사용할 수 있다. 이 통계량은 표본평균이 귀무가설에서 가정된 값 μ_0에서 몇 표준편차만큼 떨어져 있는지 그 거리를 측정해 준다. 이 값이 양수이면 표본평균이 귀무가설에서 가정된 값보다 큰 것이고 음수이면 표본평균이 가정된 값보다 작은 것이므로, 대립가설이 $\mu > \mu_0$인 경우에는 검정통계량 Z의 관측값이 충분히 클 때 귀무가설을 기각하고, $\mu < \mu_0$이면 검정통계량 Z의 관측값이 충분히 작을 때, 그리고 $\mu \neq \mu_0$이면 검정통계량 Z의 관측값이 충분히 클 때 또는 작을 때 귀무가설을 기각하면 된다.

유의확률의 계산도 대립가설에 따라 달라진다. 그림 8.1은 정규분포 가정하에서의 모평균 검정의 유의확률을 대립가설에 따라 그림으로 나타낸 것이다. 그림에서의 분포는 귀무가설 $H_0 : \mu = \mu_0$이 참일 때 검정통계량의 분포, 즉 $N(0,1)$이고, z는 표본에서 관측된 검정통계량 Z의 값이다. 대립가설이 $\mu > \mu_0$이면 검정통계량 $Z = \dfrac{\overline{X} - \mu_0}{\sigma/\sqrt{n}}$의 값이 클 때 대립가설을 지지하는 증거가 되므로, 유의확률은 귀무가설하에서 표본에서 관측된 검정통계량의 값, z보다 더 큰 값들이 관측될 확률이 된다. 반면, 대립가설이 $\mu < \mu_0$이면 Z의 값이 작을 때 대립가설을 지지하게 되므로, 유의확률은 귀무가설하에서 z보다 더 작은 값들이 관측될 확률이다. 대립가설이 $\mu \neq \mu_0$

이라면 유의확률은 그림 8.1에서 보듯이, 귀무가설하에서 $|z|$보다 더 크거나, $-|z|$보다 더 작은 값이 관측될 확률이 된다.

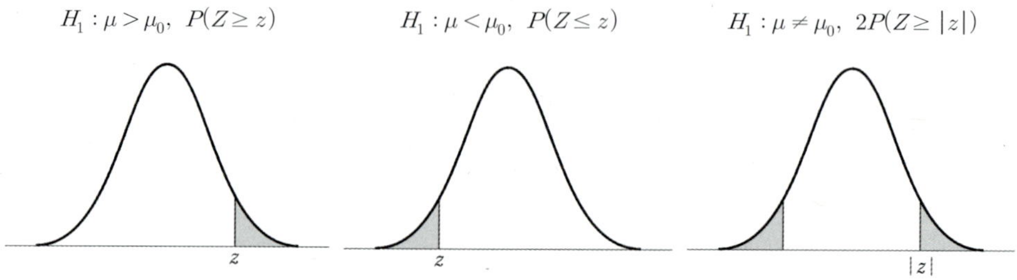

〈그림 8.1〉 정규분포하에서 모평균 검정의 유의확률, 모분산을 알 때

모집단의 분포가 정규분포를 따르지 않는 경우에도 중심극한정리를 사용할 수 있다면 위의 방법을 그대로 써서 근사적인 검정을 할 수 있다.

예제 8.4: 예제 8.2의 계속

아몬드 초코볼의 포장기계를 손 볼 필요가 있는지를 알아보기 위해 $H_0 : \mu = 200$과 $H_1 : \mu < 200$을 검정하고자 한다. 포장상자의 용량은 평균이 μ이고 표준편차가 $10g$인 정규분포를 따른다고 가정하고, 50개를 랜덤하게 뽑아서 용량의 평균을 $195g$으로 계산하였다면 이때의 유의확률은 다음과 같이 계산된다.

표본으로부터 검정통계량의 값은

$$Z = \frac{\overline{X}_n - \mu_0}{\sigma / \sqrt{n}} = \frac{195 - 200}{10 / \sqrt{50}} = -3.5355$$

로 관측되고, 대립가설이 단측이므로 유의확률은 표준정규확률변수가 -3.5355보다 작은 값을 가질 확률이다. 통계 패키지를 이용하면 더 정확한 유의확률을 얻을 수 있으나, 부록 〈표 1〉의 표준정규확률변수의 누적분포표에 따르면 $P(Z \leq -3.49) = 0.0002$이므로, 유의확률은 $P(Z \leq -3.5355) \leq 0.0002$임을 알 수 있다. 유의수준을 $\alpha = 0.05$로 설정한다면 유의확률이 유의수준보다 작으므로 귀무가설을 기각할 수 있다. 따라서 유의수준 0.05에서 포장용량의 평균은 200보다 작다고 결론 내리고, 포장기계를 손 볼 필요가 있다는 의사결정을 할 것이다.

모분산이 알려져 있지 않은 경우: 모분산이 알려져 있지 않으면, $Z=\dfrac{\overline{X}-\mu_0}{\sigma/\sqrt{n}}$에 미지의 표준편차 σ가 포함되어, 이를 검정통계량으로 사용할 수 없다. 7장에서 μ의 참값을 추정할 때 했던 것처럼 σ를 표본 표준편차인 S로 대치한 $t=\dfrac{\overline{X}-\mu_0}{S/\sqrt{n}}$를 검정통계량으로 고려하면, 이는 귀무가설 $H_0: \mu=\mu_0$가 참이라는 가정하에서 자유도가 $n-1$인 t 분포를 따르게 된다. 이것을 검정통계량으로 사용한 모평균에 대한 검정을 **일표본 t-검정**이라고 한다. 유의확률은 정규분포를 사용한 $Z-$검정과 마찬가지로 대립가설에 따라 〈그림 8.2〉와 같이 t 분포를 이용하여 계산하면 된다.

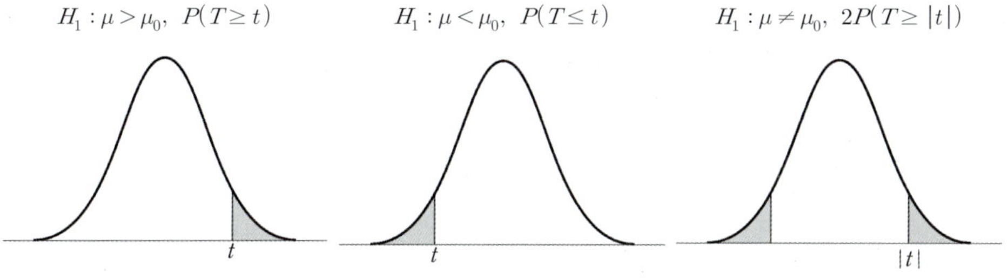

〈그림 8.2〉 정규분포하에서 모평균 검정의 유의확률, 모분산을 모를 때

예제 8.5

다음은 2013년 34개 OECD 회원국의 인구 10만 명당 교통사고 사망자 수에 대한 자료 중에서 특별히 값이 큰 세 나라(한국, 미국, 칠레)를 빼고 31개국의 자료를 나열한 것이다. 이 자료가 정규분포를 따른다고 가정할 때, 모평균에 대한 가설, $H_0: \mu=5.5$ 대 $H_1: \mu\ne 5.5$를 검정해 보자.

7.9 3.4 3.7 5.7 3.4 4.1 8.4 3.8 6.5 2.7 3.3 3.6 4.6 6.1 4.7 4.1 6.1
2.8 5.4 3.4 5.7 4.0 6.2 5.5 4.8 6.1 8.7 5.1 4.8 6.0 5.1

모분산이 알려져 있지 않으므로 일표본 t-검정을 해 보면, 표본의 크기는 $n=31$이고 표본평균은 $\overline{X}_n=5.023$, 표본표준편차는 $S=1.5504$이므로, 검정통계량의 값은

$$t=\frac{5.023-5.5}{1.5504/\sqrt{31}}=-0.9040$$

으로 관측된다. 자유도가 30인 t 분포에서 1.310보다 큰 값이 나올 확률이 0.1이므로, 자유도 30인 t분포를 따르는 확률변수가 −0.9040보다 작거나 0.9040보다 큰 값을 가질 확률은 0.2보다 크다. 즉, 양측 대립가설을 사용할 때, 유의확률이 0.2보다 커진다는 것을 알 수 있다. 유의수준을 0.05로 설정한다면, 유의확률이 유의수준보다 크므로 귀무가설은 기각될 수 없고, 모평균이 5.5와 다르다고 할 수 없다는 결론을 내린다.

8.3 모비율에 대한 검정

7.3절에서 모비율의 신뢰구간을 구할 때 정규근사를 이용하였다. 모비율에 대한 검정에서도 정규근사를 이용하는 방법을 살펴보자. 성공과 실패의 두 값만을 가질 수 있는 변수의 모집단에서의 성공률을 p라고 하고, 표본에서의 성공률을 $\hat{p}$이라고 하자. 중심극한정리에 의해 표본의 크기가 클 때 표본비율 $\hat{p}$은 평균이 p이고 분산이 $\dfrac{p(1-p)}{n}$인 정규분포를 근사적으로 따른다는 것을 이용하여 모비율에 대한 검정을 할 수 있다.

우선 귀무가설은 모비율이 어떤 특정한 비율값과 같다. 다시 말해 $H_0 : p = p_0$으로 놓고 대립가설은 $H_1 : p > p_0$, $p < p_0$, 또는 $p \neq p_0$으로 놓는다. $\hat{p}$는 근사적으로 $N(p, \dfrac{p(1-p)}{n})$ 분포를 따르므로 귀무가설하에서 $Z = \dfrac{\hat{p} - p_0}{\sqrt{\dfrac{p_0(1-p_0)}{n}}}$는 근사적으로 표준정규분포를 따르게 된다. 이 통계량은 표본비율이 귀무가설에서 가정된 값에서 얼마나 떨어져 있는지를 측정해 주는데, 가령 $Z = 2$라면 이는 관측된 표본비율이 귀무가설하에서 p_0보다 2 표준편차만큼 더 큰 값임을 의미한다. Z를 검정통계량으로 사용하면 유의확률을 〈그림 8.1〉과 같이 계산할 수 있다.

모비율에 대한 검정에 정규근사를 사용하기 위해서는 표본의 크기가 커야 하는데, 보통 표본에서의 성공의 횟수 $n\hat{p}$와 실패의 횟수 $n(1-\hat{p})$이 15 이상 되는 경우 정규근사를 사용한다.

예제 8.6: 예제 8.1 계속

만성 두통질환자 100명을 대상으로 실험한 결과, 새로운 진통제를 선호하는 환자가 62명이었다. 이를 이용하여 만성 두통질환자 가운데 새로운 진통제를 선호하는 모비율에 대한 가설, $H_0 : p = 0.5$ 대 $H_1 : p > 0.5$를 검정해 보자. $n = 100$, $p_0 = 0.5$이고 $\hat{p} = 0.62$이다.

$$Z = \frac{\hat{p} - p_0}{\sqrt{\frac{p_0(1-p_0)}{n}}} = \frac{0.62 - 0.5}{\sqrt{\frac{0.5 \times 0.5}{100}}} = 2.4$$

이므로 유의확률은 표준정규확률변수가 2.4보다 클 확률인 0.0082로 계산된다. 그러므로 유의수준 $\alpha = 0.05$에서 귀무가설을 기각하고, 새로운 진통제를 선호하는 모비율이 0.5보다 크다고 결론내릴 수 있다.

8.4 모평균의 차에 대한 검정

7.5절에서 모평균의 차에 대한 신뢰구간을 정규분포와 t 분포를 이용하여 구했었다. 같은 설정에서 모평균의 차에 대한 검정방법을 살펴보자. 정규분포 $N(\mu_X, \sigma_X^2)$과 $N(\mu_Y, \sigma_Y^2)$을 따르는 두 모집단에서 독립적으로 랜덤표본을 뽑아 독립인 두 표본 $X_1, X_2, \cdots, X_n$과 $Y_1, Y_2, \cdots, Y_m$을 얻었다고 하자. 표본의 크기는 각각 n, m이다. 이 두 표본을 이용하여 모평균 μ_X와 μ_Y가 같은지 그렇지 않은지를 검정하려고 한다.

이에 대한 귀무가설은 $H_0 : \mu_X - \mu_Y = 0$, 대립가설은 $H_1 : \mu_X - \mu_Y < 0$, $\mu_X - \mu_Y > 0$, 또는 $\mu_X - \mu_Y \neq 0$을 생각할 수 있는데, 다시 표현하면 귀무가설은 $H_0 : \mu_X = \mu_Y$로, 대립가설은 $H_1 : \mu_X > \mu_Y$, $\mu_X < \mu_Y$, 또는 $\mu_X \neq \mu_Y$로 쓸 수 있다. 만약 분산 σ_X^2과 σ_Y^2이 알려져 있다면,

$$\frac{\overline{X}_n - \overline{Y}_m - (\mu_X - \mu_Y)}{\sqrt{\frac{\sigma_X^2}{n} + \frac{\sigma_Y^2}{m}}}$$

가 표준정규분포를 따른다는 사실을 이용하여

$$Z = \frac{\overline{X}_n - \overline{Y}_m}{\sqrt{\frac{\sigma_X^2}{n} + \frac{\sigma_Y^2}{m}}}$$

를 검정통계량으로 이용할 수 있다. 귀무가설하에서는 $\mu_X - \mu_Y = 0$이므로 검정통계량 Z는 귀무가설하에서 표준정규분포를 따르게 되며, 이는 표본평균의 차가 귀무가설에서 가정된 두 모평균의 차, 즉 0에서 몇 표준편차만큼 떨어져 있는지 그 거리를 측정해 준다. 대립가설이 $\mu_X > \mu_Y$인 경우에는 검정통계량 Z의 값이 커야만 대립가설을 지지해 줄 수 있으므로 주어진 검정통계량 Z의 관측값이 충분히 클 때 귀무가설을 기각하고, $\mu_X < \mu_Y$인 경우에는 Z의 관측값이 충분히 작을 때, 그리고 $\mu_X \neq \mu_Y$인 경우에는 Z의 관측값이 충분히 크거나 또는 충분히 작을 때 귀무가설을 기각하면 된다. 유의확률은 〈그림 8.1〉과 같은 방법으로 구한다.

이제, 두 모분산이 알려져 있지 않을 때를 생각해 보자. 7장에서 신뢰구간을 구하기 위해 했던 것처럼 σ_X^2과 σ_Y^2을 표본분산인 S_X^2과 S_Y^2으로 대체하게 되면 검정통계량은

$$t = \frac{\overline{X}_n - \overline{Y}_m}{\sqrt{\frac{S_X^2}{n} + \frac{S_Y^2}{m}}}$$

가 될 것이다. 이는 $\mu_X = \mu_Y$인 귀무가설하에서 근사적으로 t 분포를 따르는데, 자유도는 $n-1$과 $m-1$ 중에 작은 것을 사용할 수 있다. 7장에서 언급된 바와 같이 보다 정교한 계산을 통해 자유도를 좀 더 큰 값으로 근사할 수도 있다.

두 모분포가 같은 분산을 가진다고($\sigma_X^2 = \sigma_Y^2 = \sigma^2$) 가정할 수 있는 경우에는 7장에서 소개된 합동분산추정량(pooled variance estimator)

$$S_p^2 = \frac{(n-1)S_X^2 + (m-1)S_Y^2}{n+m-2}$$

을 사용하여 검정할 수 있는데, 이 경우 모분포가 정규분포이면 검정통계량

$$t = \frac{\overline{X}_n - \overline{Y}_m}{S_p\sqrt{\frac{1}{n}+\frac{1}{m}}}$$

가 자유도 $n+m-2$인 t 분포를 따른다. 유의확률은 〈그림 8.2〉와 같은 방법으로 구하면 된다.

종합하면, 두 독립인 표본을 통해 모평균의 차에 대한 검정을 하는 경우, 두 분산이 알려져 있으면 정규분포를 따르는 Z-통계량을 검정통계량으로 쓰는 Z-검정을 하고, 알려져 있지 않으면 t-검정을 한다. t-검정에서는 먼저 두 모분산이 같다고 가정할 수 있는지 확인하고, 같다고 가정할 수 있으면 합동분산추정량을 이용하여 검정하고, 같다고 가정할 수 없는 경우 각 모분산을 표본분산으로 대체하여 근사적인 t-검정을 한다. 두 모분산이 같다고 가정할 수 있는지 확인하기 위해서는 8.7절에서 다룰 F-검정을 쓸 수 있다. 모분산이 같다고 가정하기 어려운 경우에는 같지 않다고 가정하고 근사 t-검정을 쓰면 된다. 일표본에서와 마찬가지로, 모분포가 정규분포가 아니더라도 표본의 크기가 커서 중심극한정리를 적용할 수 있다면 이 절에서 소개한 검정들을 모두 근사적으로 사용할 수 있다.

예제 8.7

A와 B, 두 단거리 선수의 기록을 비교하려고 한다. 지난 1년간의 100m 달리기 공인기록이 다음과 같을 때(단위: 초), 두 선수의 기록이 정규분포라는 가정하에 평균 기록이 같은지 검정해 보자.

선수 A:	12.61	11.98	12.18	11.52	12.16	10.91	11.22	
선수 B:	10.68	11.84	11.04	10.31	11.26	11.18	10.96	12.12

모분산이 알려져 있지 않으므로 모평균의 차에 대한 t-검정을 하되, 모분산이 다를 수 있다고 가정하자. 선수 A의 기록평균을 μ_X, 선수 B의 기록평균을 μ_Y라고 하고, 귀무가설은 $H_0 : \mu_X = \mu_Y$, 대립가설은 $H_1 : \mu_X \neq \mu_Y$로 놓자. $n=7$, $m=8$, $\overline{X}_n = 11.7971$, $S_X^2 = 0.3616$, $\overline{Y}_m = 11.1738$, $S_Y^2 = 0.3429$이므로 검정통계량은

$$t = \frac{11.7971 - 11.1738}{\sqrt{\frac{0.3616}{7}+\frac{0.3429}{8}}} = 2.0274$$

로 관측된다. 자유도를 $n-1$과 $m-1$ 중 작은 값으로 잡으면 6이므로 유의확률은 0.0889이다(통계 패키지에 의한 계산). 부록 〈표 2〉 t 확률변수의 주요 백분위수에 의하면 2.0274는 자유도가 6인 t분포의 95 백분위수와 97.5 백분위수 사이에 있으므로, 양측검정의 유의확률은 0.1보다 작고 0.05보다 크다는 것을 알 수 있다. 유의수준을 $\alpha=0.05$로 잡으면 유의확률이 유의수준보다 크므로 귀무가설을 기각할 수 없다. 즉, 유의수준 $\alpha=0.05$에서 두 선수의 기록평균이 다르다는 증거가 없다.

참고로, 보다 정교한 자유도의 계산에 의하면 자유도는 $df=12.633$이다. 이 자유도를 사용하더라도 유의확률은 여전히 $\alpha=0.05$보다 커서 귀무가설을 기각할 수 없다.

7.5절에서 살펴본 대응짝표본에 근거하여 두 모평균의 차이 $\mu_Y=\mu_1-\mu_2$에 대한 검정을 하려면 짝을 이루는 관측값들의 차이 $Y_i=X_{1i}-X_{2i}$ $(i=1,\cdots,n)$를 사용하여 일표본검정을 하면 된다. 이때 귀무가설은 $H_0:\mu_Y=0$이 되고 대립가설은 $H_1:\mu_Y>0$, $\mu_Y<0$, 또는 $\mu_Y\neq 0$이 될 것이다. 이때 관측값들의 차이의 분산을 아는 경우는 매우 드물기 때문에 보통 t-검정을 사용한다. 관측값들의 차이의 표본평균을 $\overline{Y}$, 표본표준편차를 S_Y, 표본의 크기를 n이라고 하면 검정통계량은 $t=\dfrac{\overline{Y}}{S_Y/\sqrt{n}}$가 되고 이는 귀무가설하에서 자유도가 $n-1$인 t 분포를 따른다. 자유도가 $n-1$인 t 분포를 이용하여 대립가설에 따라 적절한 유의확률을 계산하여 검정의 결론을 내리면 된다.

예제 8.8

예제 1.13에서 신발 밑창을 만드는 두 종류의 재료를 비교하기 위한 짝짓기 설계 실험을 살펴보았다. 10명의 남자 어린이들에게 재료 A로 만들어진 신발과 재료 B로 만들어진 신발을 신게 하고 일정 시간이 지난 후 밑창이 얼마나 닳았는지 퍼센트로 측정한 결과가 다음과 같다. 어느 쪽 발에 재료 A로 만들어진 신발을 신을 것인지는 랜덤하게 결정하였다.

Boy	A-foot	A	B	Y=B-A
1	L	13.2	14.0	0.8
2	L	8.2	8.8	0.6
3	R	10.9	11.2	0.3
4	L	14.3	14.2	−0.1
5	R	10.7	11.8	1.1
6	L	6.6	6.4	−0.2
7	L	9.5	9.8	0.3
8	L	10.8	11.3	0.5
9	R	8.8	9.3	0.5
10	L	13.3	13.6	0.3

B에서 A를 뺀 값을 Y라고 해 보자. 짝지어진 표본의 크기는 $n=10$이고, 짝지어진 자료의 차이에 대한 표본평균과 표본분산은 각각 $\overline{Y}=0.41$과 $S_Y^2=0.1499$이다. 두 종류의 재료로 만든 밑창의 마모도가 같은지 다른지를 검정하기 위해 귀무가설을 $H_0: \mu_Y=0$으로 놓고, 대립가설은 $H_1: \mu_Y \neq 0$으로 놓자. 이 대응짝검정에 대한 검정통계량의 관측값은

$$t=\frac{\overline{Y}}{S_Y/\sqrt{n}}=\frac{0.41}{0.3872/\sqrt{10}}=3.3485$$

이고, 자유도 9인 t 분포로부터 양측검정에 대한 유의확률은 0.0085이다(통계 패키지에 의한 계산). 부록 〈표 2〉 t 확률변수의 주요 백분위수를 보면, 관측값 3.3485는 자유도가 9인 t분포의 99.5 백분위수인 3.25보다 크고 99.95 백분위수인 4.781보다 작다. 즉, 양측검정의 유의확률은 0.01보다 작고 0.001보다 크다는 것을 알 수 있다. 유의수준이 $\alpha=0.05$일 때, 유의확률이 유의수준보다 작으므로 귀무가설을 기각하고, 유의수준 5%에서 신발 밑창의 재료 A와 B의 평균 마모도는 같지 않다고 결론 내린다.

8.5 모비율의 차에 대한 검정

어떤 여론조사기관이 2017년 1월 12일 발표한 1월 9 ~ 11일 조사결과에서, 여당인 새누리당의 지지도는 서울 지역에서 14.9%, 대전/충청/세종 지역에서 13.7%를 기록했다. 이때 서울 지역에서의 지지도가 충청 지역에서의 지지도보다 높다고 할 수 있

을까? 14.9%가 13.7%보다 크긴 하지만, 표본오차를 생각할 때 서울 지역의 모비율이 충청 지역의 모비율보다 반드시 크다고 말할 수는 없을 것이다. 이런 경우 모비율의 차에 대한 검정이 필요하다.

7.6절에서와 같이, 첫 번째 모집단의 모비율을 p_X, 두 번째 모집단의 모비율을 p_Y라고 하고 이 두 모집단에서 서로 독립인 두 표본을 얻는다고 가정하자. 첫 번째 표본의 크기는 n, 표본비율은 $\hat{p}_X$, 두 번째 표본의 크기는 m, 표본비율은 $\hat{p}_Y$으로 표기하자. 두 모비율이 같은지 그렇지 않은지를 검정하기 위해 세우는 귀무가설은 $H_0 : p_X = p_Y$이며, 대립가설은 $H_1 : p_X > p_Y$, $p_X < p_Y$, 또는 $p_X \neq p_Y$이 된다. 표본의 크기가 충분히 클 때는 근사적으로

$$\hat{p}_X - \hat{p}_Y \sim N\left(p_X - p_Y, \frac{p_X(1-p_X)}{n} + \frac{p_Y(1-p_Y)}{m}\right)$$

임을 이용하여 검정통계량을 다음과 같이 찾을 수 있다.

귀무가설하에서는 $p_X = p_Y$이므로 이를 p로 표기하면,

$$\frac{(\hat{p}_X - \hat{p}_Y) - 0}{\sqrt{p(1-p)\left(\frac{1}{n} + \frac{1}{m}\right)}}$$

은 귀무가설하에서 근사적으로 표준정규분포를 따르게 된다. 하지만 귀무가설이 맞다고 해도 여전히 $p = p_X = p_Y$는 미지의 값이다. 귀무가설하에서는 p_X가 p_Y와 같다는 것을 알 뿐이지 그 값이 무엇인지는 가정되지 않기 때문이다. 그러므로 미지의 p가 포함된

$$\frac{(\hat{p}_X - \hat{p}_Y) - 0}{\sqrt{p(1-p)\left(\frac{1}{n} + \frac{1}{m}\right)}}$$

은 검정통계량으로 사용될 수 없다. 따라서 p를 추정해야 하는데, 귀무가설하에서는 두 모비율이 같으므로($p_X = p_Y$), 두 표본을 통합하여 합동추정량(pooled estimator)[1]을 쓰면 된다. 즉, $\hat{p} = \dfrac{n\hat{p}_X + m\hat{p}_Y}{n+m}$을 계산하여

1) $X_1 \sim B(n_1, p)$, $X_2 \sim B(n_2, p)$인 경우 $(X_1 + X_2)/(n_1 + n_2)$를 공통의 '성공' 확률 p의 추정량으로 쓸 수 있는데 이는 '전체성공횟수'를 '전체시행횟수'로 나눈 합동추정량이다.

$$Z = \frac{(\hat{p}_X - \hat{p}_Y) - 0}{\sqrt{\hat{p}(1-\hat{p})\left(\frac{1}{n} + \frac{1}{m}\right)}}$$

을 검정통계량으로 사용한다. 이는 귀무가설하에서 근사적으로 표준정규분포를 따르며, 표본비율의 차이가 귀무가설하에서 0으로부터 몇 표준편차 떨어져 있는지를 측정해준다. 유의확률은 정규분포를 이용하여 그림 8.3에서와 같이 계산하면 된다.

예제 8.9

제약회사 A와 제약회사 B가 각각 새로운 진통제를 개발하여 약의 효과에 대한 실험을 예제 8.1과 같은 방법으로 진행하였다. 가장 보편적으로 통용되는 기존 진통제 C와의 효과를 비교하기 위해 만성 두통질환자 100명에게 제약회사 A의 제품과 진통제 C를, 또 다른 100명에게 제약회사 B의 제품과 진통제 C를 처방하여 실험한 결과, 기존 진통제에 비해 제약회사 A의 제품을 선호한 사람의 비율이 0.62였고 제약회사 B의 제품을 선호한 사람의 비율이 0.58이었다. 이때 제약회사 A의 제품을 선호하는 비율이 제약회사 B의 제품을 선호하는 비율과 다르다고 할 수 있는지 검정해 보자.

기존의 진통제에 비해 제약회사 A의 제품을 선호하는 비율을 p_A, 제약회사 B의 제품을 선호하는 비율을 p_B라고 하면, 귀무가설은 $H_0 : p_A = p_B$이며, 대립가설은 $H_1 : p_A \neq p_B$가 된다. 표본의 크기는 $n = m = 100$이고, 이 검정에 대한 검정통계량의 값은

$$Z = \frac{(\hat{p}_A - \hat{p}_B) - 0}{\sqrt{\hat{p}(1-\hat{p})\left(\frac{1}{n} + \frac{1}{m}\right)}} = \frac{0.62 - 0.58}{\sqrt{0.6 \times 0.4 \times (0.01 + 0.01)}} = 0.5774$$

로 계산된다. 여기서, $\hat{p} = \frac{n\hat{p}_A + m\hat{p}_B}{n+m} = \frac{62+58}{200} = 0.6$이다. 귀무가설하에서 검정통계량은 근사적으로 표준정규분포를 따르므로, 유의확률은 표준정규확률변수가 0.5774보다 큰 확률의 2배인 0.5636이고 이는 흔히 가정하는 유의수준보다 훨씬 큰 값이다. 유의수준을 0.05라고 한다면, 유의수준 5%에서 귀무가설을 기각할 수 없고, 두 진통제의 선호비율이 다르다고 할 수 없다.

8.6 모분산에 대한 검정

8.6.1 단일모분산에 대한 검정

어느 제조회사가 생산하는 제품의 규격은 평균이 μ이고 분산 σ^2이 5인 정규분포를 따른다고 한다. 그런데 분산을 5 미만으로 줄인다고 하는 새로운 공정을 도입하여 더 엄격한 품질관리를 하려고 한다. 과연 이 새로운 공정이 생산하는 제품규격의 분산이 5 미만인지를 표본에 근거하여 밝히고 싶다면, 다음과 같은 단일모분산에 대한 검정을 시행할 수 있다.

$X_1,\ X_2,\ \cdots,\ X_n$이 평균이 μ이고 분산이 σ^2인 정규분포 $N(\mu,\ \sigma^2)$으로부터의 크기가 n인 랜덤표본일 때, 귀무가설 $H_0 : \sigma^2 = \sigma_0^2$을 검정해 보자. 대립가설은 $H_1 : \sigma^2 > \sigma_0^2$, $\sigma^2 < \sigma_0^2$, 또는 $\sigma^2 \neq \sigma_0^2$이 될 것이다. 표본분산이 S^2이고 표본평균이 $\overline{X}$일 때, $(n-1)S^2/\sigma_0^2$은 귀무가설하에서 자유도가 $n-1$인 카이제곱분포를 따르므로 이를 검정통계량으로 사용할 수 있다. 이 검정통계량의 값이 아주 크면 모분산이 귀무가설에서 가정된 값보다 크다는 증거가 될 것이고, 아주 작으면 모분산이 귀무가설에서 가정된 값보다 작다는 증거가 될 것이다. 따라서 대립가설이 $\sigma^2 > \sigma_0^2$이면 검정통계량의 값이 아주 클 때, $\sigma^2 < \sigma_0^2$이면 아주 작을 때, $\sigma^2 \neq \sigma_0^2$이면 아주 크거나 아주 작을 때 귀무가설을 기각하면 된다.

대립가설이 $\sigma^2 > \sigma_0^2$이면 유의확률은 귀무가설이 참일 때 주어진 관측값보다 큰 값들이 나올 확률이 되고, 대립가설이 $\sigma^2 < \sigma_0^2$이면 유의확률은 귀무가설이 참일 때 주어진 관측값보다 작은 값들이 나올 확률이 된다. 대립가설이 $\sigma^2 \neq \sigma_0^2$일 때의 유의확률은 보통 귀무가설이 참일 때 주어진 관측값보다 큰 값이 나올 확률에 2를 곱해서 구한다. 모평균에 대한 양측검정에서 유의확률을 계산할 때, 관측값의 절댓값보다 큰 값을 얻을 확률에 2를 곱하여 유의확률을 구하는 것과 비슷한 방법이다. 7.7절에서 언급한 것처럼, 카이제곱분포는 대칭이 아니므로 양쪽 꼬리에 확률을 어떻게 나눌 것인지에 대해 생각해 볼 필요가 있다. 여기서는 신뢰구간을 구할 때 양쪽 꼬리에 확률을 동일하게 나누는 방식을 이용한 것과 같이 유의확률을 귀무가설이 참일 때 주어진 관측값보다 큰 값이 나올 확률에 2를 곱해서 구하기로 한다.

한편, 모평균 μ가 알려져 있으면 모분산검정에 대한 검정통계량은

$$\frac{\sum_{i=1}^{n}(X_i-\mu)^2}{\sigma_0^2}$$

을 사용할 수 있는데, 이는 귀무가설 $H_0:\sigma^2=\sigma_0^2$하에서 자유도가 n인 카이제곱분포를 따른다. 따라서 자유도가 n인 카이제곱분포를 사용하는 것 외에는 모평균 μ가 알려져 있지 않은 경우와 동일한 과정을 거쳐 유의확률을 구할 수 있다.

예제 8.10

$N(\mu,\sigma^2)$ 분포를 따르는 어느 제조회사가 생산하는 제품의 규격에 대한 품질관리를 위해 새로 도입한 공정을 사용한 제품 50개를 랜덤으로 추출하여 표본분산을 $S^2=4.5$로 구했다. 새로운 공정의 분산이 $\sigma^2=5$라는 귀무가설과 σ^2을 5 미만으로 줄인다는 주장을 대립가설로 택한 $H_0:\sigma^2=5$ 대 $H_1:\sigma^2<5$에 대한 검정을 하고자 한다.

검정통계량의 관측값은

$$(n-1)S^2/\sigma_0^2=\frac{49\times4.5}{5}=44.1$$

이며, 자유도가 $50-1=49$인 카이제곱분포를 사용하면 유의확률은 $\chi^2(49)$를 따르는 확률변수가 44.1보다 작은 값을 가질 확률인 0.3283으로 주어지며 유의수준 0.05에서 귀무가설 $H_0:\sigma^2=5$를 기각하지 못한다. 즉, 얻은 자료로부터 유의수준 5%에서 새로운 공정으로 생산된 제품규격의 분산이 5 미만이라는 증거가 없다.

8.6.2 모분산의 비에 대한 검정

두 정규모집단의 모분산 동일성에 대한 검정은 모분포의 흐트러진 정도를 비교하는 목적으로 사용된다. 가령, 두 가지 교육방법의 성적분포의 흐트러진 정도를 비교하기 원할 때 모분산의 동일성을 검정할 수도 있고, 두 집단의 평균을 비교하는 과정에서 합동분산추정량을 사용할 것인지 아닌지를 결정하기 위해 모분산의 동일성을 검정할 수도 있다.

이제 모분산의 동일성검정에 대한 과정을 살펴보자. 평균이 μ_X이고 분산이 $\sigma_X{}^2$

인 정규분포로부터 크기가 n인 랜덤표본 X_1, X_2, $\cdots$, X_n을 얻고, 평균이 μ_Y이고 분산이 $\sigma_Y{}^2$인 정규분포로부터 크기가 m인 랜덤표본 Y_1, Y_2, $\cdots$, Y_m을 얻었다고 하자. 두 표본은 독립이다. 두 모분산의 동일성여부에 대해서 귀무가설은 $H_0 : \sigma_X^2 = \sigma_Y^2$이라고 놓고, 대립가설은 $H_a : \sigma_X^2 > \sigma_Y^2$, $\sigma_X^2 < \sigma_Y^2$, 또는 $\sigma_X^2 \neq \sigma_Y^2$이라 놓을 수 있다. 이제, 7.8절에서 본 것과 같이

$$F = \frac{S_X{}^2/\sigma_X{}^2}{S_Y{}^2/\sigma_Y{}^2}$$

이 자유도가 $(n-1, m-1)$인 F분포를 따르며, 귀무가설 H_0하에서는 $\sigma_X^2 = \sigma_Y^2$ 이므로 $F = S_X^2/S_Y^2$이 된다. 이 검정통계량 F의 값이 충분히 크면 σ_X^2이 σ_Y^2보다 크다는 증거가 될 것이고, 충분히 작으면 σ_X^2이 σ_Y^2보다 작다는 증거가 될 것이다. 따라서 대립가설이 $\sigma_X^2 > \sigma_Y^2$이면 검정통계량의 F의 값이 충분히 클 때 귀무가설을 기각하고, 대립가설이 $\sigma_X^2 < \sigma_Y^2$이면 F의 값이 충분히 작을 때, 그리고 대립가설이 $\sigma_X^2 \neq \sigma_Y^2$이면 충분히 크거나 또는 충분히 작을 때 귀무가설을 기각한다.

유의확률은 대립가설이 $\sigma_X^2 > \sigma_Y^2$이면 유의확률은 귀무가설이 참일 때 주어진 관측값보다 큰 값들이 나올 확률이 되고, 대립가설이 $\sigma_X^2 < \sigma_Y^2$이면 유의확률은 귀무가설이 참일 때 주어진 관측값보다 작은 값들이 나올 확률이 된다. 대립가설이 $\sigma^2 \neq \sigma_0^2$일 때의 유의확률은 보통 귀무가설이 참일 때 주어진 관측값보다 큰 값이 나올 확률에 2를 곱해서 구한다.

예제 8.11

현재 사용하고 있는 어떤 상품의 제조라인에서 랜덤추출한 제품 20개의 중량을 측정한 결과 분산이 $S_X^2 = 10$이었고, 새로 도입하고자 하는 제조라인에서 랜덤추출한 제품 10개의 중량을 측정했을 때는 분산이 $S_Y^2 = 8$이었다고 한다. 새로운 제조라인은 기존 제조라인에 비해 분산을 줄인다고 할 수 있는가? (생산되는 제품의 중량은 정규분포를 따르며 모평균은 알려지지 않았다고 가정하자.)

기존 제조라인의 분산을 σ_X^2, 그리고 새로운 제조라인의 분산을 σ_Y^2이라고 하면 검정대상이 되는 가설은 $H_0 : \sigma_X^2 = \sigma_Y^2$ 대 $H_1 : \sigma_X^2 > \sigma_Y^2$이 된다. 검정통계량의

관측값은

$$\frac{S_X^2}{S_Y^2} = \frac{10}{8} = 1.25$$

이며, 자유도가 $(n-1, m-1) = (19, 9)$인 F분포로부터 구한 유의확률은 $F \sim F(19, 9)$인 확률변수 F가 1.25보다 클 확률인 $P(F \geq 1.25) = 0.3789$가 되므로 유의수준 0.05에서 귀무가설을 기각하지 못한다. 즉, 유의수준 5%에서, 자료로부터 새로운 제조라인을 도입함으로써 제품 중량의 분산을 줄일 수 있다는 증거가 없다.

한편, 모평균 μ_X와 μ_Y가 알려져 있으면 모분산의 동일성검정에 대한 검정통계량은

$$F = \frac{\sum_{i=1}^{n}(X_i - \mu_X)^2/n}{\sum_{j=1}^{m}(Y_j - \mu_Y)^2/m}$$

이 되는데 $H_0 : \sigma_X^2 = \sigma_Y^2$하에서 $F \sim F(n, m)$이므로, 유의확률 계산에 자유도가 (n, m)인 F분포를 사용하는 것 외에는 모평균 μ_X와 μ_Y가 알려져 있지 않은 경우와 동일한 과정을 거친다.

8.7 신뢰구간과 가설검정

7장과 8장을 통해 통계적 추론을 다루는 과정에서, 신뢰구간을 구할 때 사용되는 확률변량이 검정에서도 사용된다는 것을 여러 번 보았을 것이다. 실제로, 신뢰수준이 $100(1-\alpha)\%$인 신뢰구간을 통하여 유의수준 α, 즉 $100\alpha\%$의 양측검정을 하는 경우가 있다.

모평균이 μ이고 모분산이 σ^2인 정규모집단에서 크기 n인 랜덤표본을 뽑았다고 하자. 모분산이 알려져 있다면 신뢰수준 $100(1-\alpha)\%$ 신뢰구간은 $\overline{X} \pm z_{\alpha/2}\sigma/\sqrt{n}$이 된다. 어떤 μ^*라는 값이 이 구간 안에 들어있다고 하자. 그러면 $\overline{X}$로부터 μ^*까지의 거리, $|\overline{X} - \mu^*|$는 $z_{\alpha/2}\sigma/\sqrt{n}$보다 작아진다. 즉,

$$\frac{|\overline{X}-\mu^*|}{\sigma/\sqrt{n}} < z_{\alpha/2}$$

이다. 이제 $H_0 : \mu = \mu^*$인 양측검정을 생각해 보자. 검정통계량은

$$Z = \frac{\overline{X}-\mu^*}{\sigma/\sqrt{n}}$$

이 되고

$$\frac{|\overline{X}-\mu^*|}{\sigma/\sqrt{n}} < z_{\alpha/2}$$

이라는 사실에 의해 유의확률은 α보다 커지게 될 것이다. 즉, $\mu = \mu^*$이라는 귀무가설은 유의수준 α에서 기각되지 못한다. 이와 같이 신뢰구간 안에 들어가는 값은 귀무가설에서 가정되었을 때 기각되지 않으므로, 신뢰구간은 모수의 값으로서 기각되지 못하는 귀무가설의 집합이라고 볼 수 있다. 이때 검정의 유의수준과 신뢰구간의 신뢰수준은 더해서 100%가 되는 관계가 있다.

신뢰구간을 이용하여 양측검정을 하게 되면, 유의확률은 얻을 수 없지만 모수가 가질 가능성이 있는 값들을 볼 수 있는 장점이 있다. 유의확률을 이용하여 검정을 하는 경우에는 관측값이 귀무가설에 대한 어느 정도의 강한 반증이 되는지 수치로 보여줄 수 있지만, 모수가 가질 가능성이 있는 값들에 대한 정보는 주지 않는다. 그러한 정보는 구간추정을 통해 얻을 수 있다.

예제 8.12

예제 7.4에서 고등학교 1학년 학생들의 스마트폰 이용시간에 대한 자료를 다루었다. 모평균에 대한 신뢰수준 95%의 신뢰구간은 (1.1655, 3.7345)로 계산되었다. 만약 이 고등학교 1학년 학생들의 스마트폰 이용시간이 평균 1시간인지 아닌지 $H_0 : \mu = 1$과 $H_1 : \mu \neq 1$을 유의수준 5%에서 검정하고자 한다면, 따로 검정절차를 거치지 않고 이미 구한 신뢰구간의 결과로부터 쉽게 검정할 수 있다. 신뢰구간이 $\mu = 1$을 포함하지 않으므로 유의수준 5%에서 $H_0 : \mu = 1$은 기각될 것이다. 만약 이용시간의 평균이 2시간인지 아닌지 $H_0 : \mu = 2$와 $H_1 : \mu \neq 2$를 검정하고자 한다면, 2가 신뢰구간에 포함되므로 유의수준 5%에서 귀무가설을 기각할 수 없게 된다.

예제 8.13

예제 7.10의 옥수수(Zea mays) 재배자료는 짝짓기 설계 실험에 의한 결과로, 교차수정이 자가수정보다 성장이 우월한지가 주된 관심사라고 하였다. $Y=$교차수정$-$자가수정이라고 하면, $H_0: \mu_Y = 0$ 대 $H_1: \mu_Y > 0$을 검정하는 것에 관심이 있을 것이다. 예제 7.10에서 '교차수정–자가수정'에 대한 신뢰수준 95%인 신뢰구간이 (−0.003, 5.217)로 계산되었다. 그런데 이러한 신뢰구간을 이용하여 검정하는 방법은 양측검정과 동등하게 되므로 $H_0: \mu_Y = 0$ 대 $H_1: \mu_Y > 0$의 검정은 신뢰구간을 이용한 결과와 항상 일치하지는 않을 것이다. 정확히 동등한 결과를 얻기 위해서는 신뢰구간도 한쪽으로 계산된 결과를 사용해야 한다. 즉,

$$
\begin{aligned}
1-\alpha &= P\left(\frac{\overline{Y}-\mu_Y}{S_Y/\sqrt{n}} \le t_\alpha(n-1)\right) \\
&= P(\overline{Y}-t_\alpha(n-1)S_Y/\sqrt{n} \le \mu_Y)
\end{aligned}
$$

로부터 $(\overline{Y}-t_\alpha(n-1)S_Y/\sqrt{n}\,,\ \infty)$가 신뢰수준 $1-\alpha$인 신뢰구간이 됨을 알 수 있다.[2] 옥수수 재배자료에서 $\alpha = 0.05$일 때 이 구간은 $(0.4634, \infty)$이 되고, 이것은 0을 포함하지 않으므로 5% 유의수준에서 $H_0: \mu_Y = 0$을 기각하고 교차수정이 자가수정보다 성장이 우월하다고 결론내릴 수 있다.

예제 8.14

예제 7.13에서 어떤 화학반응에 대한 실험을 섭씨 0도와 섭씨 10도에서 10회 반복 시행한 결과의 자료에 대해, 모분산의 비에 대한 신뢰구간을 구하였다. 자료가 정규분포를 따르며, 모평균은 알려지지 않았다고 가정했을 때, 모분산의 비(ratio) σ_X^2/σ_Y^2에 대한 신뢰수준 95%인 신뢰구간이 (0.1696, 2.7507)로 계산되었다.

95% 신뢰수준의 신뢰구간이 1을 포함하므로, 유의수준 5%에서 모분산의 비 σ_X^2/σ_Y^2이 1이 아니라는 증거가 없다. 즉, 유의수준 5%의 모분산의 동일성검정에서 귀무가설을 기각할 수 없고, 모분산이 같지 않다는 증거가 있다고 말할 수 없다.

2) 대립가설이 방향을 가지는 경우 이에 대응되는 신뢰구간은 단측의 형태를 가진다.

8장 연습문제

01 중량 100g이라고 적혀있는 과자의 무게가 과연 100g인지 궁금하다고 하자. 기대한 만큼 들어있지 않아서 100g보다 가벼운 것이 아닌지 의심하고 있다. 이 과자를 매일 하나씩 30일간 구입하여 무게를 구한 다음 이 자료를 이용하여 가설검정을 하고자 할 때,

(1) 적절한 가설을 세우시오.

(2) 상황에 맞도록 두 종류의 오류를 설명하시오.

(3) 이 과자의 중량이 $\sigma = 8g$의 표준편차를 갖는 정규분포를 따른다고 할 때, 적절한 검정통계량을 제시하시오.

(4) 30일간 구입하여 무게의 평균을 구한 결과가 $97g$이었다고 할 때, 유의확률을 계산하시오.

(5) 모표준편차가 알려져 있지 않다고 가정하고, 30일간 구입하여 무게의 표본자료를 구했을 때 표본 표준편차가 $8.7g$이었다고 하자. 이때 검정통계량의 값을 구하고 부록 〈표 2〉를 이용하여 유의확률이 속하는 범위를 제시하시오.

02 어떤 질병에 대하여 지금까지 알려진 방법에 의한 치유율이 40%라고 한다. 이제 어느 제약회사 연구소에서 이 질병에 대한 새로운 치료제로서 신약을 개발하였다면 신약의 치유율을 p라고 할 때 임상실험에 의하여 검정하고자 하는 가설은

$$H_0 : p \le 0.4 \quad 대 \quad H_1 : p > 0.4$$

이 된다.

(1) 가설검정 과정에서 발생할 수 있는 제1종 오류와 제2종 오류를 설명하시오.

(2) 두 가지의 오류에 대한 대처 방법은 무엇인가?

03 자료에 근거하여 검정하지 않고 다음과 같은 방법으로 가설검정을 한다고 하자. 공정한 동전을 5회 던져 5회 모두 앞면(H)이 나오면 귀무가설 H_0를 기각하고, 그 이외의 경우에는 H_0를 기각하지 않는다. 이 검정방법에 대하여 제1종 오류를 범할 확률을 구하시오.

04 이산형 확률변수 X의 확률질량함수가 귀무가설 $H_0 : \theta = \theta_0$와 대립가설 $H_1 : \theta = \theta_1$하에서

x	1	2	3	4
$H_0 : \theta = \theta_0$	0.05	0.15	0.30	0.50
$H_1 : \theta = \theta_1$	0.40	0.30	0.20	0.10

로 주어졌다고 하자. (X가 가질 수 있는 값은 1,2,3,4임.)

$H_0 : \theta = \theta_0$ 대 $H_1 : \theta = \theta_1$을 고려할 때, 귀무가설 H_0에 대한 기각영역으로 $\{X=1\}$을 택했다고 하자.

(1) 제1종 오류를 범할 확률은 얼마인가?

(2) 제2종 오류를 범할 확률은 얼마인가?

05 '성공'의 확률이 p인 베르누이 시행을 2회 독립적으로 반복했을 때, 가설 $H_0 : p = 1/3$ 대 $H_1 : p = 2/3$ 에 대한 검정에서 귀무가설 H_0에 대한 기각영역으로 '2회 모두 성공'인 경우를 택했다고 하자. 이때 발생하는 제1종 오류를 범할 확률과 제2종 오류를 범할 확률을 구하시오.

06 평균이 μ이고 분산이 σ^2인 정규분포를 따르는 어느 제품의 수명에 대한 검정을 하고자 25개 제품을 랜덤표본추출하였더니 표본평균이 $\overline{X}_{25} = 11$ 그리고 표본분산이 $S^2 = 4$로 구해졌다. 이때 모평균 μ에 대한 가설 $H_0 : \mu = 8$ 대 $H_1 : \mu > 8$에 대한 유의수준 $\alpha = 0.05$인 검정방법을 구하시오.

07 다음은 Gosset이 t 분포를 제안할 때 사용한 수면제 관련 자료로서, 10명의 환자에게 수면제 사용전과 사용 후의 추가수면 시간에 대한 관측자료이다.

환자	사용 전	사용 후
1	0.7	1.9
2	−1.6	0.8
3	−0.2	1.1
4	−1.2	0.1
5	−1	−0.1
6	3.4	4.4
7	3.7	5.5
8	0.8	1.6
9	0	4.6
10	2	3.4
평균	0.66	2.33
표준편차	1.86	2.00

수면제 사용 전과 사용 후의 차이가 있는지에 대해 대응짝검정의 결과를 구하시오.

08 모평균이 μ이고 모분산이 $\sigma^2 = 25$인 정규모집단에서 크기 n인 랜덤표본을 뽑았다고 하자. 이제 가설 $H_0 : \mu \le 0$ 대 $H_1 : \mu > 0$에 대한 검정을 하고자 할 때, 표본평균 $\overline{X}_n = 1.5$가 주어졌다고 하자.

(1) $n = 10$일 때의 유의확률은 얼마인가?

(2) $n = 30$일 때의 유의확률은 얼마인가?

09 어떤 특정한 암의 경우에 수술을 시행한 후 완치되는 비율이 30%라고 한다. 이 암에 걸린 60명의 환자를 대상으로 수술 외에 방사선치료를 병행하였더니 60명 중 27명이 완치되었다고 한다. 이 자료로부터 수술만 하는 것보다 방사선치료를 병행하는 것이 완치율을 높이는 데 효과가 있다고 할 수 있는지 검정하시오.

10 어느 TV 방송국의 프로그램에 대한, 지역 A와 지역 B의 가구시청률의 차이에 대한 추론을 하고자 한다. 지역 A에서 400가구 지역 B에서 600가구를 각각 단순랜덤추출한 결과, 지역 A에서는 100가구 그리고 지역 B에서는 200가구가 해당 프로그램을 시청한 것으로 조사되었다. 이제 귀무가설(지역 A와 지역 B의 시청률의 차이가 없다.)과 대립가설(지역 B의 시청률이 지역 A보다 더 높다.)에 대한, 표본비율의 차이에 근거한 유의수준 α인 검정방법을 제시하시오.

11 토마토 수확에 두 종류의 비료 A와 B의 효과를 비교하고자 한다. 11개의 고랑에 비료 A와 B를 임의로 배치하여 구한 자료이다. 비료 B(새로 개발된 비료)가 비료 A(기존에 사용)보다 토마토 수확에 더 효과가 있는지에 대한 검정을 시행하시오.

고랑 위치	비료 종류	수확량
1	A	29.9
2	A	11.4
3	B	26.6
4	B	23.7
5	A	25.3
6	B	28.5
7	B	14.2
8	B	17.9
9	A	16.5
10	A	21.1
11	B	24.3

12 어떤 회사에서 생산하는 제품의 품질을 관리하기 위하여 생산되는 제품 무게의 흐트러진 정도의 측도인 모분산을 9 미만으로 낮추고자 한다. 제품의 중량은 정규분포 $N(\mu, \sigma^2)$를 따른다고 가정한다. 랜덤표본 $X_1, X_2, \cdots, X_{20}$에 근거하여 표본분산 $S^2 = 8$를 구했다고 할 때, 모분산이 9 미만이라고 할 수 있는지 검정하시오.

13 기존의 교육방법에 의하면 어떤 기술과정에 대한 습득기간이 평균이 15일이고 표준편차가 3일인 정규분포를 따른다고 한다. 그런데 이 기술과정에 대한 새로운 교육방법이 제안되었고, 이 방법의 개발진은 새로운 교육방법이 습득기간을 단축시킨다고 주장하고 있다. 이 주장을 확인하기 위하여, n명을 표본으로 랜덤추출하여 새로운 교육방법의 기술 습득기간에 대한 유의수준 0.05인 가설검정을 하고자 한다. 실제로 새로운 교육방법의 평균 습득기간이 13일일 때, 잘못 결정할 확률을 0.1 이하로 하려면 표본크기는 얼마 이상이어야 하는가?

14 두 가지 화학 실험환경 A와 B에서 반응속도의 변동에 차이가 있는지 알아보고자 각 환경에서 10회의 독립적인 실험을 통해, 환경 A에서는 $\overline{X}_A = 120.2$, $S_A^2 = 10.8$ 그리고 환경 B에서는 $\overline{X}_B = 138.8$, $S_B^2 = 11.2$과 같은 결과를 구하였다. 반응속도에 대한 정규성을 가정할 때,

(1) 모분산에 차이가 없다(즉, 모분산의 비가 1)는 가설에 대해 유의수준 5%에서 검정하시오.

(2) 모분산의 비에 대해 신뢰수준이 95%인 신뢰구간을 구하시오.

(3) (1)과 (2)의 결과를 유의확률과 유의수준의 관계의 측면에서 설명하시오.

15 연습문제 7.16에서 운전자들의 빨간 불에 대한 반응속도와 초록 불에 대한 반응속도를 비교하기 위해 속도차이의 평균에 대한 신뢰수준 99% 신뢰구간을 구하였다. 이 신뢰구간을 이용하여 속도차이의 평균이 0인지 아닌지 유의수준 1%에서 검정하시오. 또, 빨간 불에 대한 반응속도가 초록 불에 대한 반응속도보다 빠른지를 검정하고 싶다면, 어떤 신뢰구간을 구해야 하며 검정의 결과는 어떻게 되는지 설명하시오.

Ⅳ부

통계적 방법론

제 9 장 회귀분석

3.2절에서 양적 변수들 간의 함수적인 관련성을 규명하는 회귀분석에 대한 기본적인 개념을 소개하였다. 이제 한 걸음 더 나아가 그 함수적 관련성에 대한 수리적 모형을 세우고, 회귀모형의 계수에 대한 추론의 방법과 모형의 진단, 변수의 선택 등에 대해 알아보도록 하자.

9.1 단순선형회귀

단순선형회귀는 회귀분석 중에서 가장 간단한 형태로, 반응변수와 설명변수의 관계가 선형이고 설명변수의 개수가 하나인 회귀분석이다.

9.1.1 회귀모형 설정

다음 〈표 9.1〉에 주어진 자료는 3장에서 이미 소개되었던 부모의 키와 자녀의 키에 대한 갈톤(Sir Francis Galton)의 자료로서, 회귀분석이 유래되는 역사적으로 유명한 자료이다. 이 자료를 살펴봄으로써 선형회귀모형에 대한 동기를 찾아보기로 한다. 이 자료는 이원분할 도수분포표로서, 해당하는 경우에 대한 도수(frequency)를 나타낸 것인데, 예를 들어 부모의 키가 72.5인치이고 자녀의 키가 72.2인치 경우는 7건, 부모의 키가 64.5인치이고 자녀의 키가 69.2인치인 경우는 2건이 있었다. 도수의 합은 928이었으며 부모의 키는 아버지와 어머니의 키를 '조절'한 하나의 값으로 주어졌다.

〈표 9.1〉 부모의 키와 성인자녀의 키, 갈톤의 자료

부모의 키	성인자녀의 키														도수의 합
	이하	62.2	63.2	64.2	65.2	66.2	67.2	68.2	69.2	70.2	71.2	72.2	73.2	이상	
72.5이상	-	-	-	-	-	-	-	-	-	-	-	1	3	-	4
72.5	-	-	-	-	-	-	-	1	2	1	2	7	2	4	19
71.5	-	-	-	-	1	3	4	3	5	10	4	9	2	2	43
70.5	1	-	1	-	1	1	3	12	18	14	7	4	3	3	68
69.5	-	-	1	16	4	17	27	20	33	25	20	11	4	5	183
68.5	1	-	7	11	16	25	31	34	48	21	18	4	3	-	219
67.5	-	3	5	14	15	36	38	28	38	19	11	4	-	-	211
66.5	-	3	3	5	2	17	17	14	13	4	-	-	-	-	78
65.5	1	-	9	5	7	11	11	7	-	5	2	1	-	-	66
64.5	1	1	4	4	1	5	5	-	2	-	-	-	-	-	23
64.5이하	1	-	2	4	1	2	2	1	1	-	-	-	-	-	14
합	5	7	32	59	48	117	138	120	167	99	64	41	17	14	928

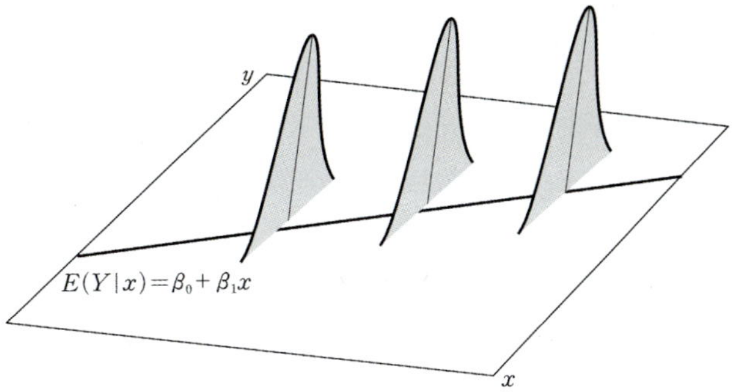

〈그림 9.1〉 단순선형회귀모형에서 x와 Y의 관계

갈톤은 〈표 9.1〉의 자료에 근거하여 '부모의 키'와 '성인자녀의 키' 사이의 현상을 설명할 수 있는 통계적 모형을 만들고자 하였다. 부모의 키를 X, 성인 자녀의 키를 Y라고 할 때, 이들의 분포를 검토하면 다음과 같은 사실들을 알 수 있다. X의 값을 고정하면 몇 개의 특이점들을 제외하면 Y가 전체적으로 정규분포와 비슷한 형태를 띤다. 또, X의 값이 커질 때 Y의 분포의 중심이 X에 대해 선형으로 커지고, X의 값이 달라지더라도 Y의 분산은 거의 비슷하다는 것을 볼 수 있다. 이를 바탕으로 X의 값이 x로 주어졌을 때, Y의 기댓값은 x에 대해 선형꼴이며 분산은 x값에 대해 상수인 정규분포를 따른다는 가정을 할 수 있다. 이를 그림으로 표현하면 〈그림 9.1〉과 같다.

위와 같은 사실들로부터 단순선형회귀모형 $Y = \beta_0 + \beta_1 x + \varepsilon$, $\varepsilon \sim N(0, \sigma^2)$을 고려할 수 있다.[1] 설명변수 X와 반응변수 Y에 대한 자료가 $(x_1, Y_1), \cdots, (x_n, Y_n)$으로 주어지면, 단순선형회귀모형은

$$Y_i = \beta_0 + \beta_1 x_i + \varepsilon_i \,, \quad i = 1, \cdots, n$$

으로 표현되며 이에 수반되는 가정은 다음과 같다.

i) β_0와 β_1은 직선의 절편과 기울기에 해당하는 회귀모수이다.

ii) 오차항 ε_i 들은 서로 독립이며 $N(0, \sigma^2)$ 분포를 따른다.

이 모형은 설명변수가 여러 개인 다중선형회귀모형(multiple linear regression

1) 회귀모형에서 설명변수는 주어진 값이며 이에 따른 반응변수는 오차가 포함된 확률변량이다. 따라서 설명변수는 소문자 x, 그리고 반응변수는 대문자 Y를 사용하여 표기한다.

model)으로 확장될 수 있으며, 다중선형회귀는 여러 분야에 널리 응용되고 있는 대표적인 통계모형 중의 하나이다. 여기에 수반되는 문제로는 회귀모수의 추정, 회귀진단, 모형의 선택 등이 있다.

9.1.2 회귀모형에 대한 추론

두 변수 X와 Y에 대한 단순선형회귀모형 $Y=\beta_0+\beta_1 x+\varepsilon$을 적합할 때, β_0, β_1, σ^2은 미지의 모수이므로 자료를 사용하여 추정하여야 한다. 우선 선형식 $\beta_0+\beta_1 x$의 회귀모수 β_0와 β_1을 자료 $(x_1,\ Y_1),\ \cdots,\ (x_n,\ Y_n)$으로부터 추정하는 방법을 생각해 보자. β_0와 β_1은 X와 Y의 직선관계를 결정하는 계수들이므로 산점도에 나타난 자료를 가장 잘 설명하는 직선을 골라 그 직선의 절편과 기울기로 각각 추정할 수 있을 것이다. 그런데 어떤 직선이 자료에 가장 '가까운'가에 대한 기준이 필요하다. 산점도 위에 직선을 그린다면, 자료와 직선 간의 수직 거리를 기준으로 삼아 이를 최소화하는 것이 타당한 방법이 될 수 있다.

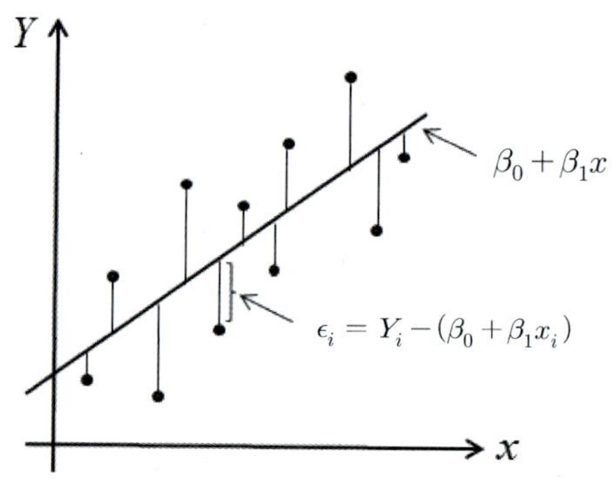

〈그림 9.2〉 회귀직선과 오차

산점도에서 자료와 직선 간의 수직거리는 〈그림 9.2〉에서와 같이 i번째 개체에 대하여 $Y_i-(\beta_0+\beta_1 x_i)$가 된다. 이는 실제로 관측된 반응변수의 값 Y_i와, x와의 선형관계를 통해 예측한 반응변수의 값 $\beta_0+\beta_1 x_i$와의 차이이며 이 편차의 제곱을 모든 개체들에 대하여 더한 편차제곱합을 추정의 기준으로 삼을 수 있다. 이제, 편차제곱합

$$\sum_{i=1}^{n}(Y_i-(\beta_0+\beta_1 x_i))^2$$

을 최소화하는 β_0와 β_1을 구하여 이를 $\hat{\beta}_0$과 $\hat{\beta}_1$으로 표기하고 회귀계수에 대한 **최소제곱추정량**(least square estimator)이라고 한다. 이러한 최소제곱추정법은 회귀분석의 계수들을 구하는 가장 오래되고 보편적인 방법이며 다른 통계적 방법에도 널리 쓰인다.

편차제곱합 $\sum_{i=1}^{n}(Y_i - \beta_0 - \beta_1 x_i)^2$을 최소로 하는 회귀계수 β_0와 β_1의 최소제곱추정량을 구해 보자. 편차제곱합을 β_0와 β_1에 대해 미분한 식을 0으로 놓으면,

$$\frac{\partial}{\partial\beta_0}\sum_{i=1}^{n}(Y_i - \beta_0 - \beta_1 x_i)^2 = -2\sum_{i=1}^{n}(Y_i - \beta_0 - \beta_1 x_i) = 0$$

$$\frac{\partial}{\partial\beta_1}\sum_{i=1}^{n}(Y_i - \beta_0 - \beta_1 x_i)^2 = -2\sum_{i=1}^{n}(Y_i - \beta_0 - \beta_1 x_i)x_i = 0$$

이 되는데, 이는

$$\beta_0 n + \beta_1\sum_{i=1}^{n}x_i = \sum_{i=1}^{n}Y_i$$

$$\beta_0\sum_{i=1}^{n}x_i + \beta_1\sum_{i=1}^{n}x_i^2 = \sum_{i=1}^{n}x_i Y_i$$

와 동등하다. 이제 이 연립방정식을 β_0와 β_1에 대해 풀어 구한 해

$$\hat{\beta}_1 = \frac{\sum_{i=1}^{n}(x_i - \overline{x}_n)(Y_i - \overline{Y}_n)}{\sum_{i=1}^{n}(x_i - \overline{x}_n)^2}$$

$$\hat{\beta}_0 = \overline{Y}_n - \hat{\beta}_1\overline{x}_n$$

가 편차제곱합을 최소로 만든다는 것을 확인할 수 있다. 이렇게 구한 최소제곱추정량 $\hat{\beta}_0$과 $\hat{\beta}_1$을 통해 추정된 회귀직선 $\widehat{Y} = \hat{\beta}_0 + \hat{\beta}_1 x$를 사용하면 i번째 개체의 반응변수의 값을 $\widehat{Y}_i = \hat{\beta}_0 + \hat{\beta}_1 x_i$로 예측할 수 있다. 이때 실제 관측값 Y_i와 예측값 $\widehat{Y}_i$의 차이인 $Y_i - \widehat{Y}_i$, $i = 1, \cdots, n$을 잔차(residual)라고 한다.

예제 9.1

일반적으로 상품에 대한 광고를 늘이면 매출도 늘어날 것으로 기대된다. 광고액과 매출액 사이의 선형관계를 알아보기 위해 동일 업종의 10개 회사들의 광고액과 매출액에 대해 다음과 같이 자료를 수집하였다고 하자(단위: 천만 원). 이때 설명변수는 광고액이고 반응변수는 매출액이 된다.

광고액	23	25	9	51	56	41	35	49	29	32
매출액	500	420	410	600	660	580	490	520	490	570

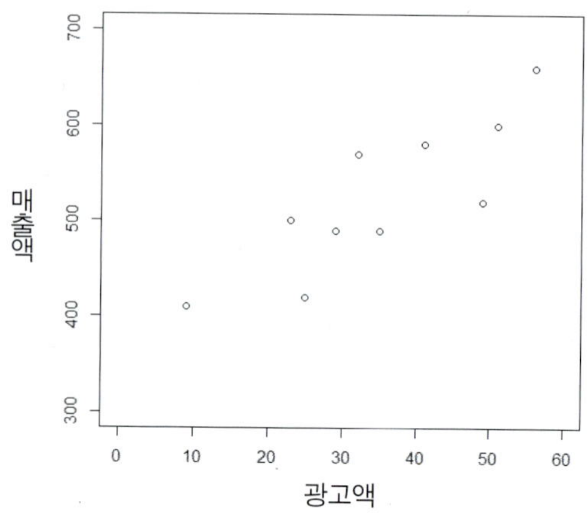

위의 자료로부터 $\sum x_i = 350$, $\sum Y_i = 5240$, $\sum x_i^2 = 14144$, $\sum x_i Y_i = 192110$ 를 계산할 수 있고, 이에 따라 $\overline{x}_n = 35$, $\overline{Y}_n = 524$, $\sum (x_i - \overline{x}_n)^2 = \sum x_i^2 - n\overline{x}_n^2 = 1894$, $\sum (x_i - \overline{x}_n)(y_i - \overline{Y}_n) = \sum x_i Y_i - n\overline{x}_n \overline{Y}_n = 8710$ 이다. 회귀계수에 대한 최소제곱추정값은

$$\hat{\beta}_1 = \frac{8710}{1894} = 4.599, \quad \hat{\beta}_0 = 524 - \frac{8710}{1894} \times 35 = 363.044$$

로 계산되어, 자료로부터 추정된 회귀직선은 $\hat{Y} = 363.044 + 4.599x$ 가 된다. 만약 광고비를 5억 투자하면 어느 정도의 매출이 생길지 예측하고자 한다면 $x = 50$ 을 회귀직선에 대입하여 $\hat{Y} = 592.994$ 로 예측할 수 있다.

최소제곱법으로 추정된 기울기,

$$\hat{\beta}_1 = \frac{\sum_{i=1}^{n}(x_i - \overline{x}_n)(Y_i - \overline{Y}_n)}{\sum_{i=1}^{n}(x_i - \overline{x}_n)^2}$$

는 피어슨 상관계수 r과 표본공분산 s_{XY}, X의 표본표준편차 s_X, Y의 표본표준편차 s_Y를 이용하여 $\hat{\beta}_1 = \dfrac{rs_Y}{s_X}$로도 쓸 수 있다. 이를 표현한 〈그림 9.3〉에서 3장에서 소개했던 회귀라는 용어의 의미도 다시 검토해 보자. 선형관계가 완전하여 상관계수가 $r = \pm 1$인 경우를 제외하면 $|r| < 1$이기 때문에 반응변수 Y의 예측값 $\hat{Y}$이 이에 해당하는 설명변수 x의 값보다도 더 평균쪽으로 가깝게 위치한다. 가령 $r > 0$일 때, 어떤 양의 상수 c에 대하여 설명변수의 값이 $x = \overline{x} + cs_X$이면, 그에 해당되는 반응변수 Y의 예측값은 $\hat{Y} = \overline{Y} + crs_Y$로서 $\overline{Y} + cs_Y$보다 작게 된다. 따라서 반응변수 Y의 예측값이 평균 $\overline{Y}$쪽으로 회귀(regress)하는 현상을 보인다. 또 $r = 0$인 경우 회귀직선은 x축과 평행이 되며, 설명변수 X의 주어진 값이 Y의 값을 예측하는 데 아무런 도움이 되지 않는다.

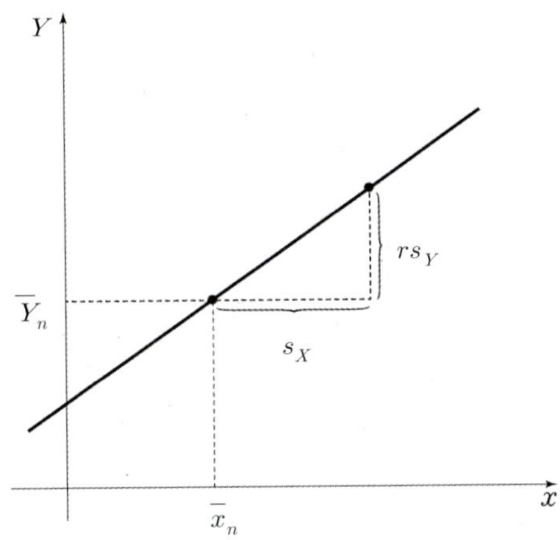

〈그림 9.3〉 회귀직선의 기울기와 상관계수

회귀직선의 기울기 β_1은 설명변수 x의 값을 한 단위 증가시킬 때 Y의 값의 변화에 대한 측도이다. 만약 회귀직선이 $Y = 2 + 3x$라면, x를 한 단위 증가시킬 때마다 Y는 세 단위가 증가한다는 뜻이다.

회귀직선의 기울기는 반응변수와 설명변수의 표준편차에도 영향을 받으므로, 기울기가 크다고 해서 두 변수의 선형관계가 강하다고 할 수는 없다. 회귀직선의 절편은 $x = 0$일 때의 Y 값이므로 직선을 적합할 때 꼭 필요하지만, x가 0 또는 그 주변의 값을 가질 수 없는 경우에는 그 자체로 특별히 의미 있는 값이 되지 못한다.

이제, 또 다른 모수인 σ^2의 추정에 대해 살펴보자. σ^2은 오차항 $\varepsilon = Y - \beta_0 - \beta_1 x$의 분산인데, β_0와 β_1은 관측되지 않으므로 최소제곱법으로 추정된 $\hat{\beta}_0$와 $\hat{\beta}_1$을 대입하여

$$s^2 = \frac{1}{n-2} \sum_{i=1}^{n} (Y_i - \hat{\beta}_0 - \hat{\beta}_1 x_i)^2$$

으로 추정할 수 있다. s^2은 평균제곱오차(mean square error, MSE)라고도 하는데, 이는 단순선형회귀모형의 가정하에서 σ^2의 비편향추정량임이 알려져 있다.

앞에서 최소제곱법을 이용하여 회귀계수를 추정하였다. 단순선형회귀식에서 기울기에 해당하는 β_1은 설명변수의 값이 변할 때 반응변수가 어떻게 변하는지를 말해주는 수치로서, 이 값이 0이라면 설명변수와 반응변수 사이에 아무런 관계가 없는 것이 된다. 그러므로 이 값이 0과 유의하게 다른지를 자료로부터 밝히는 것이 중요한 과제가 될 것이다. 이와 같이 회귀식과 관련된 여러 가지 추정과 검정이 관심의 대상이 된다. 모수인 β_0과 β_1, σ^2에 대한 추정과 검정, x값이 주어져 있을 때 Y의 조건부기댓값에 대한 추정과 검정, x값이 주어질 때 미래의 Y값에 대한 예측 등을 생각할 수 있을 것이다. 최소제곱법을 통한 회귀계수의 추정이나 추정된 회귀식을 이용한 예측값의 계산에서는 오차항의 분포에 대한 가정이 필요하지 않았다. 하지만 회귀계수에 대한 구간추정이나 검정을 위해서는 오차항의 분포에 대한 가정이 필요하며, 가장 보편적인 것이 앞에서 보았던 정규성가정이다.

단순선형회귀모형

$$Y_i = \beta_0 + \beta_1 x_i + \varepsilon_i\,, \quad i = 1, \cdots, n$$

에서 오차의 정규성 $\varepsilon_i \sim N(0, \sigma^2)$과 오차항 $\varepsilon_1, \cdots, \varepsilon_n$의 독립성을 가정하고 단순선

형회귀와 관련된 추론을 해 보자. 앞에서 구한 β_0와 β_1의 최소제곱추정량은 Y_i들의 선형결합으로 표현할 수 있고, 이를 이용하여 추정된 $\hat{\beta}_0$와 $\hat{\beta}_1$의 분포가

$$\hat{\beta}_1 \sim N(\beta_1, \frac{\sigma^2}{\sum(x_i - \bar{x}_n)^2}),\ \hat{\beta}_0 \sim N\left(\beta_0, \left(\frac{1}{n} + \frac{\bar{x}_n^2}{\sum(x_i - \bar{x}_n)^2}\right)\sigma^2\right)$$

임을 보일 수 있다. 이 결과로부터 $\hat{\beta}_0$은 β_0의, 그리고 $\hat{\beta}_1$은 β_1의 비편향추정량이라는 것을 알 수 있고, 표준화를 통해 구간추정도 할 수 있다. 분포의 분산에 등장하는 σ^2은 미지의 모수이므로 이를 추정량인 $s^2 = \frac{1}{n-2}\sum_{i=1}^{n}(Y_i - \hat{\beta}_0 - \hat{\beta}_1 x_i)^2$로 대체하면,

$$\frac{\hat{\beta}_1 - \beta_1}{s/\sqrt{\sum(x_i - \bar{x}_n)^2}} \sim t(n-2),\ \frac{\hat{\beta}_0 - \beta_0}{s\sqrt{\frac{1}{n} + \frac{\bar{x}_n^2}{\sum(x_i - \bar{x}_n)^2}}} \sim t(n-2)$$

이 된다는 것이 알려져 있으므로 이를 이용하여, β_1과 β_0에 대한 신뢰수준 $100(1-\alpha)\%$ 신뢰구간을 다음과 같이 각각 구할 수 있다.

β_1의 신뢰수준 $100(1-\alpha)\%$ 신뢰구간: $\hat{\beta}_1 \pm t_{\alpha/2}(n-2)\frac{s}{\sqrt{\sum(x_i - \bar{x}_n)^2}}$

β_0의 신뢰수준 $100(1-\alpha)\%$ 신뢰구간: $\hat{\beta}_0 \pm t_{\alpha/2}(n-2)s\sqrt{\frac{1}{n} + \frac{\bar{x}_n^2}{\sum(x_i - \bar{x}_n)^2}}$

예제 9.2

예제 9.1의 광고액과 매출액 자료에서 회귀직선의 기울기와 절편에 대한 95% 신뢰구간을 구해 보자. $s = \sqrt{SSE/8} = \sqrt{16185.04/8} = 44.979$이고, $t_{0.025}(8) = 2.306$, $\sum(x_i - \bar{x}_n)^2 = 1894$이므로, β_1의 신뢰수준이 95%인 신뢰구간은

$$4.599 \pm 2.306 \times 44.979/\sqrt{1894} = (2.1543, 7.0437)$$

이 되고, β_0의 신뢰수준이 95%인 신뢰구간은

$$363.044 \pm 2.306 \times 44.979 \times \sqrt{0.1 + \frac{35^2}{1894}} = (273.412, 452.676)$$

이 된다.

설명변수와 반응변수 사이에 유의한 선형적인 관련성이 있는지를 확인하기 위하여 귀무가설 $H_0 : \beta_1 = 0$을 검정해 보자. 대립가설은 $H_1 : \beta_1 > 0$, $\beta_1 < 0$, 또는 $\beta_1 \neq 0$으로 놓을 수 있다. 통계량

$$T = \frac{\hat{\beta}_1}{s / \sqrt{\sum (x_i - \overline{x}_n)^2}}$$

이 귀무가설하에서 자유도가 $n-2$인 t 분포를 따르므로 이를 검정통계량으로 이용하여 다음 〈그림 9.4〉와 같이 유의확률을 구할 수 있다.

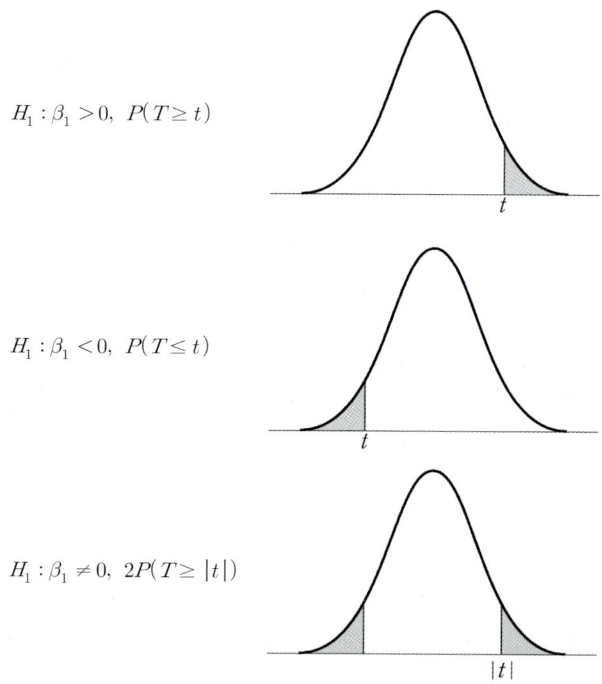

〈그림 9.4〉 회귀직선의 기울기검정에 대한 유의확률

예제 9.3

예제 9.1의 광고액과 매출액 자료에서 회귀직선의 기울기가 0과 유의하게 다른지 검정해 보자. $H_0 : \beta_1 = 0$과 $H_1 : \beta_1 \neq 0$으로 검정하면, 검정통계량의 값이

$$\frac{\hat{\beta}_1}{s/\sqrt{\sum(x_i - \overline{x}_n)^2}} = \frac{4.599}{44.979/\sqrt{1894}} = 4.45$$

이고, 통계 패키지로 계산한 유의확률은 0.00214이다. 유의확률이 매우 작으므로, 회귀직선의 기울기가 0과 매우 유의하게 다르다고 할 수 있고, 광고액과 매출액 사이에는 통계적으로 유의한 선형관계가 있다고 하겠다.

이제, x의 값이 주어졌을 때 Y의 조건부기댓값, 즉 $\beta_0 + \beta_1 x$에 대한 추론을 생각해 보자. 흔히 두 변수 간의 관련성을 생각할 때, 설명변수가 특정한 값을 가질 때 반응변수는 어떤 값을 가질 것인지가 관심의 대상이 된다. 단순선형회귀모형에 따르면, 주어진 x값에 대해 Y는 평균이 $\beta_0 + \beta_1 x$이고 분산이 σ^2인 정규분포를 따르므로 그 평균에 대한 추론은 자연스러운 일이 될 것이다. β_0과 β_1의 추정량을 대입하여 조건부기댓값에 대한 추정량을 구하고, $\hat{\beta}_0 + \hat{\beta}_1 x$를 Y_i들의 선형결합으로 표현하여

$$\widehat{E(Y|x)} = \hat{\beta}_0 + \hat{\beta}_1 x \sim N\left(\beta_0 + \beta_1 x,\ \left(\frac{1}{n} + \frac{(x - \overline{x}_n)^2}{\sum(x_i - \overline{x}_n)^2}\right)\sigma^2\right)$$

임을 보일 수 있다. 미지의 모수인 σ^2을 s^2으로 추정하여, $E(Y|x) = \beta_0 + \beta_1 x$의 신뢰수준 $100(1-\alpha)\%$인 신뢰구간을

$$\hat{\beta}_0 + \hat{\beta}_1 x \pm t_{\alpha/2}(n-2)s\sqrt{\frac{1}{n} + \frac{(x - \overline{x}_n)^2}{\sum(x_i - \overline{x}_n)^2}}$$

로 구한다. 신뢰구간의 길이는

$$2t_{\alpha/2}(n-2)s\sqrt{\frac{1}{n} + \frac{(x - \overline{x}_n)^2}{\sum(x_i - \overline{x}_n)^2}}$$

이고, 이는 x의 값이 $\overline{x}_n$로부터 멀리 떨어져 있을수록 더 길어진다. 〈그림 9.5〉에서

예제 9.1의 자료로 x의 값들에 대해 Y의 조건부기댓값에 대한 신뢰수준 95%의 신뢰구간을 표시하여 신뢰대(confidence band)를 그렸는데, x의 값이 자료의 중심에서 멀리 떨어질수록 신뢰구간이 넓어짐을 볼 수 있다.

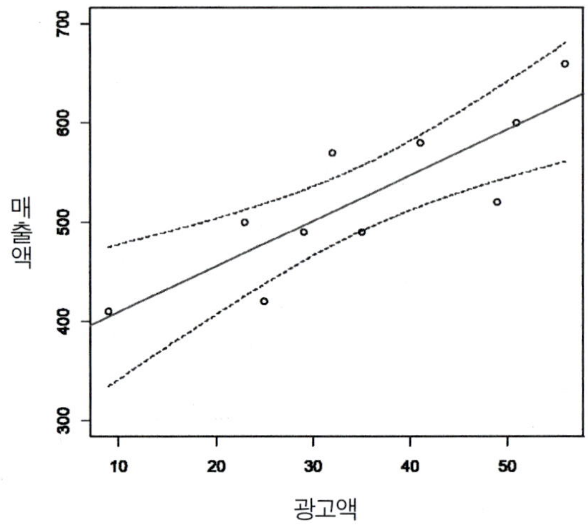

〈그림 9.5〉 반응변수의 조건부기댓값에 대한 95% 신뢰대

때로는 주어진 x값에서 Y의 분포의 기댓값이 아니라 개별 관측값에 관심이 있는 경우가 있다. 이와 같이 미래에 할 실험에서 x를 특정한 값으로 고정하면 어떤 값이 관측될지를 예측하고 싶을 때, 개별 관측값, $Y|X=x^*$에 대한 추론을 생각할 수 있다. 이때 x^*와 그에 해당하는 반응변수 Y는 회귀직선 적합에 사용했던 자료와는 상관이 없는 새로운 관측값이다. 이 경우 $\hat{Y}=\hat{\beta}_0+\hat{\beta}_1 x^*$가 반응변수 Y의 예측값으로 사용되고, $\hat{Y}-Y$의 분포를 이용하여 예측구간(prediction interval)을 구하게 된다. $\hat{Y}$는 주어진 자료를 통해 얻어지기 때문에 $\hat{Y}$와 Y는 독립이라는 사실을 이용하면,

$$\hat{Y}-Y \sim N\left(0, \sigma^2\left[1+\frac{1}{n}+\frac{(x^*-\overline{x}_n)^2}{\sum(x_i-\overline{x}_n)^2}\right]\right)$$

임을 보일 수 있고 σ^2 대신 s^2을 사용하여 $100(1-\alpha)\%$ 예측구간을 다음과 같이 얻는다.

$$\hat{\beta}_0+\hat{\beta}_1 x \pm t_{\alpha/2}(n-2)s\sqrt{1+\frac{1}{n}+\frac{(x^*-\overline{x}_n)^2}{\sum(x_i-\overline{x}_n)^2}}$$

x^*가 주어졌을 때 조건부기댓값의 신뢰구간과 Y값에 대한 예측구간을 비교해 보면, 구간의 중앙은 $\hat{\beta}_0 + \hat{\beta}_1 x^*$로 같지만 예측구간의 길이가 신뢰구간의 길이보다 항상 크다는 것을 알 수 있다. 이는 확률분포의 평균을 추정하는 것에 비해 확률변수의 값

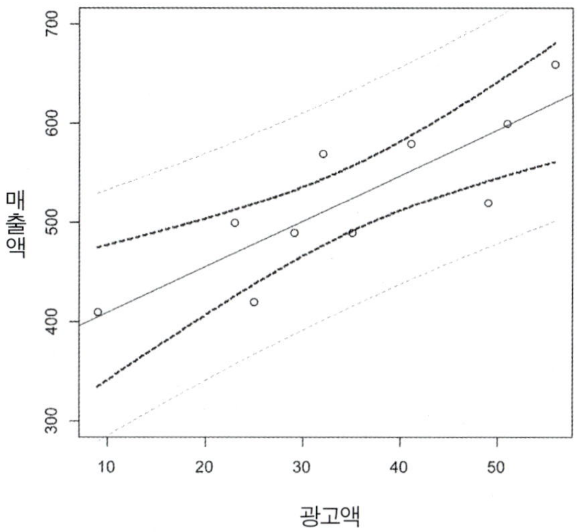

〈그림 9.6〉 반응변수의 개별 관측값에 대한 예측구간(가는 점선)과 조건부기댓값에 대한 신뢰구간(굵은 점선)

자체를 예측하는 것이 더 어렵다는 것을 보여 준다. 〈그림 9.6〉에서 예제 9.1의 자료에 대해 95% 신뢰구간과 95% 예측구간을 비교하였다.

예제 9.4

예제 9.1의 광고액과 매출액 자료에서 광고비를 5억 투자했을 때, 매출액의 기댓값의 신뢰수준 95%인 신뢰구간과 매출액의 개별 관측값에 대한 95% 예측구간을 구해 보자. 두 구간 모두 중심은 $\hat{\beta}_0 + \hat{\beta}_1 x = 363.044 + 4.599 \times 50 = 592.994$이지만 구간의 길이는 서로 다르다. 조건부기댓값의 신뢰구간 95%의 신뢰구간은

$$592.994 \pm 2.306 \times 44.979 \times \sqrt{0.1 + \frac{(50-35)^2}{1894}} = (544.4776, 641.5104)$$

이고 개별 관측값에 대한 95% 예측구간은

$$592.994 \pm 2.306 \times 44.979 \times \sqrt{1+0.1+\frac{(50-35)^2}{1894}} = (478.4863, 707.5017)$$

이 된다.

주어진 자료에 대하여 모형을 추정한 후에는 추정된 모형의 설명력에 관심을 가지게 된다. 반응변수 Y가 설명변수 X와의 선형관계에 의해 많은 부분이 설명된다면 반응변수를 예측하는 등의 목적에 대하여 이 회귀모형이 유용하다고 생각할 수 있으며, 따라서 회귀모형이 반응변수의 변동을 얼마나 설명할 수 있는지 알아보는 것이 중요하다. 반응변수 Y의 총 변동은 평균에서부터의 편차를 이용하여 전체제곱합

$$SST = \sum_{i=1}^{n} (Y_i - \overline{Y})^2$$

으로 측정할 수 있는데, 이는 잔차제곱합

$$SSE = \sum_{i=1}^{n} (Y_i - \widehat{Y}_i)^2$$ [2)]

과 회귀제곱합

$$SSR = \sum_{i=1}^{n} (\widehat{Y}_i - \overline{Y})^2$$

의 합으로 다음과 같은 관계가 성립한다.

$$\sum_{i=1}^{n} (Y_i - \overline{Y})^2 = \sum_{i=1}^{n} (Y_i - \widehat{Y}_i)^2 + \sum_{i=1}^{n} (\widehat{Y}_i - \overline{Y})^2$$

단순선형회귀모형에 따르면 반응변수 Y_i의 값은 설명변수에 선형적인 영향을 받고, 그의 기댓값은 $\widehat{Y}_i = \widehat{\beta}_0 + \widehat{\beta}_1 x_i$으로 추정된다. $\frac{1}{n}\sum_{i=1}^{n} \widehat{Y}_i = \overline{Y}$임을 고려하면 $\widehat{Y}_i - \overline{Y}$는 설명변수의 변화에 따른 반응변수의 조건부기댓값들의 변동이라고 볼 수 있다. 즉, 회귀제곱합 $\sum_{i=1}^{n} (\widehat{Y}_i - \overline{Y})^2$은 x와의 선형회귀에 의한 Y의 변동을 측정한다. 나

2) 오차항의 분산 σ^2의 추정량으로 잔차제곱합을 자유도 $n-2$로 나누어 사용하며, 이를 평균제곱오차(MSE: mean square error)라고 표현하기도 한다. 이는 앞서 s^2으로 표현되어 회귀계수의 추정에 이용되었다.

아가, $Y_i - \widehat{Y}_i$이 개별 관측값과 기댓값의 차이이므로 잔차제곱합인 $\sum_{i=1}^{n}(Y_i - \widehat{Y}_i)^2$이 회귀모형으로 설명되지 않는 오차의 변동을 측정한다고 볼 수 있다.

회귀제곱합을 전체제곱합으로 나눈 것을 **결정계수**(coefficient of determination)라고 하고 R^2로 표시한다.

$$R^2 = \frac{\sum_{i=1}^{n}(\widehat{Y}_i - \overline{Y})^2}{\sum_{i=1}^{n}(Y_i - \overline{Y})^2}$$

즉, 결정계수는 반응변수 Y의 변동 중에 x에 대한 회귀식으로 설명되는 변동의 비율을 나타내며, 이 값이 크면 두 변수 간의 선형관계가 강하다고 할 수 있다. 만약 결정계수가 0.35라면 Y의 변동 중 35%는 회귀모형으로 설명되고 나머지 65%는 모형에 포함하지 않은 다른 요인들로 설명된다는 뜻이 된다. 이러한 결정계수는 단순선형회귀에서는 반응변수와 설명변수 간 상관계수의 제곱과 정확히 일치하는데 상관계수가 두 변수 사이의 선형관계의 강도를 측정한다는 점에서 매우 타당한 통계적 의미를 지닌다.

예제 9.5

예제 9.1의 광고액과 매출액 자료에서 광고액을 한 단위(천만 원) 증가시키면 매출액은 4.599 단위(약 4600만 원) 정도 증가할 것이 기대된다. 추정된 회귀직선으로부터 광고비를 전혀 쓰지 않았을 때 363.044 단위(약 36억 3천만 원) 정도의 매출이 발생할 것이라고 기대할 수 있으나, 실제로 이 회귀직선을 추정하기 위해 사용한 광고액 자료는 0에 근접한 값들이 아니었기 때문에, 광고를 전혀 하지 않았을 때의 매출을 예측하기 위해 이 회귀직선을 쓰는 것은 적합하지 않을 것이다. 이 자료에서 전체 제곱합 $\sum(Y_i - \overline{Y})^2$은 56240이고, 회귀제곱합 $\sum(\widehat{Y}_i - \overline{Y})^2$은 40054.96이므로 결정계수는 71.22%로 매출액의 총변동 가운데 약 71%가 광고액과의 선형관계로 설명된다.

정규성가정하에서 제곱합들은 6장에서 소개된 카이제곱분포와 관련이 있으며, 각각에 상응하는 자유도를 갖는다. 전체제곱합의 자유도는 $n-1$이고, 단순선형회귀모형에서 회귀제곱합의 자유도는 1, 그리고 잔차제곱합의 자유도는 $n-2$라는 것이 알

려져 있다. 회귀제곱합의 자유도는 설명변수의 개수와 같고, 오차제곱합의 자유도는 전체제곱합의 자유도에서 회귀제곱합의 자유도를 뺀 것과 같다. 각각의 제곱합을 해당하는 자유도로 나누어 평균회귀제곱(mean square regression) $MSR = SSR/1$과 평균제곱오차(mean square error) $MSE = SSE/(n-2)$로 나눈 비 $F = MSR/MSE$를 구할 수 있다.

이러한 결과는 분산분석표(Analysis of variance table, ANOVA table)로 요약하여 정리한다. 분산분석표는 반응변수의 변동을 요인별로 나누어서 관심 있는 요인의 효과가 유의한지 검정할 수 있도록 정리한 표이다. 단순선형회귀모형에서의 분산분석표는 〈표 9.1〉과 같다.

〈표 9.1〉 단순선형회귀모형에서의 분산분석표

요인	제곱합	자유도	평균제곱	분산비
회귀	회귀제곱합(sum of squares due to regression, SSR)	1	MSR = SSR/1	F = MSR/MSE
오차	잔차제곱합(sum of squares due to error, SSE)	$n-2$	MSE = SSE/$n-2$	
전체	전체제곱합(sum of squares total, SST)	$n-1$		

통계량 $F = MSR/MSE$은 회귀모형이 유의하지 않다는 귀무가설($H_0 : \beta_1 = 0$)[3] 하에서 다음과 같이 자유도 $(1, n-2)$인 F분포를 따름이 알려져 있다.

$$F = \frac{SSR/1}{SSE/n-2} = \frac{MSR}{MSE} \sim F(1, n-2)$$

이 F분포의 자유도는 회귀제곱합의 자유도와 잔차제곱합의 자유도이다. 만약 $F(1, n-2)$의 분포에 비해 관측된 F값이 매우 크다면 이는 귀무가설에서 기대되는 것보다 평균회귀제곱이 상대적으로 크다는 뜻이므로, F값이 클 때 회귀모형이 유의하지 않다는 귀무가설을 기각하고 반응변수와 설명변수 사이에 선형관계가 유의하다고 결론을 내리게 된다. 유의확률은 〈그림 9.7〉과 같이 $F(1, n-2)$의 분포에서 자료로부터 얻은 관측값보다 큰 값이 나올 확률로 계산된다. 이 검정은 β_1의 부호는 구별할 수 없으므로, 대립가설은 $H_1 : \beta_1 \neq 0$이다. 단순선형회귀모형에서 F-검정은

3) 설명변수가 하나뿐이므로 회귀모형이 유의하지 않다는 가설은 설명변수의 회귀계수가 $\beta_1 = 0$이라는 가설과 같다.

검정통계량 $\frac{\hat{\beta}_1}{s/\sqrt{\Sigma(x_i-\bar{x}_n)^2}}$ 이 $H_0:\beta_1=0$ 의 귀무가설하에서 자유도 $n-2$ 인 t 분포를 따른다는 것을 이용한 양측 t-검정과 정확히 일치한다.

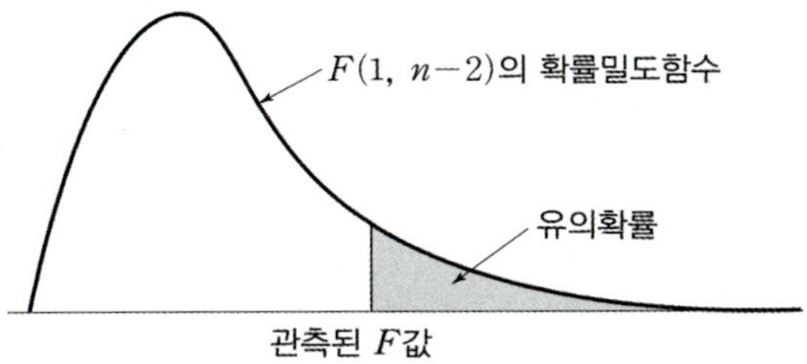

〈그림 9.7〉 회귀모형의 유의성검정에서 유의확률

예제 9.6

예제 9.1의 광고액과 매출액 자료에서 분산분석표를 만들고 선형회귀모형이 유의한지 검정해 보자.

요인	제곱합	자유도	평균제곱	분산비
회귀	40054.96	1	40054.96	19.7985
오차	16185.04	8	2023.13	
전체	56240	9		

$F(1,8)$ 분포의 99 백분위수의 값이 $F_{0.01}(1,8)=11.2586$ 이므로 유의확률은 0.01보다 작으므로 설명변수와 반응변수 사이의 선형관계는 매우 유의하다고 결론 내리게 된다. 통계 패키지로 찾은 정확한 유의확률은 0.00214인데, 이 값은 예제 9.3에서 t-검정을 통해 구한 유의확률과 정확히 같음을 알 수 있다.

9.2 다중선형회귀

자동차의 연비를 자동차의 중량과 초기가속시간으로 얼마나 설명할 수 있을까? 이를 위해 선형회귀모형을 고려한다면 반응변수는 자동차의 연비, 설명변수는 자동차의 중량과 초기가속시간이 될 터인데, 이 경우 설명변수의 개수가 2개이므로 9.1절의 단순선형회귀는 적절하지 않고, 이를 확장한 **다중선형회귀**(multiple linear regression)모형을 고려하여야 한다.

설명변수벡터 $X_1, \cdots, X_p$와 반응변수 Y에 대한 자료가 $(x_{1i}, x_{2i}, \ldots, x_{pi}, Y_i)$, $i=1,\cdots,n$으로 주어지면, 다중선형회귀모형은

$$Y_i = \beta_0 + \beta_1 x_{1i} + \cdots + \beta_p x_{pi} + \varepsilon_i\,, \quad i=1, \cdots, n$$

으로 표현되며 이에 수반되는 가정은 단순선형회귀모형과 마찬가지로 다음과 같다.

i) $\beta_0, \beta_1, \cdots, \beta_p$은 절편과 각 설명변수에 해당하는 회귀모수이다.

ii) 오차항 ε_i들은 서로 독립이며 $N(0, \sigma^2)$ 분포를 따른다.

이 책에서는 행렬을 사용하지 않지만, 다중선형회귀는 행렬을 이용하여 표현하면 보다 효율적이고 계산이 편리하다.

이 모형에서 미지의 모수는 β_0, β_1, $\cdots$, β_p와 σ^2이 되고, 이에 대한 추정과 검정의 방법은 단순선형회귀모형에서와 매우 유사하다. 회귀계수 $\beta_0, \cdots, \beta_p$는 편차제곱합인

$$\sum_{i=1}^{n} (Y_i - \beta_0 - \beta_1 x_{1i} - \cdots - \beta_p x_{pi})^2$$

을 최소화하는 최소제곱법으로 추정하고, 오차항의 분산인 σ^2은 β들에 대한 최소제곱추정량을 대입하여

$$s^2 = \frac{1}{n-p-1} \sum_{i=1}^{n} (Y_i - \hat{\beta}_0 - \hat{\beta}_1 x_{1i} - \cdots - \hat{\beta}_p x_{pi})^2$$

으로 추정한다. s^2은 잔차제곱합을 그 자유도인 $n-p-1$로 나눈 것으로 단순선형회귀에서와 마찬가지로 분산분석표에서 나타나는 평균제곱오차(MSE: Mean Sqare Error)이다.

단순선형회귀모형에서는 회귀모형에 대한 F-검정이나 $H_0 : \beta_1 = 0$에 대한 t-검정이 동등했지만, 다중선형회귀모형에서는 회귀모형에 대한 F-검정과 $H_0 : \beta_j = 0$에 대한 t-검정이 다르다. 분산분석을 통한 F-검정은 귀무가설 $H_0 : \beta_1 = \beta_2 = \cdots = \beta_p = 0$을 대립가설 $H_1 : H_0$ 가 아님에 대해 검정하는 것으로, 회귀모형 전체가 유의미한지를 검정하는 것이고, $j = 1, \cdots, p$에 대한 $H_0 : \beta_j = 0$의 t-검정은 j번째 설명변수와 반응변수의 선형관계가 유의한지 각 변수별로 검정하는 것이다.

〈표 9.2〉 다중선형회귀모형에서의 분산분석표

요인	제곱합	자유도	평균제곱	분산비
회귀	회귀제곱합(sum of squares due to regression, SSR)	p	MSR = SSR/p	F = $\frac{\text{MSR}}{\text{MSE}}$
오차	잔차제곱합(sum of squares due to error, SSE)	$n-p-1$	MSE = SSE/($n-p-1$)	
전체	전체제곱합(sum of squares total, SST)	$n-1$		

β_j에 대한 신뢰수준이 $1-\alpha$인 신뢰구간은 $\dfrac{\hat{\beta}_j-\beta_j}{\widehat{SE}(\hat{\beta}_j)}$가 자유도 $n-p-1$인 t 분포를 따른다는 사실을 이용하여

$$\hat{\beta}_j \pm t_{\alpha/2}(n-p-1)\widehat{SE}(\hat{\beta}_j)$$

로 구한다. 여기서 $(\widehat{SE}(\hat{\beta}_j))^2$은 $\hat{\beta}_j$의 분산에서 σ^2을 $s^2=\dfrac{SSE}{n-p-1}$로 대체한 것이다. j번째 설명변수와 반응변수 사이에 유의한 선형적인 관련성이 있는지 귀무가설 $H_0:\beta_j=0$을 검정한다면, 귀무가설하에서 자유도가 $n-p-1$인 t 분포를 따르는 검정통계량 $\dfrac{\hat{\beta}_j}{\widehat{SE}(\hat{\beta}_j)}$를 이용하여 단순선형회귀모형에서와 같은 방법으로 유의확률을 구할 수 있다.

설명변수의 개수가 p개인 다중선형회귀에서의 분산분석표는 〈표 9.2〉와 같이 주어진다. 전체제곱합의 자유도는 관측값의 개수에서 1을 뺀 $n-1$이고, 회귀제곱합의 자유도는 설명변수의 개수인 p, 그리고 잔차제곱합의 자유도는 $n-p-1$이다. 회귀제곱합과 잔차제곱합을 각각의 자유도로 나누면, 평균회귀제곱 $MSR=SSR/p$과 평균제곱오차 $MSE=SSE/(n-p-1)$가 계산되고, 이들의 비 $F=MSR/MSE$은 귀무가설 $H_0:\beta_1=\cdots=\beta_p=0$하에서 자유도 $(p,n-p-1)$인 F 분포를 따른다.

$$F=\frac{SSR/p}{SSE/n-p-1}=\frac{MSR}{MSE}\sim F(p,n-p-1)$$

$F(p,n-p-1)$의 분포와 비교하여 분산비 $F=MSR/MSE$의 관측값이 매우 크다면 이는 귀무가설에서 기대되는 것보다 평균회귀제곱이 상대적으로 크다는 뜻이므로, F값이 클 때 귀무가설을 기각하고 반응변수와 설명변수 사이의 선형관계가 유의하다고 결론 내린다. 유의확률은 단순선형회귀모형에서와 같이 계산하면 된다.

다중선형회귀모형에서의 결정계수(R^2)는 단순선형회귀에서처럼 회귀제곱합을 전체제곱합으로 나눈 것으로 정의되며, 이는 반응변수의 총 변동 가운데 회귀모형으로 설명되는 변동의 백분율이다. 이 값이 크면 회귀모형이 유용하다고 할 수 있다. 단순선형회귀모형에서는 이 값이 설명변수와 반응변수 사이의 피어슨 상관계수의 값의 제곱과 일치했지만, 다중선형회귀모형에서는 설명변수의 개수가 2개 이상이므로 그러한 관계는 성립하지 않는다.

예제 9.7

자동차의 연비를 자동차의 중량과 초기가속시간으로 얼마나 설명할 수 있을까? 1973년과 1974년 생산된 32대의 자동차로부터 수집된 자료를[4] 이용하여 선형회귀모형을 적합해 보려고 한다. 연비는 갤런당 마일리지(mile per gallon), 중량은 자동차의 무게(단위: 1000파운드), 초기가속시간은 0.25마일을 달리는 데 걸리는 시간(단위: 초)을 나타낸다. 고려하는 다중선형회귀모형은 다음과 같다.

$$\text{연비} = \beta_0 + \beta_{wt} \times \text{중량} + \beta_{qsec} \times \text{초기가속시간} + \varepsilon, \quad \varepsilon \sim N(0, \sigma^2)$$

번호	연비 (mpg)	중량 (wt)	초기가속시간 (qsec)	번호	연비 (mpg)	중량 (wt)	초기가속시간 (qsec)
1	21.0	2.620	16.46	17	14.7	5.345	17.42
2	21.0	2.875	17.02	18	32.4	2.200	19.47
3	22.8	2.320	18.61	19	30.4	1.615	18.52
4	21.4	3.215	19.44	20	33.9	1.835	19.90
5	18.7	3.440	17.02	21	21.5	2.465	20.01
6	18.1	3.460	20.22	22	15.5	3.520	16.87
7	14.3	3.570	15.84	23	15.2	3.435	17.30
8	24.4	3.190	20.00	24	13.3	3.840	15.41
9	22.8	3.150	22.90	25	19.2	3.845	17.05
10	19.2	3.440	18.30	26	27.3	1.935	18.90
11	17.8	3.440	18.90	27	26.0	2.140	16.70
12	16.4	4.070	17.40	28	30.4	1.513	16.90
13	17.3	3.730	17.60	29	15.8	3.170	14.50
14	15.2	3.780	18.00	30	19.7	2.770	15.50
15	10.4	5.250	17.98	31	15.0	3.570	14.60
16	10.4	5.424	17.82	32	21.4	2.780	18.60

4) 자료출처: 1974 Motor Trend US magazine, R package의 내장자료(built-in data)

이 자료를 이용하여 최소제곱법으로 구한 회귀계수는 $\hat{\beta}_0 = 19.7462$, $\hat{\beta}_{wt} = -5.0480$, $\hat{\beta}_{qsec} = 0.9292$ 이고, 오차항 ε의 분산의 추정값은

$$s^2 = MSE = \frac{SSE}{n-3} = 6.74$$

이다. 회귀계수 추정량의 표준오차의 추정값들은 $\widehat{SE}(\hat{\beta}_0) = 5.2521$, $\widehat{SE}(\hat{\beta}_{wt}) = 0.4840$, $\widehat{SE}(\hat{\beta}_{qsec}) = 0.2650$ 으로 계산되고, 자유도가 29인 t 분포의 분위수 $t_{0.025}(29) = 2.0452$ 를 이용한 신뢰수준이 95%인 β_0의 신뢰구간은

$$19.7462 \pm 2.0452 \times 5.2521 = (9.0046, 30.4878),$$

β_{wt}의 신뢰구간은

$$-5.0480 \pm 2.0452 \times 0.4840 = (-6.0379, -4.0581),$$

그리고 β_{qsec}의 신뢰구간은

$$0.9292 \pm 2.0452 \times 0.2650 = (0.3872, 1.4712)$$

로 구해진다. 이 신뢰구간들을 통하여 모든 회귀계수가 유의수준 5%에서 0과 유의하게 다름을 알 수 있다. 특히, 차의 중량에 대한 회귀계수는 음수이므로 차가 무거울수록 연비가 나빠지고, 초기가속시간에 대한 회귀계수는 양수이므로 초기가속시간이 길수록 연비가 좋아진다. 자동차가 무거우면 움직이기 위해 많은 에너지를 사용해야 하므로 연비에 좋지 않은 영향을 줄 것이고, 초기가속시간이 짧으면 갑작스런 가속을 위해 많은 에너지가 사용되어 역시 연비에 좋지 않은 영향을 줄 것이므로 회귀모형이 합리적임을 알 수 있다. 이 회귀모형의 분산분석표는

요인	제곱합	자유도	평균제곱	분산비
회귀	930.59	2	465.295	69.0349
오차	195.46	29	6.74	
전체	1126.05	31		

로 주어진다. 분산비의 값이 $F_{0.001}(2, 29) = 8.8488$ 보다 크므로, $H_0 : \beta_{wt} = \beta_{qsec} = 0$ 대 $H_1 : \beta_{wt} \neq 0$ 또는 $\beta_{qsec} \neq 0$ 의 검정에 대한 유의확률이 0.001보다 작다. 즉, 고

려하는 회귀모형이 통계적으로 매우 유의하며 차의 중량과 초기가속시간과 연비의 선형관계가 유의하다는 것을 알 수 있다. 결정계수는 회귀제곱합을 전체제곱합으로 나누어 $R^2 = 0.8264$로 얻어지는데, 반응변수의 총 변동 가운데 82.64%가 두 설명변수와의 선형관계로 설명되고 있다는 뜻이 된다.

9.3 회귀진단

가정, 사전정보 및 지식에 근거하여 모형을 추정한 후에는 추정된 모형에 대한 점검이 모형구축과정에서 필수적으로 이루어져야 한다. 이러한 점검을 일반적으로 모형진단이라고 하고 회귀분석에서는 회귀진단(regression diagnostics)이라고 한다. 실제 모형구축은 단번에 이루어지는 것이 아니며 모형 추정과 진단의 반복이 요구된다. 앞서 회귀모형에서 설정했던 오차항 그리고 설명변수들의 선형성에 관련된 가정 등에 대한 검토를 통해 모형의 적합성이나 안정성 등을 살펴보기로 한다.

9.3.1 잔차분석

회귀분석을 통해 얻는 결과는 모형의 가정이 타당한 경우에 한해서 의미를 갖는다. 설명변수가 p개인 선형회귀모형에서 크기가 n인 표본이 $(x_{1i}, \cdots, x_{pi}, Y_i)$, $i = 1, \cdots, n$으로 주어지는 경우 $Y_i = \beta_0 + \beta_1 x_{1i} + \cdots + \beta_p x_{pi} + \varepsilon_i$, $\varepsilon_i \sim N(0, \sigma^2)$이고, $\varepsilon_1, \cdots, \varepsilon_n$이 독립임을 가정한다. 이 가정하에서 모든 이론이 전개되므로, 회귀분석의 최종결과를 받아들이기 전에 오차에 대한 등분산성, 독립성, 정규성 가정과 설명변수들의 선형성에 대한 검토가 필요할 것이다.[5] 그런데 오차항인 ε은 관측되지 않으므로, 대신 잔차의 분포를 통해 오차에 대한 가정을 확인하게 된다. 즉, $\varepsilon_i = Y_i - (\beta_0 + \beta_1 x_{1i} + \cdots + \beta_p x_{pi})$ 대신 i번째 관측값에 대한 잔차 $\hat{\varepsilon}_i = Y_i - (\hat{\beta}_0 + \hat{\beta}_1 x_{1i} + \cdots + \hat{\beta}_p x_{pi})$를 이용해서 오차항에 대한 가정들을 검토한다. 오차 ε을 추정된 모형을 이용하여 구한 결과가 잔차 $\hat{\varepsilon}$이므로, 회귀모형의 기본가정들이 다 타당하다면 잔차 $\hat{\varepsilon}_1, \cdots, \hat{\varepsilon}_n$은 평균이 0이고 분산이 σ^2에 가까운 정규분포를 따르고, $i \neq j$일 때

5) $p = 1$인 단순선형회귀모형의 경우에도 동일한 내용이 요구된다.

$\hat{\varepsilon}_i$와 $\hat{\varepsilon}_j$는 서로 관련성이 거의 없을 것으로 기대된다.[6] 이러한 성질을 확인하기 위해 흔히 가로축은 $\widehat{Y}_i$로, 세로축은 ε_i로 하여 잔차그림(residual plot)을 그리게 된다.[7] 기본가정들이 만족되는 경우, 잔차그림에서 보이는 잔차의 분포는 0을 중심으로 랜덤하게 퍼져 있을 것이다. 〈그림 9.8〉에서 잔차그림의 몇 가지 예를 볼 수 있다.

〈그림 9.8〉에서 첫 번째 그림은 이상적인 형태의 잔차그림이다. 잔차들이 0을 중심으로 특정한 형태가 없이 랜덤하게 퍼져 있는데, 이는 오차항의 기댓값이 0이고 등분산성을 갖는다는 가정에 잘 부합되는 근거이다. 두 번째 그림은 가운데가 볼록한 형태를 보이고 있는데, 이는 Y의 조건부기댓값이 설명변수에 대해 선형이 아님을 암시한다고 볼 수 있다. 관계가 곡선인 경우 비선형회귀를 이용하거나 변수변환을 생각해 볼 수 있다. 세 번째 그림은 x축의 값에 따라 잔차의 분산이 증가하는 경우를 나타낸다. 이는 오차의 등분산성의 조건이 만족되지 않는다는 것을 암시한다. 이럴 때는 반응변수의 변환을 통해 분산을 동일하게 만들 수 있는지 확인할 필요가 있다.

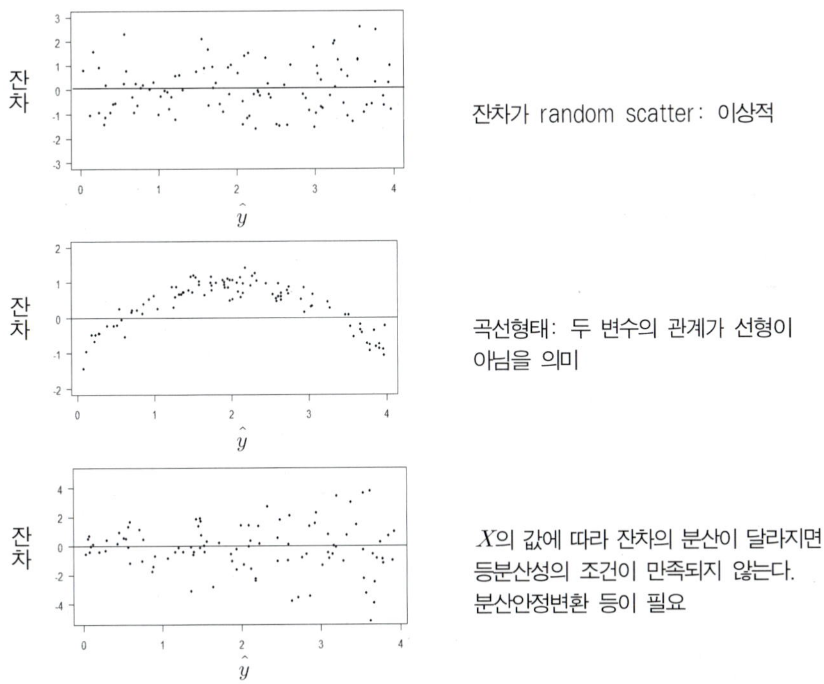

〈그림 9.8〉 잔차그림의 몇 가지 형태와 해석

6) 정확한 잔차의 분포는 오차항에 대한 가정이 만족될 때 평균이 0인 정규분포이지만 분산은 σ^2보다 작으며, 관측값마다 다른 값을 갖는다. 또, $i \neq j$인 $\hat{\varepsilon}_i$와 $\hat{\varepsilon}_j$의 공분산이 0이 아닐 수 있다.

7) 잔차분석에서는 잔차의 표준편차로 잔차를 나누어 얻어지는 표준화잔차도 널리 사용되나, 이 책에서는 다루지 않기로 한다.

〈그림 9.9〉 시간순서에 따른 잔차그림의 예

〈그림 9.9〉와 같이 시간순서로 관측값이 얻어지는 경우 잔차를 시간순서에 따라 그린 그림에서 오차의 독립성을 확인할 수 있다. 시간순서로 그린 잔차그림에서 큰 값은 큰 값들끼리 작은 값은 작은 값들끼리 모여 군집을 이루거나 큰 값 다음에는 작은 값, 작은 값 다음에는 큰 값 등의 관계를 갖는 경우는 잔차들이 자기상관을 가진다고 인정되어 오차의 독립성이 만족되지 않는다고 볼 수 있다.

예제 9.8

예제 9.7에서 자동차 연비자료에 대해 다음과 같은 다중선형회귀를 적합하였다. 이 회귀모형의 기본가정을 잔차를 통해 확인해 보자.

$$\text{연비} = 19.7462 - 5.0480 \times \text{중량} + 0.9292 \times \text{초기가속시간}$$

이 적합의 잔차그림을 보면 $\hat{Y}$의 값이 9 근처와 27, 29 근처에서 잔차가 큰 관측값들이 몇 개 있지만, 전체적으로 뚜렷한 패턴이 보이지는 않는다. 오차의 등분산성이나 설명변수의 선형성 등이 대체로 만족된다고 볼 수 있다.

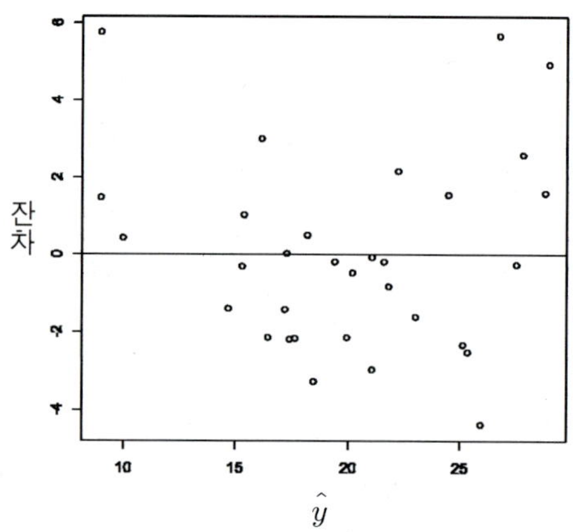

오차의 정규성 가정은 정규확률그림(normal probability plot) 등을 통해 확인할 수 있고, 오차의 기본가정들을 확인할 수 있는 수치적 검정들도 있으나 이 책에서는 생략하기로 한다.

9.3.2 기타사항

회귀모형은 통계학에서 가장 널리 사용되는 자료분석방법들 중의 하나이며 관련된 주제에 대한 내용이 매우 다양하고 깊어서 이 책의 수준을 벗어나는 부분이 많아 자세히 다루기에 한계가 있다. 여기서는 관련된 몇몇 사항들을 개괄적으로 소개하는 수준에서 그치고자 한다.

1. 회귀직선을 적합하는 데에 사용한 설명변수 값의 범위 밖에 있는 설명변수의 값에 대한 반응변수의 값을 예측하기 위해 회귀직선을 사용하는 것을 **외삽**(extrapolation)이라고 한다. 사용한 설명변수 값의 범위 밖에서는 설명변수와 반응변수 사이에 어떤 관계가 있는지 파악할 수 없으므로 외삽은 권장되지 않는다.

예제 9.9

다음의 자료는 미국의 CDC(Centers for disease control and prevention)에서 제공하는 2세에서 15세까지 남자 아이들의 키의 중위수(cm)이다. 표 아래 이 자료로 그려진 산점도 〈그림 9.10〉을 보면, 연령이 높아질수록 키의 중위수도 커지는 양의 상관관계가 있으며, 2~15세의 연령에서는 연령과 키의 중위수가 직선관계로 잘 설명이 될 수 있음을 볼 수 있다.

연령	키(cm)의 중위수
2	87
3	95
4	102
5	109
6	115
7	122
8	128
9	133.5
10	138.5

연령	키(cm)의 중위수
11	143.5
12	149
13	156
14	163.5
15	170

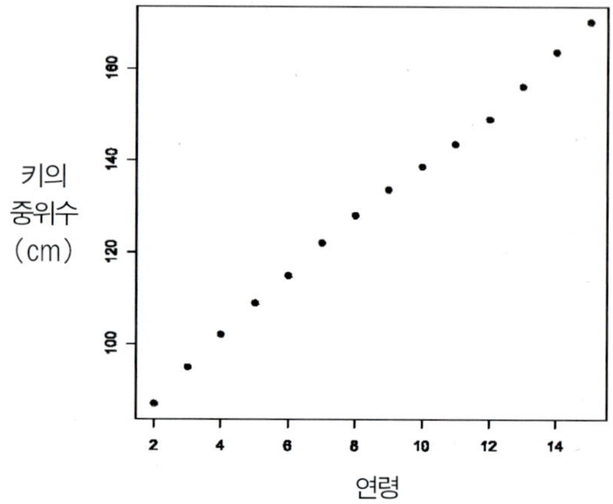

〈그림 9.10〉 2 ~ 15세 남자아이들의 키의 중위수(cm) 산점도

연령을 설명변수 x, 키의 중위수를 반응변수 Y로 놓고 회귀직선을 구하면 $Y = 77.196 + 6.145x$가 나오는데, 이 직선을 이용하면 임의의 x값에 대한 Y값을 예측할 수 있다. 즉, 12.5세인 남자 아이들의 키의 중위수는 $77.196 + 6.145 \times 12.5 = 154.01$센티미터로 예측되며, 14.5세인 남자 아이들의 키의 중위수는 같은 방법으로 $77.196 + 6.145 \times 14.5 = 166.30$센티미터로 예측된다. 이제, 이 회귀직선으로 30세의 남자 성인의 키의 중위수를 예측해 보자. 회귀직선식에 $x = 30$을 대입하면 $77.196 + 6.145 \times 30 = 261.55$센티미터가 되는데, 이는 사람의 키의 중위수로는 믿기 어려운 값이다. 이렇게 비상식적인 예측이 나온 이유는, 식에 대입한 $x = 30$ 값이 회귀직선을 적합하기 위해 사용한 x값들의 범위를 상당히 벗어나기 때문이다. 사람의 키는 어느 시점까지 자라다가 성장을 멈추게 되므로, 30세까지도 연령과 키가 직선관계를 이룰 것이라고 생각할 수 없다. 그러므로 이 회귀직선을 성인 남성의 키의 중위수를 예측하기 위해 사용하는 것은 외삽의 전형적인 예이며, 전혀 합리적이지 못하다.

2. 회귀모형을 구하는 과정에서, 모든 관측값들은 일정 정도 모형적합에 영향을 주게 된다. 하지만 회귀모형이 특정한 한두 개의 관측값에 과도하게 의존한다면, 표본에 따라 모형이 크게 변하게 되는 등 모형의 안정성에 문제가 생길 수 있다. 어떤 관측값이 자료에 포함되었을 때와 포함되지 않았을 때 회귀모형적합이 많이 달라지는 경우 이 관측값을 **영향점**(influential point)이라고 한다. 흔히 설명변수가 갖는 값이 다른 관측값들과 많이 다른 관측값이 영향점이 된다.

예제 9.10

아래의 〈그림 9.11〉에서 (10, 12)의 관측값을 포함했을 때의 최소제곱직선은 실선으로, (10, 12)의 관측값을 제거했을 때의 최소제곱직선은 점선으로 표시되었다. (10, 12)의 관측값을 넣었을 때와 뺐을 때의 회귀직선이 많이 달라지므로 이 관측값은 영향점이라고 볼 수 있다. 비슷한 설명변수의 값을 갖는 관측값들을 추가할 수 있다면, 회귀직선에 대한 영향점의 영향을 줄일 수 있다. 두 번째 그림은 설명변수의 값이 10과 비슷한 관측값 2개를 추가한 다음, 관측값 (10, 12)의 영향을 살펴본 것이다. 이 경우 (10, 12)를 빼도 회귀직선이 크게 변하지 않음을 볼 수 있다. 영향점을 그림으로 판단하지 않고 수치적으로 판단하기 위한 여러 측도들이 고안되어 있다.

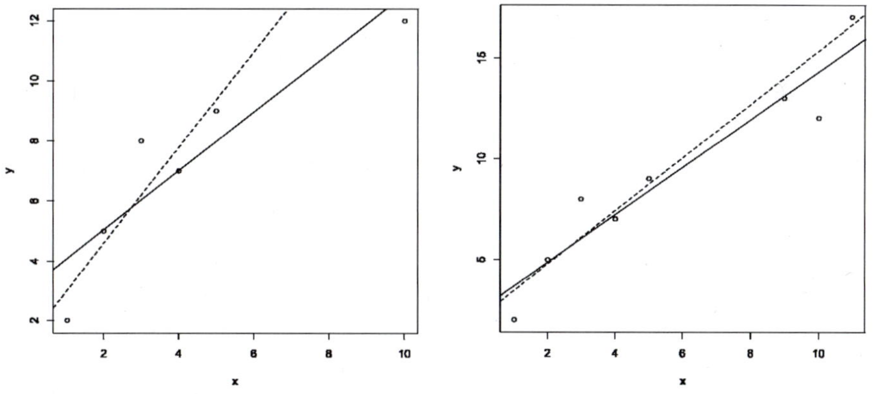

〈그림 9.11〉 영향점을 포함할 때와 포함하지 않을 때 회귀직선의 변화

3. 반응변수와 설명변수의 관계가 비선형이더라도, 때로 적절한 **변수변환**을 통해 선형관계로 바뀔 수 있는 경우가 있다. 가령, 반응변수와 설명변수 사이의 관계가 $E(Y|x) = ae^{bx}$로 곡선일 때 Y를 $\log(Y)$로 변환하면, $\log(Y) = \log(a) + bx$가 되어 $\log(Y)$를 반응변수로 놓으면 선형회귀가 가능하게 된다. 또,

$E(Y|x) = ax^b$인 경우에는 $\log(Y)$를 반응변수로, $\log(x)$를 설명변수로 놓으면 $\log(Y) = \log(a) + b\log(x)$로 선형회귀가 가능하다. 따라서 앞에서 사용된 선형이라는 표현은 설명변수에 대한 선형이라기보다는 회귀계수에 대한 것이며, 변수변환을 통하여 선형회귀모형의 활용범위가 매우 넓다는 것을 알 수 있다.

예제 9.11

예제 3.1에서 소개되었던, 20개 OECD 가입국(1960년 기준)에 대한 농업에 종사하는 인구비율(X)과 1인당 소득(Y: US $)의 자료를 다시 고려해 보자. 20개 관측점들을 2차원 좌표 위에 점으로 표시하여 산점도를 그려보았을 때 두 변수 X와 Y 사이의 관계를 단순비례로 파악하는 데에는 무리가 있었다. 이에 변수 Y에 로그변환을 하여 $(X, \log Y)$에 대한 산점도를 그려보면 〈그림 9.12〉와 같다. 비교를 위하여 변수변환 이전의 산점도와 나란히 제시하였는데, 변환 이후에 X와 $\log Y$ 사이의 관계를 선형으로 모형화하는 것이 보다 타당해 보인다.

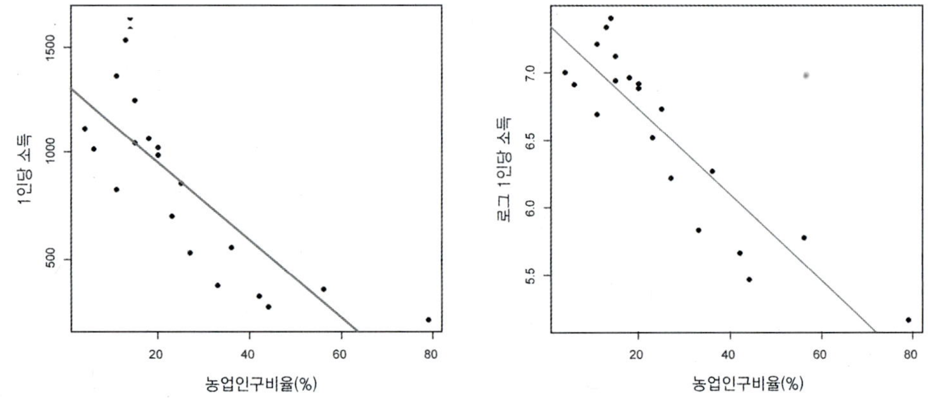

〈그림 9.12〉 OECD 가입국 농업인구비율(X)과 1인당 소득(Y)의 변환 전 산점도와 로그변환 후 $(X, \log Y)$의 산점도와 추정된 회귀직선

회귀함수 $Y = \beta_0 \cdot \beta_1^x$의 양변에 로그를 취하면 $\log Y = \log\beta_0 + \log\beta_1 \cdot x$의 선형꼴이 되는데, 로그변환 전과 후의 단순선형회귀직선을 〈그림 9.12〉에 첨가하였다. 왼쪽 그림은 변환 전 (X, Y)의 산점도와 그에 해당하는 선형회귀직선을 표시한 것이고, 오른쪽 그림은 Y를 로그변환한 $(X, \log Y)$의 산점도와 그에 해당하는 선형회귀직선을 표시한 것이다. 로그변환하여 회귀직선을 적합할 때, 원래의 반응변수 Y의 예측값을 얻기 위해서는 $(X, \log Y)$를 이용하여 얻은 예측값에 지수함수를 취하

면 된다. 이는 $\log\beta_0$과 $\log\beta_1$을 추정한 추정값에 다시 지수함수를 취해 $\hat{\beta}_0$과 $\hat{\beta}_1$을 구하여 $\hat{Y}=\hat{\beta}_0 \cdot \hat{\beta}_1^x$를 계산한 것과 같은 결과이다.

---

4. 설명변수가 여러 개 존재하는 다중선형회귀모형에서는 설명변수들이 서로 연관되어 있지 않을 것으로 기대된다. 극단적으로, 어떤 설명변수가 나머지 설명변수들의 선형결합으로 표현된다면, 이 변수가 설명할 수 있는 반응변수의 변동이 다른 설명변수들에 의해 설명될 수 있으므로 회귀모형에 포함되어야 할 필요가 없을 것이다. 실제로, 설명변수들이 서로 강하게 연관되어 있는 경우에는 회귀계수의 추정량의 분산이 커져서 추정결과가 불안정해질 수 있고, 분산분석에서의 F-검정을 통해 회귀모형이 유의하다고 판단되는 경우에도 모든 회귀계수의 t-검정 결과가 유의하지 않은 경우도 생길 수 있다. 회귀계수의 t-검정은 다른 설명변수가 모두 모형에 들어가 있다는 가정하에 추가적인 효과를 검정하는 것이기 때문이다. 설명변수들끼리 연관성이 높은 경우 다중공선성(multicollinearity)을 갖는다고 하는데, 이러한 변수들을 찾아내는 가장 간단한 방법은 변수들끼리의 상관계수를 살펴보는 것이고, 보다 정교한 측도들도 많이 고안되어 있다.

설명변수가 될 만한 변수들이 여러 개 있을 때, 모든 변수를 다 모형에 포함하는 것이 능사는 아니다. 변수들끼리 다중공선성의 문제가 생길 수도 있고 전혀 효율적이지 않은 변수도 있을 수 있기 때문이다. 그러면 어떤 변수를 모형에 포함시키고, 어떤 것을 포함시키지 말아야 할지를 정하는 **변수선택**의 문제가 생기게 된다.[8] 흔히 사용되는 방법 몇 가지를 생각해 보자. 우선 전진선택법(forward selection)이 있다. 가장 유의한 것으로 판단되는 설명변수부터 하나씩 모형에 넣으면서 더 이상 유의한 변수가 없을 때 중단하고 모형을 확정하는 방법이다. 다음은 후진제거법(backward elimination)인데, 이것은 전진선택법과 반대로 모든 변수를 투입한 다음, 가장 유의하지 않은 변수부터 하나씩 제거하면서 더 이상 유의하지 않은 변수가 없을 때 중단하고 모형을 확정하는 방법이다. 이 두 가지 방법을 혼합한 단계적 회귀(stepwise regression)의 방법이 일반적으로 더 많이 사용되는데, 이 방법에서는 전진선택법으로 새로운 변수를 선택한 후 이미 모형에 포함되어 있던 변수가 여전히 유의한지 확인하여 유의성을 상실한 변수가 있다면 제거한다. 이 부분은 후진제거법을 활용하는 것이다. 더 이상 선택할 변수도, 제거할 변수도 없을 경우 중단하고 모형을 확정한다.

8) 결정계수(R^2)는 가능한 변수를 모두 사용했을 때 그 값이 최대가 되므로 변수 선택기준으로 삼을 수 없다.

9장 연습문제

01 짝 지어진 두 개의 연속형 변수 (X, Y)에 대하여 (0,0), (0,1), (0,2), (1,0), (1,1), (1,2), (2,0), (2,1), (2,2)의 9개 값이 주어졌다. 이때,

(1) 두 변수의 산점도를 그리시오.

(2) 두 변수 X와 Y의 상관계수(Pearson correlation)를 구하시오.

(3) X를 설명변수 Y를 반응변수로 택했을 때의 회귀직선을 적합하시오.

(4) X를 설명변수 Y를 반응변수로 택했을 때, 회귀직선의 설명력을 나타내는 결정계수는 얼마인가?

02 다음의 $(X,\ Y)$에 대한 자료에 대하여 단순선형회귀모형을 고려할 때,

X	82	90	77	80	74	79	76	77	56
Y	79	85	78	83	70	74	71	75	51

(1) 회귀계수 β_0, β_1의 최소제곱추정량을 구하시오.

(2) 분산분석표를 구하시오.

(3) 모수 σ^2의 추정량을 구하시오.

(4) (1)에서 구한 추정량을 이용하여 $x=85$에서 반응변수의 값을 예측하시오.

03 어느 기업체의 근무기간(x)과 급여총액(y)에 관한 자료를 통해 회귀직선을 추정한 결과가 $Y=40+1.5x$로 구해졌다. 또한 두 변수 x와 y 사이의 상관계수는 0.8로 구해졌다.

(1) 회귀식의 설명력을 나타내는 결정계수의 값은 얼마인가?

(2) 5년 근무한 직원의 총급여액 y의 값을 예측하시오.

04 어떤 복합비료의 양 x가 농작물의 수확량 y에 어떠한 관계를 가지고 영향을 미치는가를 보기 위하여 다음과 같은 자료를 얻었다.

$$n = 15,\ \bar{x} = 10,\ \bar{y} = 20,$$

$$s_{XX} = \frac{\sum_{i=1}^{15}(x_i - \bar{x})^2}{n-1} = 25,\ s_{YY} = \frac{\sum_{i=1}^{15}(y_i - \bar{y})^2}{n-1} = 16,$$

$$s_{XY} = \frac{\sum_{i=1}^{15}(x_i - \bar{x})(y_i - \bar{y})}{n-1} = 10$$

복합비료의 양 x와 농작물의 수확량 y 사이에 직선관계 단순선형회귀모형을 가정할 때,

(1) 최소제곱 회귀직선을 구하시오.

(2) 결정계수를 구하시오.

(3) 오차항의 분산 σ^2의 추정값을 구하시오.

(4) 회귀직선의 기울기 β_1에 대한 신뢰수준 95%의 신뢰구간을 구하시오.

(5) $H_0 : \beta_1 = 0$의 귀무가설을 유의수준 5%에서 검정하시오.

05 학생들의 학업성취도에 알아보기 위하여 표본으로 랜덤추출한 학생들의 입학성적(X)과 학업성적(Y)에 대해 다음과 같은 자료를 얻었다.

$$n = 100,\ \bar{x} = 578,\ \bar{y} = 3.64,$$

$$s_{XX} = \frac{\sum_{i=1}^{100}(x_i - \bar{x})^2}{n-1} = 520,\ s_{YY} = \frac{\sum_{i=1}^{100}(y_i - \bar{y})^2}{n-1} = 0.64,$$

$$s_{XY} = \frac{\sum_{i=1}^{100}(x_i - \bar{x})(y_i - \bar{y})}{n-1} = 8$$

입학성적(X)과 학업성적(Y)에 대해 단순선형회귀모형을 가정할 때,

(1) 회귀계수 β_0, β_1의 최소제곱추정량을 구하시오

(2) 모수 σ^2의 추정량을 구하시오.

(3) 분산분석표를 구하시오.

(4) 회귀모형에 대한 F-검정과 $H_0 : \beta_1 = 0$에 대한 t-검정이 동등함을 보이시오.

06 예제 9.9에 소개된 미국의 CDC(Centers for disease control and prevention)에서 제공하는 2 ~ 15세까지 남자아이들의 키의 중위수(cm)에 대한 자료에 대해 단순선형회귀모형을 적합할 때, 기울기를 나타내는 회귀계수 β_1에 대한 신뢰수준이 95%인 신뢰구간을 구하시오.

07 어떤 승용차의 가격이 출고연도에 따른 중고차 15대의 판매가격에 대한 조사 자료가 다음과 같다. 이 자료에 대하여 사용연수를 설명변수로 하고, 중고차 판매가격을 반응변수로 하는 단순선형회귀모형을 적합하려고 한다.

사용연수	판매가격
1	850
2	800
3	820
4	780
4	800
5	650
5	700
5	720
6	620
6	600
7	460
7	520
8	490
9	510
10	450

(1) 단순선형회귀식을 구하시오.

(2) β_1에 대한 신뢰수준 99% 신뢰구간을 구하시오.

(3) 사용연수가 4.5년인 중고차의 판매가격의 평균에 대한 신뢰수준 99% 신뢰구간을 구하시오.

(4) 사용연수가 4.5년인 중고차의 판매가격에 대한 99% 예측구간을 구하시오.

(5) $H_0 : \beta_1 = 0$의 가설을 유의수준 5%에서 검정하시오.

(6) 잔차그림을 그리고, 단순선형회귀모형이 적절한지 확인하시오.

08 어떤 회사에서 신입사원의 적성점수(x)와 업무수행능력(Y) 사이의 관계를 알아보고자 15명의 직원에 대한 자료를 수집하였다. 이 자료에 대해 단순선형회귀모형을 적합하려고 한다. 다음에 답하시오.

적성점수(x)	업무수행능력(Y)
80	7.5
75	8.0
85	9.2
92	9.5
60	7.0
76	7.6
84	8.0
65	6.8
98	9.8
93	9.0
72	6.9
68	7.2
75	7.4
82	8.0
92	8.8

(1) 회귀계수 β_0, β_1의 최소제곱추정량을 구하시오.

(2) 모수 σ^2의 추정량을 구하시오.

(3) 회귀계수 β_1에 대한 신뢰수준이 95%인 신뢰구간을 구하시오.

(4) 분산분석표를 구하고, 이 단순선형회귀모형이 유의한지 검정하시오.

(5) 적성점수가 $x = 30$인 신입사원의 업무수행능력을 이 모형으로 예측하는 것이 타당한지 설명하시오.

(6) 잔차그림을 그리고, 단순선형회귀모형이 적절한지 확인하시오.

09 다음의 자료는 34개의 큰 땅콩주머니 각각에서 120파운드의 땅콩표본을 뽑았을 때, 그 안에 들어있는 아플라톡신(곡물의 곰팡이가 내는 발암성 독소)의 양(X)과 각 주머니에 오염되지 않은 땅콩의 비율(Y)을 나타낸 것이다. 이 두 변수 사이의 관계를 파악하고 X로부터 Y를 예측할 수 있는 식을 찾으시오.

X	Y	X	Y
3	99.971	24.2	99.933
4.7	99.979	25.8	99.858
8.3	99.982	30.6	99.987
9.3	99.971	36.2	99.958
9.9	99.957	39.8	99.909
11	99.961	44.3	99.859
12.3	99.956	46.8	99.863
12.5	99.972	46.8	99.811
12.6	99.889	58.1	99.877
15.9	99.961	62.3	99.798
16.7	99.982	70.6	99.855
18.8	99.975	71.1	99.788
18.8	99.942	71.3	99.821
18.9	99.932	83.2	99.83
21.7	99.908	83.6	99.718
21.9	99.97	99.5	99.642
22.8	99.985	111.2	99.658

10 다음 자료는 어떤 혈압약의 효과를 보기 위해, 15명의 고혈압 환자에게서 혈압약 처방 전과 후의 수축기혈압(systolic blood pressure)과 확장기혈압(diastolic blood pressure)을 측정한 것이다. 확장기혈압의 차이를 설명변수, 수축기혈압의 차이를 반응변수로 놓았을 때의 단순선형 회귀모형을 고려하자. 혈압약의 효과가 클수록 차이는 음수로 커질 것이므로, 설명변수와 반응변수를 혈압차의 부호를 바꾼 것으로 사용한다.

	수축기혈압			확장기혈압		
	처방전	처방후	차이	처방전	처방후	차이
1	210	201	-9	130	125	-5
2	169	165	-4	122	121	-1
3	187	166	-21	124	121	-3
4	160	157	-3	104	106	2
5	167	147	-20	112	101	-11
6	176	145	-31	101	85	-16
7	185	168	-17	121	98	-23
8	206	180	-26	124	105	-19
9	173	147	-26	115	103	-12
10	146	136	-10	102	98	-4
11	174	151	-23	98	90	-8
12	201	168	-33	119	98	-21
13	198	179	-19	106	110	4
14	148	129	-19	107	103	-4
15	154	131	-23	100	82	-18

(1) 반응변수와 설명변수의 관계를 산점도를 그려 파악하시오.

(2) 단순선형회귀모형을 적합하시오.

(3) 확장기혈압의 차이가 −10, 즉 설명변수가 $X=10$일 때 $E(Y|X=10)$을 구하고 그에 대한 90% 신뢰구간을 구하시오.

(4) $X=10$일 때 Y값에 대한 90% 예측구간을 구하고, 그 결과를 (3)과 비교하시오.

11 다음의 자료는 몸의 구성에 관한 연구과정에서 나온 것으로, 23세부터 61세 사이의 18명 성인에 대하여 나이와 지방비율 그리고 성별(gender)이 주어져 있다. 선형회귀모형을 활용하여 나이(age)와 지방비율(% fat)사이의 관계가 성별에 따라 달라지는지 알아보고자 한다. 지방비율을 Y, 나이를 X_1으로 놓고, X_2는 남성일 때 1, 여성일 때 0의 값을 갖도록 정의하자.

나이	지방비율	성별
23	9.5	M
23	27.9	F
27	7.8	M
27	17.8	M
39	31.4	F
41	25.9	F
45	27.4	M
49	25.2	F
50	31.1	F
53	34.7	F
53	42	F
54	29.1	F
56	32.5	F
57	30.3	F
58	33	F
58	33.8	F
60	41.1	F
61	34.5	F

(1) 성별에 따른 지방비율과 나이의 관계를 산점도를 통해 파악해 보시오.

(2) $Y_i = \beta_0 + \beta_1 x_{1i} + \beta_2 x_{2i} + \varepsilon_i$, $\varepsilon_i \sim N(0, \sigma^2)$의 다중선형회귀모형을 적합하시오.

(3) $H_0 : \beta_2 = 0$의 가설을 검정하고 결과를 해석하시오.

12 18개의 토양 샘플에 대해, 무기인산(X_1), 유기인산(X_2), 토양에서 자란 옥수수가 사용가능한 인산(Y)에 대한 자료가 다음 표와 산점도에 주어졌다. 이 자료를 이용하여 다중선형회귀모형 $Y_i = \beta_0 + \beta_1 x_{1i} + \beta_2 x_{2i} + \varepsilon_i$, $\varepsilon_i \sim N(0, \sigma^2)$을 적합하려고 한다.

표본	X_1	X_2	Y
1	0.4	53	64
2	0.4	23	60
3	3.1	19	71
4	0.6	34	61
5	4.7	24	54
6	1.7	65	77
7	9.4	44	81
8	10.1	31	93
9	11.6	29	93
10	12.6	58	51
11	10.9	37	76
12	23.1	46	96
13	23.1	50	77
14	21.6	44	93
15	23.1	56	95
16	1.9	36	54
17	26.8	58	168
18	29.9	51	99

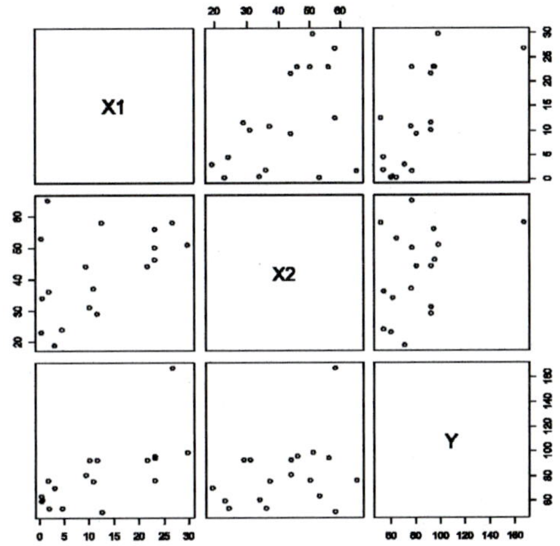

(1) β_1, β_2, σ^2의 추정량을 구하시오.

(2) 분산분석표를 구하시오.

(3) 두 회귀계수 β_1과 β_2의 유의성을 검정하시오.

(4) 분석의 결과를 정리하고 해석하시오.

13 아이스크림 소비량(Y, pints per capita)을 1951년 3월 18일부터 1953년 7월 11일까지 4주마다 30회에 걸쳐 측정하였다. 아이스크림 소비에 영향을 줄 수 있는 변수들로 아이스크림 가격(X_1, \$ per pint), 주당 가구소득(X_2, \$), 그리고 평균 온도(X_3, 화씨)가 주어져 있다. 또한 이 자료에 대한 산점도를 아래에서 볼 수 있다. 아이스크림 소비량을 설명하기 위한 다중선형회귀모형을 적합하려고 할 때, 다음에 답하시오.

	Y	X_1(가격)	X_2(소득)	X_3(온도)
1	0.386	0.27	78	41
2	0.374	0.282	79	56
3	0.393	0.277	81	63
4	0.425	0.28	80	68
5	0.406	0.272	76	69
6	0.344	0.262	78	65
7	0.327	0.275	82	61
8	0.288	0.267	79	47
9	0.269	0.265	76	32
10	0.256	0.277	79	24
11	0.286	0.282	82	28
12	0.298	0.27	85	26
13	0.329	0.272	86	32
14	0.318	0.287	83	40
15	0.381	0.277	84	55
16	0.381	0.287	82	63
17	0.47	0.28	80	72
18	0.443	0.277	78	72
19	0.386	0.277	84	67
20	0.342	0.277	86	60
21	0.319	0.292	85	44
22	0.307	0.287	87	40
23	0.284	0.277	94	32
24	0.326	0.285	92	27
25	0.309	0.282	95	28
26	0.359	0.265	96	33
27	0.376	0.265	94	41
28	0.416	0.265	96	52
29	0.437	0.268	91	64
30	0.548	0.26	90	71

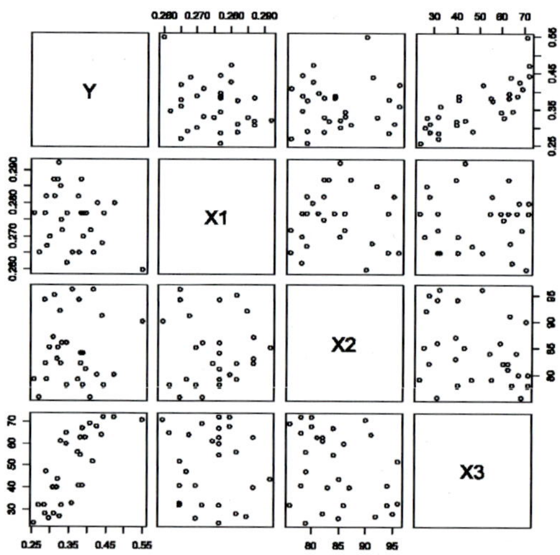

(1) β_1, β_2, β_3, σ^2의 추정량을 구하시오.

(2) 분산분석표를 구하시오.

(3) R^2값을 계산하시오.

(4) β_1, β_2와 β_3에 대한 신뢰수준 95%의 신뢰구간을 구하시오.

(4) 분석의 결과를 정리하고 해석하시오.

제 10 장 분산분석

7장과 8장에서 두 모집단의 평균을 비교하는 추론에 대해 알아보았다. 이제 세 개 이상의 모집단의 평균을 어떻게 비교할 수 있을지 알아보자. 가령, 세 개의 모집단의 평균 μ_1, μ_2, μ_3가 모두 같다는 가설 $H_0 : \mu_1 = \mu_2 = \mu_3$을 검정한다고 해 보자. 모집단이 세 개이므로, 두 모집단의 경우에서처럼 표본평균의 차이를 검정통계량으로 사용할 수 없다. 따라서 집단 사이의 흩어짐과 집단 내의 흩어짐의 비(ratio)를 고려하여 집단 내의 흩어짐에 비해 집단 사이의 흩어짐의 정도가 큰 경우 집단 사이에 차이가 있다고 결론을 내리는 직관적인 방법을 다루도록 한다. 흩어짐의 비(ratio)를 반영하는 검정통계량으로 분산비(variance ratio) 추정량을 제시하고, F 분포를 이용하여 검정하도록 할 것이다. 이러한 과정은 두 모평균을 비교할 때 사용되는 이표본 t-검정법의 연장으로도 생각될 수 있다. 이 장에서는 집단을 나누는 요인이 하나인 일원분류 분산분석과 두 개인 이원분류 분산분석에 대해 살펴보기로 한다.

10.1 일원분류 분산분석

일원분류 분산분석(one-way ANOVA)은 완전임의배치법(completely randomized design)에 의해 얻어진 자료를 분석하는 방법인데, 완전임의배치법은 전체 실험대상들을 i번째 처리방법에 n_i개씩 랜덤하게 배치하는 실험방법이다. 즉, 실험결과에 영향을 미칠 것으로 생각되는 처리(treatment; 또는 요인, factor)가 하나 있고, 이 처리에 I개의 수준이 있어서 전체 실험대상들을 $1, 2, \cdots, I$의 처리수준에 $n_1, n_2, \cdots, n_I$개씩 완전히 랜덤하게 배치하는 것이다. i번째 수준에 j번째로 배치된 실험대상으로부터 얻은 실험결과를 나타내는 변수를 X_{ij}라고 하면 배치방법은 다음 〈표 10.1〉과 같이 표현할 수 있다.

〈표 10.1〉 일원분류 분산분석의 자료구조

처리방법			
1	2	$\cdots$	I
X_{11}	X_{21}	$\cdots$	X_{I1}
·	·	$\cdots$	·
·	·		·
·	·	$\cdots$	·
X_{1n_1}	X_{2n_2}	$\cdots$	X_{In_I}

편의상 i번째 처리집단(i번째 처리방법이 적용된 집단)의 표본평균은

$$\overline{X}_{i.} = \left(\frac{1}{n_i}\right)\sum_{j=1}^{n_i} X_{ij}$$

로, 전체표본평균은

$$\overline{X}_{..} = \left(\frac{1}{n}\right)\sum_{i=1}^{I}\sum_{j=1}^{n_i} X_{ij} \quad (\text{단, } \sum_{i=1}^{I} n_i = n)$$

로, 그리고 i번째 처리집단의 모평균은 μ_i로 표기한다.

예제 10.1

뻐꾸기는 다른 새의 둥지에 알을 낳아 대신 품어 기르도록, 즉 탁란을 한다고 알려져 있다. 이제 6종류의 다른 새(Meadow pipit, Tree Pipit, Hedge sparrow, Robin, Pied wegtail, Wren)의 둥지에 낳은 뻐꾸기 알들의 크기가 다음의 표와 같이 주어졌다고 하자. n은 각 둥지에 낳은 뻐꾸기의 알의 개수이고 Mean은 단위가 ㎜인 알 크기의 평균이다. 이때 흥미로운 질문으로 "6개의 다른 새둥지에 탁란한 뻐꾸기 알들의 크기에 차이가 있는가?"를 생각할 수 있다.

	Meadow pipit	Tree pipit	Hedge sparrow	Robin	Pied wagtail	Wren	전체
n	45	15	14	16	15	15	120
Mean(mm)	22.30	23.09	23.12	22.58	22.90	21.13	22.46

이 예에서 $I=6$, $n_1=45$, $n_2=15$, $n_3=14$, $n_4=16$, $n_5=15$, $n_6=15$이고 $\overline{X}_{1.}=22.30$, $\overline{X}_{2.}=23.09$, $\overline{X}_{3.}=23.12$, $\overline{X}_{4.}=22.58$, $\overline{X}_{5.}=22.90$, $\overline{X}_{6.}=21.13$이다. 여기서 관심 있는 귀무가설은 $H_0: \mu_1 = \cdots = \mu_6$이 될 터인데, 둥지 내에서의 변이에 비해 둥지 간의 변이가 충분히 크면 이는 뻐꾸기 알의 크기가 둥지별로 차이가 있다는 증거가 될 것이다. 가설검정에 대한 자세한 내용은 일원분류 분산분석의 모형을 정의한 다음 알아보도록 한다.

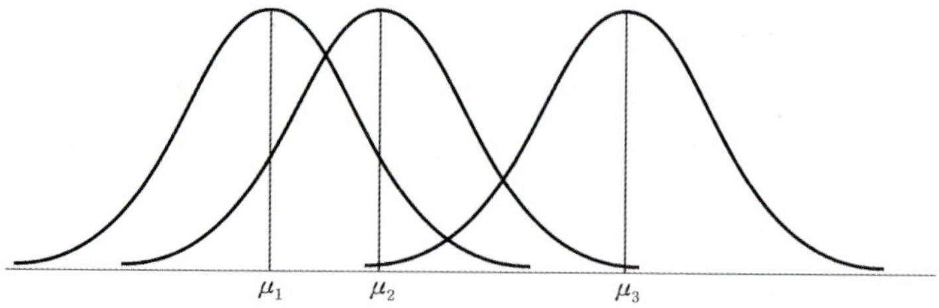

〈그림 10.1〉 일원분류 분산분석의 모형

이제, 일원분류 분산분석의 자료에 대하여 다음과 같은 모형

$$X_{ij} = \mu + \alpha_i + \varepsilon_{ij},\ \ \varepsilon_{ij} \sim N(0, \sigma^2),\ \ (i = 1, 2, \cdots, I\ ;\ j = 1, 2, \cdots, n_i)$$

을 생각해 보자. μ는 전체평균, $\alpha_i = \mu_i - \mu$는 i번째 처리의 순수효과, ε_{ij}은 X_{ij}에 대응되는 오차항이고 $\mu_i = \mu + \alpha_i = E(X_{ij})$이다. 오차항들은 모두 독립이며 $N(0, \sigma^2)$을 따른다고 가정한다.[1] 이를 그림으로 표현하면 〈그림 10.1〉과 같다. 그림에서 보듯이, 모든 처리집단에서 자료는 정규분포를 따르며, 처리집단에 따라 모평균 μ_i는 다를 수 있으나 분산은 동일하다.

한편, i 번째 처리집단의 j 번째 관측값 X_{ij}는 다음과 같이 표현될 수 있다.

$$X_{ij} = \overline{X}_{..} + (\overline{X}_{i.} - \overline{X}_{..}) + (X_{ij} - \overline{X}_{i.})$$

전체 표본평균 / 집단 i의 처리효과 / 표본 내 오차

관측값 X_{ij}에 대한 모형과 위의 식을 대비해 보면, μ는 전체표본평균 $\overline{X}_{..}$로, α_i는 $\overline{X}_{i.} - \overline{X}_{..}$로 추정하고, σ^2은 표본 내 오차의 산포를 측정할 수 있는 평균제곱오차(MSE)

$$\sum_{i=1}^{I}\sum_{j=1}^{n_i}(X_{ij} - \overline{X}_{i.})^2/(n-I)$$

으로 추정하는 것이 합리적이다.

1) X_{ij}는 i번째 처리 또는 집단의 평균 μ_i와 오차항 ε_{ij}의 합으로 쓸 수도 있겠지만, 이것을 전체평균, i번째 처리의 순수효과, 그리고 오차항의 합으로 표현하는 것이 유용한 측면이 있다.

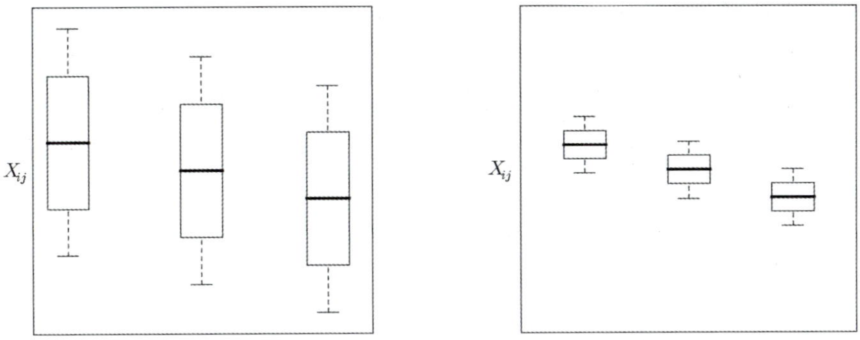

〈그림 10.2〉 집단 내의 흩어짐에 대한 집단 간 흩어짐의 정도: 왼쪽 그림은 집단 내 흩어짐이 클 때, 오른쪽 그림은 집단 내 흩어짐이 작을 때

이제 일원분류 분산분석모형을 가정하고, 각 모집단의 평균들이 같은지 다른지 검정해 보자. 귀무가설 $H_0 : \mu_1 = \cdots = \mu_I$는, α_i가 $\mu_i - \mu$이고 μ가 전체평균이므로, α_i들이 모두 0이라는 가설과 동등하다. 즉, 우리가 검정하고자 하는 가설은 다음과 같다.

$$H_0 : \alpha_1 = \cdots = \alpha_I = 0 \quad \text{대} \quad H_1 : \alpha_i \text{들이 모두 0은 아니다.}$$

이 가설을 검정하기 위한 검정통계량으로 집단 간의 흩어짐과 집단 내의 흩어짐에 대한 비를 고려할 수 있다. 각 모집단의 처리효과가 같지 않으면 집단 간의 차이가 클 것이므로 집단 간의 흩어짐이 크다면 귀무가설에 대한 반증이 될 것이다. 하지만 집단 간 흩어짐은 집단 내의 흩어짐에 대한 상대적인 크기로 측정되어야 한다. 〈그림 10.2〉에서 볼 수 있듯이 집단 내의 흩어짐이 클 때는 집단 간의 차이를 보기가 힘들지만 집단 내의 흩어짐이 작을 때는 집단 간의 차이가 쉽게 드러나기 때문이다.

자료의 흩어짐 정도는 제곱합으로 측정될 수 있다. 자료 전체의 변동, 즉 흩어진 정도를 나타내는 전체제곱합(total sum of squares, TSS),

$$\sum_{i=1}^{I} \sum_{j=1}^{n_i} (X_{ij} - \overline{X}_{..})^2$$

은 처리방법 간과 처리방법 내의 변동으로 나누어 다음의 식과 같이 구성된다.

$$\begin{aligned} \sum_{i=1}^{I} \sum_{j=1}^{n_i} (X_{ij} - \overline{X}_{..})^2 &= \sum_{i=1}^{I} \sum_{j=1}^{n_i} \{ (\overline{X}_{i.} - \overline{X}_{..}) + (X_{ij} - \overline{X}_{i.}) \}^2 \\ &= \sum_{i=1}^{I} \sum_{j=1}^{n_i} (\overline{X}_{i.} - \overline{X}_{..})^2 + \sum_{i=1}^{I} \sum_{j=1}^{n_i} (X_{ij} - \overline{X}_{i.})^2 \end{aligned}$$

여기서

$$\sum_{i=1}^{I}\sum_{j=1}^{n_i}(\overline{X}_{i.}-\overline{X}_{..})^2$$

은 처리방법 간 제곱합(sum of squares between, SSB) 또는 처리제곱합(sum of squares treatment, SST)이라고 하고, 집단 간의 흩어짐을 측정한다.

$$\sum_{i=1}^{I}\sum_{j=1}^{n_i}(X_{ij}-\overline{X}_{i.})^2$$

은 처리방법 내 제곱합(sum of squares within, SSW) 또는 오차제곱합(sum of squares error, SSE)이라고 하며, 집단 내의 흩어짐을 측정한다. 주어진 관측값에 대하여 전체제곱합은 고정되어 있으므로 집단 간의 흩어짐을 측정하는 처리방법 간 제곱합과 처리방법 내 제곱합의 비를 고려하는 것은 타당하다. 즉, 집단 내의 흩어짐에 비하여 집단 간의 흩어짐이 큰 것이 귀무가설 H_0을 기각하는 증거가 된다는 것이다.

가설검정을 위한 검정통계량을 정의하기 전에, 분산분석표를 먼저 작성해 보자. 분산분석표는 전체의 변동을 처리방법 간의 변동과 처리방법 내의 변동으로 나누어 제곱합과 자유도, 그리고 제곱합을 자유도로 나눈 평균제곱합을 포함한다. 전체제곱합의 자유도는 관측값의 개수에서 1을 뺀 $n-1$이고, 처리 간 제곱합의 자유도는 모집단의 개수에서 1을 뺀 $I-1$이며, 처리 내 제곱합의 자유도는 전체자유도에서 처리 간 자유도를 뺀 $n-I$이다.[2] 이러한 결과를 요약하면 〈표 10.2〉와 같은 일원분류 분산분석표를 얻을 수 있다.

검정을 위해 제곱합의 비를 고려할 때, 각 제곱합들을 해당하는 자유도로 나눔으로써 척도화한 평균제곱합(Mean Sum of Squares)의 비를 다음과 같이 계산하여,

$$F=\frac{MSB}{MSW}$$

를 검정통계량으로 사용한다. 이 F-통계량은 집단 내 흩어짐에 비해 집단 간의 흩

2) 전체제곱합은 n개의 변수 $X_{ij}-\overline{X}_{..}$로 구성되어 있으나 $\sum_{i=1}^{I}\sum_{j=1}^{n_i}(X_{ij}-\overline{X}_{..})=0$이라는 하나의 제약조건이 있어서 $(n-1)$개의 변수만이 자유롭기에 자유도는 $n-1$이고, 처리간 제곱합은 I개의 변수 $(\overline{X}_{i.}-\overline{X}_{..})$들로 구성되어 있으나 $\sum_{i=1}^{I}(\overline{X}_{i.}-\overline{X}_{..})=0$이라는 제약조건이 있기에 $(I-1)$개의 변수만이 자유로우므로 자유도가 $(I-1)$이라고 보면 된다.

〈표 10.2〉 일원분류 분산분석표(One-way ANOVA Table)

요인	제곱합(Sum of Squares)	자유도	평균제곱합
처리 간	$\sum_{i=1}^{I}\sum_{j=1}^{n_i}(\overline{X}_{i.}-\overline{X}_{..})^2$	$I-1$	$MSB=SSB/(I-1)$
처리 내	$\sum_{i=1}^{I}\sum_{j=1}^{n_i}(X_{ij}-\overline{X}_{i.})^2$	$n-I$	$MSW=SSW/(n-I)$
전체	$\sum_{i=1}^{I}\sum_{j=1}^{n_i}(X_{ij}-\overline{X}_{..})^2$	$n-1$	

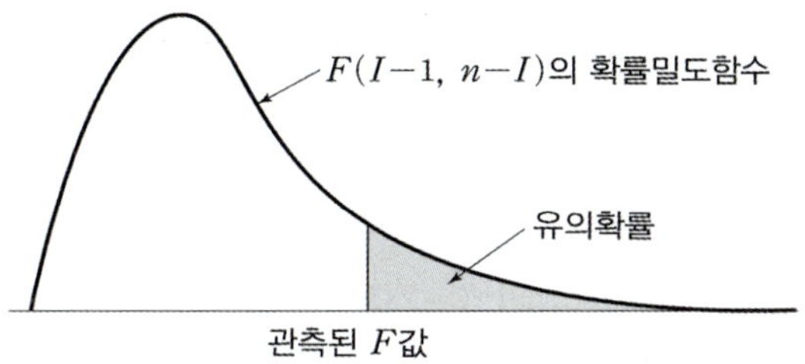

〈그림 10.3〉 일원분류 분산분석에서 검정의 유의확률

어짐이 얼마나 큰지를 측정해 주며, 귀무가설 H_0하에서 자유도가 $(I-1, n-I)$인 F분포를 따른다. 또, 이 통계량의 값이 커야만 귀무가설을 기각할 증거를 갖게 되므로 유의확률은 〈그림 10.3〉에서와 같이 자유도가 $(I-1,\ n-I)$인 F분포에서 관측된 F값의 오른쪽 꼬리의 면적으로 구하게 된다. 유의수준을 α로 고정한다면, 귀무가설에 대한 기각영역은

$$F \geq F_{\alpha}(I-1,\ n-I)$$

로 구할 수 있다. 여기서 $F_{\alpha}(I-1, n-I)$은 자유도가 $(I-1,\ n-I)$인 F분포의 상위 $100\alpha\%$ 임계값, 즉 $100(1-\alpha)$ 백분위수이다.

예제 10.2

예제 10.1에서 본 서로 다른 둥지에 따른 뻐꾸기 알의 크기에 대한 자료에서 집단 내 제곱합과 집단 간 제곱합을 다음과 같이 구할 수 있다.

	Meadow pipit	Tree pipit	Hedge sparrow	Robin	Pied wagtail	Wren	전체
SSW	37.29	11.38	14.85	7.03	15.96	7.74	94.25
SSB	1.15	5.95	6.10	0.23	2.90	26.53	42.86

위 표에서 SSW(sum of squares, Within groups)는 집단 내 표본편차제곱합, 그리고 SSB(sum of squares, Between groups)는 집단 간 표본편차제곱합으로 각각 둥지 내에서의 변동과 둥지 간의 변동을 의미한다. 가령, Meadow pipit에 해당하는 $SSW = 37.29$는 $n_1 = 45$개 알의 평균 $\overline{X}_{1.} = 22.30$으로부터의 편차제곱합이다. 또한 Meadow pipit의 집단 간 제곱합은 $SSB = n_1(\overline{X}_{1.} - \overline{X}_{..})^2 = 45(22.30 - 22.46)^2 = 1.15$로 이 제곱합들을 6개의 둥지에 대하여 모두 구한 결과가 위 표와 같다. 이제, 둥지 내의 변이에 대한 둥지 간의 변이의 비(ratio)는 해당하는 자유도를 고려하면, 각각

$$MSW = \frac{37.29 + 11.38 + 14.85 + 7.03 + 15.96 + 7.74}{44 + 14 + 13 + 15 + 14 + 14} = \frac{94.25}{114} = 0.827$$

$$MSB = \frac{42.86}{5} = 8.57$$

로 계산되며 검정에 필요한 F-통계량은 $F = \frac{8.57}{0.827} = 10.4$가 된다. 자유도가 (5,114)인 F분포를 따르는 확률변수가 10.4보다 클 확률이 0.0001보다 작아서 유의확률이 매우 작으므로 서로 다른 둥지에 낳은 뻐꾸기 알의 평균크기가 다 같다고 할 수 없다. 예제 10.1의 자료에서 Hedge Sparrow둥지에 낳은 알의 크기가 가장 크고, Wren 둥지 알의 크기가 가장 작음을 알 수 있다.

예제 10.2에서 다룬 뻐꾸기 알에 대한 분산분석에 대해서는 많은 관련 연구가 있다. 분산분석을 통해 둥지별 알의 평균크기가 모두 같다는 가설을 기각했지만, 주어진 자료는 잘 통제된 실험이 아니라 현지 조사(field study)에서 구해진 것이라는 점을 간과할 수 없다. 즉, 관찰된 알들이 각 둥지에 있는 모든 알들로 구성된 모집단으로부터의 랜덤표본이 아니란 점에 유의할 필요가 있다. 이제 다른 사례를 하나 더 살펴보기로 한다.

예제 10.3

다음은 바하마(Bahamas)에 있는 3개의 수괴(water mass) I, II, III 으로부터 구한 염분(salinity) 수치(단위: parts per thousand)에 대한 자료이다.

수괴 I	수괴 II	수괴 III
37.54	40.17	39.04
37.01	40.8	39.21
36.71	39.76	39.05
37.03	39.7	38.24
37.32	40.79	38.53
37.01	40.44	38.71
37.03	39.79	38.89
37.7	39.38	38.66
37.36		38.51
36.75		40.08
37.45		
38.85		

i번째 수괴의 j번째 관측값을 X_{ij}라고 할 때, 다음과 같은 모형

$$X_{ij} = \mu + \alpha_i + \varepsilon_{ij},\ \ \varepsilon_{ij} \sim N(0, \sigma^2),\ \ (i = 1,\ 2,\ \cdots,\ 3\ ;\ j = 1,\ 2,\ \cdots,\ n_i)$$

을 고려하자. 전체표본평균 $\overline{X}_{..} = 38.5837$, $i(=1,2,3)$ 번째 수괴의 표본평균은 각각 $\overline{X}_{1.} = 37.3133$, $\overline{X}_{2.} = 40.1038$. $\overline{X}_{3.} = 38.8920$으로 계산된다. 이제, 세 수괴의 염분수치의 평균이 모두 같은지 그렇지 않은지를 검정하기 위해 다음과 같은 일원분류 분산표를 구할 수 있다.

요인	제곱합	자유도	평균제곱합	F값	유의확률
처리	38.801	2	19.400	66.021	.000
오차	7.934	27	0.294		
합계	46.735	29			

유의확률이 매우 작으므로, 세 수괴의 염분수치의 평균이 모두 같다는 귀무가설을 기각한다.

분산분석모형에 대한 F-검정법은 많은 경우에 있어서 통계적 자료분석의 시작일 수 있다. 연구자 또는 관찰자들은 애써 얻은 자료나 결과에 대해 단지 '모평균들 간에 차이가 없다' 또는 '있다'라는 결론만으로 만족하지는 않는다. 가령, '모평균들 간에 차이가 있다'고 하면 그 차이가 어디에 기인하는가 알고자 할 것이다. 이런 경우 추가분석방법으로 다양한 다중비교(multiple comparison)방법들을 활용하여 어떤 처리집단의 평균 간에 차이가 있고, 어떤 처리집단의 평균 간에 차이가 없는지 확인할 수 있다.

10.2 이원분류 분산분석

10.2.1 임의화 블록 설계

완전임의배치법에 대한 일원분류 분산분석에서는 각 처리방법에 대한 관측값들의 동질성(homogeneity)을 가정하였다. 즉, 집단별로 처리방법만 다르고 각 처리방법에 배치되는 실험단위들은 유사하다는 것이다. 그런데 동질성을 가정할 수 없는 경우에는 성질이 유사한 실험단위들끼리 묶어서 '블록(block)'을 만들고, 각 블록 안에서 모든 처리방법들을 랜덤하게 배치하는 실험방법이 타당할 것이다. 이러한 블록을 이용하면 오차의 분산을 줄여 처리효과에 대한 검정이 더 효율적일 것으로 기대된다. 가령, 농작물의 수확량에 미치는 몇 가지 비료의 영향을 비교하는 실험이 있다고 하자. 완전랜덤 배치법을 쓰기 위해서는 실험에 사용되는 토지가 모두 균일해야 하지만, 때로는 비옥도가 서로 다른 토지를 모두 이용해야 하는 경우가 있다. 이때 실험이 효과적이기 위해서는 농작물을 재배하는 토지의 비옥도에 따라 유사한 것들을 모아 몇 개의 블록을 만들고, 각 블록 내에서 다른 종류의 비료를 랜덤으로 배치할 수 있다.

실제로 영국의 통계학자 피셔(R. A. Fisher)는 농작물 실험에 있어서 실험지를 비옥도 등의 환경이 동질적인 여러 개의 균일화된 블록으로 분할하고(블록화), 그 블록을 다시 세분하여 각 세분된 시험지에 어떤 품종을 심을 것인가, 또는 어떤 비료를 쓸 것인가를 무작위로 결정하고(랜덤화), 각 실험지구에 같은 방식의 실험을 충분하게 되풀이하는(반복) 방법을 활용하였다.

이러한 실험계획을 임의화 블록 설계(randomized block design, 또는 난괴법)라고 한다. 이제, 임의화 블록 설계에 의하여 i번째 블록에서($i=1, \cdots, I$) j

번째 처리방법을 적용한($j=1, \cdots, J$) 관측값을 X_{ij}라고 하면 〈표 10.3〉과 같은 자료를 얻을 수 있다.

〈표 10.3〉 임의화 블록 설계의 자료구조

구분		처리방법 1	처리방법 2	…	처리방법 J	블록평균
블록	1	X_{11}	X_{12}	…	X_{1J}	$\overline{X}_{1.}$
	2	X_{21}	X_{22}	…	X_{2J}	$\overline{X}_{2.}$
	.	.	.	…	.	.
	.	.	.	…	.	.
	I	X_{I1}	X_{I2}	…	X_{IJ}	$\overline{X}_{I.}$
처리평균		$\overline{X}_{.1}$	$\overline{X}_{.2}$	…	$\overline{X}_{.J}$	$\overline{X}_{..}$

편의상 i번째 블록의 표본평균은

$$\overline{X}_{i.} = (1/J)\sum_{j=1}^{J} X_{ij},$$

j번째 처리방법의 표본평균은

$$\overline{X}_{.j} = (1/I)\sum_{i=1}^{I} X_{ij},$$

그리고 전체 표본평균은

$$\overline{X}_{..} = (1/n)\sum_{i=1}^{I}\sum_{j=1}^{J} X_{ij} \ (\text{단, } n = I \times J)$$

로 표기하기로 한다.

위와 같이 얻어진 결과에 대하여 다음과 같은 모형을 고려하자. i번째 블록의 j번째 처리방법에 의한 관측값 X_{ij}는 평균 μ_{ij}와 오차항 ε_{ij}의 합으로 쓸 수도 있겠지만, μ_{ij}를 전체평균과 블록효과, 처리효과로 나누어 다음과 같이 표현하는 것이 일반적이다.

$$X_{ij} = \mu + \alpha_i + \beta_j + \varepsilon_{ij} \ (i=1, 2, \cdots, I\ ;\ j=1, 2, \cdots, J)$$

여기서 오차항 ε_{ij}는 서로 독립인 $N(0, \sigma^2)$을 따르는 확률변수이고,

$$\mu = (1/IJ)\sum_{i=1}^{I}\sum_{j=1}^{J}\mu_{ij},\ \mu_{i.} = (1/J)\sum_{j=1}^{J}\mu_{ij},\ \mu_{.j} = (1/I)\sum_{i=1}^{I}\mu_{ij},$$

$$\alpha_i = \mu_{i.} - \mu,\ \beta_j = \mu_{.j} - \mu$$

이며, 따라서

$$\sum_{i=1}^{I}\alpha_i = \sum_{j=1}^{J}\beta_i = 0$$

이 만족된다. 즉, μ는 전체평균을, α_i는 i번째 블록효과를, β_j는 j번째 처리효과를 각각 의미하게 된다.[3)]

이제, i번째 블록과 j번째 처리방법의 관측값 X_{ij}는 다음과 같이 분해할 수 있다.

$$X_{ij} = \overline{X}_{..} + (\overline{X}_{i.} - \overline{X}_{..}) + (\overline{X}_{.j} - \overline{X}_{..}) + (X_{ij} - \overline{X}_{i.} - \overline{X}_{.j} + \overline{X}_{..}).$$

전체평균 블록효과 처리효과 잔차

X_{ij}에 대한 임의화 블록 설계의 모형과 위의 식을 비교하면, μ는 전체표본평균 $\overline{X}_{..}$로, 블록효과 α_i는 $\overline{X}_{i.} - \overline{X}_{..}$로, 처리효과 β_j는 $\overline{X}_{.j} - \overline{X}_{..}$로 추정하고, σ^2은 평균제곱오차(MSE)

$$\sum_{i=1}^{I}\sum_{j=1}^{J}(X_{ij} - \overline{X}_{i.} - \overline{X}_{.j} + \overline{X}_{..})^2 / (I-1)(J-1)$$

으로 추정하는 것이 합리적이다.

자료 전체의 흩어진 정도를 나타내는 전체제곱합은 블록 간의 제곱합과 처리방법 간의 제곱합, 그리고 오차에 의한 제곱합으로 다음과 같이 분해된다.

3) 블록효과나 처리효과는 고정된 것이거나 랜덤으로 생각될 수 있는데, 그 선택은 블록과 처리방법들이 어떻게 구해졌는가에 달려있다. 블록 또는 처리방법의 수준들이 모든 가능한 수준의 분포로부터의 표본이면 랜덤으로 생각하는 것이 타당할 것이다. 이 책에서는 블록효과나 처리효과 모두 고정된 경우만을 다루기로 한다.

$$\sum_{i=1}^{I}\sum_{j=1}^{J}(X_{ij}-\overline{X}_{..})^2 = \sum_{i=1}^{I}\sum_{j=1}^{J}(\overline{X}_{i.}-\overline{X}_{..})^2 \quad \text{블록 간}$$

$$+\sum_{i=1}^{I}\sum_{j=1}^{J}(\overline{X}_{.j}-\overline{X}_{..})^2 \quad \text{처리방법 간}$$

$$+\sum_{i=1}^{I}\sum_{j=1}^{J}(X_{ij}-\overline{X}_{i.}-\overline{X}_{.j}+\overline{X}_{..})^2 \quad \text{오차}$$

$$TSS=\sum_{i=1}^{I}\sum_{j=1}^{J}(X_{ij}-\overline{X}_{..})^2,\quad SSB=\sum_{i=1}^{I}\sum_{j=1}^{J}(\overline{X}_{i.}-\overline{X}_{..})^2,$$

$$SST=\sum_{i=1}^{I}\sum_{j=1}^{J}(\overline{X}_{.j}-\overline{X}_{..})^2,\quad SSE=\sum_{i=1}^{I}\sum_{j=1}^{J}(X_{ij}-\overline{X}_{i.}-\overline{X}_{.j}+\overline{X}_{..})^2$$

으로 표기하면 위의 식은

$$TSS = SSB + SST + SSE$$

와 같으며, TSS(total sum of squares)는 전체제곱합, SSB(sum of squares block)는 블록 간 제곱합, SST(sum of squares treatment)는 처리방법 간 제곱합, 그리고 SSE(sum of squares error)는 오차제곱합이라고 한다. 이제 각 제곱합들을 해당하는 자유도로 나누어 척도화한 평균제곱합을 구하고, 결과를 요약하면 〈표 10.4〉와 같은 이원분류 분산분석표를 얻을 수 있다.

블록효과 또는 처리효과의 차이에 관한 가설에 대한 검정통계량으로 오차제곱합에 대한 해당요인의 제곱합의 비를 고려할 수 있다. I 개의 블록효과들 간에 차이가 없다는 가설은 $H_0 : \alpha_1 = \cdots = \alpha_I = 0$으로, 또 J개의 처리효과들 간에 차이가 없다는 가설은 $H_0 : \beta_1 = \cdots = \beta_J = 0$으로 표현된다. 귀무가설 $H_0 : \alpha_1 = \cdots = \alpha_I = 0$이 참일 때, 통계량

$$F = \frac{\sum_{i=1}^{I}\sum_{j=1}^{J}(\overline{X}_{i.}-\overline{X}_{..})^2/(I-1)}{\sum_{i=1}^{I}\sum_{j=1}^{J}(X_{ij}-\overline{X}_{i.}-\overline{X}_{.j}+\overline{X}_{..})^2/(I-1)(J-1)}$$

은 자유도가 $(I-1,\ (I-1)(J-1))$인 F분포를 따른다. 유의확률은 이 F분포에서 관측된 F값의 오른쪽 꼬리의 면적으로 정의된다. 유의수준을 α로 고정한다면, 귀무가설을 기각할 수 있는 기각영역은 관측된 F값이

〈표 10.4〉 이원분류 분산분석표(Two-way ANOVA Table)

요인	제곱합(Sum of Squares)	자유도	평균제곱합
블록	$\sum_{i=1}^{I}\sum_{j=1}^{J}(\overline{X}_{i.}-\overline{X}_{..})^2$	$I-1$	$MSB=SSB/(I-1)$
처리방법	$\sum_{i=1}^{I}\sum_{j=1}^{J}(\overline{X}_{.j}-\overline{X}_{..})^2$	$J-1$	$MST=SST/(J-1)$
오차	$\sum_{i=1}^{I}\sum_{j=1}^{J}(X_{ij}-\overline{X}_{i.}-\overline{X}_{.j}+\overline{X}_{..})^2$	$(I-1)(J-1)$	$MSE=SSE/(I-1)(J-1)$
전체	$\sum_{i=1}^{I}\sum_{j=1}^{J}(X_{ij}-\overline{X}_{..})^2$	$IJ-1$	

$$F \geq F_{\alpha}(I-1,\ (I-1)(J-1))$$

을 만족하는 영역이 된다.

마찬가지로, 귀무가설 $H_0 : \beta_1 = \cdots = \beta_J = 0$이 참일 때,

$$F = \frac{\sum_{i=1}^{I}\sum_{j=1}^{J}(\overline{X}_{.j}-\overline{X}_{..})^2/(J-1)}{\sum_{i=1}^{I}\sum_{j=1}^{J}(X_{ij}-\overline{X}_{i.}-\overline{X}_{.j}+\overline{X}_{..})^2/(I-1)(J-1)}$$

은 자유도가 $(J-1,\ (I-1)(J-1))$인 F분포를 따른다. 그러므로 유의확률은 이 F분포에서 관측된 F값의 오른쪽 꼬리의 면적으로 정의된다. 또, 관측된 F값이

$$F \geq F_{\alpha}(J-1,\ (I-1)(J-1))$$

를 만족하면 유의수준 α에서 귀무가설 $H_0 : \beta_1 = \cdots = \beta_J = 0$을 기각한다. 그런데 블록을 모형에 도입한 이유가 처리효과들에 관한 효율적 검정을 위한 것이었기 때문에, 앞의 F-검정에서 실제 관심을 가지는 부분은 블록효과보다는 처리효과 사이의 차이에 관한 가설이 될 것이다.

예제 10.4

옥수수의 생산량이 비료의 종류에 따라 어떻게 달라지는지 확인하고자 하는 실험에서, 생산량은 토지의 비옥도에 영향을 받으므로 토지를 4개의 실험지역(plot)으로 나누어 각 실험지역에 세 가지 비료를 랜덤배치하였다고 하자. 실험결과, 다음과 같은 자료를 얻었다.

실험지역(plot)	비료 A	비료 B	비료 C	블록평균
1	160	162	170	164
2	170	170	169	169.67
3	178	180	175	177.67
4	180	179	185	181.33
처리평균	172	172.75	174.75	173.17

이 자료에서 $I=4$, $J=3$이고, $\overline{X}_{1.}=164$, $\overline{X}_{2.}=169.67$, $\overline{X}_{3.}=177.67$, $\overline{X}_{4.}=181.33$, $\overline{X}_{.1}=172$, $\overline{X}_{.2}=172.75$, $\overline{X}_{.3}=174.75$, $\overline{X}_{..}=173.17$이다. 이에 따라 분산분석표를 만들면 다음과 같다.

요인	제곱합	자유도	평균제곱합	F값
블록	549.67	3	183.222	14.89
처리방법	16.17	2	8.083	0.6568
오차	73.83	6	12.306	
전체	639.67	11		

블록의 효과를 보기 위해 $H_0:\alpha_1=\alpha_2=\alpha_3=\alpha_4=0$의 귀무가설을 검정하고자 한다면, $F=183.222/12.306=14.89$로 자유도가 $(3,6)$인 F분포에서 유의확률이 약 0.0035로 계산된다. 유의확률이 매우 작으므로 귀무가설을 기각한다. 또, 유의수준이 $\alpha=0.05$로 주어진 경우, 자유도가 $(3,6)$인 F분포의 오른쪽 꼬리의 면적이 0.05인 임계값이 약 4.7571이 되는데 관측된 F값이 임계값보다 크므로 귀무가설을 기각할 수 있다. 즉, 자료로부터 실험지역(plot)에 따라 생산량에 유의한 차이가 있다는 충분한 증거가 있다는 것이다. 블록평균을 살펴보면 실험지역 3과 4의 평균이 크고, 1의 평균이 제일 작음을 볼 수 있다. 귀무가설을 기각했으므로 4개 실험지역의 평균이 같지 않다는 증거가 있는 것이기 때문에, 가장 큰 실험지역 4의 평균과 가장 작은 실험지역 1의 평균은 당연히 유의한 차이가 있다고 할 수 있다.[4] 처리방법인 비료의 효과를 보기 위한 $H_0:\beta_1=\beta_2=\beta_3=0$의 귀무가설에 대해서는, $F=8.083/12.306=0.6568$인데 자유도가 $(2,6)$인 F분포에서의 유의확률이 약 0.5522가 된다. 유의확률이 크므로 귀무가설을 기각할 수 없다. 즉, 자료로부터 비료에 따라 생산량에 유의한 차이가 있다는 증거가 없다.

---

4) 실험지역 3과 실험지역 4의 평균 또는 실험지역 1과 실험지역 2의 평균이 유의하게 다른지는 알 수 없다. 더 자세한 내용을 알기 위해서는 다중비교(multiple comparison) 방법을 사용할 수 있다.

10.2.2 반복이 있는 이원분류 분산분석

이 절에서는 일원분류 분산분석을 요인이 두 개인 경우로 확장한 형태의 분산분석을 살펴보기로 하자. 두 요인을 함께 고려하면 각 요인을 따로 분석하는 것보다 효율적이다. 두 번째 요인을 추가함으로써 첫 번째 요인으로 설명할 수 없었던 부분을 설명하게 되어 모형의 오차부분을 줄일 수 있고, 이로 인해 집단 내 흩어짐이 줄어들면 평균제곱합의 비로 나타나는 F-검정통계량의 값이 커져서 요인의 처리효과를 보다 쉽게 구별할 수 있다. 또, 두 요인이 포함된 모형에서 반복이 있다면 두 요인 간의 상호작용(interaction)을 분석할 수 있다. 한 요인의 수준이 변할 때 다른 요인의 효과가 변하는 것을 상호작용이라고 하는데, 이는 일원분류 분산분석에서는 생각할 수 없는 것이다. 예를 들어 음주와 흡연이 각각 식도암 발생가능성을 높인다고 알려져 있는데 음주와 흡연을 동시에 하는 사람들의 식도암 발생가능성이 각각 하나씩 하는 사람들보다 훨씬 높게 나타난다면, 음주와 흡연 사이에 상호작용이 있다고 할 수 있다. 즉, 식도암 발생에 있어서, 음주를 하는 사람들에게 흡연이, 흡연을 하는 사람들에게 음주가 특히 더 위험하다고 말할 수 있다.

편의상 두 개의 요인을 각각 요인 A, 요인 B라고 하고, 요인 A에는 I개, 요인 B에는 J개의 처리방법이 있다고 하자. 모든 개체들이 균일하다면 완전임의배치법으로 개체들을 두 개의 요인에 할당할 수 있다. 요인 A의 i 번째 처리방법과 요인 B의 j 번째 처리방법에서의 k 번째 관측값을 X_{ijk}라고 표기하면, 〈표 10.5〉와 같은 결과를 얻는다($i=1, 2, \cdots, I$; $j=1, 2, \cdots, J$; $k=1, 2, \cdots, K$). 계산의 편의상 각 처리방법에 대한 관측값의 개수는 K로 일정하다고 가정한다.

〈표 10.5〉 반복이 있는 이원분류의 자료구조

구분		요인 B			
		1	2	$\cdots$	J
요인 A	1	X_{111} X_{112} $\vdots$ X_{11K}	X_{121} X_{122} $\vdots$ X_{12K}	$\cdots$ $\cdots$ $\cdots$ $\cdots$	X_{1J1} X_{2J2} $\vdots$ X_{1JK}
	$\vdots$	$\vdots$	$\vdots$	$\cdots$	$\vdots$
	I	X_{1I1} X_{1I2} $\vdots$ X_{1IK}	X_{2I1} X_{2I2} $\vdots$ X_{2IK}	$\cdots$ $\cdots$ $\cdots$ $\cdots$	X_{IJ1} X_{IJ2} $\vdots$ X_{IJK}

편의상, 요인 A의 i번째 처리방법의 표본평균을

$$\overline{X}_{i..} = (1/JK)\sum_{j=1}^{J}\sum_{k=1}^{K} X_{ijk}$$

로, 요인 B의 j번째 처리방법의 표본평균을

$$\overline{X}_{.j.} = (1/IK)\sum_{i=1}^{I}\sum_{k=1}^{K} X_{ijk}$$

로, 요인 A의 i번째 처리방법과 요인 B의 j번째 처리방법을 적용한 자료의 표본평균을

$$\overline{X}_{ij.} = (1/K)\sum_{k=1}^{K} X_{ijk}$$

로, 전체 표본평균을

$$\overline{X}_{...} = (1/IJK)\sum_{i=1}^{I}\sum_{j=1}^{J}\sum_{k=1}^{K} X_{ijk}$$

로 표기하고, 다음과 같은 모형을 고려하자. i번째 블록의 j번째 처리방법에 의한 k번째 관측값 X_{ijk}는 평균 μ_{ij}와 오차항 ε_{ijk}의 합으로 쓸 수도 있지만, μ_{ij}를 전체평균, 요인 A의 i번째 처리효과 α_i, 요인 B의 j번째 처리효과 β_j, 그리고 두 요인의 상호작용 γ_{ij}으로 나누어 다음과 같이 표현하는 것이 유용하다.

$$X_{ijk} = \mu + \alpha_i + \beta_j + \gamma_{ij} + \varepsilon_{ijk}$$
$$(i = 1, 2, \cdots, I\ ;\ j = 1, 2, \cdots, J\ ;\ k = 1, 2, \cdots, K)$$

여기서

$$\mu = (1/IJ)\sum_i\sum_i \mu_{ij},\ \ \mu_{i.} = (1/J)\sum_j \mu_{ij},\ \ \mu_{.j} = (1/I)\sum_i \mu_{ij},$$
$$\sum_{i=1}^{I}\alpha_i = \sum_{j=1}^{J}\beta_j = \sum_{i=1}^{I}\gamma_{ij} = \sum_{j=1}^{J}\gamma_{ij} = 0$$

이며, $\alpha_i = \mu_{i.} - \mu$, $\beta_j = \mu_{.j} - \mu$, $\gamma_{ij} = \mu_{ij} - \mu_{i.} - \mu_{.j} + \mu$이다. 또 랜덤오차 ε_{ijk}는

서로 독립이며 $N(0, \sigma^2)$ 분포를 따른다. μ는 전체평균을, α_i는 요인 A의 i번째 처리방법의 순수효과를, β_j는 요인 B의 j번째 처리방법의 순수효과를, 그리고 γ_{ij}는 요인 A의 i번째와 요인 B의 j번째 처리방법의 상호작용효과를 각각 나타낸다. $K=1$인 경우에는 상호작용효과까지 확인할 만큼 충분한 자료가 없기 때문에 γ_{ij}를 모형에 포함하는 것이 의미가 없다.

예제 10.5

지역신문에 광고를 올렸을 때 그 광고를 통해 몇 건의 문의전화를 받는지가 광고한 지면의 종류(섹션)와 광고요일에 따라 어떻게 달라지는지 알아보고자 한다[5]. 자료가 다음과 같이 수집되었다면, 광고요일이 요인 A, 신문지면의 종류가 요인 B가 되고, $I=5$, $J=3$, $K=4$이다.

요일	News	Business	Sports
월(M)	11	10	4
	8	12	3
	6	13	5
	8	11	6
화(T)	9	7	5
	10	8	8
	10	11	6
	12	9	7
수(W)	8	7	5
	9	8	9
	9	10	7
	11	9	6
목(Th)	4	9	7
	5	6	6
	3	8	6
	5	8	5
금(F)	13	10	12
	12	9	10
	11	9	11
	14	8	12

5) 자료출처: http://college.cengage.com/mathematics/brase/understandable_statistics/7e/students/datasets/twan/frames/frame.html

이제 요인 A의 i번째, 요인 B의 j번째 처리방법에 대한 k번째 관측값 X_{ijk}는

$$X_{ijk} = \underbrace{\overline{X}_{...}}_{\text{전체평균}} + \underbrace{(\overline{X}_{i..} - \overline{X}_{...})}_{\text{요인 A 효과}} + \underbrace{(\overline{X}_{.j.} - \overline{X}_{...})}_{\text{요인 B 효과}}$$

$$+ \underbrace{(\overline{X}_{ij.} - \overline{X}_{i..} - \overline{X}_{.j.} + \overline{X}_{...})}_{\text{요인 A와 B의 상호작용}} + \underbrace{(X_{ijk} - \overline{X}_{ij.})}_{\text{잔차}}$$

와 같이 표현될 수 있다. X_{ijk}에 대한 반복이 있는 이원분류 분산분석의 모형과 위의 식을 비교하면, μ는 전체표본평균 $\overline{X}_{...}$로, 요인 A의 i번째 처리효과 α_i는 $\overline{X}_{i..} - \overline{X}_{...}$으로, 요인 B의 j번째 처리효과 β_j는 $\overline{X}_{.j.} - \overline{X}_{...}$로, 요인 A의 i번째와 요인 B의 j번째 처리방법의 상호작용 γ_{ij}는 $\overline{X}_{ij.} - \overline{X}_{i..} - \overline{X}_{.j.} + \overline{X}_{...}$로, 그리고 σ^2은 평균제곱오차(MSE)

$$\sum_{i=1}^{I}\sum_{j=1}^{J}\sum_{k=1}^{K}(X_{ijk} - \overline{X}_{ij.})^2 / IJ(K-1)$$

으로 추정하는 것이 합리적이다.

자료 전체의 흩어진 정도는 요인 A, 요인 B, 두 요인 사이의 상호작용에 의한 것, 그리고 오차에 의한 부분으로, 다음과 같이 구성된다.

$$\begin{aligned}\sum_{i=1}^{I}\sum_{j=1}^{J}\sum_{k=1}^{K}(X_{ijk} - \overline{X}_{...})^2 &= JK\sum_{i=1}^{I}(\overline{X}_{i..} - \overline{X}_{...})^2 && \text{요인 } A \\ &+ IK\sum_{j=1}^{J}(\overline{X}_{.j.} - \overline{X}_{...})^2 && \text{요인 } B \\ &+ K\sum_{i=1}^{I}\sum_{j=1}^{J}(\overline{X}_{ij.} - \overline{X}_{i..} - \overline{X}_{.j.} + \overline{X}_{...})^2 && \text{상호작용} \\ &+ \sum_{i=1}^{I}\sum_{j=1}^{J}\sum_{k=1}^{K}(X_{ijk} - \overline{X}_{ij.})^2 && \text{오차}\end{aligned}$$

여기서 전체제곱합을

$$TSS(\text{total sum of squares}) = \sum_{i=1}^{I}\sum_{j=1}^{J}\sum_{k=1}^{K}(X_{ijk} - \overline{X}_{...})^2,$$

요인 A의 처리방법 간 제곱합을

$$SSA(\text{sum of squares factor A}) = JK\sum_{i=1}^{I}(\overline{X}_{i..} - \overline{X}_{...})^2,$$

요인 B의 처리방법 간 제곱합을

$$SSB(\text{sum of squares factor B}) = IK\sum_{j=1}^{J}(\overline{X}_{.j.} - \overline{X}_{...})^2,$$

두 요인 사이의 상호작용에 의한 제곱합을

$$SSAB(\text{sum of sqaures due to interaction of factors A and B}) = K\sum_{i=1}^{I}\sum_{j=1}^{J}(\overline{X}_{ij.} - \overline{X}_{i..} - \overline{X}_{.j.} + \overline{X}_{...})^2,$$

오차제곱합을

$$SSE(\text{sum of squares error}) = \sum_{i=1}^{I}\sum_{j=1}^{J}\sum_{k=1}^{K}(X_{ijk} - \overline{X}_{ij.})^2$$

이라고 하면,

$$TSS = SSA + SSB + SSAB + SSE$$

이 성립한다. 이제, 제곱합들을 해당하는 자유도로 나눈 평균제곱합을 구하고 결과를 요약하면 〈표 10.6〉과 같은 이원분류 분산분석표를 얻을 수 있다.

이원분류 분산분석표를 이용하면, 일원분류 분산분석이나 임의화 블록 설계에서처럼, 요인의 효과에 대한 검정을 할 수 있다. 요인 A의 효과에 대한 검정의 귀무가설은 $H_0 : \alpha_1 = \cdots = \alpha_I = 0$, 요인 B의 효과에 대한 검정의 귀무가설은 $H_0 : \beta_1 = \cdots = \beta_J = 0$, 두 요인의 상호작용에 대한 검정의 귀무가설은 $H_0 : \gamma_{ij} = 0 (i = 1, 2, \cdots, I\ ;\ j = 1, 2 \cdots, J)$으로 각각 표현된다. 검정통계량도 이전의 경우들과 마찬가지로 오차제곱합에 대한 평균제곱합의 분산비로 쓸 수 있으며, 요인 A의 효과에 대한 검정통계량은 $F = MSA/MSE$, 요인 B의 효과에 대한 검정통계량은 $F = MSB/MSE$, 상호작용의 효과에 대한 검정통계량은 $F = MSAB/MSE$이다.

〈표 10.6〉 반복이 있는 이원분류 분산분석표(Two-way ANOVA Table)

요인	제곱합(Sum of Squares)	자유도	평균제곱합
요인A	$JK\sum_{i=1}^{I}(\overline{X}_{i..}-\overline{X}_{...})^2$	$I-1$	$MSA=SSA/(I-1)$
요인B	$IK\sum_{j=1}^{J}(\overline{X}_{.j.}-\overline{X}_{...})^2$	$J-1$	$MSB=SSB/(J-1)$
상호작용	$K\sum_{i=1}^{I}\sum_{j=1}^{J}(\overline{X}_{ij.}-\overline{X}_{i..}-\overline{X}_{.j.}+\overline{X}_{...})^2$	$(I-1)(J-1)$	$MSAB=SSAB/(I-1)(J-1)$
오차	$\sum_{i=1}^{I}\sum_{j=1}^{J}\sum_{k=1}^{K}(X_{ijk}-\overline{X}_{ij.})^2$	$IJ(K-1)$	$MSE=SSE/IJ(K-1)$
전체	$\sum_{i=1}^{I}\sum_{j=1}^{J}\sum_{k=1}^{K}(X_{ijk}-\overline{X}_{...})^2$	$IJK-1$	

귀무가설 $H_0:\alpha_1=\cdots=\alpha_I=0$이 참일 때, 검정통계량 $F=MSA/MSE$는 자유도가 $((I-1),IJ(K-1))$인 F분포를 따른다. 유의확률은 이 F분포에서 관측된 F값의 오른쪽 꼬리부분의 면적이고, 유의수준을 α라고 하면, 귀무가설의 기각영역은 관측된 F값이

$$F\geq F_{\alpha}((I-1),\ IJ(K-1))$$

을 만족하는 영역이 된다. 마찬가지 방법으로, 귀무가설 $H_0:\beta_1=\cdots=\beta_J=0$이 참일 때, 검정통계량 $F=MSB/MSE$는 자유도가 $((J-1),IJ(K-1))$인 F분포를 따른다. 유의확률은 이 F분포에서 관측된 F값의 오른쪽 꼬리부분의 면적이고, 유의수준을 α라고 하면, 귀무가설의 기각영역은 관측된 F값이

$$F\geq F_{\alpha}((J-1),\ IJ(K-1))$$

을 만족하는 영역이 된다.

상호작용의 효과 여부에 대한 검정통계량 $F=MSAB/MSE$는 귀무가설 $H_0:\gamma_{ij}=0$ 하에서 자유도가 $((I-1)(J-1),IJ(K-1))$인 F분포를 따른다. 유의확률은 이 F분포에서 관측된 F값의 오른쪽 꼬리부분의 면적이고, 유의수준을 α라고 하면, 귀무가설의 기각영역은 관측된 F값이

$$F\geq F_{\alpha}((I-1)(J-1),\ IJ(K-1))$$

을 만족하는 영역이 된다. 이제 두 요인의 상호작용에 대해 좀 더 자세히 살펴보자.

요인 A의 처리방법(또는 수준)에 따라 요인 B의 효과가 차이가 있거나, 요인 B의 수준에 따라 요인 A의 효과가 차이가 있을 때, 두 요인 A와 B 사이에는 상호작용이 있다고 한다. 요인 A의 처리수준이 (A_1, A_2), 요인 B의 처리수준이 (B_1, B_2)인 경우에 대해 두 요인의 상호작용을 〈그림 10.4〉와 〈그림 10.5〉를 사용하여 살펴보자.

〈그림 10.4〉에서 두 선분은 평행하다. 왼쪽, 오른쪽 그림에서 모두 요인 A의 수준이 달라져도 요인 B의 효과의 차이 $B_1 - B_2$에는 변화가 없기 때문이다. 반면, 〈그림 10.5〉에서는 두 선분이 다른 기울기를 가진다. 왼쪽 그림에서 요인 A의 수준이 A_1일 때는 요인 B의 B_2가 B_1보다 큰 값을 갖지만 요인 A의 수준이 A_2가 되면 반대의 현상을 보인다. 요인 B의 수준을 고정하고 요인 A의 효과를 비교해도 마찬가지이다. 오른쪽 그림에서는 요인 A의 수준에 상관없이 요인 B의 수준 B_1이 수준 B_2보다 큰 값을 갖지만, 요인 B의 수준이 B_1일 때는 요인 A의 수준을 A_2로 하는

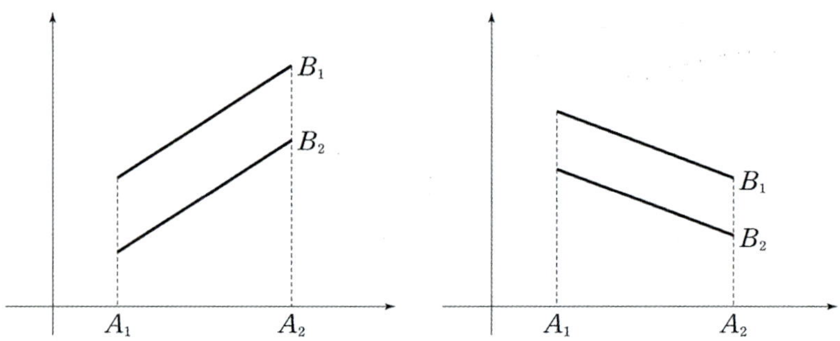

〈그림 10.4〉 요인 A와 요인 B의 상호작용이 없는 경우

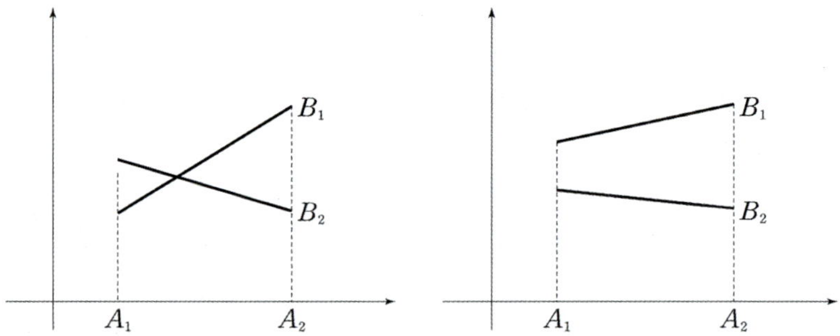

〈그림 10.5〉 요인 A와 요인 B의 상호작용이 있는 경우

것이 더 큰 값을 주고 요인 B의 수준이 B_2일 때는 요인 A의 수준을 A_1으로 하는 것이 더 큰 값을 준다는 점에서 두 요인 간에 상호작용이 있다고 볼 수 있다. 다른 예로 두 선분이 모두 양의 기울기를 갖지만 기울기의 크기가 다른 경우도 생각해 볼 수 있다.

예제 10.6

지역신문의 광고효과가 광고한 지면의 종류(섹션)와 광고요일에 따라 어떻게 달라지는지 알아보고자 한 예제 10.5의 자료에 대해 분산분석표를 만들어 보자. 요인은 광고요일과 지면의 종류가 되고 관측값은 광고를 통해 받은 문의전화의 횟수이며, 예제 10.5에서 보았듯이, $I=5$, $J=3$, $K=4$이다.

요인	제곱합	자유도	평균제곱	F값
요일	146.833	4	36.708	20.9098
지면종류	53.733	2	26.867	15.3038
상호작용	135.767	8	16.971	9.6669
오차	79.000	45	1.756	
전체	336.333	59		

요일과 지면종류, 상호작용 모두에 대해 F값이 매우 크다. 자유도가 $(4,45)$인 F 분포에서 $F_{0.01}(4,45)=3.7674$, 자유도가 $(2,45)$인 F분포에서 $F_{0.01}(2,45)=5.1103$, 자유도가 $(8,45)$인 F분포에서 $F_{0.01}(8.45)=2.9353$으로, 관측된 F값들이 상위 1% 임계값보다 모든 경우에서 크므로 유의수준 1%에서 귀무가설이 모두 기각된다. 즉, 광고를 통해 받는 문의전화의 횟수는 요일에 따라 다르고, 지면종류에 따라서도 다르며, 두 요인 간 상호작용도 유의하다.

요일에 따른 문의전화의 횟수의 평균은 금요일이 가장 높고 목요일이 가장 낮다. 그 외 월, 화, 수요일은 큰 차이가 없음을 그림을 통해 볼 수 있다. 또, 지면의 종류에 따른 문의전화의 횟수의 평균은 기업면이 9.1, 뉴스면이 8.9, 스포츠면이 7로, 스포츠 지면의 광고효과가 가장 떨어진다는 것을 알 수 있다.

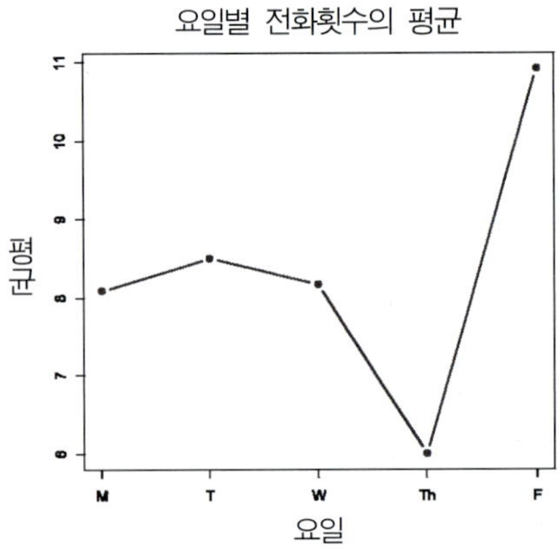

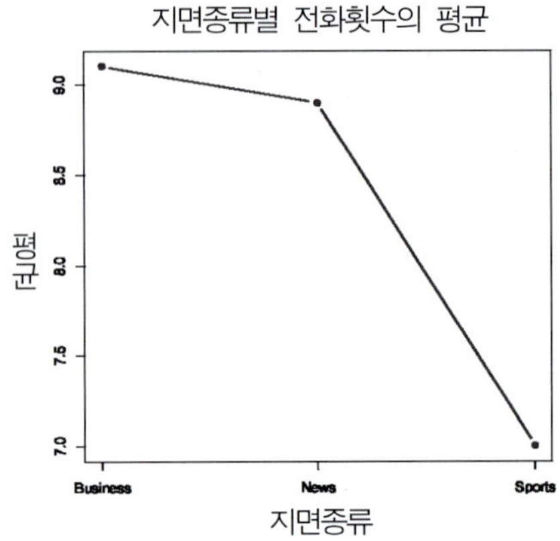

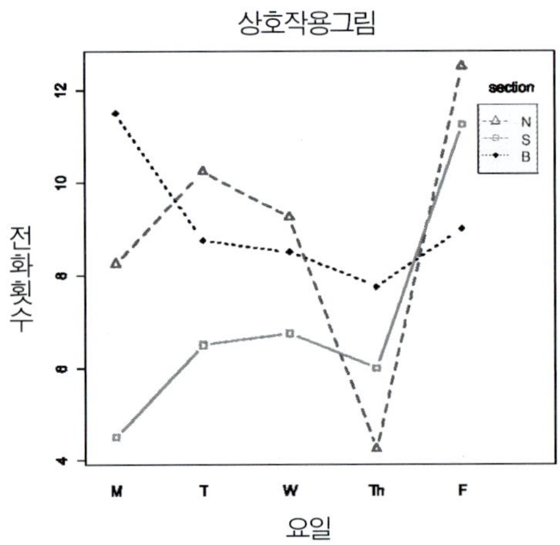

요일과 지면의 종류 사이의 상호작용의 효과는 위 그림을 통해 볼 수 있는데, 월요일에는 기업면에 낸 광고로부터 문의전화가 가장 많고, 금요일에는 뉴스면에 낸 광고로부터 문의전화가 가장 많다. 목요일에는 뉴스면에 광고를 하지 않는 것이 좋고, 하려면 금요일에 하는 것이 가장 유리하다. 스포츠면의 경우, 월요일에는 광고하지 않는 것이 좋고 하려면 금요일이 가장 좋다. 이와 같이 요일에 따라 지면종류의 효과가 달라지기 때문에, 두 요인 사이의 상호작용이 유의하다는 것이다.

예제 10.7

요인 A와 요인 B가 있는 어떤 실험에서 다음과 같은 분산분석표를 얻었다고 하자. ($I=3$, $J=2$, $K=3$)

요인	제곱합	자유도	평균제곱	F 값	유의확률
A	7.00	2	3.5	1.969	0.1822
B	16.06	1	16.06	9.031	0.0110
AB	70.11	2	35.06	19.719	0.0002
오차	21.33	12	1.78		
전체	114.5	17			

요인 B와 상호작용의 F값이 크면서 유의확률이 작으므로, 요인 B의 처리효과가 유의하고 상호작용의 효과가 유의함을 알 수 있다. 반면 요인 A의 효과는 유의하지 않다.

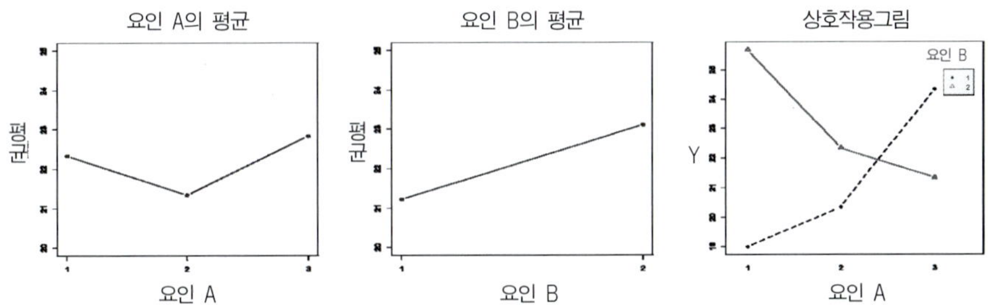

이런 경우, 요인 A의 효과에 대한 검정에서 귀무가설이 기각되지 않았으므로, 효과가 유의하지 않은 것으로 보아 모형에서 제거하는 것을 고려할 수도 있다. 하지만 상호작용이 유의하기 때문에, 요인 A의 효과가 상호작용 γ_{ij}에 의해 표현되게 되므로 그 효과가 모형에서 완전히 제거되지 않는다. 따라서 상호작용이 유의할 때는 요인 A와 B를 모형에 함께 고려하는 것이 통계적으로 의미가 있다. 만약 상호작용의 효과에 대한 귀무가설을 기각하지 못하여 상호작용이 유의하지 않은 경우에는 상호작용의 제곱합을 오차제곱합에 합쳐서(pooling) 새로운 오차제곱합을 만들어 모형을 세우는 것이 일반적이다.

10장 연습문제

01 세 가지 교육방법 A, B, C의 효율성을 비교하기 위하여, 교육대상자들을 10명씩 각 교육방법에 랜덤배치하여 일정기간 교육시킨 후 시험을 치르게 하였다. 교육방법 A를 받은 대상자들의 성적은 $X_{11}, X_{12}, \cdots, X_{1,10}$, 교육방법 B를 받은 대상자들의 성적은 $X_{21}, X_{22}, \cdots, X_{2,10}$, 교육방법 C를 받은 대상자들의 성적은 $X_{31}, X_{32}, \cdots, X_{3,10}$으로 표기한다. 교육방법의 효율성을 교육대상자들의 시험성적으로 비교한다고 할 때 세 가지 교육방법의 효율성에 차이가 없다는 가설검정에 사용되는 F-검정통계량을 X_{ij}들의 식으로 나타내시오.

02 I개의 처리방법을 비교하기 위한 일원분류 분산분석에서 F-검정통계량은

$$F=\frac{\sum_{i=1}^{I}\sum_{j=1}^{n_i}(\overline{X}_{i.}-\overline{X}_{..})^2/(I-1)}{\sum_{i=1}^{I}\sum_{j=1}^{n_i}(X_{ij}-\overline{X}_{i.})^2/(n-I)}$$

으로 정의된다. 이제 $I=2$일 때에 국한해서 생각해 보자. $I=2$이면 비교하고자 하는 처리방법이 두 개이므로 처리방법 1에서 얻은 표본을 $X_1,\ X_2,\ \cdots,\ X_n$, 처리방법 2에서 얻은 표본을 $Y_1,\ Y_2,\ \cdots,\ Y_m$라고 하자($n_1=n,\ n_2=m$). 두 표본을 각각 $N(\mu_X,\sigma^2)$과 $N(\mu_Y,\sigma^2)$으로부터 구한 서로 독립인 랜덤표본임을 가정하면, 검정하고자 하는 귀무가설은 $H_0:\mu_X=\mu_Y$와 같고, 대립가설은 $H_1:\mu_X\neq\mu_Y$와 같아진다.

이제, F-검정통계량이

$$F=\frac{\{n[\overline{X}_n-(n\overline{X}_n+m\overline{Y}_m)/(n+m)]^2+m[\overline{Y}_m-(n\overline{X}_n+m\overline{Y}_m)/(n+m)]^2\}/(2-1)}{\left[\sum_{i=1}^{n}(X_i-\overline{X}_n)^2+\sum_{j=1}^{m}(Y_j-\overline{Y}_m)^2\right]/(n+m-2)}$$

이고, 이는 8장에서 다루었던 두 모평균의 비교를 위한 t-검정통계량의 제곱과 같아짐, 즉,

$$F = T^2 = \left(\frac{\overline{X}_n - \overline{Y}_m}{S_p \sqrt{1/n + 1/m}} \right)^2 = \frac{\left(\dfrac{\overline{X}_n - \overline{Y}_m}{\sigma \sqrt{1/n+1/m}} \right)^2}{\left(\dfrac{(n+m-2){S_p}^2}{\sigma^2 (n+m-2)} \right)}$$

임을 확인하시오. T가 자유도가 $n+m-2$인 t 분포를 따르면 T^2은 자유도가 $(1,\ n+m-2)$인 F 분포를 따르게 됨이 잘 알려져 있으며, 이로 인해 $I=2$일 때 F-검정과 t-검정은 일치한다.

03 어떤 털실의 평균장력이 서로 다른 보빈(bobbin: 실을 감는 통 모양의 실패)에 따라 달라지는지 알아보기 위해 같은 털실의 보빈 6개를 랜덤추출하여 각 보빈 내에서 4번씩 털실의 장력을 측정한 자료가 다음에 주어졌다.

Bobbin	1	2	3	4	5	6
	15.0	15.7	14.8	14.9	13.0	15.9
	17.0	15.6	15.8	14.2	16.2	15.6
	13.8	17.6	18.2	15.0	16.4	15.0
	15.5	17.1	16.0	12.8	14.8	15.5

이 자료에 대하여 다음의 분산분석표를 채우고, F-검정결과를 해석하시오.

요인	제곱합	자유도	평균 제곱합	F값	유의확률
처리					
오차					
합계					

04 어떤 과자회사에서 신제품의 포장디자인을 결정하기 위해 각각 4개의 디자인으로 포장한 신제품을 시범적으로 판매해 보았다. 선택된 6개의 상점에서 디자인 별로 일주일 동안 팔린 제품의 개수가 다음의 표에 정리되어 있다. 분산분석표를 작성하고, 디자인의 효과가 유의한지 결과를 해석하시오.

디자인			
1	2	3	4
28	26	33	37
27	24	30	43
26	25	28	32
24	29	27	36
25	21	26	34
29	30	24	30

05 연습문제 10.3의 실험을 다른 종류의 털실에 대해서도 시행하여 다음과 같은 자료를 얻었다고 하자. 장력이 털실의 종류와 보빈에 따라 어떻게 달라지는지 분산분석표를 만들어 검정하고 그 결과를 해석하시오.

Bobbin	1	2	3	4	5	6
털실 A	15.0	15.7	14.8	14.9	13.0	15.9
	17.0	15.6	15.8	14.2	16.2	15.6
	13.8	17.6	18.2	15.0	16.4	15.0
	15.5	17.1	16.0	12.8	14.8	15.5
털실 B	18.2	17.2	15.2	15.6	19.2	16.2
	16.8	18.5	15.9	16.0	18.0	15.9
	18.1	15.0	14.5	15.2	17.0	14.9
	17.0	16.2	14.2	14.9	16.9	15.5

06 다음의 자료는 임의화 블록 설계에 의하여 13개의 위치에서 4종류 밀의 품종을 재배하였을 때의 수확량을 기록한 것이다. 13개의 위치가 블록이 되고, 밀의 품종이 처리방법이 된다. 블록효과를 고정된 것으로 생각할 때, 다음에 답하시오.

위치	종류 1	종류 2	종류 3	종류 4
1	43.6	24.05	19.47	19.41
2	40.4	21.76	16.61	23.84
3	18.08	14.19	16.6	16.08
4	19.57	18.61	17.78	18.29
5	45.2	29.33	20.19	30.08
6	25.87	25.6	23.31	27.04
7	55.2	38.77	21.15	39.95
8	55.32	34.19	18.56	25.12
9	19.79	21.65	23.31	22.45
10	46.24	31.52	22.48	29.28
11	14.88	15.68	19.79	22.56
12	7.52	4.69	20.53	22.08
13	41.17	32.59	29.25	43.95

(1) 임의화 블록 설계의 모형을 표현하고, 적절한 가설을 세우시오.

(2) 분산분석표를 작성하고 결과를 해석하시오.

07 페니실린을 생산하는 데에 사용되는 A, B, C, D의 생산과정이 수율(yield)에 어떤 영향을 끼치는지 비교하고자 한다[6]. 원재료(corn steep liquor)의 품질이 수율에 영향을 미치게 되므로, 원재료의 혼합물 5개에 대해 4가지 생산과정을 각각 적용하여 수율을 측정한 실험결과가 아래 표에 주어졌다. 이 실험에서 처리방법의 효과와 블록의 효과가 유의한지 검정하시오.

	방법			
혼합물	A	B	C	D
1	89.1	88.3	97.2	94.4
2	84.4	77.2	92.3	79.1
3	81.2	87.1	87.4	85.3
4	87.1	92.3	89.2	84.4
5	79.3	81.4	80.1	88.2

6) 자료출처: Box, Hunter, and Hunter(2005), Statistics for experimenters: design, innovation, and discovery, 2nd ed., Wiley

08 닭에게 사료를 주는 방법을 단백질의 종류와 수준에 따라 6가지로 나누어 그 효과를 비교하고자 한다[7]. 두 가지 단백질 종류에 대해 단백질의 수준을 0, 1, 2로 하여 사료를 준 후 16주가 된 닭의 몸무게(단위: g)를 측정한 결과가 다음의 표에 주어져 있다.

		단백질 수준		
		0	1	2
단백질 종류	groundnut	6559,6292 7075,7669	6564,6622 7528,6856	6738,6444 7333,6361
	soyabean	7094,7053 8005,7657	6943,6249 7359,7292	6748,6422 6764,6560

이 실험에서 단백질의 종류와 수준에 따라 닭의 몸무게가 달라지는지 분산분석표를 작성하고, 처리효과와 상호작용의 효과에 대해 검정하고 설명하시오.

09 쥐의 혈액 속에 있는 물질 S의 양이 처리방법 A, B에 따라 달라지는지 실험하였다. A와 B의 수준에 따라 물질 S의 양을 측정한 결과가 다음 표에 정리되어 있다. 이 자료에 대해 이원분류 분산분석을 하여 처리효과가 유의한지 검정하시오.

		A	
		0(absent)	1(present)
B	0(absent)	5.3, 1.8, 5.2, 3.7 4.4, 5.3, 5.4, 6.5	5.4, 3.3, 2.6, 5.9 6.8, 2.8, 7.0, 6.9
	1(present)	4.8, 6.2, 4.3, 5.7 1.9, 3.1, 6.2, 7.9	7.2, 5.1, 6.8, 4.8 9.3, 7.9, 6.7, 8.7

10 어떤 서비스센터에서 브랜드에 따른 자동차 수리시간을 비교하였다. 수리시간은 기술자에 따라서도 크게 달라질 수 있으므로 기술자에 따른 블록을 구성하여 임의화 블록 설계를 사용하였다. 자동차 브랜드는 A, B, C 세 가지에 대해 조사하였고, 3명의 기술자에 대해 수리시간을 측정한 결과가 다음과 같다(단위: 분). 임의화 블록 설계에 대한 분산분석표를 작성하고 검정결과를 해석하시오.

		브랜드		
		A	B	C
기술자	1	118, 99,119	118,79,99	95,100, 83
	2	91,103, 88	85,92,73	110,123, 98
	3	61, 80, 65	107,90,98	66, 77,105

7) 자료출처: Cox and Snell (1981), Applied Statistics: Principles and Examples, Chapman & Hall

제 11 장 범주형 자료분석

2장에서 통계자료는 크게 범주형 자료와 양적 자료로 나눌 수 있고, 자료의 종류에 따라 요약과 정리의 방법이 다르다는 것을 살펴보았다. 그 이후로는 주로 양적 자료에 대한 추정과 검정, 연관관계 등을 다루었는데, 이 장에서는 범주형 자료에 대한 분석방법에 대해 알아보기로 한다. 범주형 변수가 한 개 주어졌을 때 그 분포의 적합도검정, 두 개가 주어졌을 때 변수 간의 연관성의 분석방법으로 분할표를 통한 동질성검정과 독립성검정을 살펴보자.

11.1 적합도검정

카지노에는 주사위를 사용한 여러 종류의 게임들이 있다. 이때 사용되는 주사위의 공정성 여부는 매우 중요한 문제이다. 주사위를 60번 던졌을 때, 1, 2, 3, 4, 5, 6의 눈이 각각 11번, 4번, 9번, 11번, 5번, 20번이 나왔다고 하자. 이 주사위는 공정한 주사위라고 할 수 있는가? 주사위가 공정하다면 여섯 가지의 눈이 나올 확률이 각각 $1/6$이므로 60번 던졌을 때 각 눈이 10번 정도씩 나올 것으로 기대할 것이다. 만약 관측한 표본에서 이 기댓값과 많이 다른 자료가 얻어진다면 주사위는 공정하지 않을 것이라고 의심하게 되고, 별로 다르지 않은 자료가 얻어진다면 주사위의 공정성을 의심하지 않게 된다. 하지만 공정한 주사위라고 해도 유한(finite)번 던지면 모든 눈이 정확히 같은 빈도로 나오지 않을 수 있으므로, 우리가 가진 표본자료가 '공정한 주사위'라고 표현되는 특정한 확률모형에 얼마나 잘 부합하는지 검정해 볼 필요가 있다. 이런 검정방법을 적합도검정(goodness-of-fit test)이라고 한다.

적합도검정을 이해하기 위해 우선 다항분포를 정의하도록 하자. 5장에서 정의했던 이항분포에서는 '성공'과 '실패' 두 개의 결과만을 가질 수 있는 시행을 독립적으로 반복하는 것을 고려하였다. 다항분포는 이항분포의 확장형으로 각 시행이 세 개 이상의 다른 결과를 가질 수 있으며 이를 독립적으로 반복하는 것을 고려한다.

k개의 서로 다른 결과를 가질 수 있는 시행을 n회 독립적으로 반복할 때, i번째 $(i=1,\cdots,k)$ 결과로 귀결되는 시행의 횟수를 X_i라고 하고, 각 시행이 i번째 결과로 귀결되는 확률을 p_i라고 하자. 그러면 $\sum_{i=1}^{k} X_i = n$이 되고 $\sum_{i=1}^{k} p_i = 1$이 될 것이다. 이때 확률변수의 벡터 $(X_1, X_2, \cdots, X_k)$의 결합 확률질량함수는

$$f(x_1, x_2, \cdots, x_k) = \frac{n!}{x_1!\, x_2! \cdots x_k!} p_1^{x_1} p_2^{x_2} \cdots p_k^{x_k}$$

$$(\text{단, } x_i = 0, 1, \cdots, n;\ i = 1, \cdots, k;\ \sum_{j=1}^{k} x_i = n)$$

으로 주어지며, $(X_1, X_2, \cdots, X_k)$는 모수가 $(n, p_1, p_2, \cdots, p_k)$인 **다항분포**(multinomial distribution)를 따른다고 한다. 이때 $E(X_i) = np_i\ (i = 1, \cdots, k)$이고, 확률변량

$$\sum_{i=1}^{k} \frac{(X_i - np_i)^2}{np_i}$$

은 자유도 $(k-1)$인 카이제곱분포를 근사적으로 따른다는 것이 알려져 있다. 이 확률변량은 n번의 독립시행 중에 i번째 결과가 나타나는 횟수 X_i와 i번째 결과가 나타날 기대횟수 $E(X_i) = np_i$의 차이를 측정하는 것으로

$$\sum_{i=1}^{k} \frac{(i\text{번째 결과의 관측빈도} - i\text{번째 결과의 기대빈도})^2}{i\text{번째 결과의 기대빈도}}$$

가 된다.

이제, $(X_1, X_2, \cdots, X_k)$가 모수 $(n, p_1, p_2, \cdots, p_k)$를 갖는 다항분포를 따를 때, p_i가 특정한 값 $p_{i0}\ (i = 1, \cdots, k)$와 같다는 다음과 같은 가설을 생각해 보자.

$$H_0 : p_1 = p_{10}, \cdots, p_k = p_{k0} \quad \text{대} \quad H_1 : H_0\text{이 아님}$$

만약 자료로부터 관측된 $\sum_{i=1}^{k} \frac{(X_i - np_{i0})^2}{np_{i0}}$의 값이 매우 크다면, 관측된 i번째 결과의 빈도 X_i와 귀무가설하에서의 i번째 기대빈도 np_{i0}과의 차이가 상대적으로 크다는 뜻이므로 이는 귀무가설에 대한 반증인 동시에 대립가설을 뒷받침하는 증거가 된다. 즉, $\sum_{i=1}^{k} \frac{(X_i - np_{i0})^2}{np_{i0}}$의 값이 크게 관측되면 귀무가설을 기각할 근거가 되고, 작게 관측되면 귀무가설을 기각할 이유가 없다는 것이다. 그런데 귀무가설이 참이라면 $\sum_{i=1}^{k} \frac{(X_i - np_{i0})^2}{np_{i0}}$이 자유도가 $(k-1)$인 카이제곱분포를 근사적으로 따르므로 이를 검정통계량으로 사용하여, 관측값이 w일 때 이 검정의 유의확률

$$P\left(\sum_{i=1}^{k} \frac{(X_i - np_{i0})^2}{np_{i0}} \geq w \mid H_0\right)$$

을 근사적으로

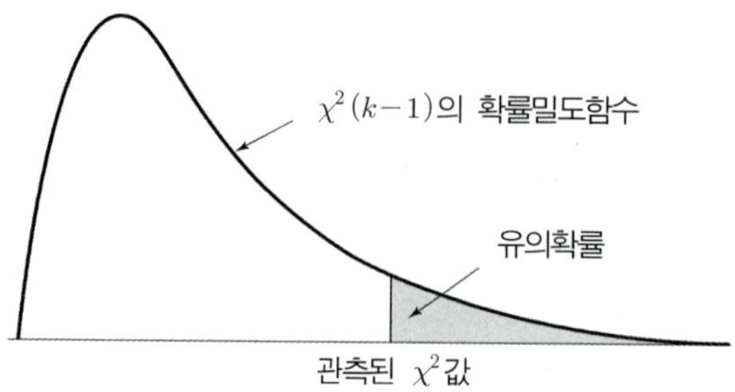

〈그림 11.1〉 카이제곱검정의 유의확률

〈그림 11.1〉과 같이 계산할 수 있다. 유의수준이 α로 고정된다면 자유도 $(k-1)$인 카이제곱분포의 상위 $100\alpha\%$ 임계값 $\chi^2_\alpha(k-1)$을 이용하여 귀무가설의 근사적 기각영역은

$$\sum_{i=1}^{k}\frac{(X_i-np_{i0})^2}{np_{i0}} \geq \chi^2_\alpha(k-1)$$

로 주어진다. 이와 같은 검정법을 카이제곱 적합도검정(chi-square goodness-of-fit test)이라고 한다. 이것은 중심극한정리에 근거를 두고 있기 때문에 근사적인 검정이며 np_{i0}와 $n(1-p_{i0})$의 값이 어느 정도 클 때(보통 적어도 5 이상이 필요) 사용할 수 있다.

예제 11.1

이 절의 첫 단락에서 언급했던 주사위 던지기에서 주사위의 공정성(모든 눈이 나올 확률이 동일) 여부에 대한 적합도검정을 생각해 보자. 주사위를 1회 던졌을 때 주사위 눈의 수가 i일 확률을 p_i라고 하면$(i=1, 2, \cdots, 6)$, 검정대상이 되는 통계적 가설은

$$H_0 : p_1 = \cdots = p_6 = \frac{1}{6} \quad \text{대} \quad H_1 : H_0\text{가 아님}$$

으로 표현할 수 있다. 이 검정에 대한 자료로, 주사위를 60번 던졌을 때, 1, 2, 3, 4, 5, 6의 눈이 각각 11번, 4번, 9번, 11번, 5번, 20번이 나왔다고 가정하자. np_{i0}는 모든 i에 대해 10이고 $n(1-p_{i0})$는 모든 i에 대해 50이므로 카이제곱 적합도검정을 사용할 수 있고, 카이제곱 검정통계량의 값은

$$\frac{(11-10)^2}{10}+\frac{(4-10)^2}{10}+\frac{(9-10)^2}{10}+\frac{(11-10)^2}{10}+\frac{(5-10)^2}{10}+\frac{(20-10)^2}{10}=16.4$$

가 된다. 검정통계량이 따르는 카이제곱분포의 자유도는 $k-1=5$이며, 부록에 나오는 〈표 3〉에 따르면 유의확률이 $\chi^2(5)$를 따르는 확률변수가 15.09보다 클 확률인 0.01과 16.75보다 클 확률인 0.005 사이인 것을 알 수 있다. 통계 패키지를 이용하여 보다 정확하게 구한 유의확률은 0.0058이다. 유의확률이 매우 작으므로 유의수준 0.01에서 귀무가설을 기각하고 이 주사위가 공정하지 않다고 결론내릴 수 있다.

예제 11.2

완두의 모양과 색깔의 두 가지 형질이 동시에 유전될 때 나타나는 현상이 특정한 유전법칙을 따르는지 알아보기 위해 다음과 같은 실험을 하였다. 순종의 둥글고 노란색인 완두($RRYY$)와 주름지고 녹색인 완두($rryy$)를 교배하면 잡종 1대에서 둥글고 노란색인 완두($RrYy$)만 나타나며, 유전자형이 RY, Ry, rY, ry인 4종류의 생식세포가 같은 비율로 형성된다. 이들 4종류의 생식 세포가 각각 동등한 확률로 수정된다고 할 때, 잡종 1대를 자가 수분시키면 잡종 2대에서 나타나는 자손의 표현형은 4종류이며, 그 비율은 9 : 3 : 3 : 1이 된다. 이와 같은 유전법칙(9 : 3 : 3 : 1)을 입증하기 위하여 멘델(Mendel)은 완두콩 교배실험을 하였으며 총 556개의 완두콩에서 다음과 같은 결과를 얻었다.

표현형	둥글고 노랑 (RY)	둥글고 녹색 (Ry)	주름지고 노랑 (rY)	주름지고 녹색 (ry)
갯수	315	101	108	32

이 자료를 바탕으로 멘델의 유전법칙은 잘 맞는 것인지 유의수준 0.05에서 검정해 보자. X_1, X_2, X_3, X_4를 각각 표현형 RY, Ry, rY, ry가 $n=556$개의 완두콩에서 나온 횟수라고 하면, 확률벡터 (X_1, X_2, X_3, X_4)는 모수 $(n=556,\ p_1,\ p_2,\ \cdots,\ p_4)$인 다항분포를 따른다. 여기서 p_i는 하나의 콩에서 i번째 표현형이 나올 확률, 즉 p_1은 하나의 콩에서 표현형 RY가 나올 확률이고 p_2는 표현형 Ry가 나올 확률 등이다. 유전법칙에 의하면 표현형 RY, Ry, rY, ry가 관측될 확률은 각각 9/16, 3/16, 3/16, 1/16이 되어야 한다. 멘델의 유전법칙이 잘 맞는지 확인하기 위해 귀무가설

을 $H_0: p_1 = 9/16,\ p_2 = 3/16,\ p_3 = 3/16,\ p_4 = 1/16$, 대립가설을 $H_1: H_0$ 가 아님 이라 놓고 카이제곱 적합도검정을 해 보자. np_{i0}과 $n(1-p_{i0})$은 모든 i에 대해 5보다 크므로 카이제곱 적합도검정을 사용할 수 있고, 이때 사용할 자유도는 $4-1=3$이다. 자료에서 관측된 카이제곱 검정통계량의 값은

$$\frac{(315-556\times(9/16))^2}{556\times(9/16)}+\frac{(101-556\times(3/16))^2}{556\times(3/16)}$$
$$+\frac{(108-556\times(3/16))^2}{556\times(3/16)}+\frac{(32-556\times(1/16))^2}{556\times(1/16)}=0.47$$

이 된다. 부록의 〈표 3〉에 따르면 유의확률이 $\chi^2(3)$을 따르는 확률변수가 0.36보다 클 확률 0.95와 0.58보다 클 확률 0.9 사이인 것을 알 수 있고, 컴퓨터 프로그램을 이용하여 보다 상세하게 구한 유의확률은 0.9254이다. 유의확률이 아주 크므로 유의수준 0.10에서도 귀무가설을 기각할 수 없고, 그러므로 이 자료가 멘델의 유전법칙을 따른다고 할 수 있다.

주사위의 공정성이나 멘델의 유전법칙에서는 귀무가설에서 모수의 값, 즉 각 시행에서 서로 다른 결과들이 나올 확률이 구체적으로 주어져 있어서 모형이 완전히 결정되어 있었다. 하지만 실제 적합도검정을 할 때에는 모수값이 정해져 있지 않은 경우가 많다. 가령, 주어진 자료가 포아송 분포를 따르는지 알고 싶다고 하자. 포아송 분포는 이론적으로 가질 수 있는 값이 무한하지만 관측된 범위 내에서 다항분포를 활용하여 적합도검정을 시행할 수 있다. 그런데 포아송 분포의 모수값은 중요하지 않고 단지 포아송 분포를 따르는지의 여부만 알고 싶다면, 모수를 추정량으로 대체하여 카이제곱검정통계량을 구하여야 한다. 이렇게 모수를 추정하여 적합도검정을 할 때 사용되는 카이제곱분포의 자유도는 추정된 모수의 개수만큼 감소하게 된다. 다시 말해, 모수 $(n, p_1, p_2, \cdots, p_k)$의 다항분포를 따르는 $(X_1, X_2, \cdots, X_k)$에 대해

$$H_0: p_1 = p_{10}, \cdots, p_k = p_{k0} \quad \text{대} \quad H_1: H_0\text{이 아님}$$

을 검정하려고 하는데, $p_{i0},\ i=1,\cdots,k$의 값을 모른다고 하자. 그리고 이 확률들이 $r(\le k)$개의 미지의 모수의 함수로 표현된다고 하자. 그렇다면 이 r개의 모수를 추정함으로써 p_{i0}들을 추정할 수 있다. 이때

$$\sum_{i=1}^{k} \frac{(X_i - n\hat{p}_{i0})^2}{n\hat{p}_{i0}}$$

은 귀무가설하에서 자유도 $(k-r-1)$인 카이제곱분포를 근사적으로 따른다는 것이 알려져 있고, 이를 검정통계량으로 하여 적합도검정을 할 수 있다. 이와 같은 내용을 예제를 통해 다시 살펴보자.

예제 11.3

다음의 자료는 1500년부터 1931년까지 432년 동안의 전쟁발발횟수에 관한 것이다. 포아송 확률변수모형의 적합도를 검정해 보자.

1500~1931년 사이의 전쟁발발			
발발횟수	연도 수	포아송 분포	
		확률($\hat{p}_{i0}$)	기대횟수($n\hat{p}_{i0}$)
0	223	0.5005	216.2160
1	142	0.3464	149.6448
2	48	0.1200	51.8400
3	15	0.0277	11.9664
4	4	0.0054	2.3328
합계	432	1.0000	432
평균	0.6921		

이제 이 사건의 발생건수가 평균이 λ인 포아송 분포를 따르는지 검정해 보자. X가 포아송 분포를 따르는 확률변수라면, 모든 음이 아닌 정수 j에 대해 $P(X=j)>0$이지만, 이 자료에서는 5 이상의 값이 관측되지 않으므로, 발발횟수가 4 이상인 값들을 한 범주로 묶어서 5개의 다른 결과(0, 1, 2, 3, 4 이상)를 갖는 다항분포를 이용하여 적합도검정을 할 수 있다. $X=$발발횟수, $p_i = P(X=i)$, $i=0, \cdots, 3$, $p_4 = P(X \geq 4)$로 표기하면, 검정하고자 하는 귀무가설은 포아송 분포의 확률질량함수를 이용하여

$$H_0 : p_i = \exp(-\lambda)\lambda^i / i!, \ i = 0, 1, 2, 3, \ p_4 = \sum_{j=4}^{\infty} \exp(-\lambda)\lambda^j / j!$$

$$H_1 : H_0 \text{가 아님}$$

으로 쓸 수 있다. 그런데 위의 가설에서는 모수 λ의 값이 주어져 있지 않으므로 자료를 통해 추정해야 한다. 포아송 분포의 모수 λ는 분포의 평균이므로, 표본평균값인 $299/432 = 0.6921$로 추정하여 사용하자. $\hat{\lambda} = 0.6921$을 이용하면 위 표에서 주어진 것과 같이 $\hat{p}_{i0}$과 $n\hat{p}_{i0}$의 값이 계산된다. 카이제곱 검정통계량의 값은

$$\begin{aligned}\sum_{i=0}^{4} \frac{(X_i - n\hat{p}_{i0})^2}{n\hat{p}_{i0}} &= \frac{(223-216.2160)^2}{216.2160} + \frac{(142-149.6448)^2}{149.6448} \\ &\quad + \frac{(48-51.8400)^2}{51.8400} + \frac{(15-11.9664)^2}{11.9664} + \frac{(4-2.0736)^2}{2.0736} \\ &= 3.4465\end{aligned}$$

이고 추정한 모수가 1개이므로 자유도는 $5-1-1=3$이 된다. 유의확률은 부록의 〈표 3〉으로부터 $\chi^2(3)$을 따르는 확률변수가 2.37보다 클 확률 0.5와 4.11보다 클 확률 0.25 사이인 것을 알 수 있고, 보다 정확하게 구한 유의확률은 0.3278이 된다. 유의확률이 크므로 유의수준 0.10에서 귀무가설을 기각할 수 없고, 이 자료가 포아송 분포를 따른다고 할 수 있다.

적합도검정은 이산형 분포를 근거로 하고 있지만, 연속형 분포에 대한 적합도를 검정하기 위해 사용되기도 한다. 변수가 가질 수 있는 값들을 구간화하고, 귀무가설에서 가정되는 연속형 분포를 기반으로 각 구간의 확률을 특정한 다음 카이제곱검정을 하는 것이다. 모수를 추정하게 된다면 추정한 개수만큼 카이제곱의 자유도가 줄어든다.

예제 11.4

예제 5.15에서 소개되었던 케틀레(Adolphe Quételet)의 자료로 정규성에 대한 적합도검정을 해보자. 이 자료는 5732명의 스코틀랜드 병사의 가슴둘레이며, 예제 5.15에서 그 분포를 정규분포로 근사했었다[1].

다음의 표에 주어진 자료로 표본평균과 표본분산을 구하면 각각 39.8489과 4.2989이다. 그런데 가슴둘레는 이산형이 아니므로 표에 주어진 가슴둘레는 대푯값

1) 예제 5.15에서 분포를 근사할 때, 46인치 이상은 모두 46인치로 묶었지만 여기서는 47인치와 48인치까지 모두 표현하였다.

이라고 볼 수 있다. 즉, 가슴둘레가 35인치인 병사들의 실제 가슴둘레는 $[34.5, 35.5)$ 인치의 구간에 속해 있다고 봐도 무방할 것이다. 만약, 병사들의 가슴둘레가 정규분포를 따르는지 통계적 검정으로 확인하고 싶다면, $(-\infty, 33.5)$, $[33.5, 34.5)$, $\cdots$, $[46.5, 47.5)$, $[47.5, \infty)$의 구간에 정규확률변수가 속할 확률을 구하여 주어진 자료에 대한 카이제곱적합도검정을 하는 방법을 고려할 수 있다. 이때 정규분포의 모수는 알려져 있지 않으므로 표본평균과 표본분산으로 추정하고, 카이제곱분포의 자유도를 2만큼 줄이게 된다. 평균이 39.8489이고 분산이 4.2989인 정규분포가 각 구간에 속할 확률과 각 구간에서 관측될 병사수의 기댓값은 표에 계산되어 있다.

가슴둘레 (인치)	병사수	정규분포의 확률	병사 수의 기댓값
33	3	0.0011	6.2991
34	19	0.0038	22.0336
35	81	0.0130	74.6996
36	189	0.0352	201.5365
37	409	0.0755	432.7456
38	753	0.1290	739.5850
39	1062	0.1755	1006.1060
40	1082	0.1901	1089.4650
41	935	0.1638	939.0761
42	646	0.1124	644.3163
43	313	0.0614	351.8775
44	168	0.0267	152.9507
45	50	0.0092	52.9107
46	18	0.0025	14.5654
47	3	0.0006	3.1904
48	1	0.0001	0.6423
Total	5732	0.9999	5732

그런데, 가슴둘레가 47과 48인 병사수의 기댓값이 5보다 작기 때문에 마지막 세 구간을 합쳐서 46 이상으로 놓으면 기댓값이 모두 5보다 크게 되어 카이제곱검정을 사용할 수 있다. 이 경우 카이제곱분포의 자유도는 구간이 14개이고 추정한 모수가 2개이므로 $14-2-1=11$이 된다. 이제 카이제곱 검정통계량은

$$\sum_{i=0}^{14} \frac{(X_i - n\hat{p}_{i0})^2}{n\hat{p}_{i0}} = \frac{(3-6.2991)^2}{6.2991} + \frac{(19-22.0336)^2}{22.0336} + \frac{(81-74.6996)^2}{74.6996} + \cdots + \frac{(22-18.3981)^2}{18.3981} = 14.8229$$

이 된다. 유의확률은 부록의 〈표 3〉으로부터 0.1907이므로 이 자료가 정규분포를 따른다는 귀무가설을 유의수준 0.10에서 기각하지 않는다.

11.2 독립성검정

3장에서 분할표로 주어진 범주형 변수들 사이의 연관성을 파악하는 몇 가지 방법들을 다루었다. 여기서는 크기가 n인 랜덤표본에 뽑힌 각각의 개체를 두 개의 범주형 변수에 따라 분류하여 분할표로 나타냈을 때, 이 두 변수의 독립여부를 검정하는 독립성검정(test of independence)을 고려하도록 하자. 표본에 속하는 개체는 첫 번째 변수가 가질 수 있는 r개의 범주 가운데 하나에 속하고, 또 두 번째 변수가 가질 수 있는 c개의 범주 가운데 하나에 속한다. 편의상 첫 번째 변수를 행(row) 변수, 두 번째 변수를 열(column) 변수라고 하자. 이제,

p_{ij} = 각 시행에서 행 범주 i 그리고 열 범주 j에 속하는 사건이 발생할 확률

이라고 하고, X_{ij}를 행 변수의 i번째 그리고 열 변수의 j번째 범주에 해당하는 발생횟수라고 하자($i=1, 2, \cdots, r$; $j=1, 2, \cdots, c$). 이 X_{ij}를 다음과 같이 이원표(two-way table)로 표현할 수 있고, 이를 통상적으로 분할표(contingency table)라고 한다.

		열 변수의 범주				
		1	2	……	c	합
행 변수의 범주	1	X_{11}	X_{12}	……	X_{1c}	$X_{1\cdot}$
	2	X_{21}	X_{22}	……	X_{2c}	$X_{2\cdot}$
	·	·	·	……	·	·
	·	·	·	……	·	·
	·	·	·	……	·	·
	r	X_{r1}	X_{r2}	……	X_{rc}	$X_{r\cdot}$
	합	$X_{\cdot 1}$	$X_{\cdot 2}$	……	$X_{\cdot c}$	n

여기서

$$X_{i\cdot} = \sum_{j=1}^{c} X_{ij}$$

는 i번째 행의 합(row total),

$$X_{\cdot j} = \sum_{i=1}^{r} X_{ij}$$

는 j번째 열의 합(column total),

$$n = \sum_{i=1}^{r} \sum_{j=1}^{c} X_{ij}$$

는 전체 합이 된다. 이렇게 얻어진 자료에 대해 독립성검정을 하는 경우 고려할 가설은

H_0 : 행 변수와 열 변수가 독립이다 대 H_1 : 행 변수와 열 변수가 독립이 아니다

로 쓸 수 있고, 귀무가설 H_0을 기각하면 행과 열 사이에 연관성이 있는 것으로 결론 내릴 수 있게 된다.

그런데 $(X_{11}, X_{12}, \cdots, X_{1c}, X_{21}, \cdots, X_{rc})$는 모수가 $n, p_{11}, p_{12}, \cdots, p_{1c}, p_{21}, \cdots, p_{rc}$인 다항분포를 따르므로 확률변량

$$\sum_{i=1}^{r} \sum_{j=1}^{c} \frac{(X_{ij} - np_{ij})^2}{np_{ij}}$$

은 근사적으로 자유도가 $(rc-1)$인 카이제곱분포를 따르며, 이 확률변량은 n번의 독립시행 중에 행 변수의 i번째 그리고 열 변수의 j번째 범주에 속하는 결과가 나타나는 횟수 X_{ij}와 그에 해당하는 기대횟수 $E(X_{ij}) = np_{ij}$의 차이를 측정하는 것으로

$$\sum_{(i,j)} \frac{((i,j)\text{결과의 관측빈도} - (i,j)\text{결과의 기대빈도})^2}{(i,j)\text{결과의 기대빈도}}$$

가 된다. 편의상

$$p_{i.} = \sum_{j=1}^{c} p_{ij} = P[\text{행 변수의 } i \text{ 번째 범주에 해당하는 사건의 발생}]$$

$$p_{.j} = \sum_{i=1}^{r} p_{ij} = P[\text{열 변수의 } j \text{ 번째 범주에 해당하는 사건의 발생}]$$

이라고 표기하면, 두 변수가 독립일 때 모든 i와 j에 대해 $p_{ij} = p_{i.}p_{.j}$가 되므로 고려할 가설을

$$H_0 : p_{ij} = p_{i.}p_{.j} \quad i = 1, \cdots, r;\ j = 1, \cdots, c \quad \text{대} \quad H_1 : H_0\text{가 아님}$$

으로 바꾸어 표현할 수 있다. 이는 결합 확률질량함수가 주변 확률질량함수의 곱의 꼴로 표현되면 두 변수가 독립이라는 사실에 부합한다(5.3.1절 참조). 즉, 귀무가설 H_0하에서는

$$\sum_{i=1}^{r} \sum_{j=1}^{c} \frac{(X_{ij} - np_{i.}p_{.j})^2}{np_{i.}p_{.j}}$$

이 근사적으로 자유도가 $(rc-1)$인 카이제곱분포를 따르고, 표본에서 관측된 이 변량의 값이 자유도가 $(rc-1)$인 카이제곱분포와 비교하여 매우 크다면 귀무가설을 기각할 수 있을 것이다.

그런데 이렇게 랜덤표본에서 뽑힌 개체들을 두 변수에 대해 정리하는 경우, $p_{i.}$과 $p_{.j}$의 값을 아는 경우가 매우 드물기 때문에 $p_{i.}$과 $p_{.j}$를 추정해서 사용하여야 한다. $p_{i.}$은 행 변수가 i번째 범주에 들어갈 확률이므로 표본에서 행 변수가 i번째 범주에 들어간 횟수를 전체 표본크기로 나누어 추정할 수 있고, $p_{.j}$도 같은 방법으로 추정한다. 즉, $i = 1, \cdots, r, j = 1, \cdots, c$에 대해 각각

$$\hat{p}_{i.} = \frac{\sum_{j=1}^{c} X_{ij}}{n}, \quad \hat{p}_{.j} = \frac{\sum_{i=1}^{r} X_{ij}}{n}$$

으로 추정이 가능하고, 이를 이용하여

$$\sum_{i=1}^{r} \sum_{j=1}^{c} \frac{(X_{ij} - n\hat{p}_{i.}\hat{p}_{.j})^2}{n\hat{p}_{i.}\hat{p}_{.j}}$$

을 검정통계량으로 사용할 수 있다. $p_{i.}$과 $p_{.j}$의 추정에는

$$\sum_{i=1}^{r} \hat{p}_{i.} = \sum_{j=1}^{c} \hat{p}_{.j} = 1$$

이라는 제한조건이 있으므로 $(r-1)+(c-1)$개의 모수의 추정이 필요하기에, 검정통계량은 자유도가

$$(rc-1) - \{(r-1)+(c-1)\} = (r-1)(c-1)$$

인 카이제곱분포를 따른다.

$$\sum_{i=1}^{r}\sum_{j=1}^{c} \frac{(X_{ij} - n\hat{p}_{i.}\hat{p}_{.j})^2}{n\hat{p}_{i.}\hat{p}_{.j}}$$

의 관측값이 w라면, 이 검정의 유의확률

$$P\left(\sum_{i=1}^{r}\sum_{j=1}^{c} \frac{(X_{ij} - n\hat{p}_{i.}\hat{p}_{.j})^2}{n\hat{p}_{i.}\hat{p}_{.j}} \geq w \mid H_0\right)$$

은 근사적으로 $\chi^2((r-1)(c-1))$ 분포를 따르는 확률변수가 w보다 큰 값을 가질 확률로 계산할 수 있다. 유의수준이 α로 주어진다면 근사적 기각영역은

$$\sum_{i=1}^{r}\sum_{j=1}^{c} \frac{(X_{ij} - n\hat{p}_{i.}\hat{p}_{.j})^2}{n\hat{p}_{i.}\hat{p}_{.j}} \geq \chi^2_{\alpha}((r-1)(c-1))$$

이 된다. 이 독립성검정도 적합도검정과 마찬가지로 중심극한정리에 근거를 두고 있기 때문에 근사적인 검정이며 $n\hat{p}_{i.}\hat{p}_{j.}$, 즉

$$\frac{X_{i.} \times X_{.j}}{n} = \frac{i\text{번째 행의 합} \times j\text{번째 열의 합}}{\text{전체 표본 크기}}$$

의 값이 어느 정도 클 때(보통 적어도 5 이상 필요) 사용할 수 있다.

예제 11.5

소득과 직업 만족도가 연관이 있는지를 알아보기 위해 901명을 뽑아 소득의 수준과 직업 만족의 정도를 조사한 결과가 다음의 표[2]와 같이 주어졌다. 소득과 직업 만족도가 연관이 있는가? 즉, 소득과 직업 만족도는 서로 독립인가?

소득 (US$)	직업만족도			
	매우 불만족	불만족	만족	매우 만족
< 6000	20	24	80	82
6000-15,000	22	38	104	125
15,000-25,000	13	28	81	113
> 25,000	7	18	54	92

행 변수를 소득수준, 열 변수를 직업만족도라고 하면 $r=4$, $c=4$, $n=901$이고, $X_{1.}=206$, $X_{2.}=289$, $X_{3.}=235$, $X_{4.}=171$, $X_{.1}=62$, $X_{.2}=108$, $X_{.3}=319$, $X_{.4}=412$로 계산된다. 카이제곱통계량의 자유도는 $(r-1)(c-1)=9$이고, 검정통계량의 값은

$$\begin{aligned}&\frac{(20-\frac{206\times 62}{901})^2}{\frac{206\times 62}{901}}+\frac{(24-\frac{206\times 108}{901})^2}{\frac{206\times 108}{901}}+\frac{(80-\frac{206\times 319}{901})^2}{\frac{206\times 319}{901}}\\&+\cdots+\frac{(54-\frac{171\times 319}{901})^2}{\frac{171\times 319}{901}}+\frac{(92-\frac{171\times 412}{901})^2}{\frac{171\times 412}{901}}\\&=12.98857\end{aligned}$$

로 계산된다. 분할표의 모든 (i,j)칸에 대한 기대빈도가 5보다 크기에 카이제곱검정을 사용할 수 있다. 유의수준을 0.05로 고정했을 때 관측값이 $\chi^2_{0.05}(9)=16.9190$을 넘지 않으며, 보다 정확하게 계산한 유의확률이 0.1631로 0.05보다 작지 않으므로 귀무가설을 기각하지 못하고, 소득수준과 직업만족도는 독립이 아니라고 결론내릴 수 없게 된다.[3]

---

2) 자료출처: 1984 General Social Survey; Norušis(1988)

3) 범주형 변수가 순서(order)를 가진다는 점을 활용한 발전된 모형을 고려할 수 있다.

예제 11.6

200명의 와인 소비자를 랜덤하게 뽑아 프랑스, 칠레, 미국 와인 가운데 무엇을 가장 선호하는지 조사하여 다음 표와 같이 성별로 정리하였다고 하자.

	프랑스	칠레	미국	합계
남	35	47	45	127
여	32	22	19	73
합계	67	69	64	200

행 변수를 성별, 열 변수를 와인제조국가라고 하면 $r=2$, $c=3$, $n=200$이고, $X_{1.}=127$, $X_{2.}=73$, $X_{.1}=67$, $X_{.2}=69$, $X_{.3}=64$이다. 카이제곱통계량의 자유도는 2이고, 분할표의 각 칸에 대한 기대빈도는 행의 합과 열의 합을 곱한 다음 전체 표본크기로 나누어 다음과 같이 얻어진다. 모든 기대빈도가 5보다 크므로 카이제곱검정에 무리가 없다.

	프랑스	칠레	미국
남	42.545	43.815	40.64
여	24.455	25.185	23.36

검정통계량의 값은

$$\begin{aligned}&\frac{(35-42.545)^2}{42.545}+\frac{(47-43.815)^2}{43.815}+\frac{(45-40.64)^2}{40.64}\\&+\frac{(32-24.455)^2}{24.455}+\frac{(22-25.185)^2}{25.185}+\frac{(19-23.36)^2}{23.36}\\&=5.5817\end{aligned}$$

이다. 관측값이 $\chi^2_{0.05}(2)=5.9915$를 넘지 않으므로 유의수준 0.05에서 귀무가설을 기각하지 못하고, 주어진 자료에 근거하여 성별과 선호하는 와인제조국가는 독립이 아니라고 할 수 없다. 보다 정확하게 계산한 유의확률은 0.0613이다.

11.3 동질성검정

2절에서 살펴본 독립성검정에서는 하나의 랜덤표본에서 얻은 개체들을 두 범주형 변수에 대하여 이원분할표로 나타내어 그 변수들이 독립인지 아닌지를 검정하였다. 그러나 때로 우리는 여러 개의 독립인 랜덤표본에서 개체들을 얻어서 하나의 범주형 변수에 대하여 이원분할표로 자료를 나타내기도 한다. 이때, 이 범주형 변수에 대한 분포가 각 표본이 뽑힌 모집단에서 모두 동일한지 그렇지 않은지를 검정하는 것을 동질성검정(test of homogeniety)이라고 한다. 가령, 학생의 출신지역에 따른 전공선택의 차이를 알아보기 위해 출신지역별로 랜덤표본을 추출하여 전공선택 비율을 비교하는 경우를 생각할 수 있다.

동질성검정에서 고려하고자 하는 가설은

$$H_0 : \text{두 개 또는 그 이상의 분포가 동일하다} \quad \text{대} \quad H_1 : \text{동일하지 않다}$$

라고 쓸 수 있고, 이 검정을 통해 이원분할표의 행별로 나타나는 빈도의 차이가 모집단의 차이에 의한 것인지 랜덤추출에서 나오는 우연한 차이인지를 보고자 한다. 각 표본이 뽑힌 모집단에서 분포가 모두 동일하다면 이 범주형 변수의 분포가 서로 다른 모집단들을 구분하는 기준과 연관이 없다는 것을 의미한다.

이제, r개의 모집단으로부터 각각 랜덤표본을 구했을 때, X_{ij}를 i번째 표본에 대한 범주형 변수의 j번째 범주에 해당하는 개체의 개수(또는 발생횟수)라고 하면 $(i=1, 2, \cdots, r\,; i=1, 2, \cdots, c)$, 이에 대한 결과를 아래와 같이 이원분할표로 표현할 수 있다.

표본	범주				
	1	2	……	c	합
1	X_{11}	X_{12}	……	X_{1c}	n_1
2	X_{21}	X_{22}	……	X_{2c}	n_2
·	·	·	……	·	·
·	·	·	……	·	·
·	·	·	……	·	·
r	X_{r1}	X_{r2}	……	X_{rc}	n_r
합	$X_{\cdot 1}$	$X_{\cdot 2}$	……	$X_{\cdot c}$	$n=\sum_{i=1}^{r} n_i$

각 행의 합 $n_1,\cdots,n_r$은 r개의 서로 다른 랜덤표본의 크기로 표본을 얻기 전에 미리 정해져 있으며

$$n = \sum_{i=1}^{r} n_i$$

은 전체 표본크기이다. 열의 합 $X_{.1}, X_{.2}, \cdots, X_{.c}$는 범주형 변수의 각 범주에 속하는 개체의 개수이고, 이는 표본에 따라 값이 달라지는 확률변수이다. 물론,

$$\sum_{j=1}^{c} X_{.j} = n$$

이다. 이제 $i=1,\ 2,\ \cdots,\ r\ ,\ j=1,\ 2,\ \cdots,\ c$인 i와 j에 대해, p_j를 임의의 개체가 범주형 변수의 j 번째 범주에 속할 확률, 그리고 $p_{j|i}$를 표본 i에서 나온 어떤 개체가 j 번째 범주에 속할 조건부확률이라고 정의하자. 그러면 모든 i에 대해, $(X_{i1},\ \cdots\ ,X_{ic})$는 모수 $(n_i, p_{1|i},\ \cdots\ , p_{c|i})$를 갖는 다항분포를 따르며,

$$\sum_{j=1}^{c} \frac{(X_{ij}-n_i p_{j|i})^2}{n_i p_{j|i}}$$

은 자유도가 $(c-1)$인 카이제곱분포를 근사적으로 따르게 된다. 서로 독립인 카이제곱확률변수들의 합은 역시 카이제곱분포를 따르며 자유도는 해당하는 자유도들의 합이 되므로(6.1.2절 참조),

$$\sum_{i=1}^{r}\sum_{j=1}^{c} \frac{(X_{ij}-n_i p_{j|i})^2}{n_i p_{j|i}}$$

는 자유도가 $r(c-1)$인 카이제곱분포를 근사적으로 따르게 된다.

r개의 모집단에서 범주형 변수에 대한 분포가 동일하다면, 즉 분포의 동질성이 성립된다면 모든 i와 j에 대해 $p_{j|i}=p_j$가 될 것이므로 고려할 가설은

$$H_0 : \text{임의의 } i,\ j\text{에 대하여 } p_{j|i}=p_j \quad \text{대} \quad H_1 : H_0\text{가 아님}$$

으로 쓸 수 있다. 귀무가설 H_0 하에서는 모든 i에 대해 $(X_{i1},\ \cdots\ ,X_{ic})$가 모수 $(n_i, p_1,\ \cdots, p_c)$를 갖는 다항분포를 따르게 되고,

$$\sum_{j=1}^{c}\frac{(X_{ij}-n_ip_j)^2}{n_ip_j}$$

이 자유도가 $(c-1)$인 카이제곱분포를 근사적으로 따른다. 또 r개의 표본은 독립이므로,

$$\sum_{i=1}^{r}\sum_{j=1}^{c}\frac{(X_{ij}-n_ip_j)^2}{n_ip_j}$$

은 자유도가 $r(c-1)$인 카이제곱분포를 근사적으로 따르고, 이것을 검정에 이용하게 된다. 귀무가설하에서, 열의 합 $(X_{\cdot 1}, \cdots, X_{\cdot c})$가 모수 $n, p_1, \cdots, p_c$를 갖는 다항분포를 따르게 되는 것도 자명하다.

독립성검정에서와 마찬가지로, 동질성검정에서도 귀무가설 H_0 하에서의 임의의 개체가 j번째 범주에 속할 확률 p_j들을 아는 경우가 드물기 때문에 p_j들은 추정해서 사용하여야 한다. 귀무가설하에서는 모든 i에 대해 $p_{j|i}$들이 p_j와 같으므로 열의 합을 이용한 합동추정량으로

$$\hat{p}_j=\frac{\sum_{i=1}^{r}X_{ij}}{n}=\frac{X_{\cdot j}}{n}$$

를 쓸 수 있다. 이를 대입한 검정통계량

$$\sum_{i=1}^{r}\sum_{j=1}^{c}\frac{(X_{ij}-n_i\hat{p}_j)^2}{n_i\hat{p}_j}$$

은 귀무가설하에서 근사적으로 카이제곱분포를 따른다. X_{ij}는 i번째 표본에서 범주 j에 들어가는 개체수의 관측값이고 $n_i\hat{p}_j$는 귀무가설하에서 X_{ij}의 기댓값에 대한 추정량이다. 즉, 위 검정통계량은 표본에서의 관측값과 귀무가설하에서의 기댓값과의 차이를 측정한 것이라고 할 수 있으므로

$$\sum_{(i,j)}\frac{((i\text{표본}, j\text{범주})\text{의 관측빈도}-(i\text{표본}, j\text{범주})\text{의 기대빈도})^2}{(i\text{표본}, j\text{범주})\text{의 기대빈도}}$$

와 같이 볼 수 있다. 이 값이 크면 관측값과 귀무가설하에서의 기댓값과의 차이가 크다는 것이므로 검정통계량의 값이 클 때 귀무가설을 기각하게 된다. 이 검정통계량이 따르는 카이제곱분포의 자유도는

$$r(c-1)-(c-1)=(r-1)(c-1)$$

인데, 이는 $\sum_{j=1}^{c} p_j = 1$ 이라는 제한조건에 의해 추정해야 하는 모수의 개수가 $(c-1)$ 이기 때문이다.

$$\sum_{i=1}^{r}\sum_{j=1}^{c}\frac{(X_{ij}-n_i\hat{p}_j)^2}{n_i\hat{p}_j}$$

의 관측값이 w 라면, 이 검정의 유의확률 $P(\sum_{i=1}^{r}\sum_{j=1}^{c}\frac{(X_{ij}-n_i\hat{p}_j)^2}{n_i\hat{p}_j} \geq w \mid H_0)$ 은 근사적으로 $\chi^2((r-1)(c-1))$ 분포를 따르는 확률변수가 w 보다 클 확률로 계산할 수 있고, 유의수준이 α 로 고정된다면 근사적 기각영역은

$$\sum_{i=1}^{r}\sum_{j=1}^{c}\frac{(X_{ij}-n_i\hat{p}_j)^2}{n_i\hat{p}_j} \geq \chi^2_\alpha((r-1)(c-1))$$

로 주어진다. 동질성검정도 독립성검정처럼 근사적인 검정법이고, 모든 i 와 j 에 대해 $n_i\hat{p}_j$, 즉

$$\frac{n_i \times X_{.j}}{n}=\frac{\text{행의 합}\times\text{열의 합}}{\text{전체 표본 크기}}$$

의 값이 클 때(보통 적어도 5 이상) 사용할 수 있다. 모든 검정의 과정에서 독립성검정과의 높은 유사성을 발견할 수 있다.

예제 11.7

어떤 학교에서 농촌출신과 도시출신학생의 전공선택의 차이에 대해 알아보기 위하여 도시출신 100명과 농촌출신 100명을 랜덤하게 뽑아 전공을 조사하여 다음과 같은 분할표를 구하였다.

	사회과학계	자연과학계	인문과학계
도시	40	30	30
농촌	40	20	40

출신지역과 전공이 연관이 있는지 없는지 동질성검정을 해 보자. 출신지역이라고 하는 모집단의 개수는 $r=2$이고 전공계열이라고 하는 변수의 범주 개수는 $c=3$이다. $n_1=100$, $n_2=100$이고 $X_{.1}=80$, $X_{.2}=50$, $X_{.3}=70$이다. 카이제곱검정의 자유도는 $(r-1)(c-1)=2$이고 검정통계량의 값은

$$\frac{\left(40-\frac{100\times 80}{200}\right)^2}{\frac{100\times 80}{200}}+\frac{\left(30-\frac{100\times 50}{200}\right)^2}{\frac{100\times 50}{200}}+\frac{\left(30-\frac{100\times 70}{200}\right)^2}{\frac{100\times 70}{200}}$$
$$+\frac{\left(40-\frac{100\times 80}{200}\right)^2}{\frac{100\times 80}{200}}+\frac{\left(20-\frac{100\times 50}{200}\right)^2}{\frac{100\times 50}{200}}+\frac{\left(40-\frac{100\times 70}{200}\right)^2}{\frac{100\times 70}{200}}$$
$$=3.4286$$

으로 계산된다. 분할표의 모든 칸에 대한 기대빈도가 5보다 크므로 카이제곱검정을 시행할 수 있다. 유의수준이 0.05라면 검정통계량의 값이 $\chi^2_{0.05}(2)=5.9915$보다 클 때 귀무가설을 기각할 수 있으나 관측된 값은 5.9915를 넘지 못한다. 통계 패키지를 통해 계산한 유의확률의 값이 0.18로 작지 않으므로 귀무가설을 기각하지 못하고, 주어진 자료를 바탕으로 출신지역과 전공선택은 연관성이 있다고 할 수 없다.

예제 11.8

어떤 대학의 학내 여론조사에서 찬성과 반대의 의견이 학년별로 다른지를 알아보기 위해 1학년, 2학년, 3학년, 4학년에서 각각 100명씩의 랜덤표본을 뽑아 의견을 조사하여 다음의 표로 정리하였다.

	찬성	반대	합계
1학년	70	30	100
2학년	60	40	100
3학년	50	50	100
4학년	40	60	100
합계	220	180	400

찬성과 반대의 의견분포가 학년과 연관이 있는지 없는지, 즉 학년별로 의견분포가 동일한지의 동질성검정을 해 보자. $r=4$이고 범주형 변수의 범주 개수는 $c=2$이다. $n_1=100$, $n_2=100$, $n_3=100$, $n_4=100$이고 $X_{.1}=220$, $X_{.2}=180$이다. 카이제곱검정의 자유도는 $(r-1)(c-1)=3$이고 검정통계량의 값은

$$\frac{(70-\frac{100\times220}{400})^2}{\frac{100\times220}{400}}+\frac{(30-\frac{100\times180}{400})^2}{\frac{100\times180}{400}}+\frac{(60-\frac{100\times220}{400})^2}{\frac{100\times220}{400}}$$
$$+\cdots+\frac{(40-\frac{100\times220}{400})^2}{\frac{100\times220}{400}}+\frac{(60-\frac{100\times180}{400})^2}{\frac{100\times180}{400}}$$
$$=20.2020$$

으로 계산된다. 분할표의 각 칸에 대한 기대빈도가 5보다 크므로 카이제곱검정을 사용할 수 있다. 유의수준이 0.05일 때는 검정통계량의 값이 $\chi^2_{0.05}(3)=7.8147$보다 크면 귀무가설을 기각할 수 있으므로, 이 경우 유의수준 0.05에서 귀무가설을 기각할 수 있다. 보다 정확하게 계산한 유의확률은 0.00015로 매우 작다. 그러므로 주어진 자료를 바탕으로 찬반의 의견분포가 학년별로 다르다, 즉 찬반의견과 학년과는 연관성이 있다고 결론지을 수 있다.

11장 연습문제

01 멘델의 법칙에 의하면 유전인자의 비는 AB:Ab:aB:ab = 9:3:3:1을 따른다. 이제 실험결과가 AB = 880, Ab = 320, aB = 300, ab = 100로 주어졌을 때 멘델의 법칙 성립여부 대한 검정에 필요한 카이제곱통계량의 값은?

02 다음은 예제 11.3에서 보았던 전쟁발생횟수(outbreaks of war)에 대한 자료이다. 전쟁의 발생횟수가 $B(4, p)$를 따르는지에 대한 가설검정 방법을 제시하시오.

전쟁발생횟수	0	1	2	3	4
해당년도횟수	223	142	48	15	4

03 이차 세계대전 당시 영국의 피폭관련 자료이다. 런던 남부에 36제곱킬로미터에 해당하는 지역을 1/4제곱킬로미터의 격자로 나누고 피폭횟수에 해당하는 지역의 수를 구한 자료이다. 피폭횟수가 포아송 분포를 따르는지에 대한 검정방법을 설명하시오.

피폭횟수	해당지역 수
0	229
1	211
2	93
3	35
4	7
7	1

04 어떤 정책이슈에 대한 의견을 묻는 여론조사에서 다음과 같은 분할표를 구하였다.

	찬성	반대	유보
남자	1150	450	240
여자	1000	410	320

성별(남자, 여자)과 찬성여부의 독립에 대한 검정방법을 설명하고 검정결과를 제시하시오.

05 어떤 모집단의 학력과 성별 사이의 독립여부를 알아보고자 100명을 단순랜덤추출한 결과 다음과 같은 표를 얻었다. 주어진 표에 근거하여 독립여부를 검정하시오.

	남	여	합
고학력	43	23	66
저학력	16	18	34
합	59	41	100

06 어떤 심리학자가 부모의 비만여부와 자식의 비만여부의 관계를 조사하여 다음 자료를 얻었다.

부모 \ 자식	비만	정상
적어도 1명이 비만	12	24
양쪽 모두 정상	8	36

주어진 표에 근거하여 비만에 대한 부모와 자식 사이의 독립여부에 대한 카이제곱검정을 시행하시오.

07 대학교의 크기와 그 대학교에서 주는 학점 사이에 어떤 관계가 있는지 알아보기 위해 학교의 크기를 세 개로 나누어 큰 학교에서 130명, 중간 크기 학교에서 110명, 작은 크기 학교에서 60명을 랜덤하게 뽑아 졸업생의 GPA를 조사하였다. 평균평점을 3 미만과 3 이상으로 나누어 숫자를 조사한 결과가 다음 표에 정리되어 있다. 이 자료에 의하면 대학교의 크기에 따라 평균평점의 분포가 동일한지 검정하시오.

	대학교 크기			
	소	중	대	합
GPA $<$ 3	20	50	45	115
GPA $\geq$ 3	40	60	85	185
합	60	110	130	300

08 어떤 이슈에 대한 의견을 묻고자 40세 이하 연령에서 800명, 40세 이상 연령에서 1200명을 각각 랜덤하게 추출하여 다음과 같은 분할표를 구하였다. 연령별(40세 이하와 이상) 의견의 분포가 동질적인지에 대한 검정을 시행하시오.

	반대	유보	찬성	합
40세 이하	200	100	500	800
40세 이상	600	300	300	1200

09 야외활동이 매우 잦은 사람들을 대상으로 벌에 쏘인 횟수를 조사하였다. 남성 60명과 여성 40명을 대상으로 지난 5년간 몇 번이나 벌에 쏘였는지 조사한 자료가 다음의 표에 나타나 있다. 이 자료로부터, 벌에 쏘인 횟수가 성별에 따라 다른지 검정하시오.

	벌에 쏘인 횟수			
	0–5	6–10	10 이상	합
남자	10	20	30	60
여자	20	10	10	40

10 어느 종합대학의 신입생들에 대해 전공계열과 혈액형을 조사하였다. 다음의 자료에서 혈액형과 전공계열이 독립이라고 할 수 있는지 검정하시오.

	자연/공학	인문/사회	예체능
A형	665	580	47
B형	448	556	22
AB형	208	199	11
O형	495	535	34

제 12 장 비모수적 추론

앞에서 다룬 점추정, 구간추정 또는 가설검정 등의 통계적 추론방법은 표본이 얻어진 모집단의 분포가 몇 개의 모수를 포함하는 특정한 형태를 가진다고 가정하는 모수적 통계방법들이었다. 대표적으로 표본이 추출된 모분포의 정규성가정하에서 t 분포를 이용하는 모평균의 추론이나 카이제곱분포를 이용하는 모분산의 추론 등이다. 이러한 모수적 통계방법을 사용하는 경우, '만일 모분포의 형태가 가정한 정규성을 만족하지 않는다면 어떻게 될까?'라는 자연스러운 질문이 발생할 수 있다. 구체적인 예를 들면, '일표본 t-검정에서 모집단이 정규분포를 따르지 않으면 검정통계량 $T=\sqrt{n}(\overline{X}_n-\mu)/S$의 분포에 어떤 변화가 일어날까?' 그리고 '유의확률에는 어떤 변화가 있을까?'와 같은 물음들이다. 모수적 통계방법이 모분포에 대한 가정을 전제로 한다면, 정규성을 이탈한 모분포에 대해 사용할 수 있는 추론의 방법들은 어떤 것이 있을까? 여기서는 이에 대한 대답으로 모분포에 대해 정규성을 가정하지 않고도 사용할 수 있는 통계방법을 고려하고자 한다. 모분포를 어떤 특정 분포로 가정하지 않고, 많은 모분포가 만족할 수 있는 훨씬 약한 성질, 가령 모분포의 분포함수가 연속이라든가 하는 약한 가정을 전제로 만들어진 통계방법들을 생각해 보자. 이와 같이 모수모형을 가정하지 않는 통계방법을 비모수적(nonparametric) 통계방법이라고 한다. 비모수적 통계방법은 그 성능이 모분포의 형태에 의존하지 않으므로, 가정한 모수모형이 만족되지 않는 데도 모수적 통계방법을 사용했을 때 발생하는 오류를 피할 수 있다는 장점이 있게 된다.

이 장에서 우리가 고려할 비모수적 방법들은 모수적 방법과 비교하여 모집단이 정규분포를 따를 때에도 효율이 크게 떨어지지 않으며, 모분포가 정규분포로부터 멀리 이탈한 경우에는 효율이 훨씬 좋은 방법들이다. 그러므로 자료의 분포에 특정한 확률분포를 가정하기 어려울 때 비모수적 방법들을 사용하면 보다 안전하다고 볼 수 있다. 이러한 방법들은 흔히 부호 또는 상대크기의 순위 등 직관적이고 이해하기 쉬운 정보를 사용하게 되고, 부호나 순위 등의 정보를 사용하여 만들어지는 추정량 또는 검정통계량의 분포는 모분포에 영향을 받지 않게 된다. 추정량 또는 검정통계량의 분포가 모분포에 영향을 받지 않도록 만드는 방법을 분포무관(distribution-free)방법이라고 하며, 이때 모분포에 대한 가정이 필요 없게 되므로 분포무관방법은 비모수적 방법과 비슷한 개념이다. 비모수 통계방법은 가설검정 외에도 널리 사용되고 있으나, 이 장에서는 주로 검정에 대해 다루고자 한다.

12.1 부호검정과 부호순위검정

이 절에서는 비모수적 검정방법으로 일표본 위치문제에 사용될 수 있는 부호검정과 부호순위검정을 다루도록 하겠다. 이 검정들은 8장에서 보았던 일표본 t-검정 대신 사용할 수 있는 것들이다. 모분포가 정규분포를 따른다고 보기 어렵고 표본의 크기가 작을 때는 부호검정이나 부호순위검정을 사용해 볼 수 있다. 정규분포를 가정하는 모수적 검정에서는 주로 평균에 대한 검정을 다루었으나, 비모수적 검정에서는 중위수에 대한 검정을 주로 다루게 된다. 물론, 정규성가정하에서는 평균과 중위수가 동일하다.

12.1.1 부호검정

여기서는 모분포에 대한 가정이 정규성보다 훨씬 약한 경우에도 사용될 수 있는, 비모수적 검정방법들 중에서 가장 간단한 부호검정(sign test)을 다루기로 한다. 랜덤표본 $X_1, X_2, \cdots, X_n$의 모분포가 연속형이며 중위수가 μ라고 할 때, 가설

$$H_0 : \mu = \mu_0 \quad \text{대} \quad H_1 : \mu \neq \mu_0$$

에 대한 검정법을 고려해 보자. 이제, $X_1, X_2, \cdots, X_n$들 중에서 중위수 μ_0보다 큰 X_i의 갯수를 R이라고 하자. 귀무가설 $H_0 : \mu = \mu_0$이 참이면,

$$P(X_i - \mu_0 \geq 0 \mid \mu = \mu_0) = P(X_i - \mu_0 \leq 0 \mid \mu = \mu_0) = 1/2$$

이므로, 통계량 R은 성공확률이 $1/2$인 n개의 독립 베르누이 확률변수들의 합이 되므로 이항분포 $B(n, 1/2)$을 따른다. 즉,

$$P(R = r \mid H_0) = \binom{n}{r}\left(\frac{1}{2}\right)^n, \quad r = 0, 1, \cdots, n$$

이다. 그런데 위의 가설을 고려할 때, 통계량 R의 값이 0에 가깝거나 n에 가까울수록 유의하므로 R의 관측값이 r일 때의 유의확률은 $c = \min(r, n-r)$인 c에 대해 $P(R \leq c \text{ 또는 } R \geq n-c \mid H_0)$이 된다. 나아가, 유의수준이 α인 양측 기각영역은

$$\{R \leq c_1 \text{ 또는 } R \geq c_2\}, \quad \text{단, } P(R \leq c_1 \text{ 또는 } R \geq c_2 \mid H_0) = \alpha$$

으로 주어질 것이다. 그러나 이 경우 유의수준을 α로 만드는 c_1과 c_2의 쌍이 여러 개 존재할 수 있으므로 흔히 유의수준을 양쪽 꼬리에 똑같이 나누어

$$\{R \le c_1 \text{ 또는 } R \ge c_2\}, \text{ 단 } P(R \le c_1 \mid H_0) = P(R \ge c_2 \mid H_0) = \alpha/2$$

를 사용한다. 물론, 대립가설이 단측인 경우에는 기각영역 또한 단측이 된다.

이와 같은 부호검정법은 짝지어진 자료에 대해서도 다음과 같이 활용될 수 있다. 크기가 n인 이변량 랜덤표본 $(X_1, Y_1), (X_2, Y_2), \cdots, (X_n, Y_n)$에 대하여 $p = P(X_i \ge Y_i)$라고 하자. 이제,

$$H_0 : p = 1/2 \quad \text{대} \quad H_1 : p \ne 1/2$$

에 대한 검정방법을 고려할 때, 랜덤표본 $(X_1, Y_1), (X_2, Y_2), \cdots, (X_n, Y_n)$들 중에서 $X_i \ge Y_i$를 만족하는 (X_i, Y_i)의 갯수를 R이라고 하자. 귀무가설 $H_0 : \mu = \mu_0$이 참이면, $P(X_i \ge Y_i) = 1/2$이므로, 통계량 R은 앞서 설명한 일표본의 경우와 마찬가지로 성공확률이 $1/2$인 n개의 독립 베르누이 확률변수들의 합이 되므로 이항분포 $B(n, 1/2)$을 따른다. 이후 검정의 과정은 일표본에서와 동일하다.

예제 12.1

다음은 고셋(W.S. Gosset)이 t 분포를 제안할 때 사용한 수면제 관련 자료이다. 10명의 환자로부터 얻은 특정 수면제 복용 시의 추가수면시간을 이용하여 이 수면제의 효과에 대해 추론하고자 한다.

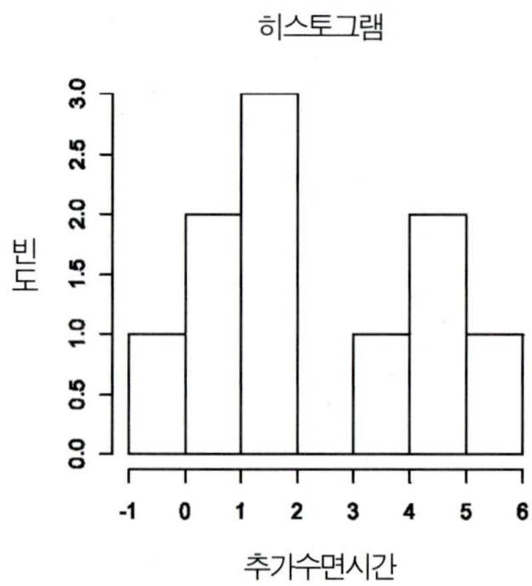

환자	추가수면시간
1	1.9
2	0.8
3	1.1
4	0.1
5	-0.1
6	4.4
7	5.5
8	1.6
9	4.6
10	3.4

히스토그램으로 보면 정규분포를 따른다고 하기 어렵지만, 표본크기가 작아서 정규성 여부에 대한 검토에 어려움이 있다. 자료의 표본평균은 2.33인 반면 표본중위수는 1.75로 차이가 있어 분포가 대칭이 아닐 수도 있다. 모분포가 정규분포를 따른다고 가정하고 추가수면시간의 평균이 0인지 그렇지 않은지를 검정한다면,

$$\overline{X}_{10} = 2.33,\ S = 36.08/\sqrt{9} = 2.002,\ t = \frac{2.33-0}{2.002/\sqrt{10}} = \frac{2.33}{0.633} = 3.68$$

로부터, 양측 유의확률이 0.005가 되어 유의수준 0.05에서 귀무가설을 기각하게 된다. 이제 이 자료에 대해 부호검정을 하게 되면, 중위수 μ에 대해 $H_0 : \mu = 0$ 대 $H_1 : \mu \neq 0$을 0보다 큰 X_i의 개수 R을 이용하여 검정한다. 자료로부터 $R = 9$이고, 양측 유의확률은 $P(R \geq 9$ 또는 $R \leq 1 | H_0)$인데, 이는 $B(10, 0.5)$를 따르는 확률변수가 $0, 1, 9, 10$의 값을 가질 확률 0.0215와 같다. 여전히 유의수준 0.05에서 귀무가설을 기각하는 결과를 얻게 되지만 유의확률이 상대적으로 많이 커졌다. 만약 중위수가 0인지 0보다 큰지를 검정하고자 한다면 단측검정이 되므로 유의확률은 양측 유의확률의 1/2이 된다.

귀무가설 H_0하에서 검정통계량 R은 $B(n, 1/2)$을 따르므로 평균과 분산은 각각

$$E(R) = \frac{n}{2},\quad Var(R) = \frac{n}{4}$$

으로 주어진다. 그런데 표본의 크기가 큰 경우 정확한 확률의 계산 등은 복잡하므로,

중심극한정리에 의해 통계량

$$Z = \frac{R - n/2}{\sqrt{n/4}}$$

의 분포를 표준정규분포 $N(0,\ 1)$로 근사하여 검정에 활용할 수 있다.

예제 12.2

혈압약의 효과를 알아보기 위해 12명의 환자의 투약 전 혈압(X)과 투약 후 일정 시간이 지난 다음의 혈압(Y)을 측정한 자료이다.

환자	투약 전	투약 후
1	133	117
2	135	126
3	124	125
4	125	115
5	127	120
6	133	135
7	115	110
8	120	116
9	129	118
10	129	132
11	135	127
12	131	125

이 자료는 짝지어진 자료이므로 $X_i \geq Y_i$를 만족하는 (X_i, Y_i), $i = 1, \cdots, 12$의 개수를 R이라고 하면 $R = 9$이고

$$P(R \geq 9) = \left\{ \binom{12}{9} + \binom{12}{10} + \binom{12}{11} + \binom{12}{12} \right\} \times 0.5^{12} = 0.073$$

이다. 혈압약이 효과가 있다면 투약 전보다 투약 후의 혈압이 낮아져야 하므로 효과를 보기 위한 검정은 $X_i - Y_i$의 분포의 중위수가 0인지 0보다 큰지에 대한 단측검정이 될 것이다. 이 검정에 대한 유의확률은 0.073으로, 유의수준이 0.05라면 귀무가설이 기각되지 않고, 자료로부터 혈압약이 효과가 있다는 증거가 없다고 결론 내리게 된다.

12.1.2 부호순위검정

부호검정은 $X_i - \mu_0$의 부호만을 이용하기 때문에 매우 간단하지만 $X_i - \mu_0$의 크기에 관한 정보는 전혀 이용하지 못한다는 취약점이 있다. 예를 들어 자료에 μ_0보다 크면서 $X_i - \mu_0$의 절댓값이 매우 작은 X_i들이 몇 개 포함되어 있다고 해보자. 이런 경우 다른 X_i들이 모두 μ_0보다 훨씬 더 작은 값을 가진다고 하더라도 부호검정에서는 $\mu = \mu_0$의 가설을 기각하지 못할 수가 있다. 즉, $X_i - \mu_0$의 부호만을 이용하면 검정력이 떨어지는 결과를 가져올 수 있다는 것이다. 앞에서 살펴본 혈압약 예제를 보면, 투약 전 혈압에서 투약 후 혈압을 뺀 값이 16, 9, −1, 10, 7, −2, 5, 4, 11, −3, 8, 6이다. 12개 중에서 세 개가 음수인데, 음수인 값들은 절댓값이 작고 양수인 값들은 절댓값이 상대적으로 크다. 이 숫자만 보면 혈압약의 효과가 있는 듯 보이지만, 부호검정의 결과는 단측 유의확률 0.073으로 귀무가설을 기각하지 못했다. 부호검정은 관측값의 크기는 활용하지 못하고 부호만 사용하기 때문에 자료에 포함된 정보를 충분히 활용하지 못한다는 단점이 있기 때문이다. 이러한 단점에 대한 개선책으로, 부호와 더불어 자료가 갖고 있는 순위[1)]의 정보를 같이 이용하는 윌콕슨 부호순위검정(Wilcoxon signed rank test)에 대해 살펴보자. 앞의 경우와 마찬가지로, 랜덤표본 $X_1, X_2, \cdots, X_n$의 모분포가 연속형이며 중위수가 μ라고 할 때, 가설

$$H_0 : \mu = \mu_0 \quad \text{대} \quad H_1 : \mu > \mu_0$$

을 고려하자.

각 관측값 X_i로부터 귀무가설에서 주어진 중위수 μ_0까지의 거리를 $|X_i - \mu_0|$ $(i = 1, \cdots, n)$으로 측정한 다음 이들의 크기에 따라 작은 것부터 순위를 정한다. $|X_i - \mu_0|$의 순위를 편의상 R_i로 표기하자. 가장 작은 것의 순위가 1이며, 그 다음으로 작은 것의 순위는 2가 되는 식으로 순위 n까지 정한다. 만일 크기가 같은 관측값이 있는 경우에는 평균순위를 적용한다. 이제 각 순위 R_i에 대하여 부호 지시함수

$$Z_i = \begin{cases} 0 & X_i - \mu_0 < 0\text{인 경우} \\ 1 & X_i - \mu_0 \geq 0\text{인 경우} \end{cases}$$

를 계산하여, 윌콕슨 부호순위통계량을

1) 두 개 또는 그 이상의 관측값의 크기가 같은 경우의 해결책으로 같은 값을 갖는 관측값들에 그들의 평균순위를 부여하는 방법이 많이 사용된다. 그런데 모분포가 연속형인 경우 이런 사건이 발생할 확률은 0이다.

$$W = \sum_{i=1}^{n} Z_i R_i$$

와 같이 정의한다. 이 통계량은 $X_i - \mu_0$의 값이 음이 아닌 것들의 순위합이다.[2)]

한편, 귀무가설 H_0하에서 n개의 관측값의 순위에 대한 가능한 부호 배열의 가지 수는 2^n이며, 각 배열이 일어날 확률은 $1/2^n$으로 동일하다. 각 순위에 대하여 해당하는 $X_i - \mu_0$가 양인지 음인지를 결정하는 경우의 수는 2개이고, 귀무가설하에서 양일 확률과 음일 확률이 각각 $1/2$이기 때문이다. 대립가설이 $H_1 : \mu > \mu_0$이라면 W의 값이 클수록 유의하므로 유의확률은 관측된 W값 c에 대해 $P(W \geq c | H_0)$꼴이 되며, 이 값은 W가 c보다 크거나 같아지는 배열의 개수를 2^n으로 나눈 값과 같다. 대립가설이 $H_1 : \mu < \mu_0$이면 기각영역은 $W \leq c$의 꼴이 된다.

$H_0 : \mu = \mu_0$ 대 $H_1 : \mu > \mu_0$의 검정에 대해, $n = 5$이고 $W = 13$으로 관측된 경우의 유의확률을 계산해 보자. 우선 가능한 순위에 그에 대응하는 통계량 W의 값을 살펴보면 아래 표와 같다. 연속형 분포를 가정하므로 크기가 같은 동순위 관측값(tie)이 없다고 가정하고 이론을 전개해도 무방할 것이다. 표에서 0과 1은 부호지시 함수인 Z_i의 값을 나타낸다.

R_i					$W = \sum_{i=1}^{5} Z_i R_i$
1	2	3	4	5	
0	0	0	0	0	0
1	0	0	0	0	1
0	1	0	0	0	2
0	0	1	0	0	3
1	1	0	0	0	3
0	0	0	1	0	4
.	.	.	.	.	.
.	.	.	.	.	.
1	0	1	1	1	13
0	1	1	1	1	14
1	1	1	1	1	15

그런데 위의 가능한 $2^5 = 32$개의 배열은 귀무가설하에서 동등한 확률 $1/32$을 가지게 되므로 통계량 W에 대한 확률분포는 다음과 같이 구해진다.

2) $X_i = \mu_0$인 자료는 제외하고 n을 줄여서 양의 부호를 갖는 것들의 순위합으로 정의할 수도 있다.

W	0	1	2	3	…	13	14	15
$P(W)$	1/32	1/32	1/32	2/32	…	1/32	1/32	1/32

만일 $W=13$이 주어졌다면, 유의확률은

$$\begin{aligned} & P\,(W=13,\ \ 14\text{또는 } 15) \\ & = 1/32 + 1/32 + 1/32 \\ & = 0.094 \end{aligned}$$

가 된다.

예제 12.3: 예제 12.2 계속

혈압약의 효과 예제로 돌아가 보면, 투약 전 혈압에서 투약 후 혈압을 뺀 값이 16, 9, −1, 10, 7, −2, 5, 4, 11, −3, 8, 6이므로 이들의 절대크기의 순위를 반영하여 $W = \sum Z_i R_i = 72$를 얻는다. 검정하고자 하는 가설이 $H_1 : \mu > 0$이라면 유의확률은 $P(W \geq 72 | H_0)$로, 순위합이 72 이상이 되는 배열의 개수를 2^{12}으로 나눈 값, 즉 $14/4096 = 0.0034$이다. 대립가설이 $H_1 : \mu \neq 0$인 경우에도 유의확률은 $P(W \geq 72$ 또는 $W \leq 6 | H_0) = 0.0068$로 매우 작아서 귀무가설을 기각하게 된다. 즉, 부호검정에서와는 달리 부호순위검정을 쓰면 귀무가설을 기각하고, 혈압약이 혈압을 낮추는 데에 유의한 효과가 있다고 결론 내릴 수 있다.[3)]

윌콕슨 부호순위통계량 W의 귀무가설하에서의 일반적인 분포는 표본의 크기에 따라 부록 〈표 5〉에 주어져 있다.

부호검정에서처럼 윌콕슨 부호순위검정방법도 짝지어진 자료 (X_{11}, X_{21}), (X_{12}, X_{22}), …, (X_{1n}, X_{2n})에 대해 활용될 수 있다. i 번째 짝의 차이를 $Y_i = X_{1i} - X_{2i}$ $(i=1,\ \cdots,\ n)$라고 할 때 이들의 순위에 근거하여 Y_i의 중위수 μ_Y에 관한 가설

$$H_0 : \mu_Y = 0 \quad \text{대} \quad H_1 : \mu_Y > 0$$

3) 부호검정보다는 부호순위검정이 자료에 포함된 정보를 더 활용한다는 점과 더불어 검정력(power)의 측면에서 더 효율적이라는 사실이 알려져 있다.

을 검정해 보자. 양의 부호를 가진 Y_i들의 순위를 더한 값을 W_Y로 표기하면, W_Y의 관측값이 w일 때 단측검정에 대한 유의확률을 $P(W_Y \geq w \mid H_0)$으로 구한다. 유의수준이 α로 고정된다면, 기각영역은 $\{W_Y \geq c\}$의 꼴이 되고, 물론 상수 c는 $P(W_Y \geq c \mid H_0) = \alpha$를 만족해야 한다. 대립가설이 $H_1: \mu_Y < 0$이면 기각영역은 $\{W_Y \leq c\}$, 또 $H_1: \mu_Y \neq 0$이면 $\{|W_Y| \geq c\}$의 꼴이 된다.

예제 12.4

다음은 예제 7.10과 8.13에서 보았던 옥수수(Zea mays) 재배의 자료이다. 거의 동일한 조건하에서 15개의 옥수수를 짝지어서 교차수정 그리고 자가수정시킨 결과이며, 흔히 자가수정은 유전적으로 열성인 자손이 나올 가능성이 높다고 알려져 있으므로 교차수정이 자가수정보다 좋은 결과를 주는지를 확인하고자 한다.

대응짝	교차수정 X_{1i}	자가수정 X_{2i}	차이 $Y_i = X_{1i} - X_{2i}$	순위 R_i
1	23.5	17.4	6.1	11
2	12	20.4	-8.4	14
3	21	20	1	2
4	22	20	2	4
5	19.1	18.4	0.7	1
6	21.5	18.6	2.9	5
7	22.1	18.6	3.5	7
8	20.4	15.3	5.1	9
9	18.3	16.5	1.8	3
10	21.6	18	3.6	8
11	23.3	16.3	7	12
12	21	18	3	66
13	22.1	12.8	9.3	15
14	23	15.5	7.5	13
15	12	18	-6	10
평균	20.19	17.59	2.61	
표준편차	3.62	2.40	4.71	

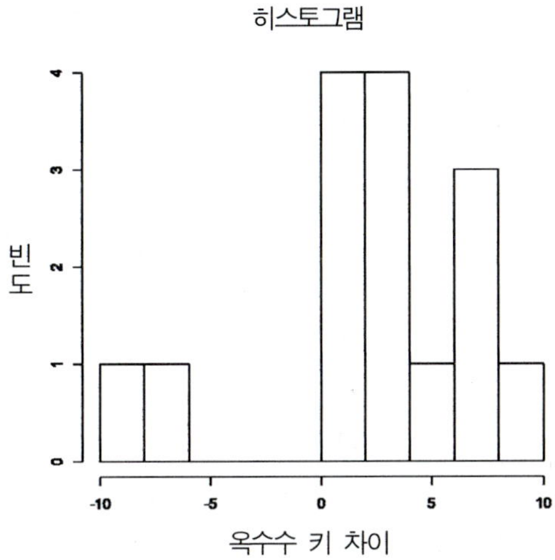

옥수수 키를 측정하는 데 사용한 단위는 인치이다. 교차수정이 자가수정보다 성장이 우월한지가 관심사이므로 대립가설을 $H_1 : \mu_Y > 0$로 택했으며 귀무가설은 $H_0 : \mu_Y = 0$이 된다. 이제 대응짝의 차이(= 교차수정 - 자가수정)에 근거하여 귀무가설 $H_0 : \mu_Y = 0$ 대 대립가설 $H_1 : \mu_Y > 0$을 검정해 보자. 우선, 정규분포를 가정한 t-검정통계량은

$$t = \frac{\overline{Y}}{S_Y/\sqrt{n}} = \frac{2.61}{4.71/\sqrt{15}} = 2.14$$

이며, 자유도가 14인 t 분포로부터 유의확률을 0.02512로 구할 수 있다.

윌콕슨 부호순위검정을 사용하면, $W_Y = \sum Z_i R_i = 96$이고 유의확률은 $P(W_Y \geq 96 | H_0)$으로, 순위합이 96 이상이 되는 배열의 개수를 2^{15}으로 나눈 값이 되는데, 이 값은 0.02063이 된다. 히스토그램 등을 통한 그림에서 이 자료가 정규분포를 따른다고 하기는 어렵지만, 표본의 크기가 아주 작지 않으므로 t-검정과 부호순위검정이 비슷한 결과를 주는 것으로 보인다.

위의 옥수수 예제와 같이 표본의 크기가 15만 되어도 유의확률을 계산하기 위해 고려해야 할 배열의 개수가 매우 많아진다. 이와 같이 표본의 크기가 크면 직접 경우의 수를 구하거나 표를 통해 W의 분포를 계산하는 데에 어려움이 생기므로, 넓은 의미의 중심극한정리를 활용하여 정규근사를 이용하는 경우가 많다. 귀무가설이 참인 경우 검정통계량 W의 평균과 분산은 각각

$$E(W)=\frac{n(n+1)}{4}, \quad Var(W)=\frac{n(n+1)(2n+1)}{24}$$

로 구해지는데, 이를 이용하여 통계량

$$Z=\frac{W-n(n+1)/4}{\sqrt{n(n+1)(2n+1)/24}}$$

의 분포를 표준정규분포로 근사하여 검정에 사용할 수 있다. 옥수수 예제에서 정규근사를 사용하면 $Z=\frac{96-60}{\sqrt{310}}=2.0447$이 되어 유의확률은 0.0204로 근사된다.[4)]

윌콕슨 부호순위검정은 모집단이 정규분포를 따를 때 효율[5)]이 가장 높은 검정법인 t-검정에 비해 효율이 낮지만, 모집단이 정규분포에서 멀리 떨어져 있는 경우에는 t-검정에 비해 훨씬 높은 효율을 보여 준다. 즉, 모집단이 정규분포를 따를 때는 t-검정과 같은 검정력을 갖기 위해서 더 큰 표본이 필요하지만, 모집단이 정규분포와 현저히 다를 때는 훨씬 작은 표본을 가지고도 t-검정만큼의 검정력을 갖게 되는 검정이다.

12.2 순위합검정

앞 절에서 설명된 부호검정과 부호순위검정은 일표본 문제에 대해 사용되었다. 여기에서는 두 모집단의 비교 문제에 사용될 수 있는 순위합검정을 다루도록 한다. 독립인 랜덤표본 $X_1, X_2, \cdots, X_n$과 $Y_1, Y_2, \cdots, Y_m$의 모분포가 각각 $F(x)$와 $G(x)$라고 하자. 이들은 연속형 분포이다. 고려할 가설은 두 모분포 사이의 위치이동 여부에 관한 것으로, 상수 $a(>0)$에 대하여

$$H_0 : F(x)=G(x) \quad \text{대} \quad H_1 : F(x-a)=G(x)$$

로 표현된다고 하자. 대립가설이 맞다면 Y의 모분포는 X의 모분포를 a만큼 오른쪽으로 평행이동한 것이 된다. 즉, 이 가설검정에서 다루는 두 모분포는 형태는 같고,

4) 모분포를 연속형으로 가정하므로 이론적으로는 동순위(tie)가 나오는 경우를 고려하지 않아도 되지만, 실제 자료에서 동순위가 나오면 순위의 평균으로 대체하는 방법을 많이 사용한다. 그러나 이 경우 검정통계량의 분포를 정확히 구할 수 없게 되어 유의확률계산이 복잡하고, 정규근사를 하기 전에 표준편차의 보정이 필요하다.

5) 검정법의 효율은 제2종 오류를 범할 확률, 즉 검정력(power)을 기준으로 삼는다.

위치는 다를 수도 있는 분포이다. 대립가설을 그림으로 표현하면 〈그림 12.1〉과 같다. $a > 0$ 또는 $a < 0$이면 단측검정이 되고, $a \neq 0$이면 양측검정이 된다.

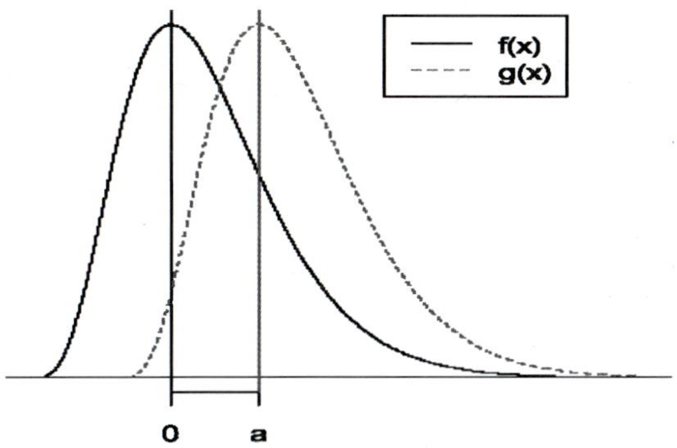

〈그림 12.1〉 순위합검정: $f(x)$, $g(x)$는 각각 $F(x)$와 $G(x)$의 밀도함수

윌콕슨 부호순위검정은 두 모집단의 비교문제에서 다음과 같이 확장될 수 있다. X_1, X_2, $\cdots$, X_n과 Y_1, Y_2, $\cdots$, Y_m의 합동표본에 대해 $N = \dfrac{(n+m)!}{n!\,m!}$가지 배열이 가능하며, 귀무가설 H_0하에서 각 배열이 일어날 확률은 $1/N$로 동일하다. 이제, 필요한 관측값의 순위에 근거한 검정통계량을 고려해 보자. 편의상,

W_X = X와 Y를 합한 $(n+m)$개의 합동 관측값 내에서 n개의 X값들의 순위합
W_Y = X와 Y를 합한 $(n+m)$개의 합동 관측값 내에서 m개의 Y값들의 순위합

으로 표기하기로 한다. 이때 W_X가 가지는 최솟값은 $n(n+1)/2$이며 $W_X + W_Y = (n+m)(n+m+1)/2$로 고정되어 있다. 대립가설이 $F(x-a) = G(x)$, $a > 0$인 경우, Y의 모분포가 X의 모분포보다 오른쪽에 있다는 뜻이므로 W_X의 값이 작을수록 대립가설을 더 뒷받침하게 된다. 그러므로 W_X의 관측값이 w_X라면 유의확률은 $P(W_X \leq w_X | H_0)$이 된다. 유의수준이 α인 기각영역은 $P\left(W_X \leq c \,|\, H_0\right) = \alpha$인 c에 대해 $\{W_X \leq c\}$로 구한다. 유의수준을 α로 하는 상수 c를 구하는 데에 필요한 검정통계량의 분포는 모든 가능한 순위의 배열을 생각하고 각 배열에 $1/N$의 확률을 부여하여 구할 수 있지만, $n \leq m \leq 10$인 경우에 대해서는 부록 〈표 6〉에 구해져 있다.

그런데 귀무가설 $H_0 : F(x) = G(x)$하에서 W_X는 평균 $n(n+m+1)/2$에 대하

여 대칭인 분포를 따르기에,

$$P(W_X \le c) = P(W_X \ge n(n+m+1)-c)$$

의 관계가 성립한다. 이러한 관계를 부록 〈표 6〉에서도 확인할 수 있다. 한편, $W_X + W_Y$가 고정되어 있으므로 작은 W_X의 값은 큰 W_Y의 값에 해당되며, 대립가설 $F(x-a) = G(x)$, $a > 0$에 대하여 기각영역을 $\{W_Y \ge c^*\}$의 꼴로 택하여도 무방하다. 이와 같은 검정법을 윌콕슨 순위합검정(Wilcoxon rank sum test) 또는 맨-휘트니 검정(Mann-Whitney test)이라고 한다(대립가설에서 $a < 0$이면 같은 논리에 의해 기각영역의 방향이 반대로 된다).

부록의 〈표 6〉에 주어진 분포표는 표본의 크기가 $n \le m \le 10$인 경우에만 사용할 수 있으므로 표본의 크기가 큰 경우 활용할 수 있는 근사방법을 생각해 보자. 귀무가설이 참인 경우 검정통계량 W_X의 평균과 분산은 각각

$$E(W_X) = \frac{n(n+m+1)}{2}, \quad Var(W_X) = \frac{nm(n+m+1)}{12}$$

로 구해진다. 표본의 크기 n과 m이 충분히 큰 경우 검정통계량 W_X를 표준화한

$$Z = \frac{W_X - n(n+m+1)/2}{\sqrt{nm(n+m+1)/12}}$$

의 분포가 표준정규분포 $N(0,\, 1)$로 근사될 수 있음이 알려져 있어, 이를 검정에 사용할 수 있다.

예제 12.5

두 서로 다른 시점에 생산된 백열전구의 수명분포를 비교하기 위해, 10개씩의 전구에 대한 강제 수명(forced-life) 테스트를 통해 다음과 같이 자료를 얻었다[6](단위: 시간).

1947/1/2	1067	919	1196	785	1126	936	918	1156	920	948
1947/10/23	1024	1240	1157	1415	1385	824	1690	1302	1233	1331

6) 자료출처: Davis, D. J., 1952, "An analysis of some failure data", Journal of the American Statistical Association, 47(258), pp 113-150

1월 2일과 10월 23일의 생산공정에 차이가 있는지 윌콕슨 순위합검정으로 확인해 보자. 두 표본을 합쳐놓은 합동표본에서 1월 2일의 표본 X의 순위는 9, 4, 13, 1, 10, 6, 3, 11, 5, 7로, $W_X = 69$이다. $n = m = 10$이므로 〈표 6〉에 의해 양측대립가설에 대한 유의확률은 0.006이고, $F(x-a) = G(x)$, $a > 0$의 단측대립가설에 대한 유의확률은 0.003이 된다. 대립가설이 양측이든 단측이든 유의확률이 매우 작으므로 충분히 작은 유의수준에서 귀무가설을 기각하게 될 것이다. 즉, 대립가설이 단측인 경우, 1월 2일의 생산공정에 따른 전구의 수명은 10월 23일의 생산공정에 따른 전구의 수명보다 유의하게 짧다고 결론내릴 수 있다. 정규근사를 이용하면

$$Z = \frac{69 - 5 \times 21}{\sqrt{100 \times 21/12}} = -2.7213$$

으로 양측유의확률은 0.0065, 단측유의확률은 0.0033이다. 참고로 이 자료에 대한 독립 이표본 t-검정의 양측유의확률은 0.0076, 단측유의확률은 0.0038로 주어진다.

12.3 크루스칼-왈리스 검정

앞서 살펴본 부호검정과 부호순위검정은 모집단이 하나일 때의 위치문제, 윌콕슨 순위합검정은 두 모집단의 위치 비교에 사용할 수 있는 비모수적 방법들이었다. 이 절에서는 모집단이 세 개 이상일 경우 위치 비교에 사용할 수 있는 비모수적 방법을 살펴보기로 하자. 모집단이 정규분포를 따르는 경우에 일원분류 분산분석으로 평균을 비교하듯이 모집단이 정규분포를 따르지 않는 경우 관측값의 순위를 활용하는 크루스칼-왈리스(Kruskal-Wallis) 검정법을 다음과 같이 고려할 수 있다. 먼저, 검정 대상이 되는 가설은 I개의 모집단에 대해,

H_0 : I개 모분포의 중위수가 모두 같다 대 H_1 :중위수들이 다 같지는 않다

로 쓸 수 있다. 모분포는 모두 연속형으로 가정한다.

아래 표와 같이 $I(>2)$개의 표본을 구했다고 하자. 여기서, X_{ij}는 i번째 표본의 j번째 관측값을($i = 1, 2, \cdots, I$, $j = 1, 2, \cdots, n_i$) 나타내고, 전체 표본의 크기는

$$n = \sum_{i=1}^{I} n_i$$

라고 표기한다.

표본 1	X_{11}	X_{12}	$\cdots$	X_{1n_1}
표본 2	X_{21}	X_{22}	$\cdots$	X_{2n_2}
$\vdots$	$\vdots$	$\vdots$	$\vdots$	$\vdots$
표본 I	X_{I1}	X_{I2}	$\cdots$	X_{In_I}

이제, 전체표본 내에서 각 관측값의 순위를 준다. i번째 표본의 j번째 관측값 X_{ij}에 해당하는 순위는 R_{ij}로, i번째 표본에 해당하는 순위의 합은

$$R_{i.} = \sum_{j=1}^{n_i} R_{ij}$$

로 표기하기로 한다.

표본 1	R_{11}	R_{12}	$\cdots$	R_{1n_1}	$R_{1.}$
표본 2	R_{21}	R_{22}	$\cdots$	R_{2n_2}	$R_{2.}$
$\vdots$	$\vdots$	$\vdots$	$\vdots$	$\vdots$	$\vdots$
표본 I	R_{I1}	R_{I2}		R_{In_I}	$R_{I.}$

일원분류 분산분석에서 사용했던 논리를 그대로 이용하되, 관측값 자체 대신 순위를 사용해보자. 일원분류 분산분석에서 집단 간의 차이를 측정하는 제곱합이

$$SSB = \sum_{i=1}^{I} n_i (\overline{X}_{i.} - \overline{X}_{..})^2$$

이었으므로 관측값 X_{ij} 대신에 순위 R_{ij}를 사용하면 이는

$$\sum_{i=1}^{I} n_i (\overline{R}_{i.} - \overline{R}_{..})^2$$

이 된다. 여기서,

$$\overline{R}_{i.} = \sum_{j=1}^{n_i} R_{ij} / n_i = R_{i.} / n_i$$

는 i 번째 표본의 평균순위이고

$$\overline{R}_{..} = \sum_{i=1}^{I} \sum_{j=1}^{n_i} R_{ij} / n = (n+1)/2$$

은 전체표본의 평균순위이다. 그러므로 순위에 의한 집단 간의 차이는 SSB에서 $\overline{X}_{i.}$와 $\overline{X}_{..}$ 대신에 $\overline{R}_{i.}$와 $(n+1)/2$를 사용한

$$SSB_R = \sum_{i=1}^{I} n_i \left[\overline{R}_{i.} - \frac{n+1}{2} \right]^2$$

을 사용하여 측정한다. 또한, 집단 내의 흩어짐은

$$SSW_R = \sum_{i=1}^{I} \sum_{j=1}^{n_i} (R_{ij} - \overline{R}_{i.})^2$$

으로 측정되며 주어진 가설에 대한 검정통계량으로 SSB_R / SSW_R을 고려할 수 있다. 집단 내의 흩어짐에 비해 집단 간의 흩어짐이 크다면 대립가설을 뒷받침할 수 있을 것이므로 SSB_R / SSW_R이 클 때 귀무가설을 기각하는 것이 합리적이다. SSB_R / SSW_R이 클 경우 귀무가설을 기각하는 것은 다음의 크루스칼-왈리스 검정통계량

$$\begin{aligned} KW &= \frac{SSB_R}{n(n+1)/12} \\ &= \frac{12}{n(n+1)} \sum_{i=1}^{I} \frac{R_{i.}^2}{n_i} - 3(n+1) \end{aligned}$$

이 클 때 귀무가설을 기각하는 것과 동등하다. 왜냐하면,

$$\sum_{i=1}^{I} \sum_{j=1}^{n_i} R_{ij} = \frac{n(n+1)}{2} \text{와} \sum_{i=1}^{I} \sum_{j=1}^{n_i} R_{ij}^2 = \frac{n(n+1)(2n+1)}{6}$$

임을 이용하여 SSB_R과 SSW_R의 합이

$$SSB_R + SSW_R = \sum_{i=1}^{I}\sum_{j=1}^{n_i}(R_{ij} - \frac{n+1}{2})^2 = \frac{n(n^2-1)}{12}$$

로 상수인 것을 알 수 있고, 합이 상수이므로 SSB_R이 커질 때 SSW_R이 작아져 검정통계량인 SSB_R/SSW_R이 SSB_R의 단조증가함수가 되기 때문이다. KW를 정의할 때 SSB_R을 $n(n+1)/12$로 나눈 것은 검정통계량 KW의 점근분포가 자유도가 $(I-1)$인 카이제곱분포를 따르도록 하기 위한 것이다. 크루스칼-왈리스 검정통계량

$$KW = \frac{12}{n(n+1)}\sum_{i=1}^{I}\frac{R_{i.}^2}{n_i} - 3(n+1)$$

은 I개 모분포의 중위수가 같다는 귀무가설하에서 $\min(n_1, \cdots, n_I)$가 충분히 클때 자유도가 $(I-1)$인 카이제곱분포를 근사적으로 따른다.

따라서, KW의 관측값이 k일 때 가설

H_0 : I개 모분포의 중위수가 모두 같다 대 H_1 :중위수들이 다 같지는 않다

에 대한 유의확률 $P(KW \geq k|H_0)$은 근사적으로 $\chi^2(I-1)$ 분포를 따르는 확률변수가 k보다 큰 값을 가질 확률로 계산되고, 유의수준 α인 근사기각영역은

$$KW \geq \chi^2_\alpha(I-1)$$

로 구할 수 있다. $I=2$인 경우에는 $W_X = R_{1.}$, $W_Y = R_{2.}$으로 놓으면 크루스칼-왈리스 검정과 윌콕슨 순위합검정이 동등함이 쉽게 보여진다. 동순위가 있으면 보편적으로 평균순위를 사용하게 된다. 이 경우 검정통계량을 조정해야 하는데, 동순위가 생기는 m개의 경우에 대해 각각 t_j, $j=1,\cdots,m$개의 동순위가 있다고 하면 검정통계량을

$$\frac{KW}{1-\frac{\sum_{j=1}^{m}t_j(t_j^2-1)}{n(n^2-1)}}$$

로 보정하여 사용하면 된다.

예제 12.6

어떤 제약회사에서 두통약의 효과를 비교하기 위해 자사의 두통약과 타사 두통약 두 종류로 실험을 하였다. 만성두통에 시달리는 환자 15명을 세 종류의 두통약에 5명씩 랜덤하게 배치하고, 두통 발병 시 약을 먹고 정해진 시간이 지난 후 통증이 얼마나 줄어들었는지를 1부터 10까지로(1이 가장 작은 통증) 점수화하여 기록하게 하였다. 이 실험을 통해 얻은 자료가 다음과 같다고 하자.

두통약 A	4	4	2	3	4
두통약 B	6	4	4	5	6
두통약 C	6	6	7	6	5

세 종류의 두통약의 효과가 다르다고 할 수 있는지 크루스칼-왈리스 검정을 해 보자. 전체표본에서의 순위는

두통약 A	5	5	1	2	5
두통약 B	12	5	5	8.5	12
두통약 C	12	12	15	12	8.5

가 된다. 동순위가 발생한 경우 평균순위를 사용하였다. $I=3$, $R_{1.}=18$, $R_{2.}=42.5$, $R_{3.}=59.5$이므로

$$KW=\frac{12}{15\times 16\times 5}(R_{1.}^2+R_{2.}^2+R_{3.}^2)-3\times 16=8.705$$

이고 동순위는 3개의 숫자에 대해 각각 5개, 2개, 5개가 있으므로

$$1-\frac{5\times 24+2\times 3+5\times 24}{15\times 224}=0.9268$$

로 KW를 나누면 검정통계량의 값은 9.3925가 된다. 자유도가 2인 카이제곱분포를 이용하면 유의확률은 0.0091이고, 이 값이 매우 작으므로 충분히 작은 유의수준에서도 귀무가설을 기각하고 두통약의 효과가 모두 같지는 않다고 결론내릴 수 있다.

12장 연습문제

01 연속인 모분포 F로부터 얻은 랜덤표본 $X_1, X_2, \cdots, X_5$에 근거하여 모분포의 중위수 μ에 대한 가설 $H_0 : \mu = \mu_0$ 대 $H_1 : \mu > \mu_0$을 검정하고자 한다. 부호검정을 사용한다고 할 때, 검정통계량의 귀무가설하에서의 분포를 기술하시오.

02 랜덤표본 $X_1, X_2, \cdots, X_{10}$의 모분포 $F(x)$가 연속이며 중위수 μ를 갖는다고 할 때, 가설 $H_0 : \mu = \mu_0$ 대 $H_1 : \mu > \mu_0$에 대한 비모수검정방법을 고려하고자 한다. 이제,

$$x_1 = 1.19 \quad x_2 = 2.17 \quad x_3 = 2.68 \quad x_4 = -0.57 \quad x_5 = 2.02$$
$$x_6 = 2.46 \quad x_7 = 3.02 \quad x_8 = -0.05 \quad x_9 = 0.76 \quad x_{10} = 1.30$$

의 자료가 주어졌을 때, 부호검정법과 윌콕슨 부호순위검정법을 시행하고 그 절차와 결과들을 비교설명하시오.

03 어떤 정신적 과제(mental task)를 처리하는 데 걸리는 시간을 랜덤추출한 8명의 대상자들에게 '정상'과 '스트레스'가 있는 두 가지 상황에서 측정하여 다음과 같은 결과를 구하였다.

대상	1	2	3	4	5	6	7	8
정상	36	18	15	20	18	28	25	23
스트레스	38	19	20	25	26	27	35	25

정상인 상황과 스트레스가 있는 상황에서의 중위수의 차이는 0이라는 가설에 대한 검정법을 시행하고 결과를 해석하시오.

04 다음은 연습문제 8.10에서 다루었던 자료이다. 11개의 고랑에 비료 A와 B를 임의로 배치하여 토마토 수확량을 측정하였다. 비료 B(새로 개발된 비료)가 비료 A(기존에 사용)보다 토마토 수확에 더 효과가 있는지에 대하여 비모수적 검정방법을 사용하여 결과를 구하고 모수적 검정방법의 결과와 비교하시오.

고랑 위치	비료 종류	수확량
1	A	29.9
2	A	11.4
3	B	26.6
4	B	23.7
5	A	25.3
6	B	28.5
7	B	14.2
8	B	17.9
9	A	16.5
10	A	21.1
11	B	24.3

05 다음은 연습문제 7.16에서 다루었던 자료(단위: 초)이다. 운전자들의 반응속도가 신호등 색깔에 따라 같은지 다른지를 비모수적으로 검정하시오.

운전자	빨간불 반응속도(X_i)	초록불 반응속도(Y_i)
1	0.48	0.50
2	0.45	0.49
3	0.48	0.58
4	0.52	0.50
5	0.45	0.50
6	0.35	0.47
7	0.25	0.39
8	0.20	0.37
9	0.45	0.46
10	0.27	0.34

06 다음은 특정질병에 감염되지 않은 식물과 감염된 식물의 성장에 관한 비교자료로서, 감염되지 않은 9개 식물과 감염된 7개 식물의 키를 측정한 것이다. 감염여부에 따른 성장 차이의 중위수가 0이라는 가설을 비모수적으로 검정하시오.

비감염	48.3	42.5	37.7	51.5	41.4	39.6	46.8	45.6	38.5
감염	36.3	45.3	43.9	50.1	49.3	43.1	48.2		

07 두 가지의 약 A, B를 주입하기 전후의 몸무게 증감 정도를 20마리의 쥐를 이용하여 실험하였다. 10마리의 쥐에게는 약 A를, 다른 10마리 쥐에게는 약 B를 주입하고, 주입 전후의 몸무게 증감을 측정한 자료가 다음 표에 주어져 있다. 두 가지 약에 따른 몸무게 차이의 중위수가 0이라는 가설을 유의수준 5%에서 순위합검정으로 검정하시오.

A	1.8	0.7	1.0	0.1	-0.1	3.5	5.6	1.8	4.0	2.5
B	0.8	-1.7	-0.3	-1.2	0.0	4.0	3.8	0.8	0.0	3.2

08 c에 대해 대칭인 분포로부터 추출한 크기 10인 랜덤표본의 관측값이 다음과 같을 때, $H_0 : c = 10$ 대 $H_1 : c > 10$을 비모수적으로 검정하시오.

12.6 17.6 11.5 12.8 10.7 11.4 9.0 15.3 10.3 13.4

09 다음의 자료는 두 집단에 각각 적용된 2가지 교육방법에 따른 시험결과를 기록한 것이다.

교육방법 1	69	79	82	86	81
교육방법 2	75	83	72	81	78

(1) 교육방법에 따라 시험결과의 평균(또는 중위수)의 값이 달라지는지 t-검정과 비모수검정으로 검정하고 결과를 비교하시오.

(2) 교육방법 3과 4에 대한 자료 또한 다음과 같이 주어졌을 때 이 4가지 방법에 따라 시험결과의 평균(또는 중위수)의 값이 달라지는지를 분산분석과 크루스칼-왈리스 검정으로 검정하고 결과를 비교하시오.

교육방법 3	59	78	62	67	84	76
교육방법 4	82	88	89	95	--	--

10 비료의 종류에 따른 옥수수의 생산량을 보고자 하여 옥수수를 생산하는 12개의 실험지역(plot)을 세 가지 종류 A, B, C의 비료에 랜덤하게 4개씩 배치하였다. 그 결과 옥수수의 생산량은 다음과 같다.

비료 A	160	162	170	170
비료 B	169	178	170	174
비료 C	175	180	179	185

비료에 따라 옥수수의 생산량이 같은지 다른지를 크루스칼-왈리스 검정으로 검정하시오.

부록

〈표 1〉 표준정규확률변수의 누적분포표

$Z \sim N(0,\,1)$일 때, $P(Z \leq z) = \int_{-\infty}^{z} \frac{1}{\sqrt{2\pi}} \exp(-x^2/2)\,dx$의 값을 표시함.

z	.00	.01	.02	.03	.04	.05	.06	.07	.08	.09
-3.4	.0003	.0003	.0003	.0003	.0003	.0003	.0003	.0003	.0003	.0002
-3.3	.0005	.0005	.0005	.0004	.0004	.0004	.0004	.0004	.0004	.0003
-3.2	.0007	.0007	.0006	.0006	.0006	.0006	.0006	.0005	.0005	.0005
-3.1	.0010	.0009	.0009	.0009	.0008	.0008	.0008	.0008	.0007	.0007
-3.0	.0013	.0013	.0013	.0012	.0012	.0011	.0011	.0011	.0010	.0010
-2.9	.0019	.0018	.0018	.0017	.0016	.0016	.0015	.0015	.0014	.0014
-2.8	.0026	.0025	.0024	.0023	.0023	.0022	.0021	.0021	.0020	.0019
-2.7	.0035	.0034	.0033	.0032	.0031	.0030	.0029	.0028	.0027	.0026
-2.6	.0047	.0045	.0044	.0043	.0041	.0040	.0039	.0038	.0037	.0036
-2.5	.0062	.0060	.0059	.0057	.0055	.0054	.0052	.0051	.0049	.0048
-2.4	.0082	.0080	.0078	.0075	.0073	.0071	.0069	.0068	.0066	.0064
-2.3	.0107	.0104	.0102	.0099	.0096	.0094	.0091	.0089	.0087	.0084
-2.2	.0139	.0136	.0132	.0129	.0125	.0122	.0119	.0116	.0113	.0110
-2.1	.0179	.0174	.0170	.0166	.0162	.0158	.0154	.0150	.0146	.0143
-2.0	.0228	.0222	.0217	.0212	.0207	.0202	.0197	.0192	.0188	.0183
-1.9	.0287	.0281	.0274	.0268	.0262	.0256	.0250	.0244	.0239	.0233
-1.8	.0359	.0351	.0344	.0336	.0329	.0322	.0314	.0307	.0301	.0294
-1.7	.0446	.0436	.0427	.0418	.0409	.0401	.0392	.0384	.0375	.0367
-1.6	.0548	.0537	.0526	.0516	.0505	.0495	.0485	.0475	.0465	.0455
-1.5	.0668	.0655	.0643	.0630	.0618	.0606	.0594	.0582	.0571	.0559
-1.4	.0808	.0793	.0778	.0764	.0749	.0735	.0721	.0708	.0694	.0681
-1.3	.0968	.0951	.0934	.0918	.0901	.0885	.0869	.0853	.0838	.0833
-1.2	.1151	.1131	.1112	.1093	.1075	.1056	.1038	.1020	.1003	.0985
-1.1	.1357	.1335	.1314	.1292	.1271	.1251	.1230	.1210	.1190	.1170
-1.0	.1587	.1562	.1539	.1515	.1492	.1469	.1446	.1423	.1401	.1379
-0.9	.1841	.1814	.1788	.1762	.1736	.1711	.1685	.1660	.1635	.1661
-0.8	.2119	.2090	.2061	.2033	.2005	.1977	.1949	.1922	.1894	.1867
-0.7	.2420	.2389	.2358	.2327	.2296	.2266	.2236	.2206	.2177	.2148
-0.6	.2743	.2709	.2676	.2643	.2611	.2578	.2546	.25114	.2483	.2451
-0.5	.3085	.3050	.3015	.2981	.2946	.2912	.2877	.2843	.2810	.2776
-0.4	.3446	.3409	.3372	.3336	.3300	.3264	.3228	.3192	.3156	.3121
-0.3	.3821	.3783	.3745	.3707	.3669	.3632	.3594	.3557	.3520	.3483
-0.2	.4207	.4168	.4129	.4090	.4052	.413	.3974	.3936	.3897	.3859
-0.1	.4602	.4562	.4522	.4483	.4443	.4404	.4364	.4325	.4286	.4247
-0.0	.5000	.4960	.4920	.4880	.4840	.4801	.4761	.4721	.4681	.4641

〈표 1〉 표준정규확률변수의 누적분포표(계속)

z	.00	.01	.02	.03	.04	.05	.06	.07	.08	.09
0.0	.5000	.5040	.5080	.5120	.5160	.5199	.5239	.5279	.5319	.5359
0.1	.5398	.5438	.5478	.5517	.5557	.5596	.5636	.5675	.5714	.5753
0.2	.5793	.5832	.5871	.5910	.5948	.5987	.6026	.6064	.6103	.6141
0.3	.6179	.6217	.6255	.6293	.6331	.6368	.6406	.6443	.6480	.6517
0.4	.6554	.6591	.6628	.6664	.6700	.6736	.6772	.6808	.6844	.6879
0.5	.6915	.6950	.6985	.7019	.8054	.0788	.7123	.7157	.7190	.7224
0.6	.7257	.7291	.7324	.7357	.7389	.7422	.7454	.7486	.7517	.7549
0.7	.7580	.7611	.7642	.7673	.7704	.7734	.7764	.7794	.7823	.7852
0.8	.7881	.7910	.7939	.7967	.7995	.8023	.8051	.8078	.8106	.8133
0.9	.8159	.8186	.8212	.8238	.8264	.8289	.8315	.8340	.8365	.8389
1.0	.8413	.8438	.8461	.8485	.8508	.8531	.8554	.8577	.8599	.8621
1.1	.8643	.8665	.8686	.8708	.8729	.8749	.8770	.8790	.8810	.8830
1.2	.8849	.8869	.8888	.8907	.8925	.8944	8962	.8980	.8997	.9015
1.3	.9032	.9049	.9066	.9082	.9099	.9115	.9131	.9147	.9162	.9177
1.4	.9192	.9207	.9222	.9236	.9251	.9265	.9279	.9292	.9306	.9319
1.5	.9332	.9345	.9357	.9370	.9382	.9394	.9406	.9418	.9429	.9411
1.6	.9452	.9463	.9474	.9484	.9495	.9505	.9515	.9525	.9535	.9545
1.7	.9554	.9564	.9573	.9582	.9691	.9599	.9608	.9616	.9625	.9633
1.8	.9641	.9649	.9656	.9664	.9671	.9678	.9686	.9693	.9699	.9706
1.9	.9713	.9719	.9726	.9732	.9738	.9744	.9750	.9756	.9761	.9767
2.0	.9772	.9778	.9783	.9788	.9793	.9798	.9803	.9808	.9812	.9817
2.1	.9821	.9826	.9830	.9834	.9838	.9842	.9846	.9850	.9854	.9857
2.2	.9861	.9864	.9868	.9871	.9875	.9878	.9881	.9884	.9887	.9870
2.3	.9893	.9896	.9898	.9901	.9904	.9906	.9909	.9911	.9913	.9916
2.4	.9918	.9920	.9922	.9925	.9927	.9929	.9931	.9932	.9934	.9936
2.5	.9938	.9940	.9941	.9943	.9945	.9946	.9948	.9949	.9951	.9952
2.6	.9953	.9955	.9956	.9957	.9959	.9970	.9971	.9972	.9973	.9974
2.7	.9965	.9966	.9967	.9968	.9969	.9970	.9971	.9972	.9973	.9974
2.8	.9974	.9975	.9976	.9977	.9977	.9978	.9979	.9979	.9980	.9981
2.9	.9981	.9982	.9982	.9983	.9984	.9984	.9985	.9985	.9986	.9986
3.0	.9987	.9987	.9987	.9988	.9988	.9989	.9989	.9989	.9990	.9990
3.1	.9990	.9991	.9991	.9991	.9992	.9992	.9992	.9992	.9993	.9993
3.2	.9993	.9993	.9994	.9994	.9994	.9994	.9994	.9995	.9995	.9995
3.3	.9995	.9995	.9995	.9996	.9996	.9996	.9996	.9996	.9996	.9997
3.4	.9997	.9997	.9997	.9997	.9997	.9997	.9997	.9997	.9997	.9998

$P(Z \geq z_{\alpha}) = \alpha$인 z_{α}값들:

α	.10	.05	.025	.01	.005	.001	.0005	.0001
z_{α}	1.2816	1.6449	1.9600	2.3263	2.5758	3.0902	3.2905	3.7190

α	.00009	.00008	.00007	.00006	.00005	.00004	.00003	.00002	.00001
z_{α}	3.7455	3.7550	3.8082	3.8461	3.8906	3.9444	4.0128	4.1075	4.2649

〈표 2〉 t 확률변수의 주요 백분위수

$T \sim t(n)$일 때, $P[T > t_\alpha(n)] = \alpha$를 만족하는 $t_\alpha(n)$의 값을 표시함.

n	α								
	0.40	0.30	0.20	0.10	0.05	0.025	0.01	0.005	0.0005
1	0.325	0.727	1.376	3.078	6.314	12.706	31.821	63.657	636.619
2	0.289	0.617	1.061	1.886	2.920	4.303	6.965	9.925	31.598
3	0.277	0.584	0.978	1.638	2.532	3.182	4.541	5.841	12.924
4	0.271	0.569	0.941	1.533	2.132	2.776	3.747	4.604	8.610
5	0.267	0.559	0.920	1.476	2.015	2.571	3.365	4.032	6.869
6	0.265	0.553	0.906	1.440	1.943	2.447	.3143	3.707	5.959
7	0.263	0.549	0.896	1.415	1.895	2.365	2.998	3.499	5.408
8	0.262	0.546	0.889	1.397	1.860	2.306	2.896	3.355	5.041
9	0.261	0.543	0.883	1.383	1.833	2.262	2.821	3.250	4.781
10	0.260	0.542	0.879	1.372	1.812	2.228	2.764	3.169	4.587
11	0.260	0.540	0.876	1.363	1.796	2.201	2.718	3.106	4.437
12	0.259	0.539	0.873	1.356	1.782	2.179	2.681	3.055	4.318
13	0.259	0.538	0.870	1.350	1.771	2.160	2.650	3.012	4.221
14	0.258	0.537	0.868	1.354	1.761	2.145	2.624	2.977	4.140
15	0.258	0.536	0.866	1.341	1.753	2.131	2.602	2.947	4.073
16	0.258	0.535	0.865	1.337	1.746	2.120	2.583	2.921	4.015
17	0.257	0.534	0.863	1.333	1.740	2.110	2.567	2.898	3.965
18	0.257	0.534	0.862	1.330	1.734	2.101	2.552	2.878	3.992
19	0.257	0.533	0.861	1.328	1.729	2.093	2.539	2.861	3.883
20	0.257	0.533	0.860	1.325	1.725	2.086	2.528	2.845	3.850
21	0.257	0.532	0.859	1.323	1.721	2.080	2.518	2.831	3.819
22	0.256	0.532	0.858	1.321	1.717	2.074	2.508	2.819	3.792
23	0.256	0.532	0.858	1.319	1.714	2.069	2.500	2.807	3.762
24	0.256	0.531	0.857	1.318	1.711	2.064	2.492	2.797	3.745
25	0.256	0.531	0.856	1.316	1.708	2.060	2.485	2.787	3.725
26	0.256	0.531	0.856	1.315	1.706	2.056	2.479	2.779	3.707
27	0.256	0.531	0.855	1.314	1.703	2.052	2.473	2.771	3.690
28	0.256	0.530	0.855	1.313	1.701	2.048	2.467	2.763	3.674
29	0.256	0.530	0.854	1.311	1.699	2.045	2.462	2.756	3.659
30	0.256	0.530	0.854	1.310	1.697	2.042	2.457	2.750	3.646
40	0.255	0.529	0.851	1.303	1.684	2.021	2.423	2.704	3.551
60	0.254	0.527	0.848	1.296	1.671	2.000	2.390	2.660	3.460
120	0.254	0.526	0.845	1.289	1.658	1.980	2.358	2.617	3.373
∞	0.253	0.524	0.842	1.282	1.645	1.960	2.326	2.576	3.291

〈표 3〉 χ^2 확률변수의 주요 백분위수

$X \sim \chi^2(n)$일 때, $P[X > \chi^2_\alpha(n)] = \alpha$를 만족하는 $\chi^2_\alpha(n)$의 값을 표시함.

n	α													
	0.995	0.990	0.975	0.950	0.900	0.750	0.500	0.250	0.100	0.050	0.025	0.010	0.005	0.001
1					0.02	0.10	0.45	1.32	2.71	3.84	5.02	6.63	7.88	10.83
2	0.01	0.02	0.05	0.10	0.21	0.58	1.39	2.77	4.61	5.99	7.38	9.21	10.60	13.82
3	0.07	0.11	0.22	0.36	0.58	1.21	2.37	4.11	6.25	7.81	9.35	11.34	12.84	16.27
4	0.21	0.30	0.48	0.71	1.06	1.92	3.36	5.39	7.78	9.49	11.14	13.28	14.86	18.47
5	0.41	0.55	0.83	1.15	1.61	2.67	4.35	6.63	9.24	11.07	12.83	15.09	16.75	20.52
6	0.68	0.87	1.24	1.64	2.20	3.45	5.35	7.84	10.64	12.59	14.45	16.81	18.55	22.46
7	0.99	1.24	1.69	2.17	2.83	4.25	6.35	9.04	12.02	14.07	16.01	18.48	20.28	24.32
8	1.34	1.65	2.18	2.73	3.49	5.07	7.34	10.22	13.36	15.51	17.53	20.09	21.96	26.12
9	1.73	2.09	2.70	3.33	4.17	5.90	8.34	11.39	14.68	16.92	19.02	21.67	23.59	27.88
10	2.16	2.56	3.25	3.94	4.87	6.74	9.34	12.55	15.99	18.31	20.48	23.21	25.19	29.59
11	2.60	3.05	3.82	4.57	5.58	7.58	10.34	13.70	17.28	19.68	21.92	24.72	26.76	31.26
12	3.07	3.57	4.40	5.23	6.30	8.44	11.34	14.85	18.55	21.03	23.34	26.22	28.30	32.91
13	3.57	4.11	5.01	5.89	7.04	9.30	12.34	15.98	19.81	22.36	24.74	27.69	29.82	34.53
14	4.07	4.66	5.63	6.57	7.79	10.17	13.34	17.12	21.06	23.68	26.12	29.14	31.32	36.12
15	4.60	5.23	6.26	7.26	8.55	11.04	14.34	18.25	22.31	25.00	27.49	30.58	32.80	37.70
16	5.14	5.81	6.91	7.96	9.31	11.91	15.34	19.37	23.54	26.30	28.85	32.00	34.27	39.25
17	5.70	6.41	7.56	8.67	10.09	12.79	16.34	20.49	24.77	27.59	30.19	33.41	35.73	40.79
18	6.26	7.01	8.23	9.39	10.86	13.68	17.34	21.60	25.99	28.87	31.53	34.81	37.16	42.31
19	6.84	7.63	8.91	10.12	11.65	14.56	18.34	22.72	27.20	30.14	32.85	36.19	38.58	43.82
20	7.43	8.26	9.59	10.85	12.44	15.45	19.34	23.83	28.41	31.41	34.17	37.57	40.00	45.32
21	8.03	8.90	10.28	11.59	13.24	16.34	20.34	24.93	29.62	32.67	35.48	38.93	41.40	46.80
22	8.64	9.54	10.98	12.34	14.04	17.24	21.34	26.04	30.81	33.92	36.78	40.29	42.80	48.27
23	9.26	10.20	11.69	13.09	14.85	18.14	22.34	27.14	32.01	35.17	38.08	41.64	44.18	49.73
24	9.89	10.86	12.40	13.85	15.66	19.04	23.34	28.24	33.20	36.42	39.36	42.98	45.56	52.62
25	10.52	11.52	13.12	14.61	16.47	19.94	24.34	29.34	34.38	37.65	40.65	44.31	46.93	52.62
30	13.79	14.95	16.79	18.49	20.60	24.48	29.34	34.80	40.26	43.77	46.98	50.89	53.67	59.70
40	20.71	22.16	24.43	26.51	29.05	33.66	39.34	45.62	51.80	55.76	59.34	63.69	66.77	73.40
50	27.99	29.71	32.36	34.76	37.69	42.94	49.33	56.33	63.17	67.50	71.42	76.15	79.49	86.66
60	35.53	37.48	40.48	43.19	46.46	52.29	59.33	66.98	74.40	79.08	83.30	88.38	91.95	99.61
70	43.28	45.44	48.76	54.74	55.33	61.70	69.33	77.58	85.53	90.53	95.02	100.42	104.22	112.32
80	51.17	53.54	57.15	60.39	64.28	71.14	79.33	88.13	96.58	101.88	106.63	112.33	116.32	124.84
90	59.20	61.75	65.65	69.13	73.29	80.62	89.33	98.64	107.56	113.14	118.14	124.12	128.30	137.21
100	67.33	70.06	74.22	77.93	82.36	90.13	99.33	109.14	118.50	124.34	129.56	135.81	140.17	149.45

〈표 4〉 F 확률변수의 주요 백분위수

$F \sim F(n, m)$일 때, $P[F > F_{\alpha}(n, m)] = \alpha$를 만족하는 $F_{\alpha}(n, m)$의 값을 표시함.

α	m \ n	1	2	3	4	5	6	7	8	9	10	12	15	20	30	60	120	∞
0.10		39.9	49.5	53.6	55.8	57.2	58.2	58.9	59.4	59.9	60.2	60.7	61.2	61.7	62.3	62.8	63.1	63.3
0.05		161	200	216	225	230	234	238	239	241	242	244	246	248	250	252	253	254
0.025	1	648	800	864	900	922	937	948	957	963	969	977	985	993	1,000	1,010	1,010	1,020
0.01		4,050	5,000	5,400	5,620	5,760	5,860	5,930	5,980	6,020	6,060	6,110	6,160	6,210	6,260	6,310	6,340	6,370
0.005		16,200	20,000	21,600	22,500	23,100	23,400	23,700	23,900	24,100	24,200	24,400	24,600	24,800	25,000	25,200	25,400	25,500
0.10		8.53	9.00	9.16	9.24	9.29	9.33	9.35	9.37	9.38	9.39	9.41	9.42	9.44	9.46	9.47	9.48	9.49
0.05		18.5	19.0	19.2	19.2	19.3	19.3	19.4	19.4	19.4	19.4	19.4	19.4	19.5	19.5	19.5	19.5	19.5
0.025	2	38.5	39.0	39.2	39.2	39.3	39.3	39.4	39.4	39.4	39.4	39.4	39.4	39.4	39.5	39.5	39.5	39.5
0.01		98.5	99.0	99.2	99.2	99.3	99.3	99.4	99.4	99.4	99.4	99.4	99.4	99.4	99.5	99.5	99.5	99.5
0.005		199	199	199	199	199	199	199	199	199	199	199	199	199	199	199	199	199
0.10		5.54	5.46	5.39	5.34	5.31	5.28	5.27	5.25	5.24	5.23	5.22	5.20	5.18	5.17	5.15	5.14	5.13
0.05		10.4	9.55	9.28	9.12	9.01	8.94	8.89	8.85	8.81	8.79	8.74	8.70	8.66	8.62	8.57	8.55	8.53
0.025	3	17.4	16.0	15.4	15.1	14.9	14.7	14.6	14.5	14.5	14.4	14.3	14.3	14.2	14.1	14.0	13.9	13.9
0.01		34.1	30.8	29.5	28.7	28.2	27.9	27.7	27.5	27.3	27.2	27.1	26.9	26.7	26.5	26.3	262.2	26.1
0.005		55.6	49.8	47.5	46.2	45.4	44.8	44.4	44.1	43.9	43.7	43.4	43.1	42.8	42.5	42.1	42.0	41.8
0.10		4.54	4.32	4.19	4.11	4.05	4.01	3.98	3.95	3.93	3.92	3.90	3.87	3.84	3.82	3.79	3.78	3.76
0.05		7.71	6.94	6.59	6.39	6.26	6.16	6.09	6.04	6.00	5.96	5.91	5.86	5.80	5.75	5.69	5.66	5.63
0.025	4	12.2	10.6	9.98	9.60	9.36	9.20	9.07	8.98	8.90	8.84	8.75	8.66	8.56	8.46	8.36	8.31	8.26
0.01		21.2	18.0	16.7	16.0	15.5	15.2	15.0	14.8	14.7	14.5	14.4	14.2	14.0	13.8	13.7	13.6	13.5
0.005		31.3	26.3	24.3	23.2	22.5	22.0	21.6	21.4	21.1	21.0	20.7	20.4	20.2	19.9	19.6	19.5	19.3
0.10		4.06	3.78	3.62	3.52	3.45	3.40	3.37	3.34	3.32	3.30	3.27	3.24	3.21	3.17	3.14	3.12	3.11
0.05		6.61	5.79	5.41	5.19	5.05	4.95	4.88	4.82	4.77	4.74	4.68	4.62	4.56	4.50	4.43	4.40	4.37
0.025	5	10.0	8.43	7.76	7.39	7.15	6.98	6.85	6.76	6.68	6.62	6.52	6.43	6.33	6.23	6.12	6.07	6.02
0.01		16.3	13.3	12.1	11.4	11.0	10.7	10.5	10.3	10.2	10.1	9.89	9.72	9.55	9.38	9.20	9.11	9.02
0.005		22.8	18.3	16.5	15.6	14.9	14.5	14.2	14.0	13.8	13.6	13.4	13.1	12.9	12.7	12.4	12.3	12.1
0.10		3.78	3.46	3.29	3.18	3.11	3.05	3.01	2.98	2.96	2.94	2.90	2.87	2.84	2.80	2.76	2.74	2.72
0.05		5.99	5.14	4.76	4.53	4.39	4.28	4.21	4.15	4.10	4.06	4.00	3.94	3.87	3.81	3.74	3.70	3.67
0.025	6	8.81	7.26	6.60	6.23	5.99	5.82	5.70	5.60	5.52	5.46	5.37	5.27	5.17	5.07	4.96	4.90	4.85
0.01		13.7	10.9	9.78	9.15	8.75	8.47	8.26	8.10	7.98	7.87	7.72	7.56	7.40	7.23	7.06	6.97	6.88
0.005		18.6	14.5	12.9	12.0	11.5	11.1	10.8	10.6	10.4	10.2	10.0	9.81	9.59	9.36	9.12	9.00	8.88
0.10		3.59	3.26	3.07	2.96	2.88	2.83	2.78	2.75	2.72	2.70	2.67	2.63	2.59	2.56	2.51	2.49	2.47
0.05		5.59	4.74	4.35	4.12	3.97	3.87	3.79	3.73	3.68	3.64	3.57	3.51	3.44	3.38	3.30	3.27	3.23
0.025	7	8.07	6.54	5.89	5.52	5.29	5.12	4.99	4.90	4.82	4.76	4.67	4.57	4.47	4.36	4.25	4.20	4.14
0.01		12.2	9.55	8.45	7.85	7.46	7.19	6.99	6.84	6.72	6.62	6.47	6.31	6.16	5.99	5.82	5.74	5.65
0.005		16.2	12.4	10.9	10.1	9.52	9.16	8.89	8.68	8.51	8.38	8.18	7.97	7.75	7.53	7.31	7.19	7.08

〈표 4〉 F 확률변수의 주요 백분위수(계속)

α	m \ n	1	2	3	4	5	6	7	8	9	10	12	15	20	30	60	120	∞
0.10		3.46	3.11	2.92	2.81	2.73	2.67	2.62	2.59	2.56	2.54	2.50	2.46	2.42	2.38	2.34	2.31	2.29
0.05		5.32	4.46	4.07	3.84	3.69	3.58	3.50	3.44	3.39	3.35	3.28	3.22	3.15	3.08	3.01	2.97	2.93
0.025	8	7.57	6.06	5.42	5.05	4.82	4.65	4.53	4.43	4.36	4.30	4.20	4.10	4.00	3.89	3.78	3.73	3.67
0.01		11.3	8.65	7.59	7.01	6.63	6.37	6.18	6.03	5.91	5.81	5.67	5.52	5.36	5.20	5.03	4.95	4.86
0.005		14.7	11.0	9.60	8.81	8.30	7.95	7.69	7.50	7.34	7.21	7.01	6.81	6.61	6.40	6.18	6.06	5.95
0.10		3.36	3.01	2.81	2.69	2.61	2.55	2.51	2.47	2.44	2.42	2.38	2.34	2.30	2.25	2.21	2.18	2.16
0.05		5.12	4.26	3.86	3.63	3.48	3.37	3.29	3.23	3.18	3.14	3.07	3.01	2.94	2.86	2.79	2.75	2.71
0.025	9	7.21	5.71	5.08	4.72	4.48	4.32	4.20	4.10	4.03	3.96	3.87	3.77	3.67	3.56	3.45	3.39	3.33
0.01		10.6	8.02	6.99	6.42	6.06	5.80	5.61	5.47	5.35	5.26	5.11	4.96	4.81	4.65	4.48	4.40	4.31
0.005		13.6	10.1	8.72	7.96	7.47	7.13	6.88	6.69	6.54	6.42	6.23	6.03	5.83	5.62	5.41	5.30	5.19
0.10		3.29	2.29	2.73	2.61	2.52	2.46	2.41	2.38	2.35	2.32	2.28	2.24	2.20	2.15	2.11	2.08	2.06
0.05		4.96	4.10	3.71	3.48	3.33	3.22	3.14	3.07	3.02	2.98	2.91	2.84	2.77	2.70	2.62	2.58	2.54
0.025	10	6.94	5.46	4.83	4.47	4.24	4.07	3.95	3.85	3.78	3.72	3.62	3.52	3.42	3.31	3.20	3.14	3.08
0.01		10.0	7.59	6.55	5.99	5.64	5.39	5.20	5.06	4.94	4.85	4.71	4.56	4.41	4.25	4.08	4.00	3.91
0.005		12.8	9.43	8.08	7.34	6.87	6.54	6.30	6.12	5.97	5.85	5.66	5.47	5.27	5.07	4.86	4.75	4.64
0.10		3.18	2.81	2.61	2.48	2.39	2.33	2.28	2.24	2.21	2.19	2.15	2.10	2.06	2.01	1.96	1.93	1.90
0.05		4.75	3.89	3.49	3.26	3.11	3.00	2.91	2.85	2.80	2.75	2.69	2.62	2.54	2.47	2.38	2.34	2.30
0.025	12	6.55	5.10	4.47	4.12	3.89	3.73	3.61	3.51	3.44	3.37	3.28	3.18	3.07	2.96	2.85	2.79	2.72
0.01		9.33	6.93	5.95	5.41	5.06	4.82	4.64	4.50	4.39	4.30	4.16	4.01	3.86	3.70	3.54	3.45	3.36
0.005		11.8	8.51	7.23	6.52	6.07	5.76	5.52	5.35	5.20	5.09	4.91	4.72	4.53	4.33	4.12	4.01	3.90
0.10		3.07	2.70	2.49	2.36	2.27	2.21	2.16	2.12	2.09	2.06	2.02	1.97	1.92	1.87	1.82	1.79	1.76
0.05		4.54	3.68	3.29	3.06	2.90	2.79	2.71	2.64	2.59	2.54	2.48	2.40	2.33	2.25	2.16	2.11	2.07
0.025	15	6.20	4.77	4.15	3.80	3.58	3.41	3.29	3.20	3.12	3.06	2.96	2.86	2.76	2.64	2.52	2.46	2.40
0.01		8.68	6.36	5.42	4.89	4.56	4.32	4.14	4.00	3.89	3.80	3.67	3.52	3.37	3.21	3.05	2.96	2.87
0.005		10.8	7.70	6.48	5.80	5.37	5.07	4.85	4.67	4.54	4.42	4.25	4.07	3.88	3.69	3.48	3.37	3.26
0.10		2.97	2.59	2.38	2.25	2.16	2.09	2.04	2.00	1.96	1.94	1.89	1.84	1.79	1.74	1.68	1.64	1.61
0.05		4.35	3.49	3.10	2.87	2.71	2.60	2.51	2.45	2.39	2.35	2.28	2.20	2.12	2.04	1.95	1.90	1.84
0.025	20	5.87	4.46	3.86	3.51	3.29	3.13	3.01	2.91	2.84	2.77	2.68	2.57	2.46	2.35	2.22	2.16	2.09
0.01		8.10	5.85	4.94	4.43	4.10	3.87	3.70	3.56	3.46	3.37	3.23	3.09	2.94	2.78	2.61	2.52	2.42
0.005		9.94	6.99	5.82	5.17	4.76	4.47	4.26	4.09	3.96	3.85	3.68	3.50	3.32	3.12	2.92	2.81	2.69
0.10		2.88	2.49	2.28	2.14	2.05	1.98	1.93	1.88	1.85	1.82	1.77	1.72	1.67	1.61	1.54	1.50	1.46
0.05		4.17	3.32	2.92	2.69	2.53	2.42	2.33	2.27	2.21	2.16	2.09	2.01	1.93	1.84	1.74	1.68	1.62
0.025	30	5.57	4.18	3.59	3.25	3.03	2.87	2.75	2.65	2.57	2.51	2.41	2.31	2.20	2.07	1.94	1.87	1.79
0.01		7.56	5.39	4.51	4.02	3.70	3.47	3.30	3.17	3.07	2.98	2.84	2.70	2.55	2.39	2.21	2.11	2.01
0.005		9.18	6.35	5.24	4.62	4.23	3.95	3.74	3.58	3.45	3.34	3.18	3.01	2.82	2.63	2.42	2.30	2.18

〈표 4〉 F 확률변수의 주요 백분위수(계속)

α	m \ n	1	2	3	4	5	6	7	8	9	10	12	15	20	30	60	120	∞
0.10		2.79	2.39	2.18	2.04	1.95	1.87	1.82	1.77	1.74	1.71	1.66	1.60	1.54	1.48	1.40	1.35	1.29
0.05		4.00	3.15	2.76	2.53	2.37	2.25	2.17	2.10	2.04	1.99	1.92	1.84	1.75	1.65	1.53	1.47	1.39
0.025	60	5.29	3.93	3.34	3.01	2.79	2.63	2.51	2.41	2.33	2.27	2.17	2.06	1.94	1.82	1.67	1.58	1.48
0.01		7.08	4.98	4.13	3.65	3.34	3.12	2.95	2.82	2.72	2.63	2.50	2.35	2.20	2.03	1.84	1.73	1.60
0.005		8.49	5.80	4.73	4.14	3.76	3.49	3.29	3.13	3.01	2.90	2.74	2.57	2.39	2.19	1.96	1.83	1.69
0.10		2.75	2.35	2.13	1.99	1.90	1.82	1.77	1.72	1.68	1.65	1.60	1.54	1.48	1.41	1.32	1.26	1.19
0.05		3.92	3.07	2.68	2.45	2.29	2.18	2.09	2.02	1.96	1.91	1.83	1.75	1.66	1.55	1.43	1.35	1.25
0.025	120	5.15	3.80	3.23	2.89	2.67	2.52	2.39	2.30	2.22	2.16	2.05	1.94	1.82	1.69	1.53	1.43	1.31
0.01		6.85	4.79	3.95	3.48	3.17	2.96	2.79	2.66	2.56	2.47	2.34	2.19	2.03	1.86	1.66	1.53	1.38
0.005		8.18	5.54	4.50	3.92	3.55	3.28	3.09	2.93	2.81	2.71	2.54	2.37	2.19	1.98	1.75	1.61	1.43
0.10		2.71	2.30	2.08	1.94	1.85	1.77	1.72	1.6	1.63	1.60	1.55	1.49	1.42	1.34	1.24	1.17	1.00
0.05		3.84	3.00	2.60	2.37	2.21	2.10	2.01	1.94	1.88	1.83	1.75	1.67	1.57	1.46	1.32	1.22	1.00
0.025	∞	5.02	3.69	3.12	2.79	2.57	2.41	2.29	2.19	2.11	2.05	1.94	1.83	1.71	1.57	1.39	1.27	1.00
0.01		6.63	4.61	3.78	3.32	3.02	2.80	2.64	2.51	2.41	2.32	2.18	2.04	1.88	1.70	1.47	1.32	1.00
0.005		7.88	5.30	4.28	3.72	3.35	3.09	2.90	2.74	2.62	2.52	2.36	2.19	2.00	1.79	1.53	1.36	1.00

〈표 5〉 윌콕슨 부호순위통계량 분포

표본의 크기가 n인 경우 $0<a<1$에 대하여, 윌콕슨 부호순위통계량 W가 $P(W \le c_1)=\alpha$와 $P(W \ge c_2)=\alpha$을 만족하는 c_1, c_2의 값을 표시함.

n	c_1	c_2	α
1	0	1	.500
2	0	3	.250
3	0	6	.125
4	0	10	.062
	1	9	.125
5	0	15	.031
	1	14	0.62
	2	13	.094
	3	12	.156
6	0	21	.016
	1	20	0.31
	2	19	0.47
	3	18	.078
	4	17	.109
7	0	28	.008
	1	27	.016
	2	26	.023
	3	25	.039
	4	24	.055
	5	23	.078
	6	22	.107
8	0	36	.004
	1	35	.008
	2	34	.012
	3	33	.020
	4	32	.027
	5	31	.039
	6	30	.055
	7	29	.074
	8	28	.098
	9	27	.125
9	1	44	.004
	2	43	.006
	3	42	.010
	4	41	.014
	5	40	.020
	6	39	.027
	7	38	.037
	8	37	.049
	9	36	.064
	10	35	.082
	11	34	.102

n	c_1	c_2	α
10	3	521	.005
	4	51	.007
	5	50	.010
	6	49	.014
	7	48	.019
	8	47	.024
	9	46	.032
	10	45	.042
	11	44	.053
	12	43	.065
	13	42	.080
	14	41	.097
	15	40	.116
11	5	61	.005
	6	60	.007
	7	59	.009
	8	58	.012
	9	57	.016
	10	56	.021
	11	55	.027
	12	54	.034
	13	53	.042
	14	52	.051
	15	51	.062
	16	50	.074
	17	49	.087
	18	48	.103
12	7	71	.005
	8	70	.006
	9	69	.008
	10	68	.010
	11	67	.013
	12	66	.017
	13	65	.021
	14	64	.026
	15	63	.032
	16	62	.039
	17	61	.046
	18	60	.055
	19	59	.065
	20	58	.076
	21	57	.088
	22	56	.102

n	c_1	c_2	α
13	9	82	.004
	10	81	.005
	11	80	.007
	12	79	.009
	13	78	.001
	14	77	.013
	15	76	.016
	16	75	.020
	17	74	.024
	18	73	.029
	19	72	.034
	20	71	.040
	21	70	.047
	22	69	.055
	23	68	.064
	24	67	.073
	25	66	.084
	26	65	.095
	27	64	.108
14	12	93	.004
	13	92	.005
	14	91	.007
	15	90	.008
	16	89	.010
	17	88	.012
	18	87	.015
	19	86	.018
	20	85	.021
	21	84	.025
	22	83	.029
	23	82	.034
	24	81	.039
	25	80	.045
	26	79	.052
	27	78	.059
	28	77	.068
	29	76	.077
	30	75	.086
	31	74	.097
	32	73	.108

n	c_1	c_2	α
15	15	105	.004
	16	104	.005
	17	103	.006
	18	102	.008
	19	101	.009
	20	100	.011
	21	99	.013
	22	98	.015
	23	97	.018
	24	96	.021
	25	95	.024
	26	94	.028
	27	93	.032
	28	92	.036
	29	91	.042
	30	90	.047
	31	89	.053
	32	88	.060
	33	87	.068
	34	86	.076
	35	85	.084
	36	84	.094
	37	83	.104
16	19	117	.005
	20	116	.005
	21	115	.007
	22	114	.008
	23	113	.009
	24	112	.011
	25	111	.012
	26	110	.014
	27	109	.017
	28	108	.019
	29	107	.022
	30	106	.025
	31	105	.029
	32	104	.033
	33	103	.037
	34	102	.042
	35	101	.047
	36	100	.052
	37	99	.058
	38	98	.065
	39	97	.072
	40	96	.080
	41	95	.088
	42	94	.086
	43	93	.106

〈표 5〉 윌콕슨 부호순위통계량 분포(계속)

n	c_1	c_2	α
17	23	130	.005
	24	129	.005
	25	128	.006
	26	127	.007
	27	126	.009
	28	125	.010
	29	124	.012
	30	123	.013
	31	122	.015
	32	121	.017
	33	120	.020
	34	119	.022
	35	118	.025
	36	117	.028
	37	116	.032
	38	115	.036
	39	114	.040
	40	113	.044
	41	112	.049
	42	111	.054
	43	110	.060
	44	109	.066
	45	108	.073
	46	107	.080
	47	106	.087
	48	105	0.95
	49	104	.103

n	c_1	c_2	α
18	27	144	.004
	28	143	.005
	29	142	.006
	30	141	.007
	31	140	.008
	32	139	.009
	33	138	.101
	34	137	.012
	35	136	.013
	36	135	.015
	37	134	.017
	38	133	.019
	39	132	.022
	40	131	.024
	41	130	.027
	42	129	.030
	43	128	.033
	44	127	.037
	45	126	.041
	46	125	.045
	47	124	.049
	48	123	.054
	49	122	.059
	50	121	.065
	51	120	.071
	52	119	.077
	53	118	.084
	54	117	.091
	55	116	.098
	56	115	.106

n	c_1	c_2	α
19	32	158	.005
	33	157	.005
	34	156	.006
	35	155	.007
	36	154	.008
	37	153	.009
	38	152	.010
	39	151	.011
	40	150	.013
	42	148	.016
	43	147	.018
	44	146	.020
	45	145	.022
	46	144	.025
	47	143	.027
	48	142	.030
	49	141	.033
	50	140	.036
	51	139	.040
	52	138	.044
	53	137	.048
	54	136	.052
	55	135	.057
	56	134	.062
	57	133	.067
	58	132	.072
	59	131	.078
	60	130	.084
	61	129	.091
	62	128	.098
	63	127	.105

n	c_1	c_2	α
20	37	173	.005
	38	172	.005
	39	171	.006
	40	170	.007
	41	169	.008
	42	168	.009
	43	167	.010
	44	166	.011
	45	165	.012
	46	164	.013
	47	163	.015
	48	162	.016
	49	161	.018
	50	160	.20
	51	159	.022
	52	158	.024
	53	157	.027
	54	156	.029
	55	155	.032
	56	154	.035
	57	153	.038
	58	152	.041
	59	151	.045
	60	150	.049
	61	149	.053
	62	148	.057
	63	147	.062
	64	146	.066
	65	145	.071
	66	144	.077
	67	143	.082
	68	142	.088
	69	141	.095
	70	140	.101

〈표 6〉 윌콕슨 순위합통계량 분포표

크기가 n, m인 두 개의 표본 중에서 크기가 작은 표본에 포함된 n개의 관찰값의 순위합을 W라고 할 때, $0<\alpha<1$에 대하여, $P(W\le c_1)=\alpha$와 $P(W\ge c_2)=\alpha$을 만족하는 c_1, c_2의 값을 표시함.

n	m	c_1	c_2	α
2	4	3	11	.067
2	5	3	13	.047
		4	12	.095
2	6	3	15	.036
		4	14	.071
		5	13	.143
2	7	3	17	.028
		4	16	.044
		5	15	.111
2	8	3	19	.022
		4	18	.044
		5	17	.089
		6	16	.133
2	9	3	21	.018
		4	20	.036
		5	19	.073
		6	18	.109
2	10	3	23	.015
		4	22	.030
		5	21	.061
		6	20	.091
		7	19	.136
3	3	6	15	.050
		7	14	.100
3	4	6	18	.028
		7	17	.057
		8	16	.114
3	5	6	21	.018
		7	20	.036
		8	19	.071
		9	18	.125
3	6	6	24	.012
		7	23	.024
		8	22	.048
		9	21	.083
		10	20	.131
3	7	6	27	.008
		7	26	.017
		8	25	.033
		9	24	.058
		10	23	.092
		11	22	.133

n	m	c_1	c_2	α
3	8	6	30	.006
		7	29	.012
		8	28	.024
		9	27	.042
		10	26	.067
		11	25	.097
		12	26	.139
3	9	6	33	.005
		7	32	.009
		8	31	.018
		9	30	.032
		10	29	.050
		11	28	.073
		12	27	.105
3	10	6	36	.003
		7	35	.007
		8	34	.014
		9	33	.024
		10	32	.038
		11	31	.056
		12	30	.080
		13	29	.108
4	4	10	26	.014
		11	25	.029
		12	24	.057
		13	23	.100
4	5	10	30	.008
		11	29	.016
		12	28	.032
		13	27	.056
		14	26	.095
		15	25	.143
4	6	10	34	.005
		11	33	.010
		12	32	.109
		13	31	.033
		14	30	.057
		15	29	.086
		16	28	.129

n	m	c_1	c_2	α
4	7	10	38	.003
		11	37	.006
		12	36	.012
		13	35	.021
		14	34	.036
		15	33	.055
		16	32	.082
		17	31	.115
4	8	10	42	.002
		11	41	.004
		12	40	.008
		13	39	.014
		14	38	.024
		15	37	.036
		16	36	.055
		17	35	.077
		18	34	.107
4	9	10	46	.001
		11	45	.003
		12	44	.006
		13	43	.010
		14	42	.017
		15	41	.025
		16	40	.038
		17	39	.053
		18	38	.074
		19	37	.099
		20	36	.130
4	10	10	50	.001
		11	49	.002
		12	48	.004
		13	47	.007
		14	46	.012
		15	45	.018
		16	44	.026
		17	43	.038
		18	42	.053
		19	41	.071
		20	40	.094
		21	39	.120

〈표 6〉 윌콕슨 순위합통계량 분포표(계속)

n	m	c_1	c_2	α
5	5	15	40	.004
		16	39	.008
		17	38	.016
		18	37	.028
		19	36	.048
		20	35	.075
		21	34	.111
5	6	15	45	.002
		16	44	.004
		17	43	.009
		18	42	.015
		19	41	.026
		20	40	.041
		21	39	.063
		22	38	.089
		23	37	.123
5	7	15	50	.001
		16	49	.003
		17	48	.005
		18	47	.009
		19	46	.015
		20	45	.024
		21	44	.037
		22	43	.053
		23	42	.074
		24	41	.101
5	8	15	55	.001
		16	54	.002
		17	53	.003
		18	52	.005
		19	51	.009
		20	50	.015
		21	49	.023
		22	48	.033
		23	47	.047
		24	46	.064
		25	45	.085
		26	44	.111

n	m	c_1	c_2	α
5	9	16	59	.001
		17	58	.002
		18	57	.003
		19	56	.006
		20	55	.009
		21	54	.014
		22	53	.021
		23	52	.030
		24	51	.041
		25	50	.056
		26	49	.073
		27	48	.095
		28	47	.120
5	10	16	64	.001
		17	63	.001
		18	62	.002
		19	61	.004
		20	60	.006
		21	59	.010
		22	58	.014
		23	57	.020
		24	56	.028
		25	55	.038
		26	54	.050
		27	53	.065
		28	52	.082
		29	51	.103
6	6	21	57	.001
		22	56	.002
		23	55	.004
		24	54	.008
		25	53	.013
		26	52	.021
		27	51	.032
		28	50	.047
		29	49	.066
		30	48	.090
		31	47	.120

n	m	c_1	c_2	α
6	7	21	63	.001
		22	62	.001
		23	61	.002
		24	60	.004
		25	59	.007
		26	58	.011
		27	57	.017
		28	56	.026
		29	55	.037
		30	54	.051
		31	53	.069
		32	52	.090
		33	51	.117
6	8	22	68	.001
		23	67	.001
		24	66	.002
		25	65	.004
		26	64	.006
		27	63	.010
		28	62	.015
		29	61	.021
		30	60	.030
		31	59	.041
		32	58	.054
		33	57	.071
		34	56	.091
		35	55	.114
6	9	23	73	.001
		24	72	.001
		25	71	.002
		26	70	.004
		27	69	.006
		28	68	.009
		29	67	.013
		30	66	.018
		31	65	.025
		32	64	.033
		33	63	.044
		34	62	.057
		35	61	.072
		36	60	.091
		37	59	.112

〈표 6〉 윌콕슨 순위합통계량 분포표(계속)

n	m	c_1	c_2	α
8	9	41	103	.001
		42	102	.001
		43	101	.002
		44	100	.003
		45	99	.004
		46	98	.006
		47	97	.008
		48	96	.101
		49	95	.014
		50	94	.08
		51	93	.023
		52	92	.030
		53	91	.037
		54	90	.046
		55	89	.057
		56	88	.069
		57	87	.084
		58	86	.100
8	10	42	110	.001
		43	109	.001
		44	108	.002
		45	107	.002
		46	106	.003
		47	105	.004
		48	104	.006
		49	103	.008
		50	102	.101
		51	101	.013
		52	100	.017
		53	99	.022
		54	98	.027
		55	97	.034
		56	96	.042
		57	95	.051
		58	94	.061
		59	93	.073
		60	92	.086
		61	91	.012

n	m	c_1	c_2	α
9	9	51	120	.001
		52	119	.001
		53	118	.001
		54	117	.002
		55	116	.003
		56	115	.004
		57	114	.005
		58	113	.007
		59	112	.009
		60	111	.012
		61	110	.016
		62	109	.020
		63	108	.025
		64	107	.031
		65	106	.039
		66	105	.047
		67	104	.057
		68	103	.068
		69	102	.081
		70	101	.095
		71	100	.111
9	10	53	127	.001
		54	126	.001
		55	125	.001
		56	124	.002
		57	123	.003
		58	122	.004
		59	121	.005
		60	120	.007
		61	119	.009
		62	118	.011
		63	117	.014
		64	116	.017
		65	115	.022
		66	114	.027
		67	113	.033
		68	112	.039
		69	111	.047
		70	110	.056
		71	109	.067
		72	108	.078
		73	107	.091
		74	106	.106

n	m	c_1	c_2	α
10	10	64	146	.001
		65	145	.001
		66	144	.001
		67	143	.001
		68	142	.002
		69	141	.003
		70	140	.003
		71	139	.004
		72	138	.006
		73	137	.007
		74	136	.009
		75	135	.012
		76	134	.014
		77	133	.018
		78	132	.022
		79	131	.026
		80	130	.032
		81	129	.038
		82	128	.045
		83	127	.053
		84	126	.062
		85	125	.072
		86	124	.083
		87	123	.095
		88	122	.109

연습문제 풀이

제1장

1. 600번까지이므로 세 자리 숫자씩 그룹으로 첫 줄부터 읽으면, 231, 469, 341, 494, 419, 37, 492, 31, 120, 123이 뽑힌다. 중간에 나타나는 735와 888은 600보다 큰 숫자이므로 무시한다.

3. 1948년 미국대통령선거는 트루먼(민주당)과 듀이(공화당)의 대결이었다. 이때, 미국 주요여론조사회사들이 지역별, 성별, 연령대별 구성비를 기준으로 활용한 할당 표본추출법은 1940년 센서스통계를 기준으로 사용하였으며, 1945년부터 농촌에서 도시로 대규모 인구이동이 일어나 표본이 선거 시점(1948년)의 모집단을 대표하지 못하였다. 더욱이, 할당 표본추출법을 사용하는 경우 조사원의 자의적 선택으로 말미암은 선택편향(selection bias)을 피할 수 없다는 점이 간과되었다. 1948년 선거여론조사 후에는 조사원의 영향을 축소하는 확률표본추출법(random sampling)이 널리 도입되었다.

5. 소득에 대해서 도심지역과 주변지역은 각각 보다 동질적일 것으로 여겨진다. 층화를 하는 경우 각 층별로 표본크기가 정해지기 때문에 층화임의표본추출은 층(도심지역과 주변지역)에 대한 소득정보가 구해진다. 나아가, 층화가 적절한 경우 동일한 표본크기를 사용한다면 단순랜덤표본추출에 비해 통계적 정밀도가 더 높다는 장점이 있다.

7. 1000명의 응답자들 중에서 "아버지의 생일은 홀수날입니까?"라는 질문에 대답한 사람은 500명으로 추정되며 이들 중 "예"라고 답한 응답자는 250명으로 추정된다. 이제, "예"라고 대답한 600명 중에 "마약에 대한 경험이 있습니까?"라는 질문에 "예"라고 대답한 사람은 350명(=600명−250명)으로 추정되므로 첫 번째 질문에 "예"라고 답한 응답자의 비율은 350/500=0.7로 추정할 수 있다.

9. 골프를 치는 사람들은 골프를 치지 않는 사람들보다 경제적으로 여유가 있을 가능성이 많고, 경제적으로 여유가 있는 사람들은 건강유지를 위해 더 많은 노력을 할 가능성 또한 많으므로, 오래 살기 위해 골프를 쳐야 한다고 말할 수 없다. 즉, 다른 조건을 변화시키지 않고 골프만 시작한다고 수명이 연장된다고 볼 수는 없다.

11. 1년 365일이 표시된 캡슐이 들어있는 통 외에 별도의 통을 마련하여 1부터 365까지의 정수가 표시된 캡슐을 넣고 섞었다. 이제 두 개의 통에서 각각 1개의 캡슐을 뽑아서 짝을 지었다. 가령 1월 10일과 정수 101이 짝이 되고 7월 9일은 정수 1과 짝이 되면, 7월 9일이 생일인 사람이 처음 징병 대상자 그리고 1월 10일이 생일 사람은 101번째 징병 대상자가 되는 것을 의미한다. 이러한 방법으로 랜덤화 과정에 개선을 꾀하였다.

12. 주요 실험계획원리들 중의 하나인 처리방법들에 대한 실험단위의 랜덤배치를 통해 통제할 수 없는 변수들에 의한 spurious effect를 방지하고 처리 효과를 추정할 수 있다. 그러나 사회, 경제, 교육, 보건의학 등의 분야의 실험에서 랜덤배치가 가능치 않은 현실적 상황들이 많이 존재한다. 우리는 안전띠 착용한 사람들과 그렇지 않은 사람들을 일정 기간 관찰함으로써 그들의 차이를 검토하게 된다. 관련된 사전연구에 의하면 지역들을 인구밀도가 비슷한 수준에 따라 또는 연령별로 세분화(subgrouping)하여 안전띠 착용 효과의 차이를 비교하는 것이 합리적이라는 결과들이 있다.

제2장

1. (1) 범주형(명목형) (2) 양적 자료(이산형) (3) 범주형(순서형) (4) 양적 자료(연속형)

3. 풍속의 요약:
줄기－잎 그림:

```
 4 | 7
 6 | 944
 8 | 006627777
10 | 9555
12 | 000628
14 | 3999
16 | 66
18 | 4
20 | 1
```

히스토그램:

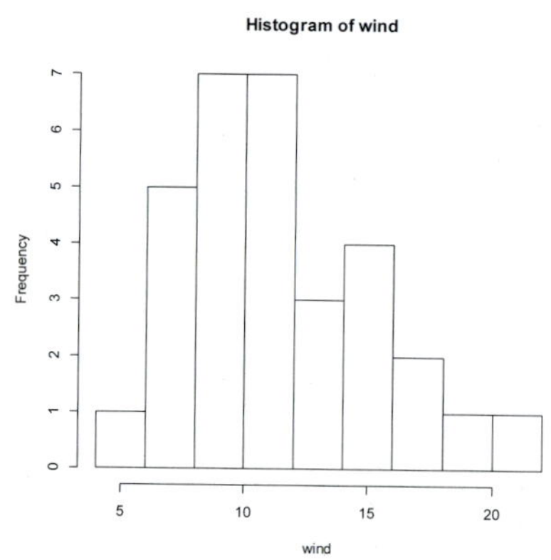

선도표:

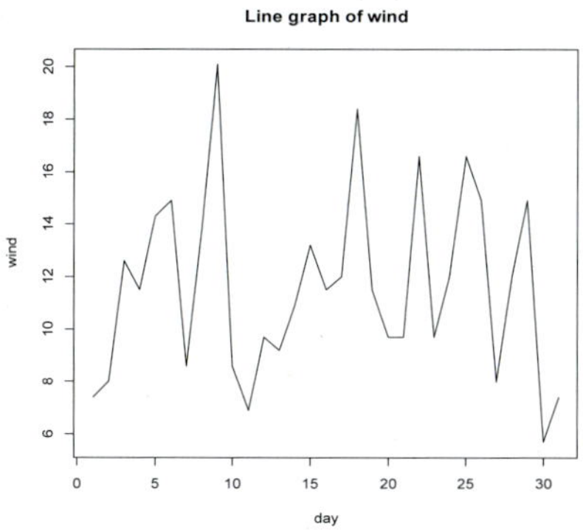

줄기-잎 그림과 히스토그램을 통해 풍속의 분포는 10 근처에서 중앙값을 가지면서 오른쪽으로 약간 긴 꼬리를 갖는 분포임을 알 수 있다. 뚜렷한 특이점은 관찰되지 않는다. 선도표를 보면 올라갔다 내려갔다를 반복하는 계절변동을 볼 수 있다.

기온의 요약:

5 | 67778899
6 | 111224
6 | 5666778899
7 | 2344
7 | 69
8 | 1

히스토그램:

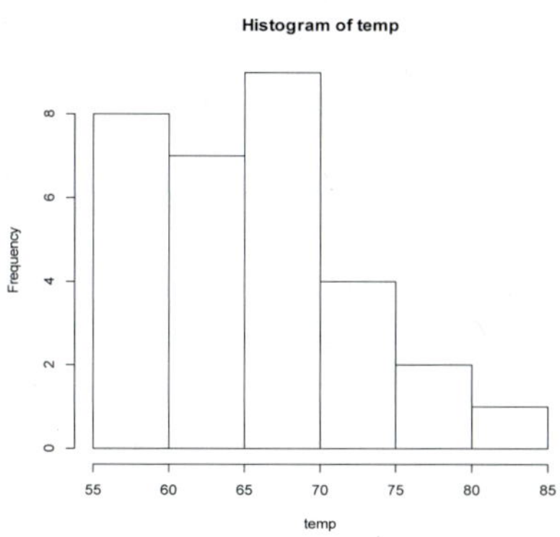

선도표:

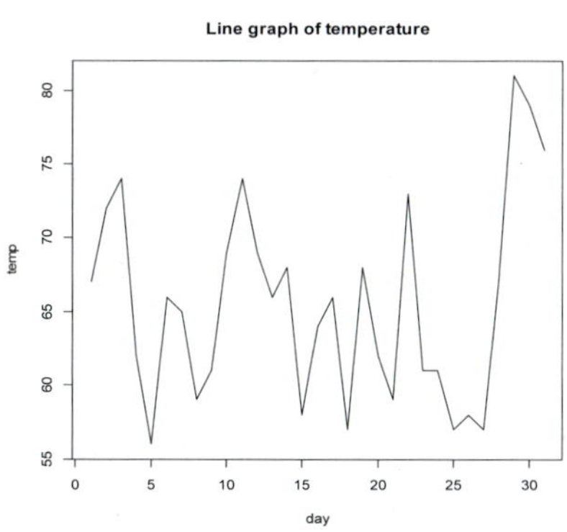

줄기-잎 그림과 히스토그램을 통해 기온의 분포는 65 근처에서 중앙값을 가지면서 오른쪽으로 약간 긴 꼬리를 갖는 분포임을 알 수 있다. 선도표를 보면 기온 또한 올라갔다 내려갔다를 반복하는 계절변동을 보인다.

5. (1) 편차제곱합을 $f(a)=\sum_{i=1}^{n}(x_i-a)^2$라고 하자. $f(a)$는 a에 관한 2차 다항식이고, a^2의 계수는 1이므로, 이를 최소화하는 점 a는 $f'(a)=0$을 만족한다.

$$f'(a)=\frac{d}{da}\sum_{i=1}^{n}(x-a)^2=-\sum_{i=1}^{n}2(x-a)=0$$

$$\Rightarrow \sum_{i=1}^{n}x-na=0$$

$$\Rightarrow a=\frac{1}{n}\sum_{i=1}^{n}x_i$$

즉, 편차제곱합을 최소화는 점은 관측치들의 평균임을 알 수 있다. 따라서 $a=\frac{1}{5}(1+3+5+7+14)=\frac{30}{5}=6$이다.

(2) 절대편차합을 $g(a)=|1-a|+|3-a|+|5-a|+|7-a|+|14-a|$라고 하자. 그러면 $g(a)$를 다음과 같이 재표현할 수 있다.

$$g(a)=\begin{cases}30-5a\,,\ a<1\\28-3a\,,\ 1\le a<3\\22-\ \ a\,,\ 3\le a<5\\12+\ \ a\,,\ 5\le a<7\\-2+3a\,,\ 7\le a<14\\-30+5a\,,\ a\ge 14\end{cases}$$

$g(a)$를 그림으로 나타내면 다음과 같다.

위 그림으로부터 $g(a)$는 $a=5$에서 절대편차합이 최소가 됨을 확인할 수 있다.

7. (1) $(9.9+9.3+9.6+9.8+9.1+5.5+9.7)/7\approx 8.99$

(2) 제일 높은 점수인 9.9와 제일 낮은 점수인 5.5를 제외한 5명 심사위원들의 평균점수는

$(9.3+9.6+9.8+9.1+9.7)/5=9.5$이다. 이 면접심사에서는 5.5점을 준 심사위원의 점수가 다른 심사위원들의 점수에 비해 현저히 낮다. 따라서 최고점과 최하점을 제외하여 절사평균을 낸 9.5점이 7명의 심사위원의 평균점수인 8.99보다 이 면접자의 점수를 더 정확하게 대표한다고 할 수 있다.

9. 평균이 $\bar{x}$이고 표준편차가 s인 집단에서의 관측치 x_i의 표준점수는 $\frac{x_i-\bar{x}}{s}$로 정의된다. 따라서 이 집단에서 IQ 점수가 130인 사람의 표준점수는 $\frac{130-110}{10}=2$이다.

11. (1) 각 구간을 나타내는 막대의 높이의 합이 19이며, 연간소득이 5000만 원부터 1억 원 사이의 막대의 높이의 합은 4이므로, 이 구간은 전체집단의 $\frac{4}{19}\times 100\% \approx 21.05\%$를 차지하고 있다.

(2) 1부터 19까지의 자연수가 주어져 있을 때의 중위수는 $\frac{19+1}{2}=10$번째 값에 해당한다. 10번째 값은 7번째 값부터 11번째 값까지의 5개의 값이 속한 3000만 원~4000만 원 구간에 속하며, 이전 구간인 2000만 원~3000만 원 구간까지의 빈도의 합은 $1+2+3=6$이고, 구간의 크기는 1000만 원이므로, $3000+\frac{10-6}{5}\times 1000=3800$만 원을 소득분포의 대푯값으로 사용할 수 있다.

13. 자동차 A의 고장률은 $\frac{800}{1000}\times 10\%+\frac{200}{1000}\times 2\%=8.4\%$이고, 자동차 B의 고장률은 $\frac{200}{1000}\times 15\%+\frac{800}{1000}\times 5\%=7\%$로 계산할 수 있다. 중고차와 새 차에서 모두 자동차 A의 고장률이 자동차 B의 고장률보다 낮음에도 불구하고 전체 고장률은 자동차 A에서 더 높게 계산되었는데, 이는 고장률이 높은 중고차의 비율이 자동차 B에서보다 자동차 A에서 더 높았기 때문이다. 이처럼 어떤 집단의 통계 결과를 비교할 때, 하위 부분집단들에서 나타나는 결과와 이들을 결합한 전체집단에서 나타난 결과가 상반되는 현상을 심프슨의 역설(Simpson's paradox)이라고 하며, 3.4.3절에서 관련 내용을 확인할 수 있다.

15. 독점 주에서의 관측치의 합은 $4.65+4.55+\cdots+4.2=65.44$이므로, 평균은 $69.54/16=4.34625$이다. 독점 주에서의 위스키 가격을 오름차순으로 정렬하면

3.8 4 4 4.1 4.11 4.15 4.19 4.2 4.2 4.5 4.55 4.55 4.65 4.74 4.75 5.0

과 같고 중위수는 $16/2=8$번째 값 4.2와 $16/2+1=9$번째 값 4.2의 평균인 4.2이다.

편차제곱합은

$(4.65-4.34625)^2+(4.55-4.34625)^2+\cdots+(4.2-4.34625)^2=1.772575$이므로,

표준편차는 편차제곱합을 $16-1=15$로 나눈 값의 제곱근인 $\sqrt{\frac{1.772575}{15}}\approx 0.3438$이다.

사유 주에서의 관측치의 합은 $4.82+5.29+\cdots+4.29=125.8$이므로,

평균은 $125.8/26\approx 4.83846$이다. 사유 주에서의 위스키 가격을 오름차순으로 정렬하면

$$4.29\ 4.29\ 4.50\ 4.54\ 4.55\ 4.75\ 4.75\ 4.75\ 4.79\ 4.79\ 4.80\ 4.82\ 4.85$$
$$4.85\ 4.85\ 4.85\ 4.89\ 4.90\ 4.95\ 4.95\ 4.95\ 5.10\ 5.20\ 5.25\ 5.29\ 5.30$$

과 같고 중위수는 $26/2=13$번째 값 4.85와 $26/2+1=14$번째 값 4.85의 평균인 4.85이다.
편차제곱합은
$(4.82-4.83846)^2+(5.29-4.83846)^2+\cdots+(4.29-4.83846)^2 \approx 1.748138$이므로,
표준편차는 편차제곱합을 $26-1=25$로 나눈 값의 제곱근인 $\sqrt{\frac{1.748138}{25}} \approx 0.2644$이다.

독점 주에서의 평균 4.34625와 중위수 4.2보다 사유 주에서의 평균 4.83846과 중위수 4.85가 더 높으며, 독점 주에서의 평균과 중위수의 차이가 $|4.34625-4.2|=0.14625$만큼 나는 반면, 사유 주에서는 평균과 중위수의 차이가 $|4.83846-4.85|=0.01154$에 불과하다. 평균과 중위수의 차로부터 독점 주에서의 가격의 산포가 사유 주에서의 산포보다 더 클 것을 예상할 수 있는데, 이는 독점 주와 사유 주에서의 위스키 가격의 표준편차의 값 0.3438과 0.2644를 통해 확연히 드러난다.

제3장

1. 원자료의 공분산은 $s_{XY}=\frac{1}{n-1}\sum_{i=1}^{n}(x_i-\bar{x})(y_i-\bar{y})$로 계산된다. 선형변환한 n개의 자료점 $(ax_1+b, cy_1+d), \cdots, (ax_n+b, cy_n+d)$에 대하여,

$\frac{1}{n}\sum_{i=1}^{n}(ax_i+b)=a\bar{x}+b$, $\frac{1}{n}\sum_{i=1}^{n}(cy_i+d)=c\bar{y}+d$ 이므로, 이들의 공분산은

$$\frac{1}{n-1}\sum_{i=1}^{n}\left[ax_i+b-(a\bar{x}+b)\right]\left[cy_i+d-(c\bar{y}+d)\right]=\frac{ac}{n-1}\sum_{i=1}^{n}(x_i-\bar{x})(y_i-\bar{y})=acs_{XY}$$

이다.

3. 〈그림 3.1〉의 산점도로부터 농업 종사비율(X)이 증가함에 따라 1인당 소득(Y)은 감소하는 경향을 보이고 있음을 알 수 있다. X와 Y의 상관계수를 구하기 위해 먼저 각각의 평균 및 표준편차를 구해 보면,

$$\bar{x}=\frac{1}{20}(13+14+\cdots+79)=25.6,\quad \bar{y}=\frac{1}{20}(1536+1644+\cdots+177)=835.15,$$

$$s_X=\sqrt{\frac{1}{20-1}\left[(13-25.6)^2+\cdots+(79-25.6)^2\right]}=\sqrt{\frac{6470.8}{19}}=18.45$$

$$s_Y=\sqrt{\frac{1}{20-1}\left[(1536-835.15)^2+\cdots+(177-835.15)^2\right]}=\sqrt{\frac{3643805}{19}}=437.93$$

이고, X와 Y의 공분산은

$$s_{XY}=\frac{1}{19}\left[(13-25.6)(1536-835.15)+\cdots+(79-25.6)(177-835.15)\right]$$
$$=-\frac{122023.8}{19}=-6422.305$$

이다. 따라서 X와 Y의 상관계수 r은

$r=\dfrac{s_{XY}}{s_X s_Y}=\dfrac{-6422.305}{18.45\times 437.93}=-0.795$이다. 상관계수의 값으로부터 농업 종사비율과 1인당 소득 간에는 강한 음의 상관관계가 있다고 할 수 있다.

5. (1) 평균기온(X)과 강수량(Y) 간의 상관계수를 구하기 위해 먼저 각각의 평균 및 표준편차를 구해 보면,

$$\bar{x}=\frac{1}{6}(-0.8+1.8+\cdots+22.8)=\frac{63.4}{6}\approx 10.57,$$

$$\bar{y}=\frac{1}{6}(4.9+15.1+\cdots+73.9)=\frac{231.5}{6}\approx 38.58,$$

$$s_X=\sqrt{\frac{1}{6-1}[(-0.8-10.57)^2+\cdots+(22.8-10.57)^2]}=\sqrt{\frac{441.55}{5}}\approx 9.40$$

$$s_Y=\sqrt{\frac{1}{6-1}[(4.9-38.58)^2+\cdots+(73.9-38.58)^2]}=\sqrt{\frac{3507.568}{5}}\approx 26.49$$

이고, X와 Y의 공분산은

$$s_{XY}=\frac{1}{5}[(-0.8-10.57)(4.9-38.58)+\cdots+(22.8-10.57)(73.9-38.58)]$$

$$=\frac{1047.277}{5}=209.4533$$

이다. 따라서 X와 Y의 상관계수 r은

$$r=\frac{s_{XY}}{s_X s_Y}=\frac{209.4533}{9.40\times 26.49}\approx 0.84$$

이다.

(2) 평균기온을 화씨로 변환하면 다음과 같다.

	1월	2월	3월	4월	5월	6월
평균기온(화씨)	30.56	35.24	45.32	56.12	65.84	73.04

화씨로 변환한 평균기온을 X'라고 하자. 그러면 X'의 평균과 표준편차는

$$\overline{x'}=\frac{1}{6}(30.56+35.24+\cdots+73.04)=\frac{306.12}{6}=51.02$$

$$s_{X'}=\sqrt{\frac{1}{6-1}[(30.56-51.02)^2+\cdots+(73.04-51.02)^2]}=\sqrt{\frac{1430.633}{5}}\approx 16.92$$

이고, X'와 Y의 공분산은

$$s_{X'Y}=\frac{1}{5}[(30.56-51.02)(4.9-38.58)+\cdots+(73.04-51.02)(73.9-38.58)]$$

$$=\frac{1885.098}{5}=377.0196$$

이다. 따라서 X'와 Y의 상관계수 r'은

$$r' = \frac{s_{X'Y}}{s_{X'}s_Y} = \frac{377.0196}{16.92 \times 26.49} \approx 0.84$$

이며, 이는 (1)에서 구한 상관계수 r과 동일하다.

7. 나이(X)와 지방비율(Y) 간의 상관계수를 구하기 위해 먼저 각각의 평균 및 표준편차를 구하면

$$\bar{x} = \frac{1}{18}(23+23+\cdots+61) = \frac{834}{18} = 46.33, \quad \bar{y} = \frac{1}{18}(9.5+27.9+\cdots+34.5) = \frac{515}{18} = 28.61$$

$$s_X = \sqrt{\frac{1}{18-1}[(23-46.33)^2+\cdots+(61-46.33)^2]} = \sqrt{\frac{2970}{17}} \approx 13.22$$

$$s_Y = \sqrt{\frac{1}{18-1}[(9.5-28.61)^2+\cdots+(34.5-28.61)^2]} = \sqrt{\frac{1421.538}{17}} \approx 9.14$$

이고, X와 Y의 공분산은

$$s_{XY} = \frac{1}{17}[(23-46.33)(9.5-28.61)+\cdots+(61-46.33)(34.5-28.61)]$$

$$= \frac{1627.533}{17} = 95.74$$

이다. 따라서 X와 Y의 상관계수 r은

$$r = \frac{s_{XY}}{s_X s_Y} = \frac{95.74}{13.22 \times 9.14} \approx 0.79$$

이다.

남성의 나이(X_M)와 지방비율(Y_M)의 평균 및 표준편차는,

$$\bar{x}_M = \frac{23+27+27+45}{4} = 30.5, \quad \bar{Y}_M = \frac{9.5+7.8+17.8+27.4}{4} = 15.625,$$

$$s_{X_M} = \sqrt{\frac{1}{4-1}[(23-30.5)^2+\cdots+(45-30.5)^2]} = \sqrt{\frac{291}{3}} \approx 9.85$$

$$s_{Y_M} = \sqrt{\frac{1}{4-1}[(9.5-15.625)^2+\cdots+(27.4-15.625)^2]} = \sqrt{\frac{242.1275}{3}} \approx 8.98$$

이고, X_M과 Y_M의 공분산은

$$S_{X_M Y_M} = \frac{1}{3}[(23-30.5)(9.5-15.625)+\cdots+(45-30.5)(27.4-15.625)]$$

$$= \frac{236.45}{3} \approx 78.82$$

이다. 따라서 X_M과 Y_M의 상관계수 r_M은

$$r_M = \frac{s_{X_M Y_M}}{s_{X_M} s_{Y_M}} = \frac{78.82}{9.85 \times 8.98} \approx 0.89$$

이다. 여성의 나이(X_F)와 지방비율(Y_F)의 평균 및 표준편차는,

$$\bar{x}_F = \frac{23+39+\cdots+61}{14} = \frac{712}{14} \approx 50.857, \quad \bar{y}_F = \frac{27.9+\cdots+34.5}{14} = \frac{452.5}{14} \approx 32.321,$$

$$s_{X_F} = \sqrt{\frac{1}{14-1}[(23-50.857)^2+\cdots+(61-50.857)^2]} = \sqrt{\frac{1389.714}{13}} \approx 10.34$$

$$s_{Y_F}=\sqrt{\frac{1}{14-1}[(27.9-32.321)^2+\cdots+(34.5-32.321)^2]}=\sqrt{\frac{312.1236}{13}}\approx 4.90$$

이고, X_F와 Y_F의 공분산은

$$S_{X_FY_F}=\frac{1}{13}[(23-50.857)(27.9-32.321)+\cdots+(61-50.857)(34.5-32.321)]$$

$$=\frac{333.6429}{13}\approx 25.66$$

이다. 따라서 X_F와 Y_F의 상관계수 r_F는

$$r_F=\frac{s_{X_FY_F}}{s_{X_F}s_{Y_F}}=\frac{25.66}{10.34\times 4.90}\approx 0.51$$

이다. 남성의 나이와 지방비율 사이의 상관계수 r_M은 0.89로 여성의 경우 $r_F=0.51$보다 훨씬 큰 값을 가지며, 성별을 고려하지 않았을 때의 나이와 지방비율의 상관계수 r은 0.79로 표본의 약 78%를 차지하는 여성의 경우의 상관계수 0.51보다 훨씬 크게 나타난다. 아래 산점도는 성별에 따른 나이와 지방비율 사이의 관계를 보여주고 있다. 이 자료의 경우, 예제 3.2의 <그림 3.4> 산점도 III과 같이 남성과 여성이 각각의 군집을 이루고 있다. 따라서 남성과 여성을 구분하여 나이와 지방비율 사이의 관계를 파악하는 것이 타당하다.

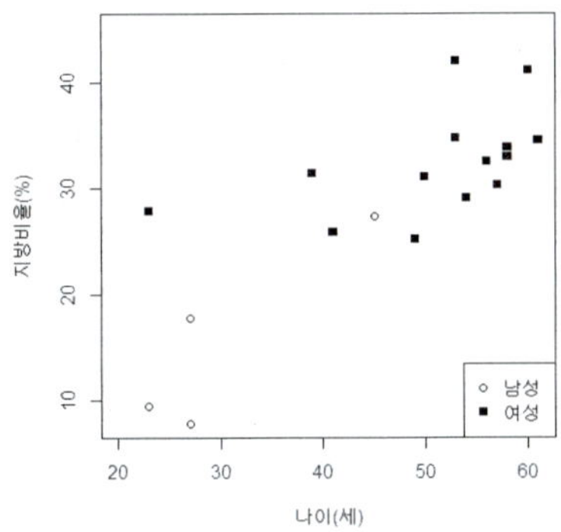

9. (1) $\frac{0.01}{0.001}=10$

(2) $\frac{0.01/0.001}{0.99/0.999}=10\times\frac{999}{990}=10.09$

오즈비는 질병이 발생한 집단의 질병이 발생하지 않은 집단에 대한 위험인자의 '유', '무'를 나타낸다. 질병이 발생하지 않은 집단에서의 위험인자의 '유', '무'의 비가 $0.99/0.999=990/999$로 1에 가까우므로, 오즈비는 상대위험도와 가까운 값을 갖게 된다.

11. 1995년과 1996년 타율을 각각 비교하면 두 해 모두 David Justice의 성적이 더 우수하다. 그러나 두 해를 합친 타율을 비교하면 Derek Jeter의 타율이 더 높음을 알 수 있다. 1995년에는 두 선수 모두 상대적으로 부진하였고, 1996년에는 두 선수 모두 상대적으로 성적이 좋았는데, Jeter는 96년의 타수가 월등하게 많고 Justice는 95년의 타수가 월등히 많으므로 두 해를 합치면 Jeter의 타율이 높아졌다. 이 자료는 심프슨의 역설을 보여주는 유명한 예로서, '년도'가 잠복변수라고 할 수 있다.

제4장

1. (1) 확률의 공리 (2)로부터 $P(S)=1$이고, 서로 배반인 두 사건 A와 A^c에 대하여, $A \cup A^c = S$이므로, 확률의 공리 (3)으로부터 $P(A \cup A^c) = P(A) + P(A^c)$이다. 따라서

$1 = P(S) = P(A \cup A^c) = P(A) + P(A^c)$

이므로, $P(A^c) = 1 - P(A)$이다.

(2) $A \cup B = AB^c \cup AB \cup A^cB$이며, AB^c, AB, A^cB는 서로 배반이다. 따라서 확률의 공리 (3)에 의해

$$\begin{aligned} P(A \cup B) &= P(AB^c \cup AB \cup A^cB) = P(AB^c) + P(AB) + P(A^cB) \\ &= \{P(AB^c) + P(AB)\} + \{P(A^cB) + P(AB)\} - P(AB) \\ &= P(AB^c \cup AB) + P(A^cB \cup AB) - P(AB) \\ &= P(A) + P(B) - P(AB) \end{aligned}$$

이다.

3. (1) $S = \{(i,j) | i,j \in \{1,2,3,4,5,6\}\}$

(2) 나온 눈의 차이가 2일 사건을 A라고 하면

$A = \{(1,3),(2,4),(3,5),(4,6),(3,1),(4,2),(5,3),(6,4)\}$이다.

표본공간 S는 36개들의 결과로 이루어져 있고 이 결과들이 나올 확률이 모두 같으므로,

$P(A) = \dfrac{n(A)}{n(S)} = \dfrac{8}{36} = \dfrac{2}{9}$이다.

(3) 합이 짝수일 사건을 B, 합이 3의 배수일 사건을 C라고 하자. 두 주사위의 눈이 (짝수, 짝수) 또는 (홀수, 홀수)가 나오는 경우에 합이 짝수가 되고, 각 주사위의 눈이 짝수 또는 홀수가 나올 확률은 0.5로 동일하므로, $P(B) = 1/2$이다. C_i를 합이 i가 되는 사건이라고 하자. 그러면,

$C = C_3 \cup C_6 \cup C_9 \cup C_{12}$이며,

$C_3 = \{(1,2),(2,1)\}$, $C_6 = \{(1,5),(2,4),(3,3),(4,2),(5,1)\}$,

$C_9 = \{(3,6),(4,5),(5,4),(6,3)\}$, $C_{12} = \{(6,6)\}$이다. 한편, C_6과 C_{12}의 원소들은 동시에 B의 원소이기도 하므로,

$B \cup C = B \cup (C_3 \cup C_6 \cup C_9 \cup C_{12}) = B \cup C_3 \cup C_9$이다.

$P(C_3) = \dfrac{2}{36} = \dfrac{1}{18}$, $P(C_9) = \dfrac{4}{36} = \dfrac{1}{9}$이고, B, C_3, C_9는 서로 배반이므로,

$P(B \cup C) = P(B \cup C_3 \cup C_9) = P(B) + P(C_3) + P(C_9) = \dfrac{1}{2} + \dfrac{1}{18} + \dfrac{1}{9} = \dfrac{2}{3}$

이다.

5. (1) $P(A \cap B) = P(A) + P(B) - P(A \cup B) = 2/5 + 2/5 - 1/2 = 3/10$

(2) $P(A|B) = \dfrac{P(A \cap B)}{P(B)} = \dfrac{3/10}{2/5} = \dfrac{3}{4}$

7. (1) $S=\{(H,H,H),(T,H,H),(H,T,H),(H,H,T),(H,T,T),(T,H,T),(T,T,H),(T,T,T)\}$

(2) $H_1=\{(H,H,H),(H,T,H),(H,H,T),(H,T,T)\}$,

$T_2=\{(H,T,H),(T,T,H),(H,T,T),(T,T,T)\}$,

$H_3=\{(H,H,H),(T,H,H),(H,T,H),(T,T,H)\}$이며,

$P(H_1)=P(T_2)=P(H_3)=1/2$이다. 또한

$H_1\cap T_2=\{(H,T,H),(H,T,T)\}$, $H_1\cap H_3=\{(H,H,H),(H,T,H)\}$,

$T_2\cap H_3=\{(H,T,H),(T,T,H)\}$

이며, $P(H_1\cap T_2)=P(H_1\cap H_3)=P(T_2\cap H_3)=1/4$이다. 따라서

$P(H_1\cap T_2)=P(H_1)P(T_2)=\frac{1}{2}\times\frac{1}{2}=\frac{1}{4}$, $P(H_1\cap H_3)=P(H_1)P(H_3)=\frac{1}{2}\times\frac{1}{2}=\frac{1}{4}$,

$P(T_2\cap H_3)=P(T_2)P(H_3)=\frac{1}{2}\times\frac{1}{2}=\frac{1}{4}$이 성립하므로, 두 사건 H_1과 T_2, H_1과 H_3, 그리고 T_2와 H_3는 서로 독립이다.

(3) $H_1\cap T_2\cap H_3=\{(H,T,H)\}$이므로 $P(H_1\cap T_2\cap H_3)=1/8$이다. 따라서

$P(H_1\cap T_2\cap H_3)=P(H_1)P(T_2)P(H_3)=\frac{1}{2}\times\frac{1}{2}\times\frac{1}{2}=\frac{1}{8}$이 성립한다.

9. A를 학생이 답을 알고 있을 사건, B를 정답을 맞히는 사건이라고 하자. $P(A)=1/3$, $P(A^c)=2/3$, $P(B|A)=1$, $P(B|A^c)=1/4$이므로, 이 학생이 정답을 맞힐 확률은

$P(B)=P(A\cap B)+P(A^c\cap B)=P(A)P(B|A)+P(A^c)P(B|A^c)$

$=\frac{1}{3}\times 1+\frac{2}{3}\times\frac{1}{4}=\frac{1}{2}$이다. 따라서 이 학생이 정답을 맞혔을 때, 답을 알고 있었을 확률은

$$P(A|B)=\frac{P(A\cap B)}{P(B)}=\frac{P(A)P(B|A)}{P(B)}=\frac{\frac{1}{3}\times 1}{\frac{1}{2}}=\frac{2}{3}$$ 이다.

11. 질병이 있을 사건을 D, 그리고 양성반응과 음성반응을 각각 $+$와 $-$로 표기하자. 그러면 $P(D)=0.03$, $P(D^c)=0.97$, $P(+|D^c)=0.1$, $P(-|D^c)=0.9$, $P(-|D)=0.05$, $P(+|D)=0.95$이다.

(1) $$P(D|+)=\frac{P(D\cap +)}{P(+)}=\frac{P(D)P(+|D)}{P(D)P(+|D)+P(D^c)P(+|D^c)}$$
$$=\frac{0.03\times 0.95}{0.03\times 0.95+0.97\times 0.1}=0.2271$$

(2) $$P(D|-)=\frac{P(D\cap -)}{P(-)}=\frac{P(D)P(-|D)}{P(D)P(-|D)+P(D^c)P(-|D^c)}$$
$$=\frac{0.03\times 0.05}{0.03\times 0.05+0.97\times 0.9}=0.0017$$

13. $100\times 0.95-900\times 0.05=50$(만원)

15. A가 i개의 칩을, 그리고 B가 $N-i$개의 칩을 가지고 게임을 시작했을 때, A가 모든 칩을 다 갖게 되는 사건을 E 그리고 $P_i = P(E)$라고 하자. 첫 번째 칩을 던졌을 때의 결과에 대한 조건부확률을 활용하면, 첫 번째 칩이 앞면이 나올 사건을 H라고 하면,

$P_i = P(E) = P(E|H)P(H) + P(E|H^c)P(H^c) = pP(E|H) + (1-p)P(E|H^c)$

가 성립한다. 이제 첫 번째 결과가 앞면이라면, 첫 번째 시행 이후 A는 $i+1$개 그리고 B는 $N-(i+1)$개의 칩을 갖게 된다. 그런데, 계속된 동전 던지기는 서로 독립이므로 $P(E|H) = P_{i+1}$ (또는 $P(E|H^c) = P_{i-1}$)이며, $q=1-p$라고 하면 $P_i = pP_{i+1} + qP_{i-1}$ $i=1,2,\dots,N-1$이 성립한다. $P_0=0, P_N=1$이라는 사실을 사용하여(복잡한 계산과정을 거치면)

$$P_i = \begin{cases} \dfrac{1-(q/p)^i}{1-(q/p)^N}, & \text{if } p \neq \dfrac{1}{2} \\ \dfrac{i}{N}, & \text{if } p = \dfrac{1}{2} \end{cases}$$

이며, $Q_i = 1-P_i$를 B가 모든 칩을 다 갖게 되는 확률이라고 하면,

$$Q_i = \begin{cases} \dfrac{1-(p/q)^{N-i}}{1-(p/q)^N}, & \text{if } p \neq \dfrac{1}{2} \\ \dfrac{N-i}{N}, & \text{if } p = \dfrac{1}{2} \end{cases}$$

이 됨을 알 수 있다.

제5장

1. (1) $S=\{(T,T,T),(H,T,T),(T,H,T),(T,T,H),(T,H,H),(H,T,H),(H,H,T),(H,H,H)\}$

$$P(X=k) = \binom{3}{k}\left(\frac{1}{2}\right)^3 \quad k=0,1,2,3$$

(2) $$E(X) = \sum_{x=0}^{3} xP(X=x) = \sum_{x=0}^{3} x\frac{3!}{x!(3-x)!}\left(\frac{1}{2}\right)^3 = \sum_{x=1}^{3}\frac{3!}{(x-1)!(3-x)!}\left(\frac{1}{2}\right)^3$$

$$= \frac{3}{2}\sum_{x=1}^{3}\frac{(3-1)!}{(x-1)!(3-x)!}\left(\frac{1}{2}\right)^2 = \frac{3}{2}$$

$$E(X^2-X) = \sum_{x=0}^{3} x(x-1)P(X=x) = \sum_{x=0}^{3} x(x-1)\frac{3!}{x!(3-x)!}\left(\frac{1}{2}\right)^3$$

$$= \sum_{x=2}^{3}\frac{3!}{(x-2)!(3-x)!}\left(\frac{1}{2}\right)^3 = \frac{6}{4}\sum_{x=2}^{3}\frac{(3-2)!}{(x-2)!(3-x)!}\left(\frac{1}{2}\right)^1 = \frac{3}{2}$$

$$Var(X) = E(X^2) - E(X)^2 = E(X^2-X) + E(X) - E(X)^2 = \frac{3}{2}+\frac{3}{2}-\frac{9}{4} = \frac{3}{4}$$

3. $E(X) = 2\times\frac{1}{6} + 7\times\frac{1}{3} + 8\times\frac{1}{12} + 16\times\frac{1}{6} + 17\times\frac{1}{4} = 10.25$

$E(X^2) = 2^2 \times \frac{1}{6} + 7^2 \times \frac{1}{3} + 8^2 \times \frac{1}{12} + 16^2 \times \frac{1}{6} + 17^2 \times \frac{1}{4} = 137.25$

$Var(X) = E(X^2) - E(X)^2 = 137.25 - 10.25^2 = 32.1875$

5. (1) $\int_{-1}^{1}(1-x^4)dx = \frac{8}{5}$ 이므로 $c = \frac{5}{8}$ 이다.

(2) $x(1-x^4)$ 이 기함수이므로 $E(X) = \frac{5}{8}\int_{-1}^{1} x(1-x^4)dx = 0$ 이고,

$E(X^2) = \left(\frac{5}{8}\right)^2 \int_{-1}^{1} x^2(1-x^4)dx = 2\left(\frac{5}{8}\right)^2 \int_{0}^{1} x^2(1-x^4)dx = \frac{4}{21} \times \left(\frac{5}{8}\right)^2$ 이므로 $Var(X) = \frac{25}{336}$ 이다.

7. $E(Y) = E(5X+10) = 5E(X) + 10 = 5 \times 100 + 10 = 510$

$Var(Y) = Var(5X+10) = 5^2 Var(X) = 250$

9. 확률변수 X가 가질 수 있는 값이 0 또는 1이므로, 모든 자연수 k에 대하여 $X = X^k$ 이다.

$E(X) = \frac{1}{2}$, $Var(X) = \frac{1}{4}$ 이므로,

$E(X^2+10) = E(X+10) = E(X) + 10 = \frac{1}{2} + 10$ 이고,

$Var(X^2+10) = Var(X+10) = Var(X) = \frac{1}{4}$ 로부터 X^2+10의 표준편차는

$\sqrt{Var(X^2+10)} = \sqrt{\frac{1}{4}} = \frac{1}{2}$ 이다.

11. 공정한 주사위를 던졌을 때 3의 배수가 나올 확률은 $2/6 = 1/3$ 이므로, X는 성공률이 $p = 1/3$ 인 기하분포를 따른다. 따라서 $E(X) = 1/p = 3$ 이다.

13. $P(X \geq 3) = 1 - P(X \leq 2) = 1 - \sum_{x=0}^{2} \frac{2^x e^{-2}}{x!} = 1 - (1+2+2)e^{-2} = 1 - 5e^{-2}$

≈ 0.3233

15. X는 모수가 4인 지수분포를 따르므로,

$P(X \geq 1) = \int_{1}^{\infty} \frac{1}{4} e^{-x/4} dx = e^{-1/4} \approx 0.7788$

17. (1) $\frac{130 - 110}{10} = 2$

(2) $z_{0.05} = 1.645$ 이므로, 95백분위수에 해당하는 IQ 점수는 $110 + 1.645 \times 10 = 126.45$ 이다.

(3) X를 이 집단의 IQ 점수라고 하면 $X \sim N(110, 10^2)$이고, (1)로부터 130인 사람의 표준점수는 2이다. 따라서 $P(Z \geq 2) = 0.0228$로 130점 이상인 사람은 약 2.3%이다.

(4) $P(100 \leq X < 120) = P(-1 \leq Z < 1) = 0.6826$으로 약 68.3%이다.

19. $z_{0.05} = 1.645$이므로 이 회사에서 생산하는 전구의 95%가 수명이 $1500 - 1.645 \times 50 = 1417.75$ 시간 이상이다.

21. (1) $P(X=1) = p(1,1) + p(1,2) = 1/2 + 1/4 = 3/4$,

$P(Y=1) = p(1,1) + p(2,1) = 1/2 + 1/8 = 5/8$이며,

$P(X=1, Y=1) = p(1,1) = \frac{1}{2} \neq P(X=1)P(Y=1) = \frac{3}{4} \times \frac{5}{8}$이므로 X와 Y는 독립이 아니다.

(2) $p_{Y|X=1}(1|1) = \frac{1/2}{3/4} = \frac{2}{3}$, $p_{Y|X=1}(2|1) = \frac{1/4}{3/4} = \frac{1}{3}$,

$p_{Y|X=2}(1|2) = \frac{1/8}{1/4} = \frac{1}{2}$, $p_{Y|X=2}(2|2) = \frac{1/8}{1/4} = \frac{1}{2}$

(3) $E(X) = \sum_{x=1}^{2} x p_X(x) = 1 \times \frac{3}{4} + 2 \times \frac{1}{4} = \frac{5}{4}$,

$E(Y) = \sum_{y=1}^{2} y p_Y(y) = 1 \times \frac{5}{8} + 2 \times \frac{3}{8} = \frac{11}{8}$이며,

$$E(XY) = \sum_{x=1}^{2}\sum_{y=1}^{2} xyp(x,y)$$

$$= 1 \times 1 \times \frac{1}{2} + 1 \times 2 \times \frac{1}{4} + 2 \times 1 \times \frac{1}{8} + 2 \times 2 \times \frac{1}{8} = \frac{14}{8} = \frac{7}{4}$$ 이므로,

$Cov(X, Y) = E(XY) - E(X)E(Y) = \frac{7}{4} - \frac{5}{4} \times \frac{11}{8} = \frac{1}{32}$이다.

23. (1) $p(0,0) = 0.25 \neq 0.35 \times 0.35 = 0.1225 = p_X(0)p_Y(0)$이므로 두 변수는 독립이 아니다.

(2) $p_Y(20) = 0.35$이므로, $p_{X|Y=20}(x|20) = \frac{p(x,20)}{p_Y(20)} = \begin{cases} 1/7, x = 0,1 \\ 5/7, x = 2 \end{cases}$ 이다. $Y=20$으로 주어졌을 때 $X=2$일 확률은 $5/7 \approx 0.71$로 $P(X=2) = 0.40$보다 현저히 높게 나타난다. 또한 $Y=20$일 때의 X의 조건부 기댓값은

$E(X|Y=20) = 0 \times \frac{1}{7} + 1 \times \frac{1}{7} + 2\frac{5}{7} = \frac{11}{7} \approx 1.57$이며, 이 또한 X의 비조건부 기댓값인 $E(X) = 0 \times 0.35 + 1 \times 0.25 + 2 \times 0.4 = 1.05$보다 현저히 높게 나타난다. 따라서 흡연하는 담배 개비의 수가 $Y=20$임이 알려져 있는 경우, 건강상태가 나쁠 가능성이 그렇지 않은 경우보다 훨씬 높으며, 건강상태의 기대치도 더 나쁨을 알 수 있다.

25. $Corr(X,Y)=\dfrac{Cov(X,Y)}{\sqrt{Var(X)}\sqrt{Var(Y)}}=\dfrac{-20}{\sqrt{16}\sqrt{25}}=-1$이다.

$Cov(3X+3,2Y-4)=3\times2\times Cov(X,Y)=-120$이고,

$Var(3X+3)=9\,Var(X)=144$, $Var(2Y-4)=4\,Var(Y)=100$이므로

$$Corr(3X+3,2Y-4)=\frac{Cov(3X+3,2Y-4)}{\sqrt{Var(3X+3)}\sqrt{Var(2Y-4)}}=\frac{-120}{\sqrt{144}\sqrt{100}}=-1$$

로 $Corr(X,Y)$와 동일하다.

제6장

1. $\mu=E(X)=\sum_x xf(x)=2\times\frac{1}{4}+4\times\frac{1}{4}+6\times\frac{1}{4}+8\times\frac{1}{4}=5$

$E(X^2)=\sum_x x^2f(x)=2^2\times\frac{1}{4}+4^2\times\frac{1}{4}+6^2\times\frac{1}{4}+8^2\times\frac{1}{4}=30$

$\sigma^2=Var(X)=E(X^2)+E(X)^2=30-5^2=5$

이다. 따라서,

$Var(\overline{X})=\frac{1}{n}\,Var(X)=\frac{5}{2}$

3. $X\sim N(10,25)$이므로, $Z=\dfrac{X-10}{5}\sim N(0,1)$이며, $Z^2=\dfrac{(X-10)^2}{25}\sim\chi^2(1)$이다. 따라서,

$$P[15<(X-10)^2<20]=P\left[\frac{15}{25}<\frac{(X-10)^2}{25}<\frac{20}{25}\right]=P[0.6<Z^2<0.8]=0.0675.$$

5. $V=\sum_{i=1}^{10}(X_i-\overline{X}_{10})^2/25\sim\chi^2(9)$이므로,

$$P\left(5<\frac{1}{10}\sum_{i=1}^{10}(X_i-\overline{X}_{10})^2<15\right)=P\left(5\times\frac{10}{25}<\sum_{i=1}^{10}(X_i-\overline{X}_{10})^2/25<15\times\frac{10}{25}\right)$$
$$=P(2<V<6)=0.2515$$

7. T가 자유도 n인 t분포를 따르므로, 서로 독립인 두 확률변수 $Z\sim N(0,1)$, $V\sim\chi^2(n)$에 대하여, $T=\dfrac{Z}{\sqrt{V/n}}$로 나타낼 수 있다. 한편, $Z^2\sim\chi^2(1)$이고, Z와 V가 독립이므로, Z^2과 V도 독립이다. 따라서, F분포의 정의에 의해 $T^2=\dfrac{Z^2}{V/n}=\dfrac{Z^2/1}{V/n}\sim F(1,n)$이다.

9. 모집단에서 지지한 사람의 비율을 p라고 하면 지지한 사람의 수 X는 이항분포 $B(1000,p)$를 따른다. $n=1000$이 충분히 크므로, X는 근사적으로 $N(1000p,1000p(1-p))$를 따른다.

11. $E(\sum_{i=1}^{50} X_i) = 50 \times 2 = 100$, $Var(\sum_{i=1}^{50} X_i) = 50 \times 2 = 100$이므로, $\sum_{i=1}^{50} X_i$는 근사적으로 $N(100,100)$을 따른다. 따라서,

$$P(\sum_{i=1}^{50} X_i > 120) = P\left(\frac{1}{10}(\sum_{i=1}^{50} X_i - 100) > \frac{120-100}{10}\right) \approx P(Z > 2) = 0.0228$$

13. $\overline{X}_n - \overline{Y}_n \sim N(\mu_1 - \mu_2, \frac{2\sigma^2}{n})$이므로, $\frac{(\overline{X}_n - \overline{Y}_n) - (\mu_1 - \mu_2)}{\sigma\sqrt{2/n}}$는 표준정규분포를 따른다.

15. 두 개의 주사위를 1번 던질 때 전체 경우의 수는 36이고 합이 7이 나오는 경우의 수는 $\{(1,6),(2,5),(3,4),(4,3),(5,2),(6,1)\}$로 6이다. 즉, 합이 7이 나올 확률은 1/6이고 100번 독립적으로 시행하게 되므로 합이 7인 눈이 나오는 횟수는 $B(100,1/6)$의 분포를 따른다. 구하는 확률은 $X \sim B(100,1/6)$일 때 $P(15 \le X \le 18)$이고, $np = 50/3 = 16.6667$, $n(1-p) = 250/3 = 83.3333$으로 15 이상이므로 정규근사가 가능하다. 즉, 구하는 확률은 $Y \sim N(50/3, 250/18)$일 때 $P(15 \le Y \le 18)$로 근사할 수 있고,

$$P(15 \le Y \le 18) = P(\frac{15-50/3}{\sqrt{250/18}} \le Z \le \frac{18-50/3}{\sqrt{250/18}}) = P(-0.4472 \le Z \le 0.3578) \fallingdotseq 0.3142$$

가 된다. 연속성 수정을 하는 경우에는

$$P(14.5 \le Y \le 18.5) = P(\frac{14.5-50/3}{\sqrt{250/18}} \le Z \le \frac{18.5-50/3}{\sqrt{250/18}}) = P(-0.5814 \le Z \le 0.4919) \fallingdotseq 0.4069$$

가 되며, 패키지로 계산한 $P(15 \le X \le 18)$은 0.4090이다.

제7장

1. $E(\hat{p}) = E\left(\sum_{i=1}^{n} X_i/n\right) = \frac{1}{n}\sum_{i=1}^{n} E(X_i) = \frac{1}{n}\sum_{i=1}^{n} p = \frac{np}{n} = p$이므로, 표본비율 $\hat{p}$는 모비율 p의 비편향 추정량이다.

3. (1) 공통된 모분산 σ^2의 추정은 합동분산추정량

$S_p^2 = \frac{(n-1)S_X^2 + (m-1)S_Y^2}{n+m-2}$으로 할 수 있으며, 이는 크기가 더 큰 표본이 더 많은 가중값을 가지도록 두 표본분산을 가중 평균한 추정량이다. 나아가,

$$E(S_p^2) = E\left[\frac{(n-1)S_X^2 + (m-1)S_Y^2}{n+m-2}\right]$$

$$= \frac{(n-1)E[S_X^2] + (m-1)E[S_Y^2]}{n+m-2} = \frac{(n-1)\sigma^2 + (m-1)\sigma^2}{n+m-2} = \sigma^2$$

이므로, 합동분산추정량 S_p^2은 공통된 모분산 σ^2의 비편향 추정량이다.

(2) 공통된 모분산을 추정할 때와 마찬가지로, 합동평균추정량 $M_p = \dfrac{n\overline{X}_n + m\overline{Y}_m}{n+m}$을 생각해 볼 수 있으며, 크기가 더 큰 표본이 더 많은 가중값을 가지도록 두 표본평균을 가중 평균한 추정량이다. 나아가,

$$E(M_p) = E\left[\frac{n\overline{X}_n + m\overline{Y}_m}{n+m}\right] = \frac{nE[\overline{X}_n] + mE[\overline{Y}_m]}{n+m} = \frac{(n+m)\mu}{n+m} = \mu$$

이므로, 합동평균추정량 M_p는 공통된 모평균 μ의 비편향 추정량이다.

5. 신뢰수준이 $100(1-\alpha)\%$인 모비율의 근사신뢰구간은 $\hat{p} \pm z_{\alpha/2}\sqrt{\hat{p}(1-\hat{p})/n}$으로 주어진다. 여기서 $\alpha = 0.05$, $n = 2500$, $\hat{p} = 500/2500 = 0.2$이므로, 시청율에 대한 95% 근사신뢰구간은 $0.2 \pm 1.96\sqrt{0.2 \times 0.8/2500} = (0.1843, 0.2157)$이다.

7. 표준오차는 표본크기의 제곱근에 반비례한다. $\sqrt{1600} = 4\sqrt{100}$이므로, 표본의 크기가 1600명일 때의 표본비율의 표준오차는 100명에 근거한 결과의 1/4이다.

9. 신뢰수준이 $100(1-\alpha)\%$인 신뢰구간의 길이가 d 이하가 되기 위한 표본의 크기는 $n \geq \left(\dfrac{2z_{\alpha/2}\sigma}{d}\right)^2$이다. $\alpha = 0.05$, $d = \sigma/5$이므로,
$n \geq \left(\dfrac{2 \times 1.96 \times \sigma}{\sigma/5}\right)^2 = 19.6^2 = 384.16$이다. 따라서 신뢰구간의 폭이 $\sigma/5$보다 작기 위한 최소 표본의 크기는 385이다.

11. 두 모비율의 차이 $p_X - p_Y$에 대한 신뢰수준 $100(1-\alpha)\%$인 근사신뢰구간은

$$\hat{p}_X - \hat{p}_Y \pm z_{\alpha/2}\sqrt{\frac{\hat{p}_X(1-\hat{p}_X)}{n} + \frac{\hat{p}_Y(1-\hat{p}_Y)}{m}}$$

이다. $\alpha = 0.05$, $n = m = 1000$, $\hat{p}_X = 450/1000 = 0.45$, $\hat{p}_Y = 500/1000 = 0.5$이므로, 두 지역의 지지율의 차이 $p_X - p_Y$에 대한 95% 근사신뢰구간은

$$0.45 - 0.5 \pm 1.96\sqrt{\frac{0.45 \times 0.55}{1000} + \frac{0.5 \times 0.5}{1000}} = (-0.0937, -0.0063)$$ 이다.

13. 신뢰구간의 길이는 표준오차의 크기에 비례하며, 표준오차는 표본의 크기의 제곱근에 반비례한다. 따라서, 표본의 크기가 2배로 늘어나면 신뢰구간의 길이는 $1/\sqrt{2}$배로 줄어든다.

15. 모분산의 비 σ_X^2/σ_Y^2에 대한 신뢰수준이 $100(1-\alpha)\%$인 신뢰구간은

$$\left[\left(\frac{S_X^2}{S_Y^2}\right)F_{1-\alpha/2}(m-1,n-1),\ \left(\frac{S_X^2}{S_Y^2}\right)F_{\alpha/2}(m-1,n-1)\right]$$

이다. $\alpha=0.05$, $n=m=10$, $S_X^2=5$, $S_Y^2=6$, $F_{0.025}(9,9)=4.03$이므로,

$[\left[\left(\frac{5}{6}\right)\times\frac{1}{4.03},\left(\frac{5}{6}\right)\times 4.03\right]=(0.207,3.358)$이다.

17. A동과 B동에서 뽑은 표본이 독립이고 유권자들의 지지 여부가 모두 독립이라고 가정할 때, $\hat{p}_A=\frac{42}{100}$, $\hat{p}_B=\frac{45}{120}$, $n_A=100$, $n_B=120$이고 $n_A\hat{p}_A=42$, $n_B\hat{p}_B=45$, $n_A(1-\hat{p}_A)=58$, $n_B(1-\hat{p}_B)=75$로 충분히 크므로 정규근사를 사용할 수 있다. 두 동의 지지율 차이, p_A-p_B에 대한 신뢰수준 95%의 신뢰구간은 다음과 같다.

$$\hat{p}_A-\hat{p}_B\pm 1.96\sqrt{\frac{\hat{p}_A(1-\hat{p}_A)}{n_A}+\frac{\hat{p}_B(1-\hat{p}_B)}{n_B}}=(-0.0849,0.1749)$$

제8장

1. (1) $H_0:\mu=100$ 대 $H_1:\mu<100$

   (2) 제1종 오류: 과자의 평균무게가 실제로 $100g$이지만 $100g$보다 작은 것으로 결론내림
   제2종 오류: 과자의 평균무게가 실제로 $100g$보다 작은데도 불구하고 그렇지 않다고 결론내림

   (3) σ가 알려져 있으므로, 검정통계량은 $Z=\frac{\overline{X}_n-100}{8/\sqrt{n}}$으로 설정한다.

   (4) 검정통계량의 값이 $Z=\frac{97-100}{8/\sqrt{30}}=-2.0540$이고 대립가설이 단측이므로 유의확률은 $P(Z\leq-2.0540)\fallingdotseq 0.0202$가 된다.

   (5) 모표준편차가 알려지지 않았으므로 $t-$검정을 사용한다. 검정통계량의 값은 $t=\frac{\overline{X}_n-100}{S/\sqrt{n}}=\frac{97-100}{8.7/\sqrt{30}}=-1.8887$이고 자유도는 29인데, <표 2>에서 $T\sim t(29)$일 때 $P(T>1.699)=P(T<-1.699)=0.05$, $P(T>2.045)=P(T<-2.045)=0.025$이라고 했으므로, 유의확률은 0.025보다 크고 0.05보다 작다.

3. 제1종 오류를 범할 확률은 귀무가설 H_0이 참임에도 불구하고 H_0을 기각할 확률이다. 즉, 공정한 동전을 5회 던져 5회 모두 앞면이 나올 확률이며, $0.5^5=0.03125$이다.

5. 귀무가설 $H_0:p=1/3$이 참일 때, 성공횟수 X는 이항분포 $B(2,1/3)$을 따른다. 따라서, 제1종 오류를 범할 확률은 $P(X=2|p=1/3)=(1/3)^2=1/9=0.111$이다. 이때의 검정력은

$P(X=2|p=2/3)=(2/3)^2=4/9=0.444$이며, 따라서 제2종 오류를 범할 확률은 $1-0.444=0.556$이다.

7. Y를 수면제 사용 후와 사용 전의 추가수면시간의 차라고 하자. 그러면 Y의 표본관측값은 1.2, 2.2, 1.3, 1.3, 0.9, 1.0, 1.8, 0.8, 4.6, 1.4와 같으며, $\bar{y}=1.65$, $s_Y^2=1.2494$이다. 자유도가 $n-1=9$인 t검정통계량의 관측값은 $\dfrac{1.65-0}{\sqrt{1.2494/10}}=4.668$이며, $t_{0.025}(9)=2.262$이므로, 유의수준 $\alpha=0.05$에서 수면제 사용 전과 사용 후의 추가수면시간에 차이가 없다는 귀무가설을 기각한다. 따라서, 수면제 사용 전과 사용 후에 추가수면시간에 차이가 있다고 할 수 있다.

9. 귀무가설과 대립가설은 $H_0: p=0.3$, $H_1: p>0.3$이며, 귀무가설이 참일 때의 검정통계량 X는 이항분포 (60,0.3)을 따른다. $60\times0.3>15$이므로, 정규근사에 근거한 검정통계량 $Z=\dfrac{X-60\times0.3}{\sqrt{60\times0.3\times0.7}}$을 사용할 수 있다. $x=27$이므로, $z=\dfrac{27-18}{\sqrt{12.6}}=2.53>1.645=z_{0.05}$이며, 유의수준 $\alpha=0.05$에서 $H_0: p=0.3$을 기각하여, 방사선 치료를 병행하는 것이 수술만 하는 것보다 완치율을 높이는 데 효과가 있다고 할 수 있다.

11. 모평균 차의 검정에 앞서, 두 표본의 모분포가 같은 분산을 갖는지를 검정해야 한다. $s_A^2=52.498$, $s_B^2=29.50667$ 이므로, 두 모분산의 동일성여부에 대한 귀무가설 $H_0: \sigma_A^2=\sigma_B^2$이 참일 때의 검정통계량 $F=\dfrac{S_A^2}{S_B^2}$의 관측값은 $\dfrac{s_A^2}{s_B^2}=\dfrac{52.498}{29.50667}=1.7792$이다. 대립가설이 $H_1: \sigma_A^2\neq\sigma_B^2$이므로, 자유도가 $(n-1,m-1)=(4,5)$인 F분포로부터 구한 유의확률은 $2P(F\geq1.7792)=0.54$이며, 따라서 유의수준 $\alpha=0.05$에서 두 모분산이 다르다고 할 수 없다. 이제 두 모분산이 같다고 가정하고, 두 표본의 모평균의 차에 대한 검정을 하자. 검정통계량 $t=\dfrac{\overline{X}_n-\overline{Y}_m}{S_p\sqrt{\dfrac{1}{n}+\dfrac{1}{m}}}$는 자유도가 $n+m-2=9$인 t분포를 따른다. 합동분산추정량의 관측값은 $s_p^2=\dfrac{4s_A^2+5s_B^2}{9}=39.725$이고, $\bar{x}_A=20.84$, $\bar{x}_B=22.53$이므로, 검정통계량 t의 관측값은

$$t=\frac{\bar{x}_A-\bar{x}_B}{\sqrt{s_p^2\left(\frac{1}{5}+\frac{1}{6}\right)}}=\frac{20.84-22.53}{\sqrt{39.725\left(\frac{1}{5}+\frac{1}{6}\right)}}=-0.44368$$

이며, 유의확률은 0.3338이다. 유의수준을 $\alpha=0.05$로 잡으면 유의확률이 유의수준보다 크므로 귀무가설을 기각할 수 없다. 따라서 비료 B가 비료 A보다 토마토 수확에 더 효과가 있다고 할 수 없다.

13. 가설 $H_0: \mu=15$, $H_1: \mu<15$에 대한 기각역은 $\bar{x}\leq15-z_\alpha\dfrac{3}{\sqrt{n}}$으로 주어진다. 실제로 새로운

교육방법의 평균 습득기간이 13일이라면 잘못 결정할 확률은 기각하지 않을 확률이므로,

$$P(\overline{X} > 15 - z_\alpha \frac{3}{\sqrt{n}} | \mu = 13) = P(\frac{\overline{X} - 13}{3/\sqrt{n}} > \frac{15-13}{3/\sqrt{n}} - z_\alpha | \mu = 13)$$
$$= P(Z > \frac{2\sqrt{n}}{3} - z_\alpha) \le 0.1$$

이어야 하며, $\frac{2\sqrt{n}}{3} - z_\alpha \ge z_{0.1} = 1.2815$여야 한다. 따라서, $n \ge \left(\frac{1.2815 + z_\alpha}{2/3}\right)^2$임을 알 수 있다. 예를 들어 $\alpha = 0.05$라면, $n \ge \left(\frac{1.2815 + 1.645}{2/3}\right)^2 = 19.269$이며, $n = 20$ 이상이어야 한다.

15. 이 자료는 대응짝 표본이므로 두 관측치의 차이를 계산하여 모평균에 대한 검정을 해야 한다. 빨간불 반응속도를 X, 초록 불 반응속도를 Y라 하고 차이를 $D_i = X_i - Y_i$ $(i = 1, 2, \cdots, 10)$라 하고 차이의 모평균을 μ_D라 하면 속도차이의 평균이 0인지 아닌지의 검정에 대한 가설은 $H_0 : \mu_D = 0$ 대 $H_1 : \mu_D \ne 0$이다. 속도차이의 평균에 대한 99% 신뢰구간은 $\overline{D} \pm t_{0.005}(9)\frac{S_D}{\sqrt{10}}$인데 $\overline{D} = -0.07$이고 $S_D = 0.0613$이므로 $t_{0.005}(9) = 3.25$를 이용하여 $(-0.1330, -0.0070)$이 된다. 신뢰구간이 0을 포함하고 있지 않으므로 귀무가설을 기각하고 유의수준 1%에서 속도차이의 평균이 0이 아니라고 결론을 내린다.

만약, 빨간 불에 대한 반응속도가 초록 불에 대한 반응속도보다 빠른지를 검정하고 싶다면 가설은 $H_0 : \mu_D = 0$ 대 $H_1 : \mu_D < 0$이 될 것이다. 이때 신뢰구간을 통한 가설검정을 위해서는

$$1 - \alpha = P(\frac{\overline{D} - \mu_D}{S_D/\sqrt{n}} \ge -t_\alpha(n-1))$$
$$= P(\mu_D \le \overline{D} + t_\alpha(n-1)S_D/\sqrt{n})$$

로부터 $(-\infty, \overline{D} + t_\alpha(n-1)S_D/\sqrt{n}) = (-\infty, -0.0153)$의 신뢰수준 99% 신뢰구간을 구한다. 이 구간 안에 0이 포함되지 않으므로, $H_0 : \mu_D = 0$을 기각하고 $\mu_D < 0$이라고 결론을 내린다.

제9장

1. (1)

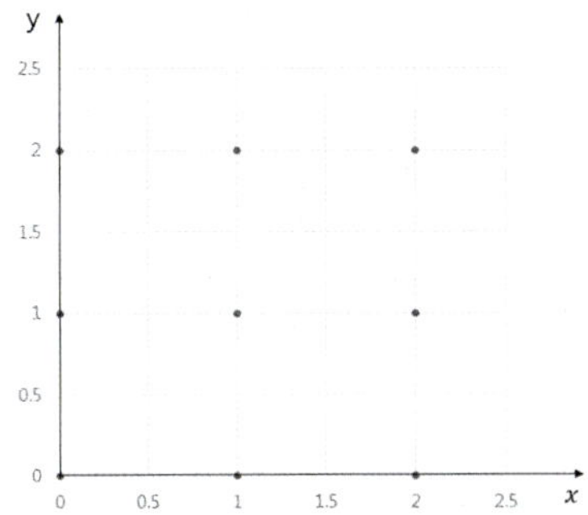

(2) $\bar{x}=\bar{y}=1$, $\frac{1}{9}\sum xy=\frac{1}{9}(1\times1+1\times2+2\times1+2\times2)=1$이므로, $\frac{1}{9}\sum xy-\bar{x}\bar{y}=0$이다.

따라서 X와 Y의 상관계수는 0이다.

(3) (2)로부터, $\sum_{i=1}^{9}(x_i-\bar{x})(y_i-\bar{y})=\sum_{i=1}^{9}x_iy_i-9\bar{x}\bar{y}=0$이므로, $\hat{\beta}_1=0$이며,

$\hat{\beta}_0=\bar{y}-0\cdot\bar{x}=1$이다. 따라서 회귀직선은 $\hat{y}=1$이다.

(4) (2)로부터 상관계수가 0이므로, 결정계수도 0이다.

3. (1) $R^2=0.8^2=0.64$

(2) $\hat{y}=40+1.5\times5=47.5$

5. (1) $\hat{\beta}_1=\frac{s_{XY}}{s_{XX}}=\frac{8}{520}=0.01538$, $\hat{\beta}_0=\bar{y}-\hat{\beta}_1\bar{x}=3.64-578\times0.01538=-5.2496$

(2) $\sum_{i=1}^{n}(Y_i-\overline{Y})^2=\sum_{i=1}^{n}(Y_i-\widehat{Y}_i)^2+\sum_{i=1}^{n}(\widehat{Y}_i-\overline{Y})^2$ 이므로, $1=\frac{\sum_{i=1}^{n}(Y_i-\widehat{Y}_i)^2}{\sum_{i=1}^{n}(Y_i-\overline{Y})^2}+R^2$이고,

$\sum_{i=1}^{n}(Y_i-\widehat{Y}_i)^2=(1-R^2)\sum_{i=1}^{n}(Y_i-\overline{Y})^2$이 된다.

한편 $R^2=r^2=\frac{s_{XY}^2}{s_{XX}s_{YY}}=\frac{8^2}{520\times0.64}=0.1923$이므로,

$\hat{\sigma}^2=\frac{1}{n-2}\sum_{i=1}^{n}(Y_i-\widehat{Y}_i)^2=\frac{n-1}{n-2}(1-R^2)s_{YY}=\frac{99}{98}(1-0.1923)\times0.64=0.5222$

(3) $SSR=\sum_{i=1}^{n}(\widehat{Y}_i-\overline{Y})^2=R^2\sum_{i=1}^{n}(Y_i-\overline{Y})^2=(n-1)R^2s_{YY}=12.184$

$$SSE=\sum_{i=1}^{n}(Y_i-\hat{Y}_i)^2=(1-R^2)\sum_{i=1}^{n}(Y_i-\overline{Y})^2=(n-1)(1-R^2)s_{YY}=51.176$$

$$SST=\sum_{i=1}^{n}(Y_i-\overline{Y})^2=(n-1)s_{YY}=63.36$$

따라서 분산분석표는 다음과 같다.

요인	제곱합	자유도	평균제곱	분산비
회귀	12.184	1	12.184	23.332
오차	51.176	98	0.5222	
전체	63.36	99		

(4) $H_0:\beta_1=0$과 $H_a:\beta_1\neq 0$에 대한 검정통계량은 $T=\dfrac{\hat{\beta}_1}{\hat{\sigma}/\sqrt{\sum(x_i-\overline{x}_n)^2}}$이며 자유도가 $n-2$인 t분포를 따른다. 한편,

$$T^2=\frac{\hat{\beta}_1^2}{\hat{\sigma}^2/\sum(x_i-\overline{x}_n)^2}=\frac{R^2S_{YY}/s_{XX}}{[SSE/(n-2)]/[(n-1)s_{XX}]}=\frac{(n-1)R^2S_{YY}}{SSE/(n-2)}=\frac{SSR/1}{SSE/(n-2)}$$

$$=\frac{MSR}{MSE}=F$$

이므로, $P(T>|t|)=P(T^2>t^2)=P(F>t^2)$가 성립한다.

7. 자료에 대한 산점도와 회귀직선은 다음 그림과 같다.

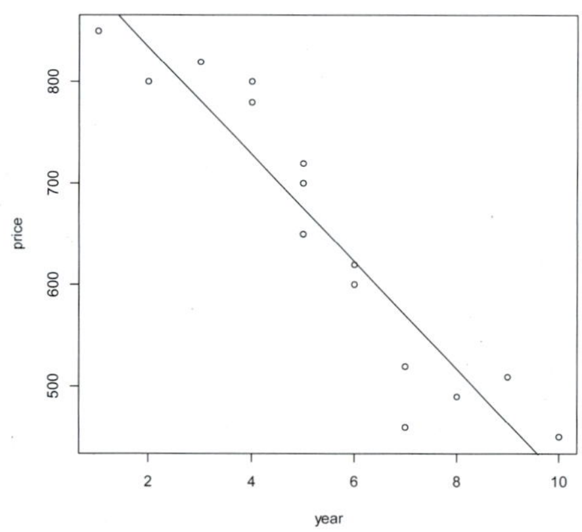

(1) $\sum(x_i-\overline{x}_n)^2=87.7333$이고 $\sum(x_i-\overline{x}_n)(Y_i-\overline{Y}_n)=-4639.333$이므로, 단순선형회귀식은 $price=940.410-52.880\times year$이다.

(2) $t_{0.025}(13)=3.0123$이고 $s^2=\dfrac{1}{13}\sum(Y_i-\hat{\beta}_0-\hat{\beta}_1x_i)^2=2649.667$이므로 β_1에 대한 신뢰수준 99% 신뢰구간은 다음과 같다.

$$\hat{\beta}_1\pm t_{\alpha/2}(n-2)\frac{s}{\sqrt{\sum(x_i-\overline{x}_n)^2}}=-52.880\pm 3.0123\times\frac{51.4749}{\sqrt{87.7333}}=(-69.4343,-36.3257)$$

(3) 사용연수가 $x=4.5$년인 자동차 판매가격의 평균은 $940.410-52.880\times 4.5=702.45$인데, 이에 대한 신뢰구간 99% 신뢰구간은 다음과 같다.

$$702.45\pm 3.0123\times 51.4749\times\sqrt{\frac{1}{15}+\frac{(4.5-5.4667)^2}{87.7333}}=(659.3343,745.5657)$$

(4) 사용연수가 $x=4.5$년인 자동차 판매가격의 99% 예측구간은

$702.45\pm 3.0123\times 51.4749\times\sqrt{1+\frac{1}{15}+\frac{(4.5-5.4667)^2}{87.7333}}=(541.5093,863.3907)$이다.

(5) 검정통계량의 값이 $\frac{\hat{\beta}_1}{s/\sqrt{\sum(x_i-\overline{x}_n)^2}}=\frac{-52.880}{51.4749/\sqrt{87.7333}}=-9.6223$이고 그 절댓값이 $t_{0.025}(13)=2.1603$과 비교하여 크므로 양측 검정에서 귀무가설을 기각한다. 회귀직선의 기울기가 0과 유의하게 다르므로 유의수준 5%에서 사용연수와 판매가격에 통계적으로 유의한 선형관계가 있다고 할 수 있다. 만약 대립가설이 $\beta_1<0$인 경우에는 검정통계량의 값을 $-t_{0.05}(13)=-1.7709$와 비교하여 귀무가설을 기각하게 된다. 유의수준 5%에서 사용연수와 판매가격에 통계적으로 유의한 음의 선형관계가 있다고 할 수 있다.

(6) 잔차그림은 다음과 같다. 11번째 관측치의 잔차의 절댓값이 좀 크긴 하지만 뚜렷한 패턴 등을 발견할 수 없으므로 단순선형회귀를 적합하는 것이 적절하다고 할 수 있겠다.

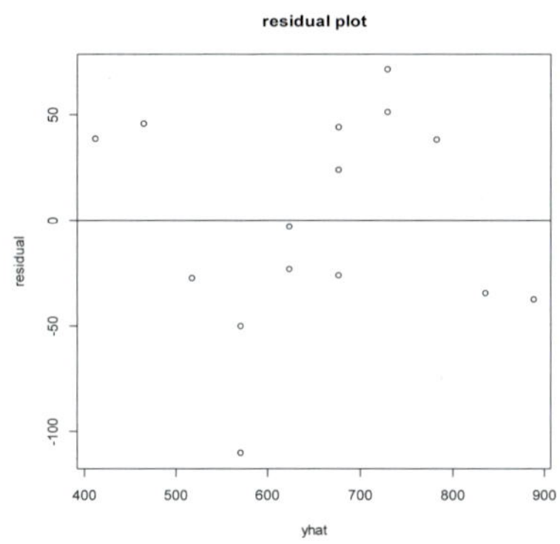

9. $\overline{x}=36.6029$, $\overline{y}=99.8958$, $\sum x_i^2=73920.05$, $\sum y_i^2=339292.3$, $\sum x_iy_i=124238$이다. 따라서, $\sum(x_i-\overline{x})^2=\sum x_i^2-n\overline{x}^2=28367.69$, $\sum(y_i-\overline{y})^2=\sum y_i-n\overline{y}^2=0.2886$, $\sum(x_i-\overline{x})(y_i-\overline{y})=\sum x_iy_i-n\overline{x}\overline{y}=-82.366$이며, X와 Y의 상관계수는

$\frac{\sum(x_i-\overline{x})(y_i-\overline{y})}{\sqrt{\sum(x_i-\overline{x})^2\sum(y_i-\overline{y})^2}}=\frac{-82.366}{\sqrt{28367.69\times 0.2886}}=-0.91$로 X와 Y에는 강한 음의 상관관계가 있음을 알 수 있다. X를 설명변수로, Y를 반응변수로 하여 회귀모형을 고려하면,

$\hat{\beta}_1=\frac{\sum(x_i-\overline{x})(y_i-\overline{y})}{\sum(x_i-\overline{x})^2}=\frac{-82.366}{28367.69}=-0.0029$,

$\hat{\beta}_0 = \bar{y} - \hat{\beta}_1 \bar{x} = 99.8958 + 0.0029 \times 36.6029 = 100.002$이므로, 회귀식은
$\hat{Y}_i = 100.002 - 0.0029 x_i$이 된다.

11. (1) 성별로 산점도와 최소제곱직선을 그려 비교한 그림이 아래에 나와 있다.

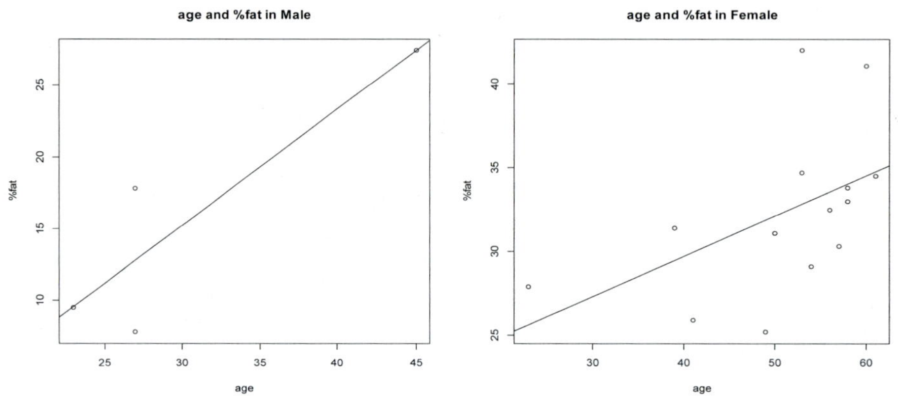

남성과 여성 두 경우 모두 나이가 증가할수록 지방비율이 높아지는 경향을 파악할 수 있다. 남성과 여성 모두 40대 중반까지의 자료는 매우 적고 여성에서 40대 후반 이후의 자료가 많다. 여성의 경우 지방비율이 남성에 비해 조금 높아 보이는데, 색깔을 구분하여 그린 산점도에서 더욱 분명하게 드러난다.

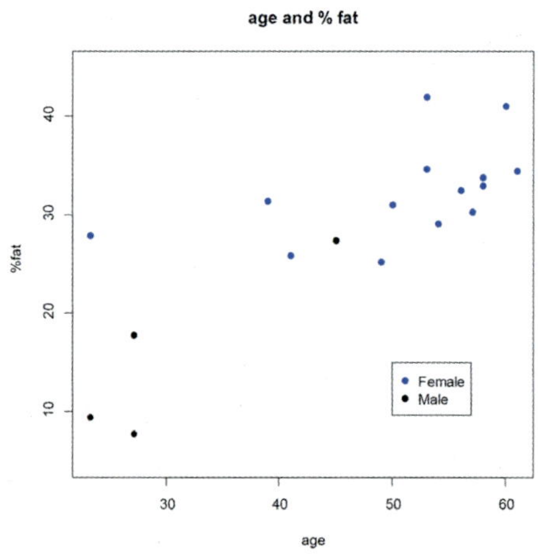

(2) 회귀계수의 최소제곱 추정량을 구하려면 $\sum(Y_i - \beta_0 - \beta_1 x_{1i} - \beta_2 x_{2i})^2$을 최소화해야 하는데 이를 β_0, β_1, β_2에 대해 각각 미분하여 0으로 놓으면 다음의 식을 얻는다.

$$\hat{\beta}_1 \sum (x_{1i} - \bar{x}_1)^2 + \hat{\beta}_2 \sum (x_{1i} - \bar{x}_1)(x_{2i} - \bar{x}_2) = \sum (x_{1i} - \bar{x}_1)(Y_i - \bar{Y})$$
$$\hat{\beta}_1 \sum (x_{1i} - \bar{x}_1)(x_{2i} - \bar{x}_2) + \hat{\beta}_2 \sum (x_{2i} - \bar{x}_2)^2 = \sum (x_{2i} - \bar{x}_2)(Y_i - \bar{Y})$$
$$\hat{\beta}_0 = \bar{Y} - \hat{\beta}_1 \bar{x}_1 - \hat{\beta}_2 \bar{x}_2$$

이를 풀어서 다중선형회귀식을 구하면,

$$\text{지방비율} = 15.0708 + 0.3392 \times \text{나이} - 9.7914 \times \text{성별}$$

이 된다. 성별의 기울기가 음수라는 사실로부터 성별의 값이 커지면 지방비율이 낮아지는 관계를 짐작할 수 있고, 성별이 0인 것이 여성이고 1인 것이 남성이므로 회귀계수가 유의하다면, 같은 연령에서 여성의 지방비율이 더 높다고 할 수 있다. 다중회귀의 경우 행렬을 사용하면 추정량과 공분산을 훨씬 편리하게 계산할 수 있다.

(3) 고려하는 설명변수가 2개이므로 MSE의 자유도는 $18-2-1=15$이고,

$s^2 = \dfrac{1}{15}\sum(Y_i - \hat{\beta}_0 - \hat{\beta}_1 x_{1i} - \hat{\beta}_2 x_{2i})^2 = 24.0585$이다. $(\hat{\beta}_0, \hat{\beta}_1, \hat{\beta}_2)$의 공분산행렬은

$\begin{pmatrix} n & \sum x_{1i} & \sum x_{2i} \\ \sum x_{1i} & \sum x_{1i}^2 & \sum x_{1i}x_{2i} \\ \sum x_{2i} & \sum x_{1i}x_{2i} & \sum x_{2i}^2 \end{pmatrix}^{-1} \sigma^2$인데, σ^2 대신 s^2을 넣고 관측된 값들을 대입하면

$\begin{pmatrix} 18 & 834 & 4 \\ 834 & 41612 & 122 \\ 4 & 122 & 4 \end{pmatrix}^{-1} s^2 = \begin{pmatrix} 1.6103 & -0.0303 & -0.6874 \\ -0.0303 & 0.0006 & 0.0121 \\ -0.6874 & 0.0121 & 0.5680 \end{pmatrix} \times 24.0585$이 된다. 이로부터 $\hat{\beta}_2$의 표준오차가 $\widehat{SE}(\hat{\beta}_2) = \sqrt{0.5680 \times 24.0585} = 3.6967$로 구해진다. $H_0 : \beta_2 = 0$에 대한 검정통계량의 값은 $\dfrac{\hat{\beta}_2}{\widehat{SE}(\hat{\beta}_2)} = -9.7914/3.6967 = -2.6487$인데, 이 절댓값은 $t_{0.025}(15) = 2.1315$보다 크므로 유의수준 5%에서 귀무가설을 기각한다. 이때 양측 유의확률은 0.0182이다. 즉, 유의수준 5%에서 연령에 따른 지방비율은 성별에 따라 달라진다고 할 수 있다.

13. (1) 11번에서처럼 $\sum(Y_i - \beta_0 - \beta_1 x_{1i} - \beta_2 x_{2i} - \beta_3 x_{3i})^2$을 최소화하는 추정량들을 구하면 $\hat{\beta}_1 = -1.0444$, $\hat{\beta}_2 = 0.0033$, $\hat{\beta}_3 = 0.0035$이다.

(2)

요인	제곱합	자유도	평균 제곱	분산비
회귀	0.0903	3	0.0301	21.5
오차	0.0353	26	0.0014	
전체	0.1256	29		

(3) $R^2 = SSR/SST = 0.0903/0.1256 = 0.7190$

(4) β_1, β_2, β_3의 신뢰수준 95%의 신뢰구간은 각각 다음과 같다.

$\hat{\beta}_1 \pm t_{0.025}(26)\widehat{SE}(\hat{\beta}_1) = -1.0444 \pm 2.0555 \times 0.8344 = (-2.7595, 0.6707)$

$\hat{\beta}_2 \pm t_{0.025}(26)\widehat{SE}(\hat{\beta}_2) = 0.0033 \pm 2.0555 \times 0.0012 = (0.0008, 0.0058)$

$\hat{\beta}_3 \pm t_{0.025}(26)\widehat{SE}(\hat{\beta}_3) = 0.0035 \pm 2.0555 \times 0.0004 = (0.0027, 0.0043)$

(5) 회귀계수의 신뢰구간을 보면 β_1의 신뢰구간은 0을 포함하므로, 유의수준 5%에서 $H_0 : \beta_1 = 0$의 귀무가설을 기각할 수 없다. 즉, 아이스크림 가격은 아이스크림 소비량과 유의한 선형관계

에 있지 않음을 알 수 있다. β_2와 β_3의 경우는 모두 유의수준 5%에서 0과 유의하게 다르므로 가구소득과 평균 온도는 아이스크림 소비량과 유의한 선형관계를 가진다. 가구소득이 올라갈수록, 평균 온도가 올라갈수록 아이스크림 소비량은 유의하게 증가한다. (3)에서 결정계수가 0.7190이므로 반응변수의 변동 가운데 72% 정도가 설명변수와의 선형관계에 의해 설명됨을 알 수 있다.

제10장

1. $\overline{X}_{i.} = \frac{1}{10}\sum_{j=1}^{10} X_{ij}$, $i=1,2,3$, $\overline{X}_{..} = \frac{1}{30}\sum_{i=1}^{3}\sum_{j=1}^{10} X_{ij}$라고 하자. 그러면 처리방법 간 제곱합 SSB과 처리방법 내 제곱합 SSW는 $SSB=\sum_{i=1}^{3}\sum_{j=1}^{10}(\overline{X}_{i.}-\overline{X}_{..})^2$, $SSW=\sum_{i=1}^{3}\sum_{j=1}^{10}(X_{ij}-\overline{X}_{i.})^2$로 나타낼 수 있다. SSB와 SSW의 자유도는 각각 3−1=2, 30−3=27이므로, 세 가지 교육방법의 효율성에 차이가 없다는 가설검정에 사용되는 F−검정통계량은

$$F=\frac{SSB/2}{SSW/27}=\frac{27\sum_{i=1}^{3}\sum_{j=1}^{10}(\overline{X}_{i.}-\overline{X}_{..})^2}{2\sum_{i=1}^{3}\sum_{j=1}^{10}(X_{ij}-\overline{X}_{i.})^2}$$

이며, 자유도가 (2, 27)인 F분포를 따른다.

3. 다음의 분산분석표에서 유의확률 0.149가 0.05보다 크므로, 유의수준 0.05에서 서로 다른 보빈에 따라 털실의 평균장력이 달라진다고 할 수 없다.

요인	제곱합	자유도	평균 제곱합	F 값	유의확률
처리	13.210	5	2.642	1.876	0.149
오차	25.355	18	1.409		
합계	38.565	23			

5. 다음의 분산분석표에서 유의확률이 모두 0.05보다 작으므로, 유의수준 0.05에서 털실의 평균장력이 보빈에 따라서 달라지고, 털실의 종류에 따라서도 달라지며, 털실의 종류와 보빈 사이의 상호작용도 유의하다. 보빈에 따른 평균장력의 변화, 털실의 종류에 따른 평균장력의 변화는 아래 그림에서 확인할 수 있다. 상호작용 그림을 보면, 전반적으로 털실 B의 장력이 A의 장력보다 크지만, 보빈 3에서는 털실 A의 장력이 높게 나타나며, 털실 B에서는 보빈 3과 보빈 6의 장력이 작지만, 털실 A에서는 큰 편이며, 털실 B에서는 보빈 1의 값이 큰 반면 털실 A에서는 상당히 작음을 알 수 있다.

요인	제곱합	자유도	평균 제곱합	F값	유의확률
보빈	19.58	5	3.915	3.490	0.01128
털실	8.93	1	8.927	7.958	0.00774
상호작용	21.2	5	4.240	3.780	0.00746
오차	40.38	36	1.122		
합계	90.09	47			

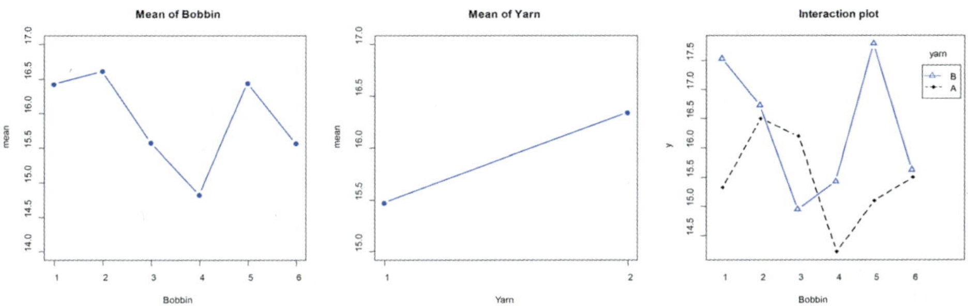

7. 임의화 블록 설계에 해당하는 이 자료에 대한 분산분석표는 다음과 같다.

요인	제곱합	자유도	평균 제곱합	F값	유의확률
혼합물	264.00	4	66.00	3.461	0.0422
생산과정	70.21	3	23.40	1.227	0.3425
오차	228.84	12	19.07		
합계	563.05	19			

혼합물(블록)의 효과는 유의확률 0.0422로 유의수준 0.05에서 유의하다. 즉, 혼합물에 따라 수율에 유의한 차이가 있다는 증거가 있다. 혼합물 1에서 평균수율이 가장 크고 혼합물 5에서 평균수율이 가장 작다. 생산과정(처리방법)의 효과는 유의확률이 커서 귀무가설을 기각할 수 없다. 즉, 처리방법에 따라 평균수율에 유의한 차이가 있다고 할 수 없다.

9. 이원분류 분산분석의 분산분석표는 다음과 같다.

요인	제곱합	자유도	평균 제곱합	F값	유의확률
A	11.88	1	11.88	4.03	0.0544
B	10.47	1	10.47	3.55	0.0700
A*B	5.53	1	5.53	1.88	0.1818
오차	82.56	28	2.95		
합계	110.44	31			

처리방법 A의 주효과, 처리방법 B의 주효과, A와 B의 상호작용 모두 유의확률이 0.05보다 크므로 유의수준 0.05에서 모두 유의하지 않다. 유의수준 0.05에서 처리방법 A의 수준에 따라 물질 S의 양의 평균이 다르다는 증거가 없고, 처리방법 B의 수준에 따라 다르다는 증거도 없으며, 상호작용도 유의하지 않다. 상호작용이 유의하지 않으므로 상호작용을 오차항에 풀링하여 만든 다음의 분산분석표에서도, 처리방법의 효과가 유의하지 않음을 알 수 있다.

요인	제곱합	자유도	평균 제곱합	F값	유의확률
A	11.88	1	11.88	3.912	0.0575
B	10.47	1	10.47	3.446	0.0736
오차	88.08	29	3.04		
합계	110.44	31			

제11장

1. 귀무가설 $H_0 : p_1 = 9/16$, $p_2 = 3/16$, $p_3 = 3/16$, $p_4 = 1/16$, 대립가설 $H_1 : H_0$ 가 아님에 대하여, 귀무가설이 참일 때, 확률벡터 (AB, Ab, aB, ab)는 모수가 $(n = 880 + 320 + 300 + 100 = 1600$, $9/16, 3/16, 3/16, 1/16)$ 인 다항분포를 따른다. 실험결과로부터 계산한 카이제곱 검정통계량의 값은 $\frac{(880-900)^2}{900} + \frac{(320-300)^2}{300} + \frac{(300-300)^2}{300} + \frac{(100-100)^2}{100} = \frac{16}{9} = 1.778$이다.

   이때 사용할 자유도는 4−1=3이며, 유의확률은 $P(\chi^2(3) \geq 1.778) = 0.6197$로, $\alpha = 0.10$에서 귀무가설을 기각할 수 없으며, 실험결과가 멘델의 유전법칙을 잘 따른다고 할 수 있다.

3. X를 피폭횟수라고 하고, $p_i = P(X = i), i = 0, 1, ..., 3$, $p_7 = P(X \geq 4)$이라고 하면, 검정하고자 하는 귀무가설 및 대립가설은

   $H_0 : p_i = \exp(-\lambda)\lambda^i / i!$, $i = 0, 1, ..., 3$, $p_4 = \sum_{j=4}^{\infty} \exp(-\lambda)\lambda^j / j!$, $H_1 : H_0$가 아님 으로 쓸 수 있다. 포아송분포의 모수 λ를 표본평균값인 $537/576 = 0.9323$으로 추정하여 사용하면, 귀무가설이 참일 때의 확률 및 기대횟수는 다음과 같다.

X	0	1	2	3	4
$\hat{p}_{i0}$	0.3937	0.3670	0.1711	0.0532	0.0151
$n\hat{p}_{i0}$	226.74	211.39	98.439	30.622	8.7059

   따라서, 카이제곱 검정통계량의 값은

$$\sum_{i=0}^{7} \frac{(X_i - n\hat{p}_{i0})^2}{n\hat{p}_{i0}}$$
$$= \frac{(229-226.74)^2}{226.74} + \frac{(211-211.39)^2}{211.39} + \frac{(93-98.439)^2}{98.439} + \frac{(35-30.622)^2}{30.622} + \frac{(8-8.7059)^2}{8.7059}$$
$$= 1.0069$$

이고 추정한 모수가 1개이므로 자유도는 $5-1-1=3$이 된다. 이때의 유의확률은 $P(\chi^2(3) \geq 1.0069) = 0.7996$으로 매우 크므로, 유의수준 $\alpha = 0.10$에서 귀무가설을 기각할 수 없고, 이 자료가 포아송분포를 따른다고 할 수 있다.

5. 독립성 검정을 위한 카이제곱 검정통계량의 값은

$$\sum_{i=1}^{2}\sum_{j=1}^{2} \frac{(X_{ij} - n\hat{p}_{i.}\hat{p}_{.j})^2}{n\hat{p}_{i.}\hat{p}_{.j}} = \frac{(43-\frac{59\times 66}{100})^2}{\frac{59\times 66}{100}} + \frac{(16-\frac{59\times 34}{100})^2}{\frac{59\times 34}{100}} + \frac{(23-\frac{41\times 66}{100})^2}{\frac{41\times 66}{100}} + \frac{(18-\frac{41\times 34}{100})^2}{\frac{41\times 34}{100}}$$
$$= 3.037$$

이며, 자유도는 $(2-1)(2-1)=1$이다. 유의수준을 0.05로 고정했을 때, 관측치가 $\chi^2_{0.05}(1) = 3.8414$를 넘지 않으며, 유의확률이 0.08141로 0.05보다 작지 않으므로 귀무가설을 기각하지 못하고, 학력과 성별은 독립이 아니라고 결론을 내릴 수 없게 된다.

7. 대학교의 크기와 평균평점의 관계에 대한 동질성 검정의 문제이다. 대학교의 크기가 소, 중, 대로 나누어져 있으므로 모집단의 개수는 $r=3$이고, 평균평점에 관한 변수의 범주 개수는 $c=2$이다. $n_1 = 60$, $n_2 = 110$, $n_3 = 130$이고 $X_{.1} = 115$, $X_{.2} = 185$이다. 카이제곱 검정의 자유도는 $(r-1)(c-1) = 2$이고 검정통계량의 값은

$$\frac{(20-\frac{115\times 60}{300})^2}{\frac{115\times 60}{300}} + \frac{(50-\frac{115\times 110}{300})^2}{\frac{115\times 110}{300}} + \frac{(45-\frac{115\times 130}{300})^2}{\frac{115\times 130}{300}} + \frac{(40-\frac{185\times 60}{300})^2}{\frac{185\times 60}{300}} + \frac{(60-\frac{185\times 110}{300})^2}{\frac{185\times 110}{300}} + \frac{(85-\frac{185\times 130}{300})^2}{\frac{185\times 130}{300}}$$
$$= 3.7545$$

이다. 유의수준이 0.05라면 검정통계량의 값이 $\chi^2_{0.05}(2) = 5.9915$보다 크면 귀무가설을 기각할 수 있으나 관측된 값은 5.9915를 넘지 못한다. 유의수준 0.05에서 귀무가설을 기각하지 못하고, 주어진 자료를 바탕으로 대학교의 크기와 평균평점과는 연관성이 있다고 할 수 없다.

9. 벌에 쏘인 횟수의 분포가 성별에 따라 같은지 다른지를 검정하는 동질성 검정이다. 성별에 따른 모집단의 개수는 $r=2$이고, 벌에 쏘인 횟수의 범주 개수는 $c=3$이다. $n_1=60$, $n_2=40$이고 $X_{.1}=30$, $X_{.2}=30$, $X_{.3}=40$이다. 카이제곱 검정의 자유도는 $(r-1)(c-1)=2$이고 검정통계량의 값은

$$\frac{(10-\frac{60\times 30}{100})^2}{\frac{60\times 30}{100}}+\frac{(20-\frac{60\times 30}{100})^2}{\frac{60\times 30}{100}}+\frac{(30-\frac{60\times 40}{100})^2}{\frac{60\times 40}{100}}$$
$$+\frac{(20-\frac{40\times 30}{100})^2}{\frac{40\times 30}{100}}+\frac{(10-\frac{40\times 30}{100})^2}{\frac{40\times 30}{100}}+\frac{(10-\frac{40\times 40}{100})^2}{\frac{40\times 40}{100}}$$
$$=13.19444$$

이다. 유의수준이 0.05라면 검정통계량의 값이 $\chi^2_{0.05}(2)=5.9915$보다 크면 귀무가설을 기각할 수 있으므로 유의수준 0.05에서 귀무가설을 기각하고, 주어진 자료를 바탕으로 벌에 쏘인 횟수와 성별 간에는 연관성이 있다고 할 수 있다.

제12장

1. $X_1, X_2, \cdots, X_5$ 중에서 중위수 $\mu=\mu_0$보다 큰 X_i의 개수를 R이라고 하자. 귀무가설 $H_0:\mu=\mu_0$이 참이면, $P(X_i \geq \mu_0|\mu=\mu_0)=1/2$ 이므로, 통계량 R은 성공확률이 $1/2$인 n개의 독립 베르누이 확률변수들의 합이 되며, 이항분포 $B(5,1/2)$를 따른다.

3. 정상 측정치와 스트레스 측정치의 차이를 Y_i라고 하고, 그들의 절대 순위를 R_i라고 하자.

	1	2	3	4	5	6	7	8
Y_i	-2	-1	-5	-5	-8	1	-10	-2
R_i	3.5	1.5	5.5	5.5	7	1.5	8	3.5

양의 부호를 가진 Y_i들의 순위 R_i는 6번째 관측치의 값인 1.5이므로, 윌콕슨 부호순위 검정통계량의 값은 $W_Y=1.5$이다. 부록 〈표 5〉에 따라 $P(W_Y \leq 2)=0.012$이므로 유의확률 $2P(W_Y \leq 1.5) \leq 0.024$임을 알 수 있다. 따라서 유의수준 $\alpha=0.05$에서 귀무가설 $H_0:\mu=0$을 기각하며, 정상인 상황과 스트레스가 있는 상황에서 중위수에 차이가 있다고 할 수 있다.

5. 주어진 자료는 짝지어진 자료이므로 빨간불 반응속도를 X_i, 초록불 반응속도를 Y_i라고 할 때 $X_i \geq Y_i$인 쌍의 개수를 R이라 하면 $R=1$이고 $P(R \leq 1)=\frac{11}{2^{10}}=0.011$이다. $X-Y$의 분포의 중위수가 0인지 아닌지에 대한 양측 부호검정의 유의확률은 0.022로, 유의수준 0.05에서 귀무가설이 기각되어 운전자들의 반응속도가 신호의 색깔에 따라 달라진다고 할 수 있다. 같은 자료에 대해 부호순위검정을 한다면 동순위에 평균순위를 적용하여 $W=2.5$의 검정통계량 값을 얻는다. 부록

〈표 5〉에서 $n=10$일 때 $P(W \le 3)=0.005$이므로 유의확률이 0.01이하가 됨을 알수 있다. 따라서 부호순위검정에서도 유의수준 0.05에서 귀무가설을 기각한다.

7. $n=m=10$이고 두 집단의 합동 관측값 내에서 10개의 A값들의 순위합은 $W_A=123.5$이다. 부록 〈표 6〉에서 $n=m=10$일 때 $P(W_A \ge 124 \mid H_0)=0.083$이므로 이 양측검정의 유의확률은 $2\times 0.083=0.166$보다 크다는 것을 알 수 있다. 유의확률이 크므로 귀무가설을 기각할 수 없으며, 두 가지 약에 따른 몸무게 증감에 차이가 있다고 할 수 없다.

9. (1) 서로 독립인 두 표본에 대해 $H_0: \mu_1=\mu_2$와 $H_1: \mu_1 \ne \mu_2$의 검정을 해 보자. t−검정통계량의 값은 0.4619이고 자유도를 $n-1$과 $m-1$ 중 작은 값으로 잡으면 4가 되므로 유의확률은 0.6682가 된다. 7.5절에서 소개된 df값은 7.1564이며 이 값을 사용하면 유의확률이 0.6579이다. 어떤 경우에도 유의확률이 매우 커서 귀무가설을 기각할 수 없으며, 교육방법에 따라 시험결과의 평균이 달라진다고 할 수 없다. 같은 자료에 대해 부호순위검정을 해보자. 교육방법 1에 대한 순위합은 $W_1=30.5$이고, 부록 〈표 6〉에서 $n=m=5$일 때 $P(W \ge 34)=0.111$이므로 양측유의확률이 0.222보다 크다는 것을 알 수 있다. 즉, 부호순위검정에 의해서도 같은 결과를 얻는다.

(2) 네 가지 교육방법에 따라 시험결과가 같은지 다른지에 대해 분산분석을 시행해보자. $I=4$, $n_1=5$, $n_2=5$, $n_3=6$, $n_4=4$, $\overline{X}_{1.}=79.4$, $\overline{X}_{2.}=77.8$, $\overline{X}_{3.}=71$, $\overline{X}_{4.}=88.5$, $\overline{X}_{..}=78.3$이다. 이 값들을 이용하여 일원분류 분산분석표를 만들면 다음과 같다.

요인	제곱합	자유도	평균 제곱합	F값	유의확률
처리	743.2	3	247.73	4.9	0.0133
오차	809.0	16	50.56		
합계	1552.2	19			

유의확률이 0.0133으로 0.05보다 작으므로 유의수준 0.05에서 귀무가설을 기각할 수 있다. 그러므로 네 가지 교육방법에 따라 시험결과가 같다고 할 수 없다. 크루스칼−왈리스 검정의 결과는 다음과 같다. $I=4$, $n_1=5$, $n_2=5$, $n_3=6$, $n_4=4$, $R_{1.}=56$, $R_{2.}=46$, $R_{3.}=37.5$, $R_{4.}=70.5$를 이용하여 검정통계량의 값을

$$KW=\frac{SSB_R}{n(n+1)/12}=\frac{12}{n(n+1)}\sum_{i=1}^{I}\frac{R_{i.}^2}{n_i}-3(n+1)=9.2096$$

로 계산할 수 있는데, 동순위가 세 군데에서 발생하므로 검정통계량의 값을 $9.2096/(1-18/7980)=9.2305$로 보정한다. 부록 〈표 3〉에서 자유도가 $I-1=3$인 카이제곱분포를 이용하면 유의수준 0.05에서 검정통계량의 값이 7.81보다 크면 귀무가설을 기각하게 된다. 검정통계량의 값이 7.81보다 크므로 유의수준 0.05에서 귀무가설을 기각하고, 네 가지 교육방법에 따라 시험결과가 같이 않다고 결론을 내린다. 통계패키지로 계산한 유의확률은 0.026이다.

찾아보기

저자 소개

송성주

서울대학교 계산통계학과 졸업
서울대학교 대학원 통계학과 석사
University of Chicago 통계학 박사
Purdue University 통계학과 조교수
서울시립대학교 통계학과 조교수
현) 고려대학교 통계학과 교수
E-mail: sjsong@korea.ac.kr

전명식

서울대학교 자연과학대학 수학과 졸업
Michigan State University 통계학 석사
UC Berkeley 통계학 박사
University of Michigan at Ann Arbor 통계학과 조교수
고려대학교 통계학과 교수
현) 한국뉴욕주립대학교 응용수학통계학과 교수
E-mail: myoungshic.jhun@stonybrook.edu

기초통계학

저　자　송성주 · 전명식
발 행 인　김지영
발 행 처　자유아카데미
주　소　경기도 파주시 회동길 37-42 파주출판도시
전　화　031-955-1321
팩　스　031-955-1322
홈페이지　www.freeaca.com
전자우편　main@freeaca.com (대표)
editor@freeaca.com (편집)
crm@freeaca.com (영업)
등　록　제406-2003-017호, 1980. 7. 12
제1판1쇄　2017년 8월 25일 발행
제1판7쇄　2025년 1월 10일 발행
정　가　26,000원

저자와의 협의하에 인지생략

ISBN 979-11-5808-144-7　93310